U0256016

“十二五”职业教育国家规划教材
经全国职业教育教材审定委员会审定

建筑力学

上册

第3版

主　编　赵　萍　段贵明
副主编　闫海琴　孙长青
参　编　梁宝英　马晓健　赵素兰　李　静　梁　媛

机械工业出版社

本书为“十二五”职业教育国家规划教材，经全国职业教育教材审定委员会审定。全书共三篇，分上、下两册。上册包括力系的合成与平衡和杆件的强度、刚度和稳定性两篇。主要内容有：力的基本性质与物体的受力分析，平面汇交力系，力对点的矩与平面力偶系，平面一般力系，变形固体的基本知识与杆件的变形形式，平面图形的几何性质，轴向拉伸和压缩，剪切与挤压，扭转，平面弯曲，组合变形和压杆稳定等。各章均有学习目标、小结、思考题和习题。书末附有部分习题答案。

本书可作为高职高专、成人高校的建筑工程、道路与桥梁、水利工程等土木工程类专业的教材，也可作为广大自学者及相关专业工程技术人员的参考用书。

图书在版编目（CIP）数据

建筑力学．上册/赵萍，段贵明主编．—3版．—北京：机械工业出版社，2016.3（2024.1重印）

“十二五”职业教育国家规划教材 经全国职业教育教材审定委员会审定

ISBN 978-7-111-53310-8

Ⅰ.①建… Ⅱ.①赵… ②段… Ⅲ.①建筑力学-高等职业教育-教材 Ⅳ.①TU311

中国版本图书馆CIP数据核字（2016）第060314号

机械工业出版社（北京市百万庄大街22号 邮政编码100037）
策划编辑：覃密道 责任编辑：覃密道 郭克学
责任校对：杜雨霏 封面设计：路恩中
责任印制：单爱军
北京虎彩文化传播有限公司印刷
2024年1月第3版第10次印刷
184mm×260mm · 15.25印张 · 368千字
标准书号：ISBN 978-7-111-53310-8
定价：45.00元

电话服务
客服电话：010-88361066
010-88379833
010-68326294

网络服务
机 工 官 网：www.cmpbook.com
机 工 官 博：weibo.com/cmp1952
金 书 网：www.golden-book.com
机工教育服务网：www.cmpedu.com

第3版前言

“建筑力学”是高职高专土建类专业的一门技术基础课程。建筑力学内容一直起着满足土建类专业知识学习、职业能力训练并兼顾学生可持续发展的需求的重要作用。

本次修订按照教育部“十二五”职业教育国家规划教材的要求，并结合河北省精品课程建筑力学的建设成果，进一步精选、整合传统内容，加强与专业相关课程的联系与配合，强调基本概念，更加突出工程应用，注重职业技能和素质培养。在知识的阐述上力求更适合学生的认知层次，注意内容的深入浅出，通俗易懂。主要体现在：

1. 将上版教材大部分内容进行了改写，并调整组合为20章内容。将上版教材的第五章空间力系内容精简，列入第四章第五节，作为选讲内容；将上版教材第十章平面图形的几何性质调整到第六章；将上版教材中第十一章、第十二章、第十三章内容合并成第十章平面弯曲，并加入梁的主应力和主应力迹线作为选讲内容。删去上版教材第四章考虑摩擦时的平衡问题，删除上版教材第十四章应力状态和强度理论。

2. 修改了各章学习目标，通过双色印刷强调了各章的重点难点内容，对章节部分例题和习题进行了调整，降低了计算难度，并附有部分习题参考答案。

3. 为了方便教与学，第3版丰富了教学助教资源，包括电子课件、教学实施进度、试卷与答案等，凡使用本书作为教材的老师可登录机械工业出版社教育服务网 www. cmpedu. com 注册下载上述内容，或联系010－88379375。

本书分上、下两册，全书由赵萍、段贵明任主编，并由赵萍统稿。参加本次修订编写工作的有石家庄职业技术学院赵萍、李静、梁媛。石家庄职业技术学院李静、李晓青修订与制作配套的电子课件，其他资源由石家庄职业技术学院省级精品课程建筑力学课程组提供。

在本书编写和修订过程中，许多企业专家提出了宝贵的意见和建议，同时本书的编写也得到石家庄职业技术学院建筑工程系广大师生和机械工业出版社的关注和支持，在此表示感谢。

由于编者水平有限，在修订中仍难免存在不妥之处，恳请广大读者及同仁批评指正。

编　者

目　　录

绪　　论

凡是有人类活动的地方，就可以见到各种各样的建筑物，如图 01-1 所示。这些建筑物是人类生产、生活的必要场所。在这些建筑物中，所有承受力的部分，如梁、板、墙、柱等，都必须运用建筑力学知识进行科学的分析计算，只有这样，才能确保建筑物的正常使用。

在进入各种具体问题讨论之前，先就建筑力学的研究对象、主要任务以及基本内容等做一简要介绍，以便读者对本课程有一个总体的了解。

图　01-1

图 01-1（续）

一、建筑力学的研究对象

建筑物从开始建造的时候起，就承受各种力的作用。如楼板在施工中除承受自身的重力外，还承受来自工人和施工机具的重力；承重外墙承受楼板传来的压力和风力；基础则承受墙身传来的力。在工程中习惯将这些主动作用在建筑物上的力称为**荷载**。在建筑物中承受并传递荷载而起骨架作用的部分称为**建筑结构**，简称**结构**。组成结构的单个物体称为**构件**，如梁、板、墙、柱、基础等都是常见的构件。构件一般分为三类，即杆件（一个方向的尺寸远大于另两个方向的尺寸的构件）、薄壁构件（一个方向的尺寸远小于另两个方向的尺寸的构件）和实体构件（三个方向的尺寸都较大的构件）。在结构中应用较多的是杆件，如梁和柱（图 01-2a、b）是单个构件的结构；屋架（图 01-2c）是由许多杆件组成的结构；排架结构（图 01-2d）是由两根竖柱将屋架和基础连接而成的结构，也属于由杆件组成的结构。

对土建类专业来讲，建筑力学的主要研究对象是杆件和杆件结构。

二、建筑力学的主要任务

建筑力学是研究结构和构件承载能力的科学，承载能力即承受荷载的能力，主要包括结构和构件的强度、刚度和稳定性。

（1）**强度** 强度是指结构或构件抵抗破坏的能力。结构能安全承受荷载而不被破坏，就认为满足强度要求。

（2）**刚度** 刚度是指结构或构件抵抗变形的能力。任何结构或构件在外力作用下都会产生变形，在一定荷载作用下，刚度愈小的构件，变形就愈大。工程上根据不同用途，对各种结构和构件的变形给予一定的限制。如果结构或构件的变形在允许的范围内，就认为满足刚度要求。

（3）**稳定性** 稳定性是指构件保持原有平衡状态的能力。当受压的细长直杆在压力不大

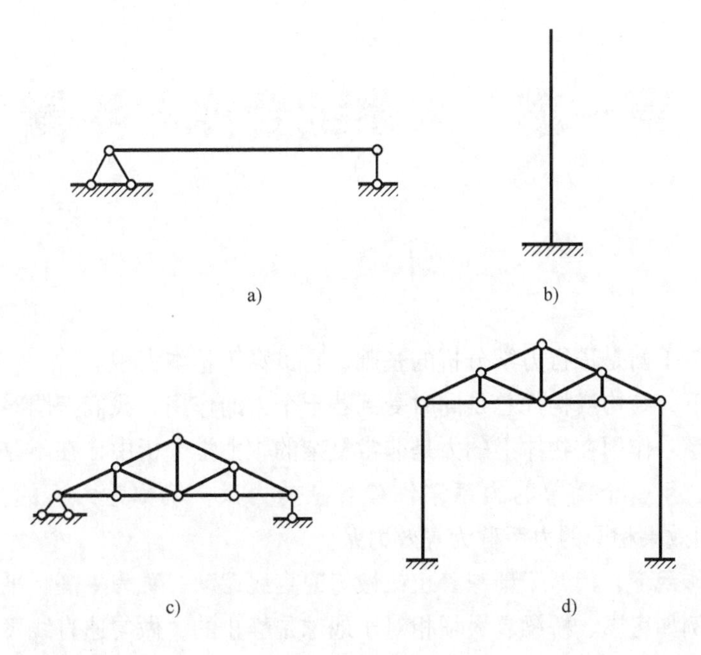

图　01-2

时，可以保持原有的直线平衡状态；当压力增大到一定数值时，便会突然变弯而丧失工作能力。这种现象称为压杆失去稳定，简称失稳。构件失稳会产生严重的后果，因此必须保证结构和构件有足够的稳定性。

为了保证结构和构件具有足够的承载力，一般来说，都要选择较好的材料和截面较大的构件，但任意选用较好的材料和过大的截面，势必造成优材劣用、大材小用，造成巨大的浪费。于是建筑中的安全性和经济性就形成了一对矛盾。建筑力学的任务就是为解决这一矛盾提供必要的理论基础和计算方法。

三、建筑力学的内容简介

建筑力学分为力系的合成与平衡，杆件的强度、刚度与稳定性，结构的内力和位移计算三个部分。

第一部分讨论力系的简化、平衡及对构件（或结构）进行受力分析的基本理论和方法；第二部分讨论构件受力后发生变形时的承载力问题，为设计既安全又经济的结构构件选择适当的材料、截面形状和尺寸；第三部分讨论杆件体系的组成规律及其内力和位移的问题。

四、建筑力学的学习方法

建筑力学是土建类专业的一门重要的专业基础课，学习时要注意理解它的基本原理，掌握它的分析问题的方法和解题思路，切忌死记硬背；还要多做练习，不做一定数量的习题是很难掌握建筑力学的概念、原理和分析方法的；另外，对做题中出现的错误应认真分析，找出原因，及时纠正。

第一篇　力系的合成与平衡

引　言

力系的合成与平衡是进行力学分析的基础，它贯穿于整本书中。

在一般情况下，结构或构件总是同时受到若干个力的作用，我们把同时作用在物体上的一群力，称为力系。作用在物体上的力是非常复杂的，力学分析中，在不改变力系对物体作用效果的前提下，用一个简单的力系来代替复杂的力系，就称为力系的合成（力系的简化）。对物体作用效果相同的力系称为等效力系。

物体在力系作用下，相对于地球静止或做匀速直线运动，称为平衡。平衡是物体运动的一种特殊形式。例如房屋、桥梁、大坝相对于地球是静止的；做匀速直线飞行的飞机、在直线轨道上做匀速运动的火车、沿直线匀速下降的电梯等。它们相对于地球做匀速直线运动，这些都是平衡的实例。它们有一个共同的特点就是运动状态没有变化。建筑力学中把运动状态没有变化的特殊情况称为平衡状态。一般情况下，力系作用会使物体的运动状态发生变化，只有当力系满足一定条件时，才能使物体处于平衡状态。满足平衡状态的力系称为平衡力系。物体在力系作用下处于平衡时应满足的条件，称为力系的平衡条件。

在研究力系的合成和平衡问题时往往将所研究的对象视为刚体。所谓刚体，是指在外力作用下，几何形状、尺寸的变化可忽略不计的物体。事实上，刚体是实际物体理想化的模型。实际物体在力的作用下，都会产生不同程度的变形，但这些微小的变形，对平衡问题的研究影响很小，可以忽略不计。这样，将会大大简化对力系的平衡问题的研究。

第一章　力的基本性质与物体的受力分析

学习目标

1. 理解力、力系、约束的概念。
2. 理解静力学公理的含义。
3. 熟悉常见典型约束的性质及约束反力的确定。
4. 掌握对物体和物体系统进行受力分析的方法。

本章重点是绘制物体的受力图，难点是将构件在实际工程中所受约束归纳和抽象成理想的约束类型。

第一节　力及力的基本性质

一、力的概念

力是物体间相互的机械作用。这种相互作用会使物体的运动状态发生变化（外效应）或使物体发生变形（内效应）。

力的概念是从劳动中产生的，并通过生活和生产实践不断加深和完善。如在建筑工地劳动，人们拉车、弯钢筋时，由于肌肉紧张，我们感到用了“力”。吊车起吊构件时，同样感觉到吊车用“力”把重物吊起等。

力的作用方式是多种多样的。物体间相互接触时，会产生相互间的推、拉、挤、压等作用力；物体间不接触时，也能产生相互间的吸引力或排斥力。如地球引力场对于物体的引力，电场对于电荷的引力和斥力等。

实践证明：力对物体的作用效果取决于**力的三要素，即力的大小、方向和作用点**。

（1）力的大小　力是有大小的。力的大小表明物体间相互作用的强弱程度。国际单位制中：力的单位是 N（牛顿）或 kN（千牛顿）。

$$1\text{kN} = 1000\text{N}$$

（2）力的方向　力的方向包含方位和指向。例如，谈到某钢索拉力竖直向上时，竖直是指力的方位，向上是指力的指向。

（3）力的作用点　力的作用点表示两物体间相互作用的位置。力的作用位置实际上有一定的范围，当作用范围与物体相比很小时，可以近似地看作是一个点。

力的三个要素中的任一要素改变时，都会对物体产生不同的效果。因此，在描述一个力时，必须全面表明这个力的三要素。

既然力是一个有方向和大小的量，所以**力是矢量**。通常可以用一段带箭头的线段来表示力的三要素。线段的长度（按预先选定的比例）表示力的大小；线段与某定直线的夹角表示力的方位，箭头表示力的指向；带箭头线段的起点或终点表示力的作用点。如图 1-1 所示的力 $\boldsymbol{F}$，选定的基本长度表示 100kN，按比例量出力 F 的大小是 300kN，力的作用线与水平线间的夹角成 45°，指向右上方，作用在物体的 A 点上。

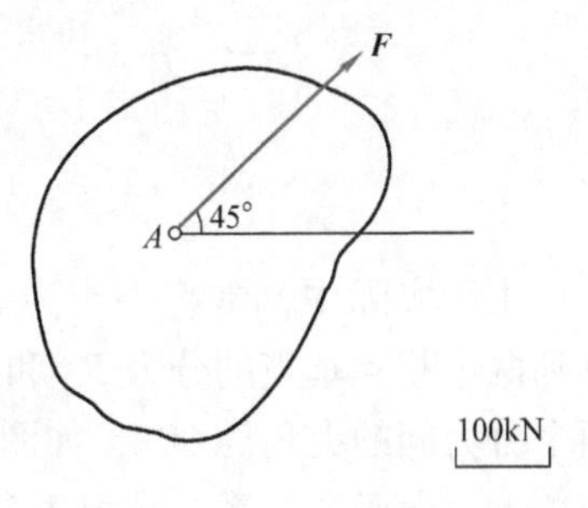

图　1-1

用字母表示力矢量时，用黑体字 $\boldsymbol{F}$，普通体 F 只表示力矢量的大小。

二、力系的分类

作用在物体上的一群力，称为力系。按照力系中各力作用线分布的不同形式，力系可分为以下几种：

（1）汇交力系　力系中各力作用线汇交于一点。

（2）力偶系　力系中各力可以组成若干个力偶或力系由若干个力偶组成。

（3）平行力系　力系中各力作用线相互平行。

（4）一般力系　力系中各力作用线既不完全交于一点，也不完全相互平行。

按照各力作用线是否位于同一平面内，上述力系又可以分为平面力系和空间力系两大类，而平面力系是本书研究的重点。

三、力的基本性质

力的基本性质是人们在长期的生产和生活实践中的经验总结，又经过实践反复检验，是符合客观实际的最普遍、最一般的规律，它们不可能用更简单的原理来代替，也不能从其他原理推导出来，通常称它们为静力学公理。静力学公理是研究力系简化和平衡问题的基础。

公理1　力的平行四边形公理

作用于物体上同一点的两个力，可以合成为一个合力，合力的作用点也在该点，合力的大小和方向由这两个力为边构成的平行四边形的对角线确定，如图1-2所示。

这个公理是复杂力系合成（简化）的基础，它揭示了力的合成是遵循矢量加法的。只有当两个力共线时，才能用代数加法。

根据这一公理作出的平行四边形称为力的平行四边形。

运用这个公理可以将两个共点的力合成为一个力；同样，一个已知力也可以分解为两个力。但需注意，一个已知力分解为两个分力可有无数个解。这是因为以一个线段为对角线的平行四边形可作出无数个。如图1-3所示，力 $\boldsymbol{F}$ 既可分解为 $\boldsymbol{F}_1$ 和 $\boldsymbol{F}_2$，也可分解为 $\boldsymbol{F}_3$ 和 $\boldsymbol{F}_4$ 及 $\boldsymbol{F}_5$ 和 $\boldsymbol{F}_6$ 等。若想得出唯一解答，必须有限定条件。如给定一分力的大小和方向求另一分力，或给定两分力的方向求其大小等。

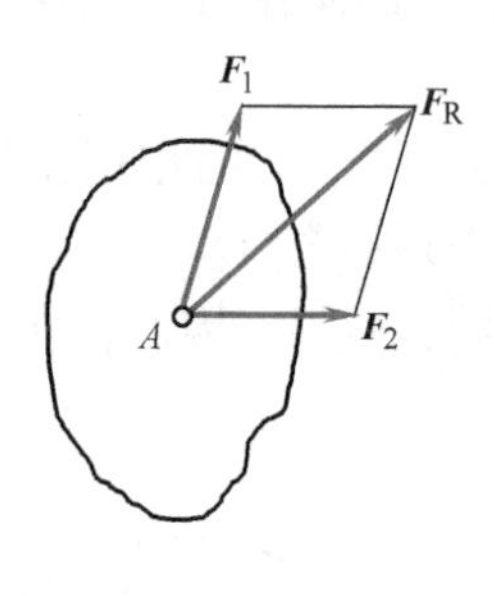

图　1-2

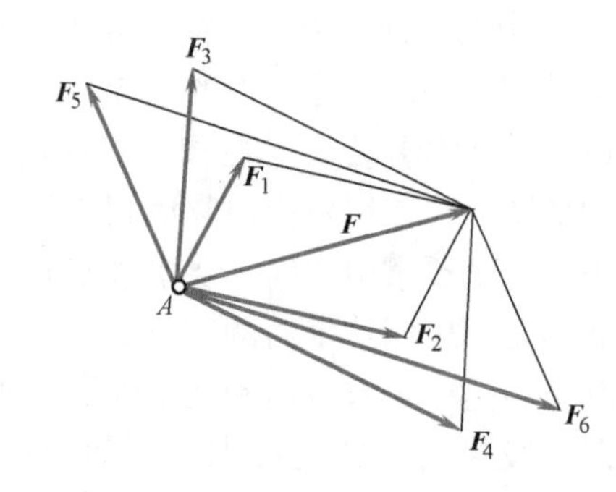

图　1-3

工程实际中，常将一个力 $\boldsymbol{F}$ 沿直角坐标轴 x、y 分解，得到两个相互垂直的分力 $\boldsymbol{F}_x$ 和 $\boldsymbol{F}_y$，此时力的平行四边形中两个分力间的夹角为90°，如图1-4所示。这样，就可应用简单的三角函数关系，求得每个分力的大小。即

$$\left.\begin{aligned} F_x &= F\cos\alpha \\ F_y &= F\sin\alpha \end{aligned}\right\}$$

式中，α 为力 $\boldsymbol{F}$ 与 x 轴之间所夹的锐角。

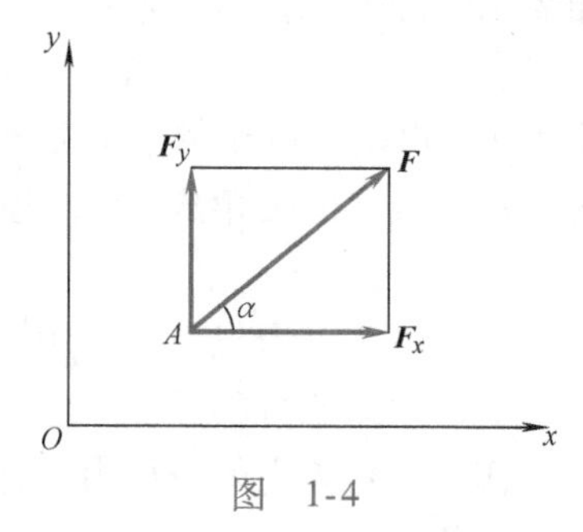

图　1-4

公理2　二力平衡公理

作用在同一刚体上的两个力，使刚体处于平衡的必要和充分条件是：这两个力大小相等，方向相反，且在同一直线上，如图1-5所示。

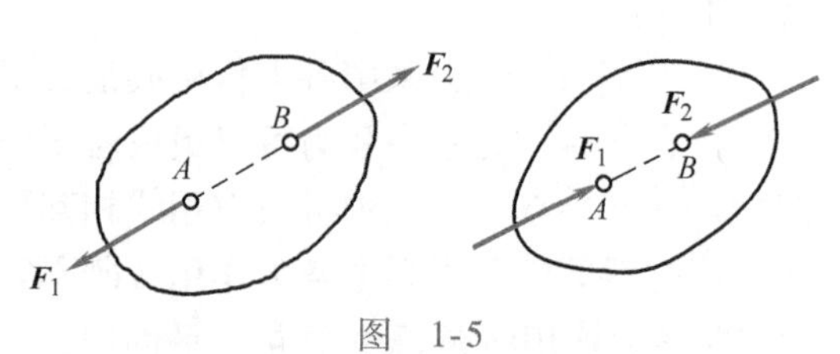

图　1-5

这个公理说明了一个刚体在两个力作用

下平衡时必须满足的条件。对于刚体而言，这个条件是既必要又充分的；但对于非刚体，这个条件是不充分的。如软绳受两个等值反向的拉力作用可以平衡，而受两个等值反方向的压力作用就不能平衡。

公理 3　加减平衡力系公理

在已知力系上加上或减去任意的平衡力系，并不改变原力系对刚体的作用效果。也就是说，如果两个力系只相差一个或几个平衡力系，则它们对刚体的作用是相同的，可以等效代换。

因为平衡力系不会改变物体的运动状态（静止或匀速直线运动），所以在刚体上加上或去掉任意平衡力系，是不会改变刚体的运动状态的。这个公理对于研究力系的简化问题很重要。

推论 1　力的可传性原理

作用在刚体上某点的力，可以沿着它的作用线移动到刚体内任意一点，而不改变该力对刚体的作用效果。

证明：

1）设力 $\boldsymbol{F}$ 作用在物体 A 点（图 1-6a）。

2）根据加减平衡力系公理，可在力的作用线上任取一点 B，加上一个平衡力系 $\boldsymbol{F}_1$ 和 $\boldsymbol{F}_2$，并使 $-\boldsymbol{F}_1=\boldsymbol{F}_2=\boldsymbol{F}$（图 1-6b）。

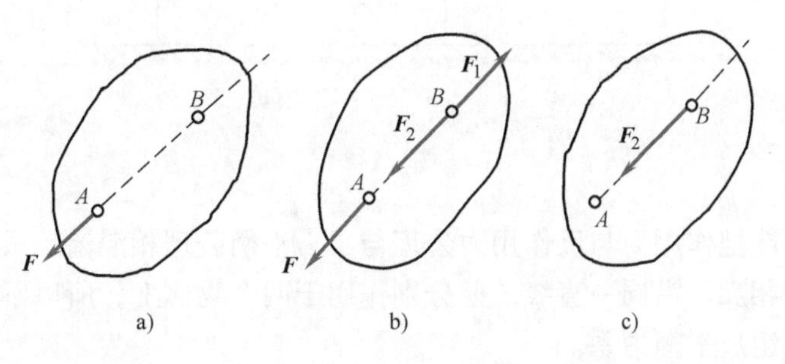

图　1-6

3）由于力 $\boldsymbol{F}$ 与 $\boldsymbol{F}_1$ 是一个平衡力系，可以去掉，所以只剩下作用在 B 点的力 $\boldsymbol{F}_2$（图 1-6c）。

4）$\boldsymbol{F}_2$ 与原力等效，就相当于把作用在 A 点的力 $\boldsymbol{F}$ 沿其作用线移到 B 点。

由力的可传性原理可知，对于刚体来说，力的作用点已被作用线所取代，不再是决定力作用效果的要素。所以，力的三要素可改为：力的大小、方向和作用线。

推论 2　三力平衡汇交定理

作用于同一刚体上共面而不平行的三个力使刚体平衡时，则这三个力的作用线必汇交于一点。

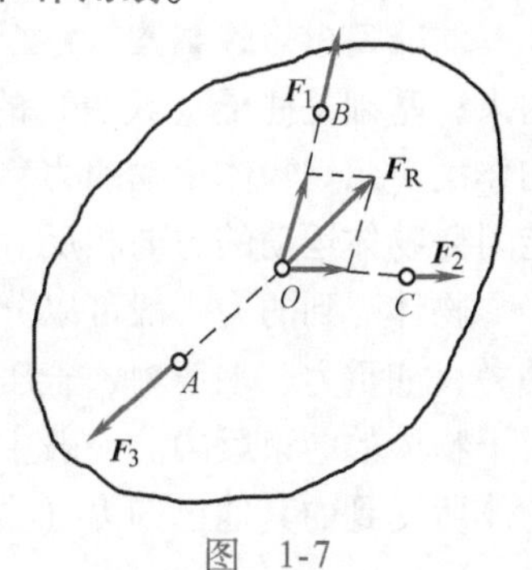

图　1-7

证明：

1）设有三个共面不平行的力 $\boldsymbol{F}_1$、$\boldsymbol{F}_2$、$\boldsymbol{F}_3$ 分别作用于同一刚体上的 B、C、A 三点而平衡（图 1-7）。

2）由力的可传性原理，将 $\boldsymbol{F}_1$、$\boldsymbol{F}_2$ 移到该两力作用线交点 O，并按力的平行四边形公理合成为合力 $\boldsymbol{F}_R$，$\boldsymbol{F}_R$ 也作用于

O 点。

3）因 $\boldsymbol{F}_1$、$\boldsymbol{F}_2$、$\boldsymbol{F}_3$ 平衡，所以 $\boldsymbol{F}_R$ 应与 $\boldsymbol{F}_3$ 平衡。由二力平衡公理可知，$\boldsymbol{F}_3$ 必定与合力 $\boldsymbol{F}_R$ 共线。于是 $\boldsymbol{F}_3$ 也通过 $\boldsymbol{F}_1$ 与 $\boldsymbol{F}_2$ 的交点 O。

利用三力平衡汇交定理，可确定物体在共面但不平行的三个力作用下平衡时，某一个未知力的方向。

公理4　作用与反作用公理

两物体间的作用力与反作用力，总是大小相等、方向相反，沿同一直线并分别作用于两个物体上。

这个公理概括了两个物体间相互作用的关系。力总是成对出现的，有作用力必定有反作用力，且总是同时产生又同时消失的。如将物体 A 放置在物体 B 上时（图1-8a），$\boldsymbol{F}$ 是物体 A 对物体 B 的作用力，作用在物体 B 上，$\boldsymbol{F}'$ 是物体 B 对物体 A 的反作用力，作用在物体 A 上；$\boldsymbol{F}$ 与 $\boldsymbol{F}'$ 是作用力与反作用力关系，即大小相等（$F=F'$）、方向相反（F 指向下方，F' 指向上方）、沿同一作用线（图1-8b）。

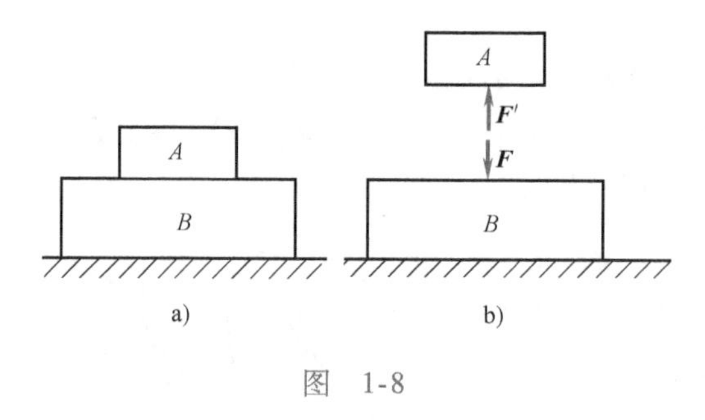

图 1-8

必须注意：不能把作用力与反作用力公理与二力平衡公理相混淆。虽然作用力与反作用力大小相等、方向相反、沿同一直线，但分别作用于两个物体上，所以不能认为作用力与反作用力相互平衡，组成平衡力系。

第二节　工程中常见的约束与约束反力

一、约束与约束反力的概念

在空间中运动，位移不受限制的物体称为自由体，如飞行的炮弹、火箭等。**位移受到限制的物体称为**非自由体，如梁、柱等。工程实际中所研究的构件都属于非自由体。

对非自由体的某些位移起限制作用的周围物体称为约束体，简称约束。如地基是基础的约束；基础是柱子（或墙）的约束等。约束是阻碍物体运动的物体，这种阻碍作用就是力的作用。阻碍物体运动的力称为约束反力，简称反力。所以，约束反力的方向必与该约束所能阻碍物体运动的方向相反。由此可以确定约束反力的方向或作用线的位置。

物体受到的力一般可以分为两类：一类是使物体运动或使物体有运动趋势的力，称为主动力，如重力、水压力、土压力、风压力等。在工程中通常称主动力为荷载。另一类是约束对于物体的约束反力。一般主动力是已知的，而约束反力是未知的。在本篇中，约束反力和物体所受到的其他已知力（主动力）组成平衡力系，可用平衡条件求解出约束反力。

二、几种常见的约束及其约束反力

现介绍几种在工程中常见的约束类型，并讨论其约束反力的特征。

1. 柔体约束

柔软的绳索、链条、皮带等用于阻碍物体的运动时，都称为柔体约束。由于柔体本身只能承受拉力，所以柔体约束只能限制物体沿柔体中心线且离开柔体的运动，而不能限制物体沿其他方向的运动。因此，柔体约束对物体的约束反力是通过接触点、沿柔体中心线且背离物体的拉力，常用 $\boldsymbol{F}_{\mathrm{T}}$ 表示，如图 1-9 所示。

2. 光滑接触面约束

物体与其他物体接触，当接触面光滑，摩擦力很小可以忽略不计时，就是光滑接触面约束。这类约束不能限制物体沿约束表面公切线的位移，只能阻碍物体沿接触表面公法线并指向约束物体方向的位移。因此，光滑接触面约束对物体的约束反力作用于接触点处、沿接触面的公法线，并指向被约束物体，常用 $\boldsymbol{F}_{\mathrm{N}}$ 表示，如图 1-10 所示。

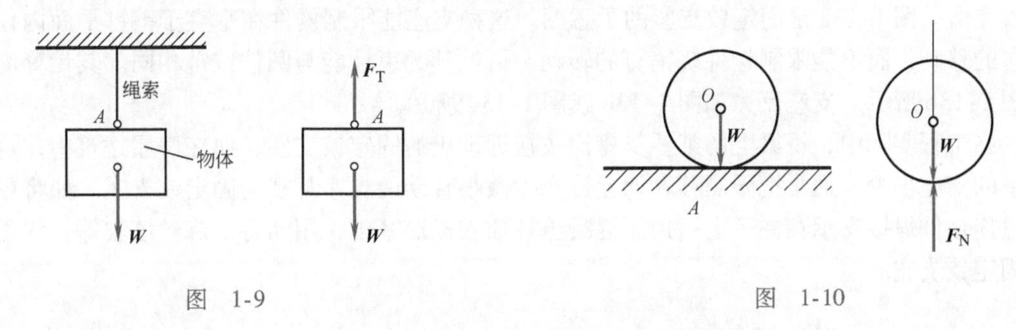

图　1-9　　　　图　1-10

3. 圆柱铰链约束

圆柱铰链简称铰链，由一个圆柱形销钉插入两个物体的圆孔中构成，并且认为销钉和圆孔的表面都是光滑的（图 1-11a）。常见的铰链实例如门窗用的合页。销钉只能限制物体在垂直于销钉轴线平面内任意方向的相对移动，而不能限制物体绕销钉的转动。当物体相对于另一物体有运动趋势时，销钉与圆孔壁将在某点接触，约束反力通过销钉中心与接触点，由于接触点的位置是未知的，所以，圆柱铰链的约束反力在垂直于销钉轴线的平面内并通过销钉中心，而方向未定（图 1-11b）。圆柱铰链的简图如图 1-11c 所示。圆柱铰链的约束反力可用一个大小与方向均未知的力表示，也可用两个相互垂直的未知分力来表示，如图 1-11d 所示。

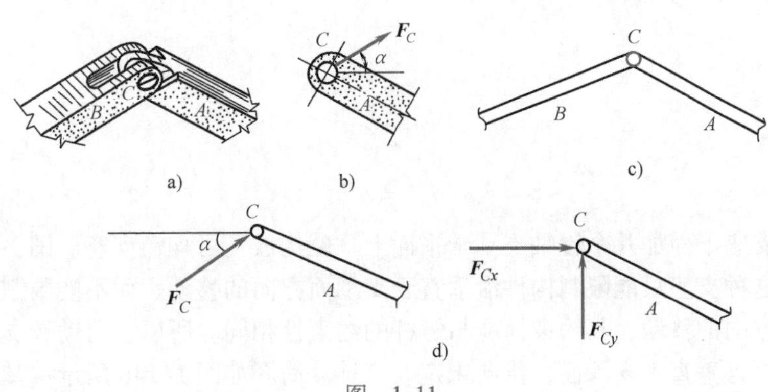

图　1-11

4. 链杆约束

两端用铰链与物体分别连接且中间不受其他力的直杆形成的约束称为**链杆约束**。如图1-12所示的支架，BC 杆为横杆 AB 的链杆约束。链杆只能限制物体沿链杆轴线方向的运动，而不能限制其他方向的运动。所以，链杆约束对物体的约束反力沿链杆的轴线，而指向未定。

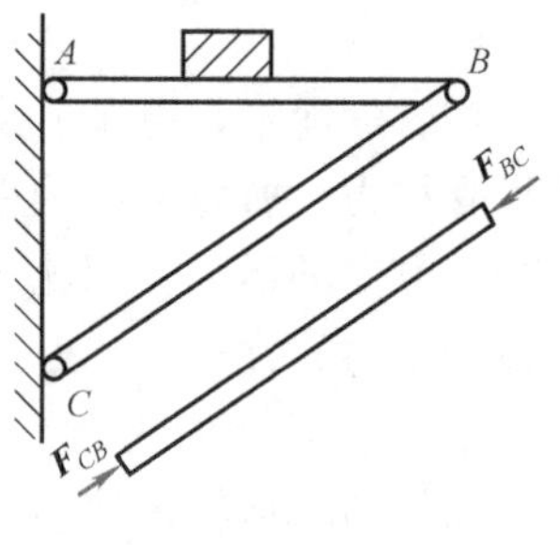

图 1-12

三、支座及支座反力

工程中将结构或构件支承在基础或另一静止构件上的装置称为**支座**。支座也是约束。**支座对它所支承的构件的约束反力也称支座反力**。下面介绍建筑工程中常见的三种支座：**固定铰支座（铰链支座）、可动铰支座和固定端支座**。

1. 固定铰支座（铰链支座）

用圆柱铰链把结构或构件与支座底板连接，并将底板固定在支承物上构成的支座称为固定铰支座。图1-13a是固定铰支座的示意图。这种支座能限制构件在垂直于销钉平面内任意方向的移动，而不能限制构件绕销钉的转动，可见其约束性能与圆柱铰链相同。其计算简图如图1-13b所示，支座反力如图1-13c或图1-13d所示。

在工程实际中，桥梁上的某些支座比较接近理想的固定铰支座，而在房屋建筑中，这种理想的支座很少，通常把限制移动而允许产生微小转动的支座都视为固定铰支座。如将屋架通过连接件焊接支承在柱子上；预制混凝土柱插入杯形基础，用沥青、麻丝填实等，均可视为固定铰支座。

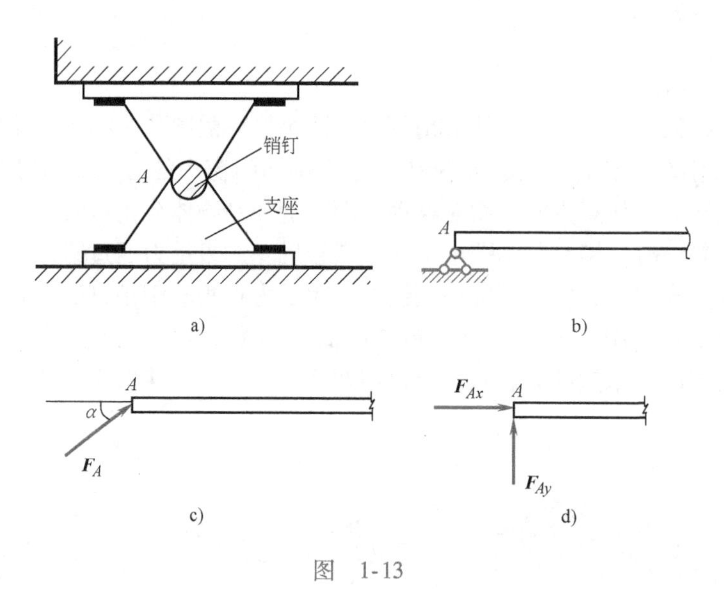

图 1-13

2. 可动铰支座

在固定铰支座下面加几个辊轴支承于平面上，就构成了可动铰支座。图1-14a为可动铰支座示意图。这种支座只能限制构件沿垂直于支承面方向的移动，而不能限制构件绕销钉转动和沿支承面方向的移动，其约束性能与链杆的约束性相同。所以，可动铰支座的支座反力通过销钉中心，且垂直于支承面，指向未定。其计算简图如图1-14b所示，其支座反力如图

1-14c 所示。

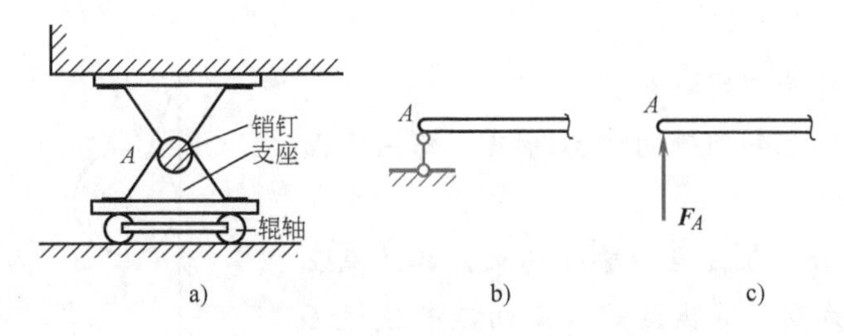

图　1-14

在工程实际中，如钢筋混凝土梁搁置在砖墙上，就可将砖墙简化为可动铰支座。

3. 固定端支座

把构件和支承物完全连接为一个整体，构件在固定端既不能沿任意方向移动，也不能转动的支座称为固定端支座。图 1-15a 为固定端支座的构造示意图，由于这种支座既限制构件的移动，又限制构件的转动，所以，它包括水平反力、竖向反力和一个阻止转动的约束反力偶。其计算简图如图 1-15b 所示，其支座反力如图 1-15c 所示。关于力偶的概念见第三章。

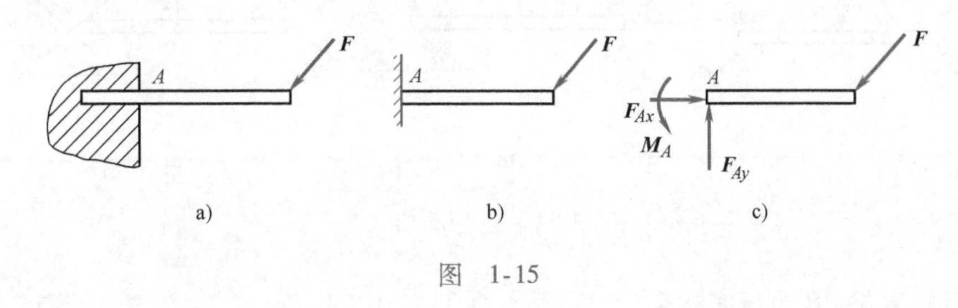

图　1-15

在工程实际中，插入地基中的电线杆、阳台的挑梁等，其根部的约束均可视为固定端支座。

第三节　物体的受力分析和受力图

在进行力学计算时，首先要分析物体受了哪几个力，每个力的作用位置和方向如何，哪些是已知力，哪些是未知力，这个分析过程称为物体的受力分析。

在工程实际中，通常都是几个物体或几个构件相互联系，形成一个系统。故需明确要对哪一个物体进行受力分析，即首先要明确研究对象。为了更清晰地表示物体的受力情况，需要把所研究的物体从周围物体中隔离出来，单独画出它的简图。被隔离出来的研究对象称为隔离体，研究其受力时，要画出周围物体对它的全部作用力（包括主动力和约束反力），这种表示物体受力的简明图形，称为物体的受力图。受力图是进行力学计算的依据，也是解决力学问题的关键，必须认真对待，熟练掌握。

一、单个物体的受力图

画单个物体的受力图，首先要明确研究对象，并把该物体从周围环境中隔离出来；再把已知主动力画在简图上；最后根据实际情况，分别在解除约束处画上相应的约束反力。必须强调，约束反力一定要与约束的类型相对应。

例1-1 自重为W的圆球，用绳索挂于光滑墙上，如图1-16a所示，试画出圆球的受力图。

解 (1) 取圆球为研究对象。

(2) 画主动力。已知圆球的重力为W，作用于圆球的重心O，垂直向下。

(3) 画约束反力。在A点为柔体约束，其约束反力为F_{TA}，沿绳索方向，背离圆球，反向延长线过O点。在B点为光滑接触面约束，其约束反力为F_{NB}，作用线沿墙面法线，指向O点。

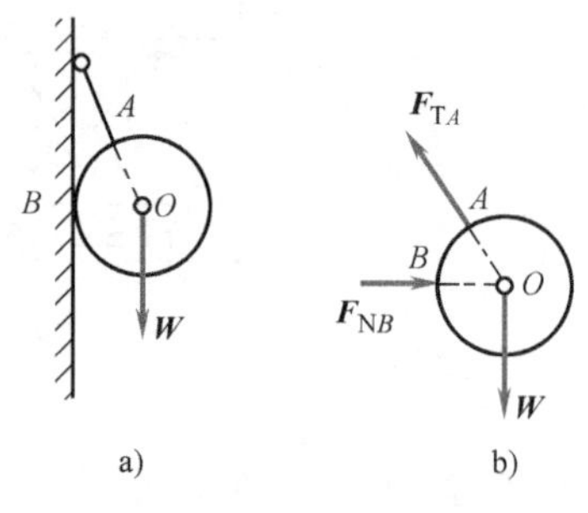

图 1-16

圆球的受力图如图1-16b所示。

例1-2 梁AB上作用有已知力F，梁的自重不计，A端为固定铰支座，B端为可动铰支座，如图1-17a所示，试画出梁AB的受力图。

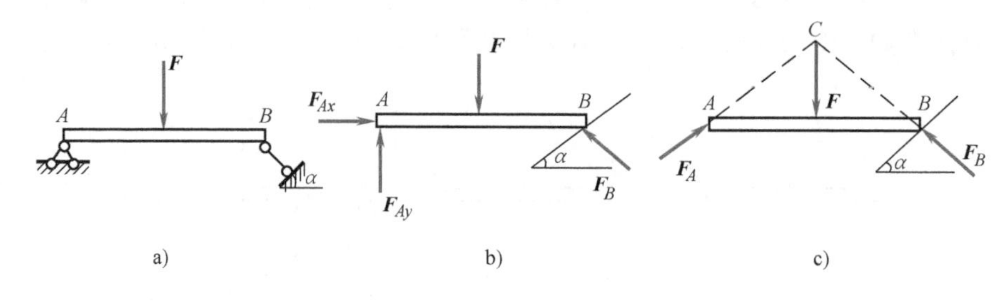

图 1-17

解 (1) 取梁AB为研究对象。

(2) 画出主动力F。

(3) 画出约束反力。梁B端是可动铰支座，其约束反力为F_B，与斜面垂直，其指向可为向上，也可为向下，此处假设其指向向上。A端为固定铰支座，其约束反力为一个大小与方向不定的F_A，可用水平与竖直反力F_{Ax}、F_{Ay}表示，如图1-17b所示。

若进一步分析，梁AB在F、F_A、F_B三个力作用下平衡，所以可由三力平衡汇交定理确定铰链A处的约束反力F_A的方向，点C为力F与F_B作用线的交点。当梁AB平衡时，约束反力F_A的作用线必通过点C，即F_A在AC作用线上，但指向未定，此处为假设，以后可由平衡条件确定，如图1-17c所示。

例1-3 一水平梁AB受已知力F作用，如图1-18a所示，A端是固定端支座，梁AB的自重不计。试画出梁AB的受力图。

解 (1) 取梁AB为研究对象。

(2) 画主动力，即已知力F。

(3) 画约束反力。A端是固定端支座，其约束反力为水平和竖直的未知力F_{Ax}、F_{Ay}，以及未知的约束反力偶M_A。

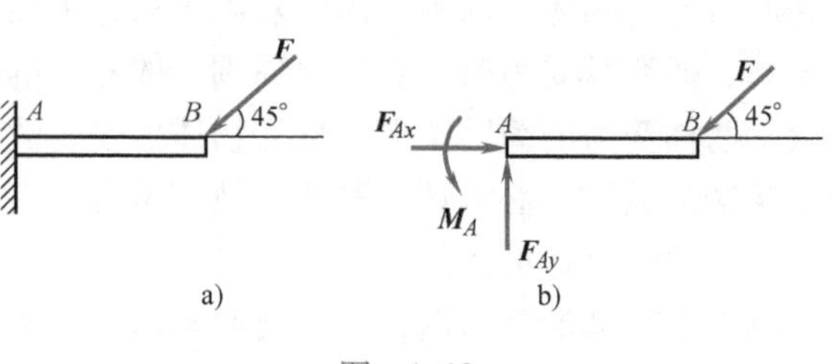

图 1-18

受力图如图1-18b所示。

二、物体系统的受力图

物体系统的受力图与单个物体的受力图画法相同，只是研究对象为整个物体系统或系统的某一部分或某一物体。画物体系统整体的受力图时，只需把整体作为单个物体一样对待；画系统的某一部分或某一物体的受力图时，只需把研究对象从系统中隔离出来，同时注意被拆开的联系处，有相应的约束反力，并应符合作用力与反作用力公理。

例1-4　梁*AC*和*CD*用圆柱铰链*C*连接，并支承在三个支座上，*A*处是固定铰支座，*B*和*D*处是可动铰支座，如图1-19a所示。试画出梁*AC*、*CD*及整梁*AD*的受力图。梁的自重不计。

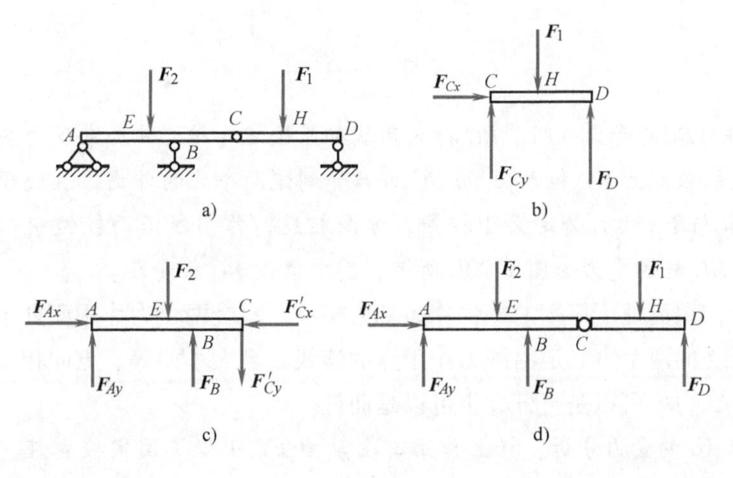

图 1-19

解　(1) 梁*CD*的受力分析。*CD*梁受主动力$\boldsymbol{F}_1$作用，*D*处是可动铰支座，其约束反力$\boldsymbol{F}_D$垂直于支承面，其指向假定向上；*C*处为铰链约束，其约束反力可用两个相互垂直的分力$\boldsymbol{F}_{Cx}$和$\boldsymbol{F}_{Cy}$来表示，指向假定，如图1-19b所示。

(2) 梁*AC*的受力分析。梁*AC*受主动力$\boldsymbol{F}_2$作用。*A*处是固定铰支座，其约束反力可用$\boldsymbol{F}_{Ax}$和$\boldsymbol{F}_{Ay}$表示，指向假定；*B*处是可动铰支座，其约束反力用$\boldsymbol{F}_B$表示，指向假定；*C*处是铰链，其约束反力是$\boldsymbol{F}'_{Cx}$、$\boldsymbol{F}'_{Cy}$，与作用在梁*CD*上的$\boldsymbol{F}_{Cx}$、$\boldsymbol{F}_{Cy}$是作用力与反作用力关系，其指向不能再任意假定。梁*AC*的受力图如图1-19c所示。

(3) 取整梁*AD*为研究对象。*A*、*B*、*D*处支座反力假设的指向应与图1-19b、c相符合。*C*处由于没有解除约束，故*AC*与*CD*两段梁相互作用的力不必画出。其受力图如图1-19d所示。

当以若干物体组成的系统为研究对象时，系统内各物体间的相互作用力称为内力；系统外的物体作用于该系统中各物体的力称为外力。内力对系统的作用效果相互抵消，因此可除去，并不影响整个系统的平衡。故在整体系统受力图上，内力不必画出，只需画出系统所受的外力。但必须指出，内力与外力的区分不是绝对的，在一定条件下可以相互转化。如例1-4中研究梁*CD*时，$\boldsymbol{F}_{Cx}$、$\boldsymbol{F}_{Cy}$为外力，但研究整梁*AD*时，$\boldsymbol{F}_{Cx}$、$\boldsymbol{F}_{Cy}$就成为内力了。可见，内力与外力的区分，只有相对于某一确定的研究对象才有意义。

例1-5　如图1-20a所示的三角形托架中，*A*、*C*处是固定铰支座，*B*处为铰链连接。各杆的自重及各处的摩擦不计。试画出水平杆 AB、斜杆 BC 及整体的受力图。

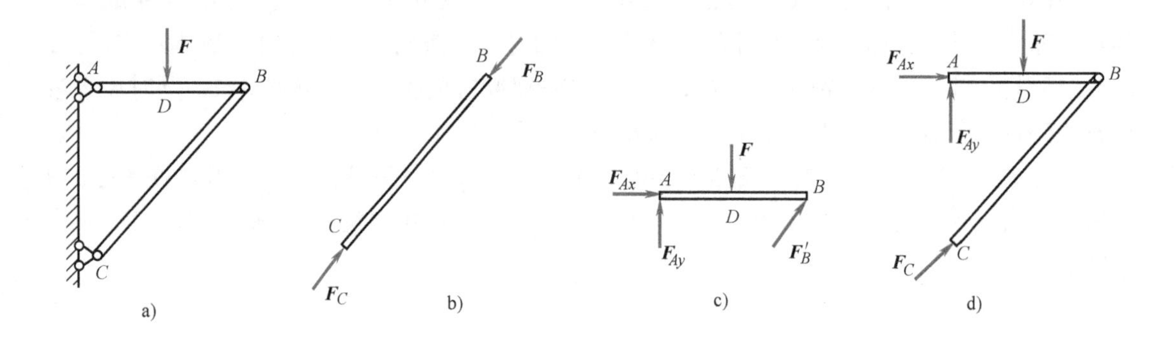

图 1-20

解 (1) 斜杆BC的受力分析。BC 杆的两端都是铰链连接，其约束反力应当是通过铰链中心，方向未定的未知力 F_C 和 F_B，而 BC 杆只受到这两个力的作用，且处于平衡，由二力平衡公理得，F_C 与 F_B 两力必定大小相等、方向相反，作用线沿两铰链中心的连线，指向可先任意假定。BC 杆的受力如图 1-20b 所示，图中假设 BC 杆受压。

只受两个力作用而处于平衡的构件称为二力构件。只受两个力作用而处于平衡的杆件称为二力杆。它所受的两个力必定沿两力作用点的连线，且大小相等、方向相反。约束中的链杆就是二力杆。二力杆可以是直杆，也可以是曲杆。

(2) 水平杆 AB 的受力分析。杆上作用有主动力 F。A 处是固定铰支座，其约束反力用 F_{Ax}、F_{Ay}表示；B 处 BC 对它为链杆约束，其约束反力用 F_B' 表示，F_B'与 F_B 为作用力与反作用力关系，即 F_B'与 F_B 等值、共线、反向，如图 1-20c 所示。

(3) 整个三角架 ABC 的受力分析。如图 1-20d 所示，B 处作用力不画出，A、C 处的支座反力的指向应与图 1-20b、c 所示相一致。

通过以上例题的分析可知，画受力图时应注意以下几点：

(1) 必须明确研究对象 画受力图首先必须明确要画哪个物体的受力图，是单个物体，还是几个物体组成的系统。不同研究对象的受力图是不同的。

(2) 正确确定研究对象受力的数目 对每一个力都应明确它是哪一个物体施加给研究对象的，不能凭空产生，也不能漏掉。

(3) 注意约束反力与约束类型相对应 每解除一个约束，就有与它相应的约束反力作用于研究对象；约束反力的方向要依据约束的类型来画，不能根据主动力的方向来简单推想。另外，同一约束反力在各受力图中假定的指向应一致。

(4) 注意作用力与反作用力之间的关系 当分析两物体之间的相互作用时，要注意作用力与反作用力的关系。作用力的方向一旦确定，反作用力的方向就必须与其相反。在画整个系统的受力图时，系统中各物体间的相互作用力是内力，不必画出，只需画出全部外力。

本章讨论了静力学的基本概念、基本公理、常见约束类型及物体受力分析的基本方法。

一、基本概念

(1) 刚体　在外力作用下，几何形状、尺寸的变化可忽略不计的物体。

(2) 力　力是物体间相互的机械作用，这种相互作用的效果会使物体的运动状态发生变化，或者使物体发生变形。对刚体而言，力的三要素为：大小、方向和作用线。

(3) 平衡　物体在力系作用下，相对于地球静止或做匀速直线运动。

(4) 约束　对非自由体起限制作用的周围物体称为约束。阻碍物体运动或运动趋势的力称为约束反力。约束反力的方向必与该约束所能阻碍的运动方向相反。工程中常见的约束有：柔体约束、光滑接触面约束、圆柱铰链约束和链杆约束。常见的支座有：固定铰支座、可动铰支座和固定端支座。

二、基本公理

(1) 平行四边形公理

(2) 二力平衡公理

以上两个公理阐明了作用在一个物体上的最简单的力系的合成规则及其平衡条件。

(3) 加减平衡力系公理　这个公理阐明了任意力系等效替换的条件。

(4) 作用与反作用公理　这个公理说明了两个物体相互作用的关系。

推论1　力的可传性原理

推论2　三力平衡汇交定理

三、物体受力分析的基本方法——画受力图

在隔离体上画出周围物体对它全部作用力的简图称为受力图。正确画出受力图是进行力学计算的基础。

1-1　平衡的概念是什么？试举出一两个物体处于平衡状态的例子。

1-2　力的概念是什么？举例说明改变力的三要素中任一要素都会影响力的作用效果。

1-3　二力平衡公理和作用与反作用公理的区别是什么？

1-4　二力杆的概念是什么？二力杆受力与构件的形状有无关系？

1-5　常见的约束类型有哪些？各种约束反力的方向如何确定？

1-6　图1-21中，试在构件A、B两点各加一个力使构件平衡。

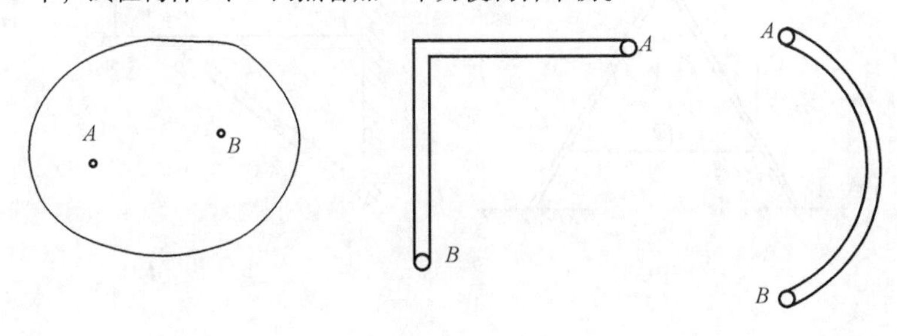

图　1-21

习 题

1-1 画出如图 1-22 所示各物体的受力图。假定各接触面都是光滑的。

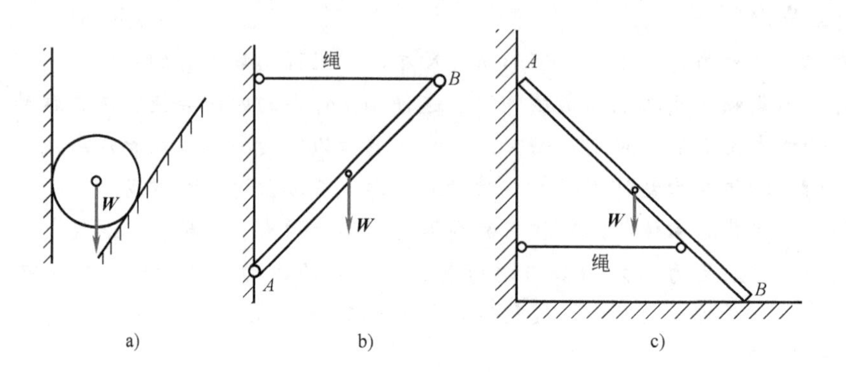

图 1-22

1-2 试作图 1-23 中各梁的受力图。梁的自重不计。

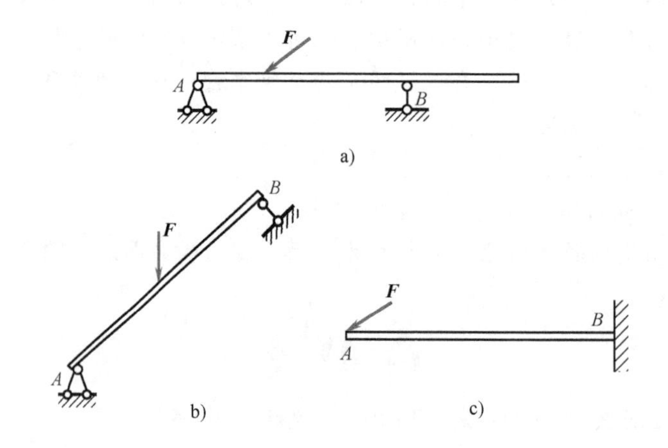

图 1-23

1-3 试作图 1-24 所示结构各部分及整体的受力图。接触面为光滑面，结构自重不计。

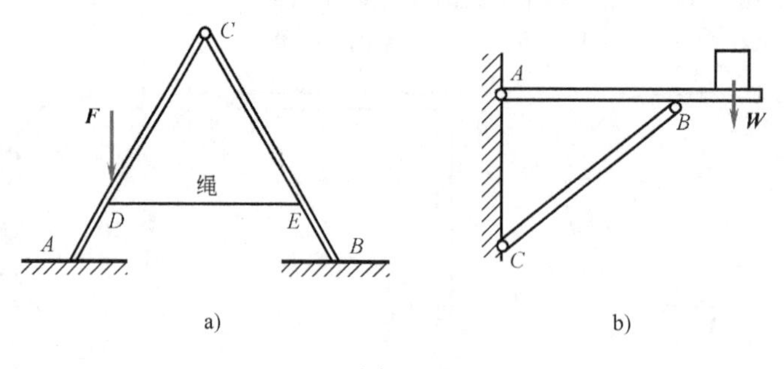

图 1-24

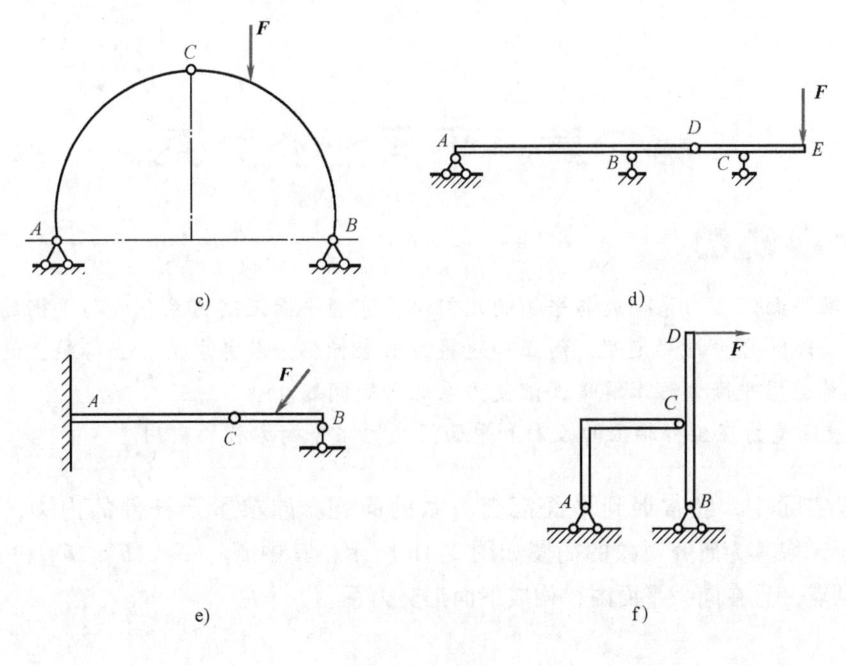

图　1-24（续）

第二章　平面汇交力系

学习目标

1. 了解平面汇交力系合成与平衡的几何法；掌握平面汇交力系合成与平衡的解析法。
2. 正确理解合力投影定理，能正确地将力沿坐标轴分解并求力在坐标轴上的投影。
3. 熟练运用平衡方程求解平面汇交力系的平衡问题。

本章重点是力在坐标轴上的投影和平面汇交力系平衡方程的应用。

在工程实际中，经常遇到平面汇交力系的问题。如求屋架杆件的内力，其节点如图2-1a所示，取其为研究对象的简图如图2-1b所示，其中$\boldsymbol{F}_1$、$\boldsymbol{F}_2$、$\boldsymbol{F}_3$、$\boldsymbol{F}_4$和$\boldsymbol{F}_5$的作用线均通过O点，且在同一平面内，构成平面汇交力系。

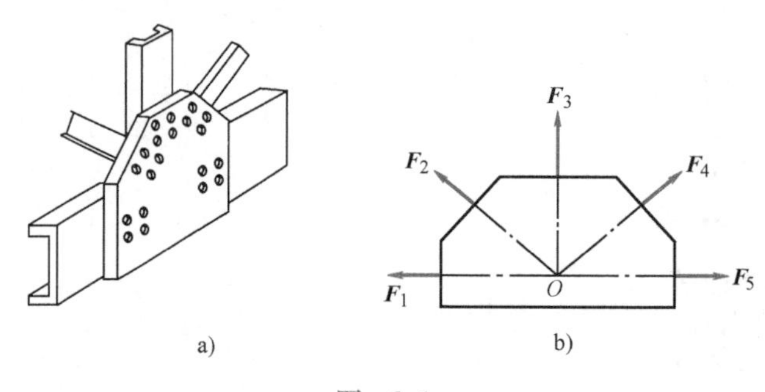

图　2-1

本章将用几何法、解析法来研究平面汇交力系的合成和平衡问题。

第一节　平面汇交力系合成与平衡的几何法

一、平面汇交力系合成的几何法

1. 两个汇交力的合成

如图2-2a所示，设物体上作用有两个力$\boldsymbol{F}_1$和$\boldsymbol{F}_2$，由平行四边形公理，这两个力可以合成为一个合力$\boldsymbol{F}_R$，它的作用线通过汇交点O，其大小和方向由平行四边形的对角线来表示。可以用更简单的方法求得合力。如图2-2b所示，先从任意一点A作矢量$\overrightarrow{AB}$等于力矢$\boldsymbol{F}_1$（即与$\boldsymbol{F}_1$大小相等，作用线相互平行，指向相同），再从B点作矢量$\overrightarrow{BC}$等于$\boldsymbol{F}_2$，连接A、C两点，显

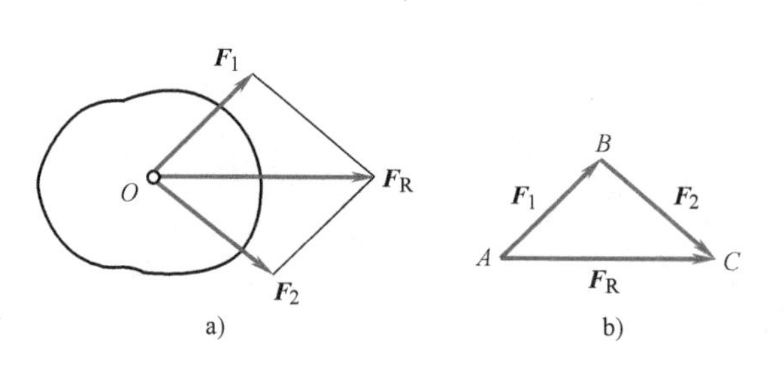

图　2-2

然，矢量$\overrightarrow{AC}$即表示合力$\boldsymbol{F}_R$的大小和方向。这个三角形ABC称为力三角形，此作图方法，称为**力的三角形法则**。力三角形只是一种矢量运算方法，不能用来表示力系的真实作用情况。

需注意，分力$\boldsymbol{F}_1$和$\boldsymbol{F}_2$首尾相接，而合力$\boldsymbol{F}_R$则从起点指向最后一个分力的终点。作图时变换$\boldsymbol{F}_1$和$\boldsymbol{F}_2$的顺序，可得到形状不同的力三角形，但合力$\boldsymbol{F}_R$的大小和方向不变。

2. 任意个汇交力的合成

对任意个汇交力的合成，可逐次应用力三角形法则，将这些力依次合成，从而求出合力的大小和方向。如图2-3a所示，一平面汇交力系$\boldsymbol{F}_1$、$\boldsymbol{F}_2$、$\boldsymbol{F}_3$、$\boldsymbol{F}_4$作用于某物体的O点，若求力系的合力，可先从任意一点A作矢量$\overrightarrow{AB}$等于$\boldsymbol{F}_1$，再从B点作矢量$\overrightarrow{BC}$等于$\boldsymbol{F}_2$，矢量$\overrightarrow{AC}$即为力$\boldsymbol{F}_1$和$\boldsymbol{F}_2$的合力$\boldsymbol{F}_{R1}$的大小和方向。同样，再从C点作矢量$\overrightarrow{CD}$等于$\boldsymbol{F}_3$，矢量$\overrightarrow{AD}$即表示力$\boldsymbol{F}_{R1}$与$\boldsymbol{F}_3$的合力$\boldsymbol{F}_{R2}$（即$\boldsymbol{F}_1$、$\boldsymbol{F}_2$、$\boldsymbol{F}_3$三个力的合力）的大小和方向。最后，从D点作矢量$\overrightarrow{DE}$等于$\boldsymbol{F}_4$，连接A、E两点，矢量$\overrightarrow{AE}$即表示力$\boldsymbol{F}_{R2}$与$\boldsymbol{F}_4$的合力$\boldsymbol{F}_R$（亦即$\boldsymbol{F}_1$、$\boldsymbol{F}_2$、$\boldsymbol{F}_3$、$\boldsymbol{F}_4$四个力的合力）的大小和方向。合力$\boldsymbol{F}_R$的作用线过点A。

从图2-3b可以发现矢量$\boldsymbol{F}_{R1}$、$\boldsymbol{F}_{R2}$可不必画出，同样能得到合力$\boldsymbol{F}_R$，这使图形更加简单。多边形$ABCDE$称为力多边形，上述作图求合力的方法称为**力多边形法则**。

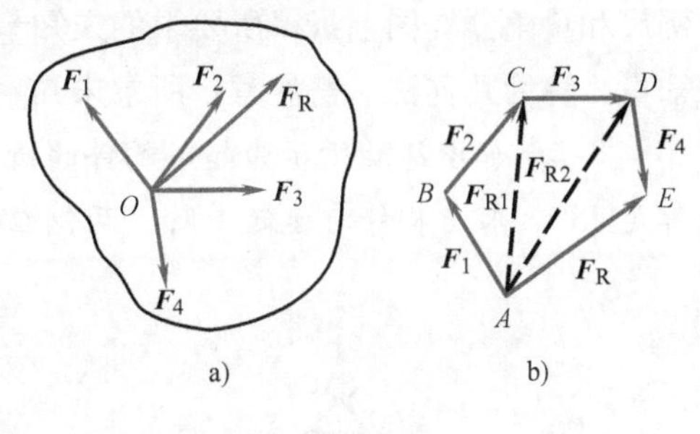

图　2-3

在作力多边形时任意变换力的次序，可画出形状不同的力多边形，但合力$\boldsymbol{F}_R$的大小和方向仍然不变。由此可得出如下结论：

平面汇交力系合成的结果是一个合力，合力的大小和方向等于原力系中各力的矢量和，合力作用线通过原力系各力的汇交点。

用矢量式表示力的多边形法则为

$$\boldsymbol{F}_R=\boldsymbol{F}_1+\boldsymbol{F}_2+\boldsymbol{F}_3+\cdots+\boldsymbol{F}_n=\sum\boldsymbol{F} \tag{2-1}$$

例2-1　一固定环上套有三根绳索，各绳的拉力分别为$F_{T1}=100\text{N}$，$F_{T2}=150\text{N}$，$F_{T3}=200\text{N}$，各力的方向如图2-4a所示，试用几何法求固定环受到的合力。

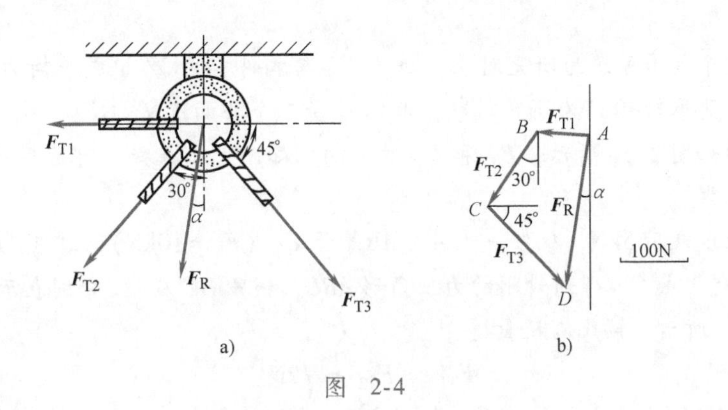

图　2-4

解　拉力$\boldsymbol{F}_{T1}$、$\boldsymbol{F}_{T2}$、$\boldsymbol{F}_{T3}$的作用线相交于固定环中心O，构成平面汇交力系。可用力多

边形法则求得合力。选单位长度表示100N，任选一点A，作$\overrightarrow{AB}$等于$\boldsymbol{F}_{T1}$，$\overrightarrow{BC}$等于$\boldsymbol{F}_{T2}$，$\overrightarrow{CD}$等于$\boldsymbol{F}_{T3}$，连接$\boldsymbol{F}_{T1}$的起点A和$\boldsymbol{F}_{T3}$的终点D，矢量$\overrightarrow{AD}$就是合力$\boldsymbol{F}_R$的大小和方向，合力$\boldsymbol{F}_R$的作用线通过原力系的汇交点O，如图2-4b所示，用比例尺和量角器量得

$$F_R = 270\text{N} \qquad \alpha = 7°$$

二、平面汇交力系平衡的几何条件

由于平面汇交力系可合成为一个合力$\boldsymbol{F}_R$，即合力$\boldsymbol{F}_R$与原力系等效。显然平面汇交力系平衡的必要和充分条件是：该力系的合力等于零。

用公式可表示为

$$\boldsymbol{F}_R = \sum \boldsymbol{F} = 0 \tag{2-2}$$

在平衡情况下，力多边形中最后一个力的终点与第一个力的起点重合（即力多边形的封闭边的长度为零），此时的力多边形为自行封闭的力多边形。所以，平面汇交力系平衡的几何条件为：力多边形自行闭合。

求解平面汇交力系的平衡问题时可用图解法，即按比例先画出封闭的力多边形，然后用比例尺和量角器在图上量得所要求的未知量；也可根据各力的几何关系，用三角公式计算出未知量，称为几何法。需注意：所求未知量的个数不能超过两个。

例2-2 如图2-5a所示为起吊构件的情形。构件自重$W=10$kN，两钢丝绳与铅垂线的夹角都是45°。求当构件匀速起吊时，两钢丝绳的拉力是多少？

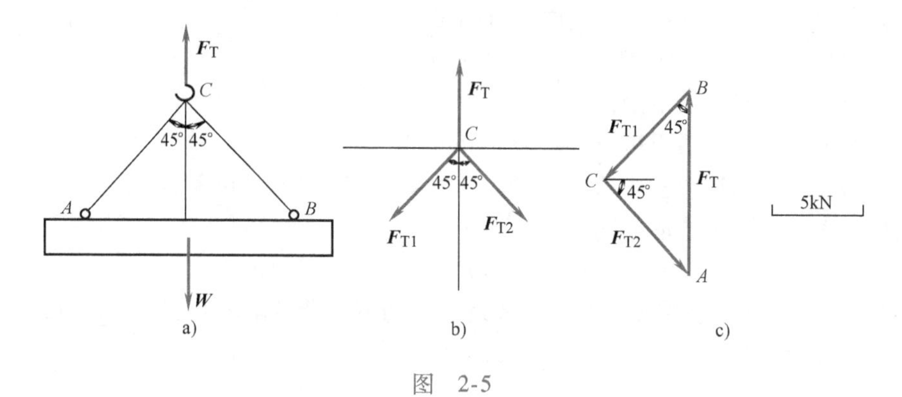

图 2-5

解 先取整个起吊系统为研究对象，拉力$\boldsymbol{F}_T$与构件重力$\boldsymbol{W}$组成平衡力系（图2-5a），$F_T=W=10$kN。再取吊钩C为研究对象，吊钩C受三个共面汇交力$\boldsymbol{F}_T$、$\boldsymbol{F}_{T1}$、$\boldsymbol{F}_{T2}$的作用而平衡，其受力图如图2-5b所示，$\boldsymbol{F}_{T1}$和$\boldsymbol{F}_{T2}$的方向已知而大小未知，可应用平面汇交力系平衡的几何条件求得。

选定单位长度表示5kN，从任一点A作$\overrightarrow{AB}$等于$\boldsymbol{F}_T$（$F_T=10$kN），过A、B分别作$\boldsymbol{F}_{T1}$和$\boldsymbol{F}_{T2}$的平行线相交于点C，得到封闭的力三角形ABC，线段BC及CA分别表示力$\boldsymbol{F}_{T1}$和$\boldsymbol{F}_{T2}$的大小，如图2-5c所示。按比例尺量得

$$F_{T1} = F_{T2} = 7\text{kN}$$

例2-3 梁AB在C点受力$\boldsymbol{F}$作用，如图2-6a所示，设$F=10$kN，梁自重不计。求支座A、B的反力。

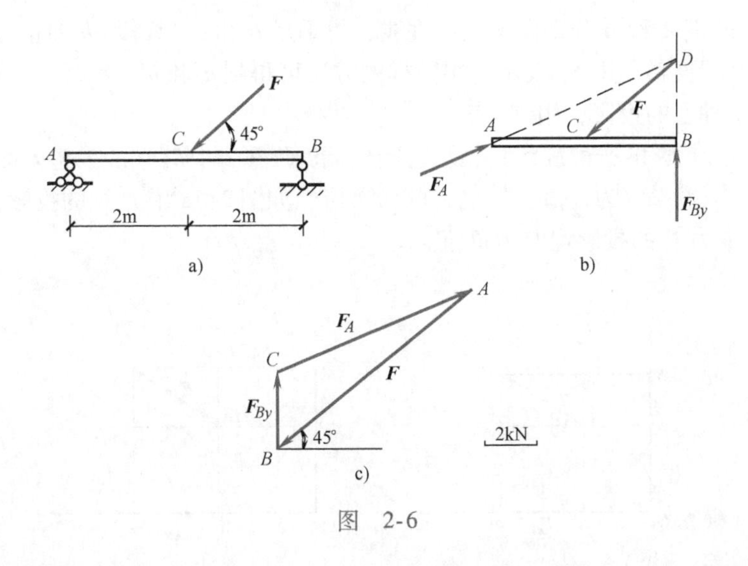

图　2-6

解　取梁为研究对象，梁受主动力 $\boldsymbol{F}$ 和支座反力 $\boldsymbol{F}_A$、$\boldsymbol{F}_{By}$ 的作用。支座 B 为可动铰支座，$\boldsymbol{F}_{By}$ 的作用线垂直于支承面，假设指向向上，支座 A 为固定铰支座，$\boldsymbol{F}_A$ 的方向未定。因梁 AB 受三个共面不平行力的作用而平衡，所以可用三力平衡汇交定理求解。力 $\boldsymbol{F}$ 与 $\boldsymbol{F}_{By}$ 的作用线相交于点 D，故 $\boldsymbol{F}_A$ 也必过 D 点，指向假设如图 2-6b 所示。根据平衡的几何条件，按比例作出闭合的力多边形 ABC，如图 2-6c 所示，两反力的实际指向与假设指向相同。按比例尺量得

$$F_A = 7.9\text{kN} \qquad F_{By} = 3.5\text{kN}$$

通过上述例题，可以总结出几何法求解平面汇交力系平衡问题的步骤如下：

(1) 选取研究对象　根据题意选取与已知力和未知力有关的物体作为研究对象，并画出简图。

(2) 受力分析，画出受力图　在研究对象上画出全部已知力和未知力（包括约束反力）。注意运用二力杆的性质和平面力系平衡汇交定理来确定约束反力的作用线。当约束反力的指向未定时，可先假设。

(3) 作力多边形　选择适当的比例尺，作出封闭的力多边形。注意，作图时先画已知力，后画未知力，按力多边形法则和封闭特点，确定未知力的实际指向。

(4) 量出未知量　根据比例尺和量角器量出未知量。对于特殊角度还可用三角公式通过计算得出。

第二节　平面汇交力系合成与平衡的解析法

平面汇交力系的几何法具有简捷、直观的优点，但要求作图准确，否则可能产生较大误差。故在力学中常采用的是解析法。这种方法以力在坐标轴上的投影的计算为基础。

一、平面汇交力系合成的解析法

1. 力在坐标轴上的投影

设力 $\boldsymbol{F}$ 作用在物体的某点 A，如图 2-7a、b 所示。在力 $\boldsymbol{F}$ 的同平面内取直角坐标系

Oxy，从力 $\boldsymbol{F}$ 的两端 A 和 B 分别向 x 轴作垂线，得垂足 a 和 b，线段 ab 加正号或负号，就称为力 $\boldsymbol{F}$ 在 x 轴上的投影，用 F_x 表示。用同样的方法可得到 a' 和 b'，线段 $a'b'$ 加正号或负号，就称为力 $\boldsymbol{F}$ 在 y 轴上的投影，用 F_y 表示。

力在坐标轴上投影的符号规定：当从力的始端的投影 a 到终端的投影 b 的方向与坐标轴的正向一致时，该投影取为正值；反之，取为负值。如图2-7a 中力 $\boldsymbol{F}$ 的投影 F_x、F_y 均取为正值，图2-7b 中力 $\boldsymbol{F}$ 的投影均取为负值。

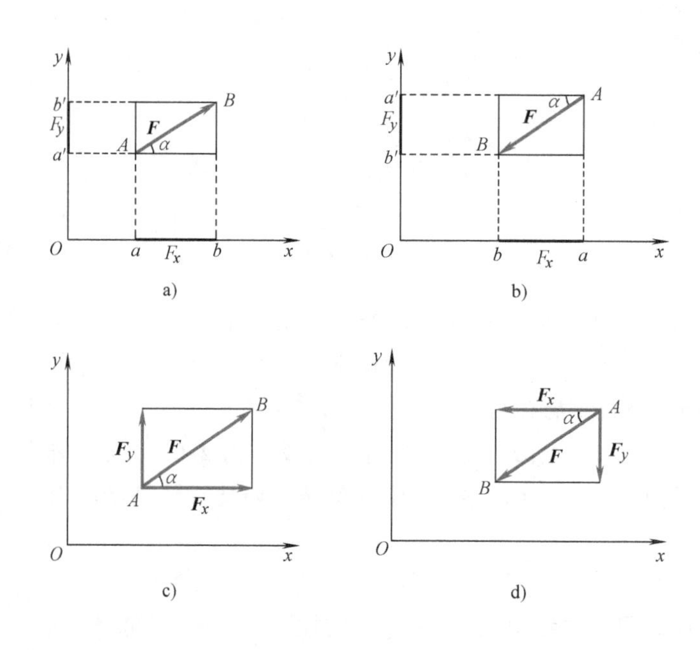

图　2-7

通常采用力 $\boldsymbol{F}$ 与坐标轴 x 所夹的锐角来计算投影，其正、负号可由上述规定直观判断得出。由图2-7a、b 可见，投影 F_x 和 F_y 可用下式计算

$$\left.\begin{aligned}F_x &= \pm F\cos\alpha\\ F_y &= \pm F\sin\alpha\end{aligned}\right\}\qquad(2\text{-}3)$$

式中，α 为力 $\boldsymbol{F}$ 与坐标轴 x 所夹的锐角。

两种特殊情形：

1）当力与坐标轴垂直时，力在该轴上的投影为零。

2）当力与坐标轴平行时，力在该轴上的投影的绝对值等于该力的大小。

在图2-7c 中画出力 $\boldsymbol{F}$ 沿直角坐标轴方向的分力 $\boldsymbol{F}_x$ 和 $\boldsymbol{F}_y$，此分力 $\boldsymbol{F}_x$ 和 $\boldsymbol{F}_y$ 与图2-7a、b 中的投影 F_x、F_y 不同，力的投影只有大小和正负，为标量；而力的分力为矢量，有大小、方向，其作用效果与作用点或作用线有关。两者不可混淆。引入力在轴上的投影的概念后，就可将力的矢量计算转化为标量计算。

例2-4　试分别求出图2-8中各力在 x 轴和 y 轴上的投影。已知 $F_1=F_2=F_3=F_4=F_5=F_6=100\text{kN}$，各力的方向如图2-8 所示。

解　由式(2-3)可得出各力在 x、y 轴上的投影为

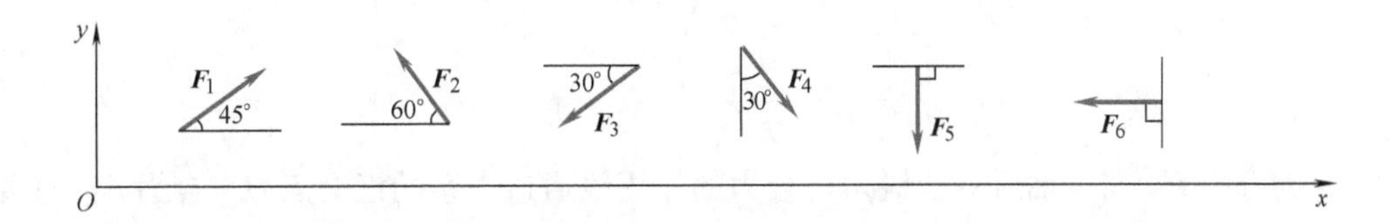

图　2-8

$\boldsymbol{F}_1$ 的投影　$F_{1x}=F_1\cos45°=(100\times0.707)\ \text{kN}=70.7\text{kN}$

$F_{1y}=F_1\sin45°=(100\times0.707)\ \text{kN}=70.7\text{kN}$

$\boldsymbol{F}_2$ 的投影　$F_{2x}=-F_2\cos60°=(-100\times0.5)\ \text{kN}=-50\text{kN}$

$F_{2y}=F_2\sin60°=(100\times0.866)\ \text{kN}=86.6\text{kN}$

$\boldsymbol{F}_3$ 的投影　$F_{3x}=-F_3\cos30°=(-100\times0.866)\ \text{kN}=-86.6\text{kN}$

$F_{3y}=-F_3\sin30°=(-100\times0.5)\ \text{kN}=-50\text{kN}$

$\boldsymbol{F}_4$ 的投影　$F_{4x}=F_4\cos60°=(100\times0.5)\ \text{kN}=50\text{kN}$

$F_{4y}=-F_4\sin60°=(-100\times0.866)\ \text{kN}=-86.6\text{kN}$

$\boldsymbol{F}_5$ 的投影　$F_{5x}=F_5\cos90°=0$

$F_{5y}=-F_5\sin90°=(-100\times1)\ \text{kN}=-100\text{kN}$

$\boldsymbol{F}_6$ 的投影　$F_{6x}=-F_6\cos0°=(-100\times1)\ \text{kN}=-100\text{kN}$

$F_{6y}=F_6\sin0°=0$

2. 合力投影定理

合力投影定理建立了合力的投影与分力的投影之间的关系。

如图2-9所示为平面汇交力系 $\boldsymbol{F}_1$、$\boldsymbol{F}_2$、$\boldsymbol{F}_3$ 组成的力多边形 $ABCD$，AD 表示该力系的合力 $\boldsymbol{F}_R$。取任一轴 x，如图所示，把各力都投影到 x 轴上，并令 F_{1x}、F_{2x}、F_{3x}和 F_{Rx}分别表示力 $\boldsymbol{F}_1$、$\boldsymbol{F}_2$、$\boldsymbol{F}_3$ 和合力 $\boldsymbol{F}_R$ 在 x 轴上的投影。由图可得

$$F_{1x}=ab \quad F_{2x}=bc \quad F_{3x}=-cd \quad F_{Rx}=ad$$

而 $ad=ab+bc-cd$。因此得

$$F_{Rx}=F_{1x}+F_{2x}+F_{3x}$$

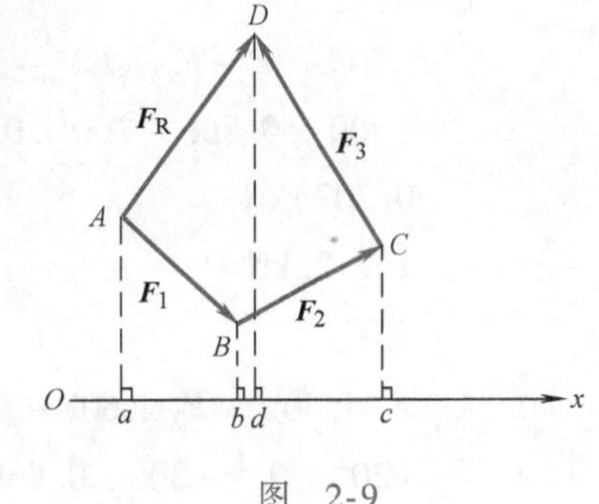

图　2-9

上式可推广到任意多个汇交力的情况，即

$$F_{Rx}=F_{1x}+F_{2x}+F_{3x}+\dots+F_{nx}=\sum F_x \tag{2-4}$$

即合力在任一坐标轴上的投影等于各分力在同一坐标轴上投影的代数和，这就是合力投影定理。

3. 用解析法求平面汇交力系的合力

当平面汇交力系已知时，如图2-10所示，我们可选取直角坐标系，求出力系中各力在 x 轴、y 轴上的投影，再根据合力投影定理求得合力 $\boldsymbol{F}_R$ 在 x 轴、y 轴上的投影 F_{Rx}、F_{Ry}，从图中的几何关系可见，合力 $\boldsymbol{F}_R$ 的大小和方向可由下式确定：

$$\left.\begin{aligned} F_{\mathrm{R}} &= \sqrt{F_{\mathrm{R}x}^2 + F_{\mathrm{R}y}^2} = \sqrt{(\sum F_x)^2 + (\sum F_y)^2} \\ \tan\alpha &= \frac{|F_{\mathrm{R}y}|}{|F_{\mathrm{R}x}|} = \frac{|\sum F_y|}{|\sum F_x|} \end{aligned}\right\} \tag{2-5}$$

式中，α 为合力 $\boldsymbol{F}_{\mathrm{R}}$ 与 x 轴所夹的锐角。合力的作用线通过力系的汇交点 O，合力 $\boldsymbol{F}_{\mathrm{R}}$ 的指向由 $F_{\mathrm{R}x}$ 和 $F_{\mathrm{R}y}$（即 $\sum F_x$、$\sum F_y$）的正负号来确定，如图 2-11 所示。

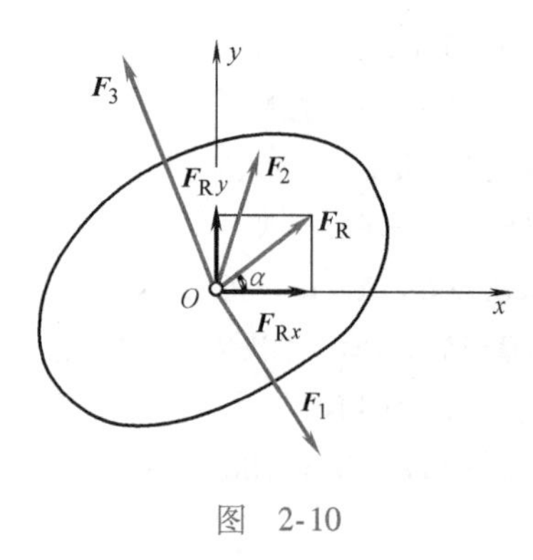

图 2-10

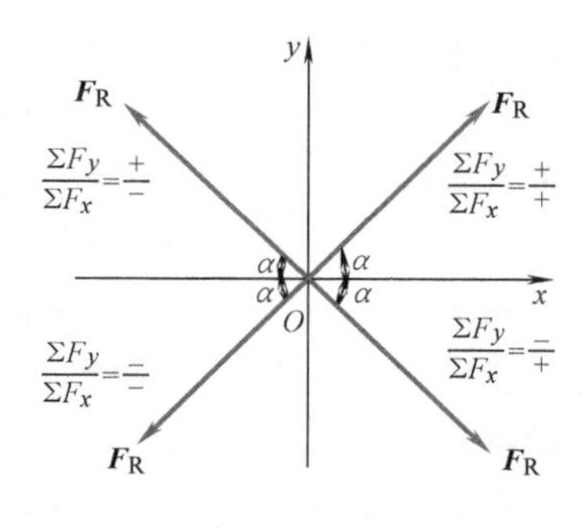

图 2-11

例 2-5 已知某平面汇交力系如图 2-12 所示。$F_1 = 200\mathrm{kN}$，$F_2 = 300\mathrm{kN}$，$F_3 = 100\mathrm{kN}$，$F_4 = 250\mathrm{kN}$，试求该力系的合力。

解 （1）建立直角坐标系 Oxy，计算合力在 x、y 轴上的投影。

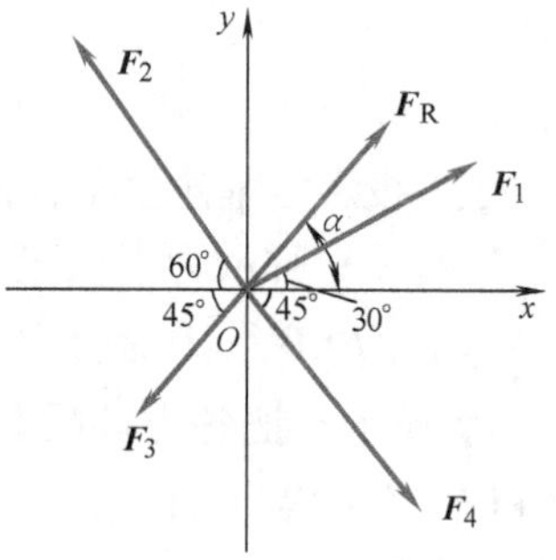

图 2-12

$$\begin{aligned} F_{\mathrm{R}x} &= \sum F_x \\ &= F_1\cos30° - F_2\cos60° - F_3\cos45° + F_4\cos45° \\ &= (200 \times 0.866 - 300 \times 0.5 - 100 \times 0.707 + 250 \times 0.707)\mathrm{kN} \\ &= 129.25\mathrm{kN} \end{aligned}$$

$$\begin{aligned} F_{\mathrm{R}y} &= \sum F_y \\ &= F_1\sin30° + F_2\sin60° - F_3\sin45° - F_4\sin45° \\ &= (200 \times 0.5 + 300 \times 0.866 - 100 \times 0.707 - 250 \times 0.707)\mathrm{kN} \\ &= 112.35\mathrm{kN} \end{aligned}$$

（2）求合力的大小。

$$F_{\mathrm{R}} = \sqrt{F_{\mathrm{R}x}^2 + F_{\mathrm{R}y}^2} = \sqrt{129.25^2 + 112.35^2}\mathrm{kN} = 171.25\mathrm{kN}$$

（3）求合力的方向。

$$\tan\alpha = \frac{|F_{\mathrm{R}y}|}{|F_{\mathrm{R}x}|} = \frac{112.35}{129.25} = 0.87$$

$$\alpha = 41°$$

由于 $F_{\mathrm{R}x}$、$F_{\mathrm{R}y}$ 均为正，故 α 应在第一象限，合力 $\boldsymbol{F}_{\mathrm{R}}$ 的作用线通过力系的汇交点 O，如图 2-12 所示。

二、平面汇交力系平衡的解析条件

由上节可知，平面汇交力系平衡的必要和充分条件是该力系的合力等于零。根据式(2-5)的第一式可知

$$F_R=\sqrt{F_{Rx}^2+F_{Ry}^2}=\sqrt{(\Sigma F_x)^2+(\Sigma F_y)^2}=0$$

上式中 $(\Sigma F_x)^2$ 与 $(\Sigma F_y)^2$ 恒为正数。若使 $\boldsymbol{F}_R=0$，必须同时满足

$$\left.\begin{array}{l}\Sigma F_x=0\\ \Sigma F_y=0\end{array}\right\} \tag{2-6}$$

所以，平面汇交力系平衡的必要和充分的解析条件是：力系中所有各力在两个坐标轴上投影的代数和分别等于零。式（2-6）称为平面汇交力系的平衡方程。这是两个独立的方程，可以求解两个未知量。

例2-6　一圆球重15kN，用绳索将球挂于光滑墙上，绳与墙之间的夹角 $\alpha=30°$，如图2-13a所示。求墙对球的约束反力 $\boldsymbol{F}_N$ 及绳索对圆球的拉力 $\boldsymbol{F}_T$。

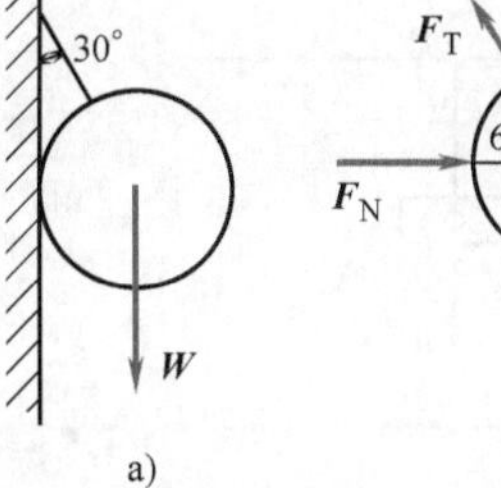

图　2-13

解　取圆球为研究对象。圆球在自重 $\boldsymbol{W}$（$W=15$kN）、绳索拉力 $\boldsymbol{F}_T$ 及光滑墙面的约束反力 $\boldsymbol{F}_N$ 作用下处于平衡，如图2-13b所示。三力 $\boldsymbol{W}$、$\boldsymbol{F}_T$、$\boldsymbol{F}_N$ 组成平面汇交力系。建立直角坐标系（图2-13b），列平衡方程。

由 $\Sigma F_y=0$ 得　　$F_T\sin 60°-W=0$

$$F_T=\frac{W}{\sin 60°}=\frac{15}{0.866}\text{kN}=17.32\text{kN}$$

由 $\Sigma F_x=0$ 得　　$F_N-F_T\cos 60°=0$

$$F_N=F_T\cos 60°=(17.32\times 0.5)\ \text{kN}=8.66\text{kN}$$

例2-7　平面刚架在 C 点受水平力 $\boldsymbol{F}$ 作用，如图2-14a所示。设 $F=40$kN，不计刚架自重。求支座 A、B 的反力。

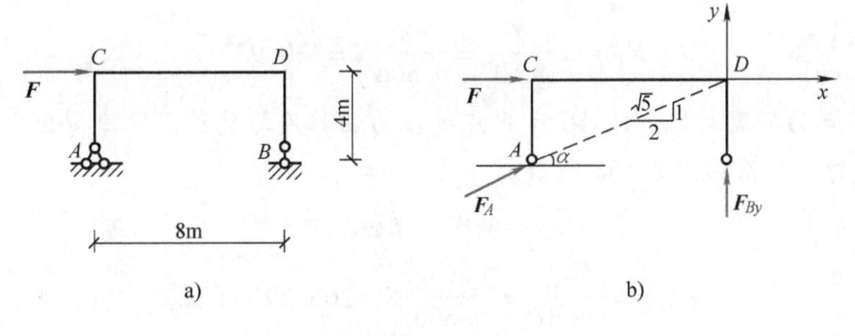

图　2-14

解　取刚架为研究对象。它受到水平力 $\boldsymbol{F}$ 及支座反力 $\boldsymbol{F}_A$、$\boldsymbol{F}_{By}$ 三个力的作用。利用三力平衡汇交定理，可画出刚架的受力图（图2-14b），图中 $\boldsymbol{F}_A$、$\boldsymbol{F}_{By}$ 的指向为假设。建立直角坐标系（图2-14b），列平衡方程。

由 $\Sigma F_x=0$ 得　　$F_A\cos\alpha+F=0$

$$F_A=-\frac{F}{\cos\alpha}=\left(-40\times\frac{\sqrt{5}}{2}\right)\text{kN}=-44.72\text{kN}\qquad(\swarrow)$$

负号表示 $\boldsymbol{F}_A$ 的实际方向与假设方向相反。

由 $\sum F_y=0$ 得 $\qquad F_{By}+F_A\sin\alpha=0$

$$F_{By}=-F_A\sin\alpha=\left[-(-44.72)\times\frac{1}{\sqrt{5}}\right]\text{kN}=20\text{kN}\ (\uparrow)$$

所得正号表示 $\boldsymbol{F}_{By}$ 假设的方向与实际方向一致。

支座反力的实际方向，通常在答案后用加括号的箭头表示。

例 2-8 物体自重 $W=200\text{N}$，用绳索 AB、AC 及链杆 CE、CD 铰接而成的支架吊挂，如图 2-15a 所示，求链杆 CE、CD 所受的力。

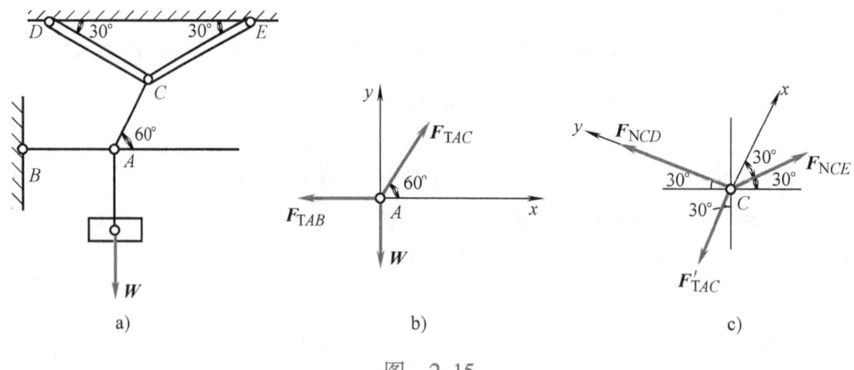

图 2-15

解 在处于平衡的整个受力体系中，A 点和 C 点都是汇交力系。如直接取与所求未知力有关的 C 点为研究对象，有三个未知力，没有一个已知力，而独立的平衡方程只有两个，因此无法求解。于是应先取 A 点为研究对象，有一个已知重力，两个未知力，可以应用汇交力系的平衡方程求解。在求得绳索 AC 的受力后再通过 C 点的平衡方程来求出未知量。

(1) 取 A 点为研究对象，受力图及选取的坐标系如图 2-15b 所示。

由 $\sum F_y=0$ 得 $\qquad F_{\text{TAC}}\sin60°-W=0$

$$F_{\text{TAC}}=\frac{W}{\sin60°}=\frac{200}{0.866}\text{N}=230.95\text{N}$$

(2) 取 C 点为研究对象。绳 AC 对 C 点的拉力由作用与反作用定律得出，$F_{\text{TAC}}=F'_{\text{TAC}}$，受力图及选取的坐标系如图 2-15c 所示。

由 $\sum F_x=0$ 得 $\qquad F_{\text{NCE}}\cos30°-F'_{\text{TAC}}=0$

$$F_{\text{NCE}}=\frac{F'_{\text{TAC}}}{\cos30°}=\frac{230.95}{0.866}\text{N}=266.69\text{N}\ (\text{拉})$$

由 $\sum F_y=0$ 得 $\qquad F_{\text{NCD}}-F_{\text{NCE}}\sin30°=0$

$$F_{\text{NCD}}=F_{\text{NCE}}\sin30°=(266.69\times0.5)\ \text{N}=133.35\text{N}\ (\text{拉})$$

通过以上各例的分析讨论，现将解析法求解平面汇交力系平衡问题的步骤归纳如下：

1）选取研究对象。

2）画出研究对象的受力图。当约束反力的指向未定时，可先假设其指向。

3）选取适当的坐标系。最好使坐标轴与某一个未知力垂直，以便简化计算。

4）建立平衡方程求解未知力，尽量做到一个方程解一个未知量，避免解联立方程。列方程时注意各力投影的正负号。求出的未知力带负号时，表示该力的实际指向与假设指向相反。

本章讲述了研究平面汇交力系的合成和平衡条件的两种方法：几何法和解析法。

一、求平面汇交力系的合力

1. 几何法

根据力多边形法则求合力，即力多边形缺口的封闭边代表合力的大小和方向。

$$\boldsymbol{F}_{\mathrm{R}} = \sum \boldsymbol{F}$$

合力的作用线通过原力系各力的汇交点。

2. 解析法

根据合力投影定理，利用力系中各分力在两个正交轴上的投影的代数和，来确定合力的大小和方向，其计算式为

$$\left.\begin{aligned} F_{\mathrm{R}} &= \sqrt{F_{\mathrm{R}x}^2 + F_{\mathrm{R}y}^2} = \sqrt{(\sum F_x)^2 + (\sum F_y)^2} \\ \tan\alpha &= \frac{|F_{\mathrm{R}y}|}{|F_{\mathrm{R}x}|} = \frac{|\sum F_y|}{|\sum F_x|} \end{aligned}\right\}$$

α 为合力 $\boldsymbol{F}_{\mathrm{R}}$ 与 x 轴所夹的锐角。合力 $\boldsymbol{F}_{\mathrm{R}}$ 的指向由 $\sum F_y$ 和 $\sum F_x$ 的正负号来确定，合力的作用线通过原力系各力的汇交点。

二、平面汇交力系的平衡条件

1. 平衡的必要和充分条件

平面汇交力系平衡的必要和充分条件是平面汇交力系的合力为零，即

$$\boldsymbol{F}_{\mathrm{R}} = \sum \boldsymbol{F} = 0$$

2. 平衡的几何条件

平面汇交力系平衡的几何条件是平面汇交力系的力多边形自行封闭。

3. 平衡的解析条件

平面汇交力系平衡的解析条件是平面汇交力系中所有各力在两个坐标轴上投影的代数和分别等于零。即

$$\sum F_x = 0$$
$$\sum F_y = 0$$

通过这两个独立的平衡方程，可求解出两个未知量。

三、求力在坐标轴上的投影

力在坐标轴上的投影为

$$F_x = \pm F\cos\alpha$$
$$F_y = \pm F\sin\alpha$$

式中，α 为力 $\boldsymbol{F}$ 与坐标轴 x 所夹的锐角。投影的正负规定见本章第二节。

2-1　两平面汇交力系如图2-16所示，两个力多边形中各力的关系如何？

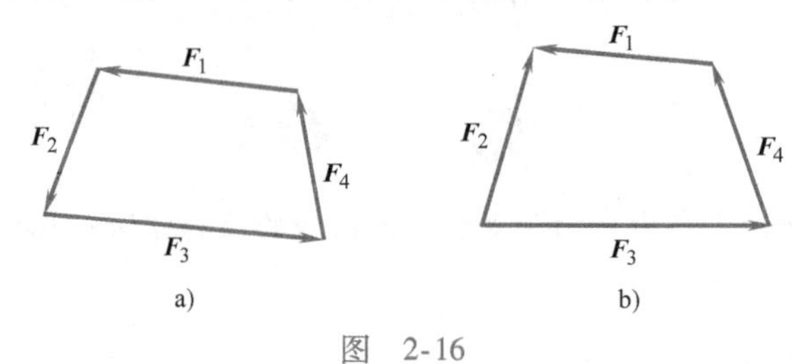

图　2-16

2-2　某物体受平面汇交力系的作用，如图2-17所示，试问这两个力多边形求得的合力是否一样？这两个力多边形为何不同？

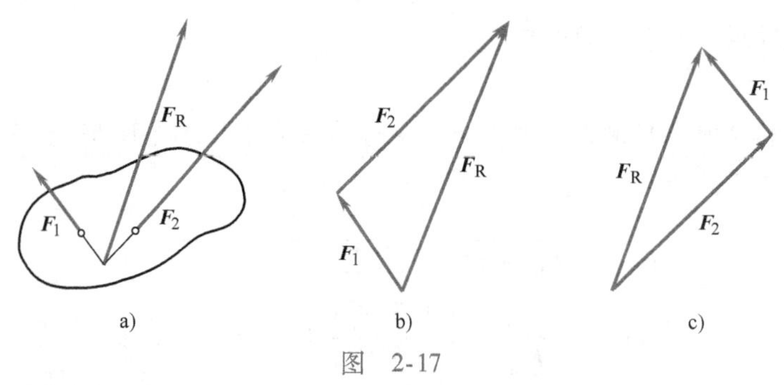

图　2-17

2-3　合力一定比分力大吗？

2-4　如图2-18所示，各物体受三个不等于零的力作用，各力的作用线都汇交于一点，图a中力 $\boldsymbol{F}_1$ 和 $\boldsymbol{F}_2$ 共线。试问它们是否可能平衡？

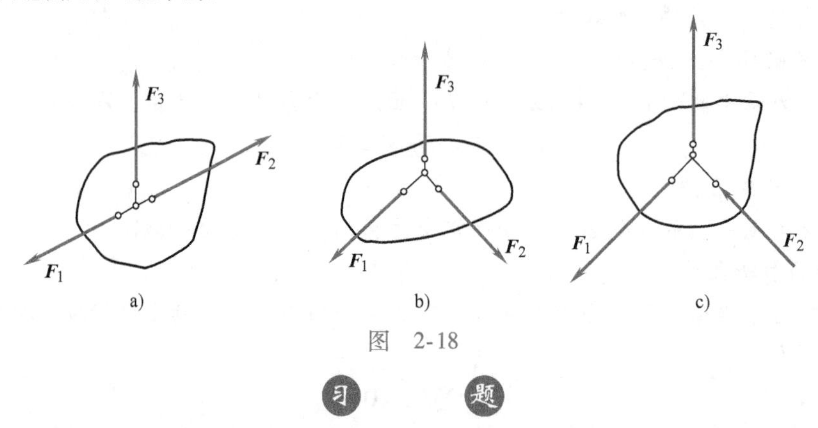

图　2-18

习　题

2-1　有四个力作用于某物体且汇交于 O 点，已知 $F_1=100\text{N}$，$F_2=50\text{N}$，$F_3=150\text{N}$，$F_4=200\text{N}$，各力的方向如图2-19所示。试用几何法求这四个力的合力。

2-2　一个固定环受三根绳索的拉力，$F_{T1}=250\text{N}$、$F_{T2}=100\text{N}$、$F_{T3}=125\text{N}$，各力的方向如图2-20所示。试用几何法求这三个力的合力。

2-3　已知一钢管自重 $W=10\text{kN}$，放置于相交斜面中，如图2-21所示。试用几何法求斜面的约束反力 $\boldsymbol{F}_{NA}$、$\boldsymbol{F}_{NB}$。

2-4　已知 $F_1=F_2=100\text{kN}$，$F_3=F_4=200\text{kN}$，各力方向如图2-22所示。试分别计算各力在 x 轴和 y 轴

上的投影。

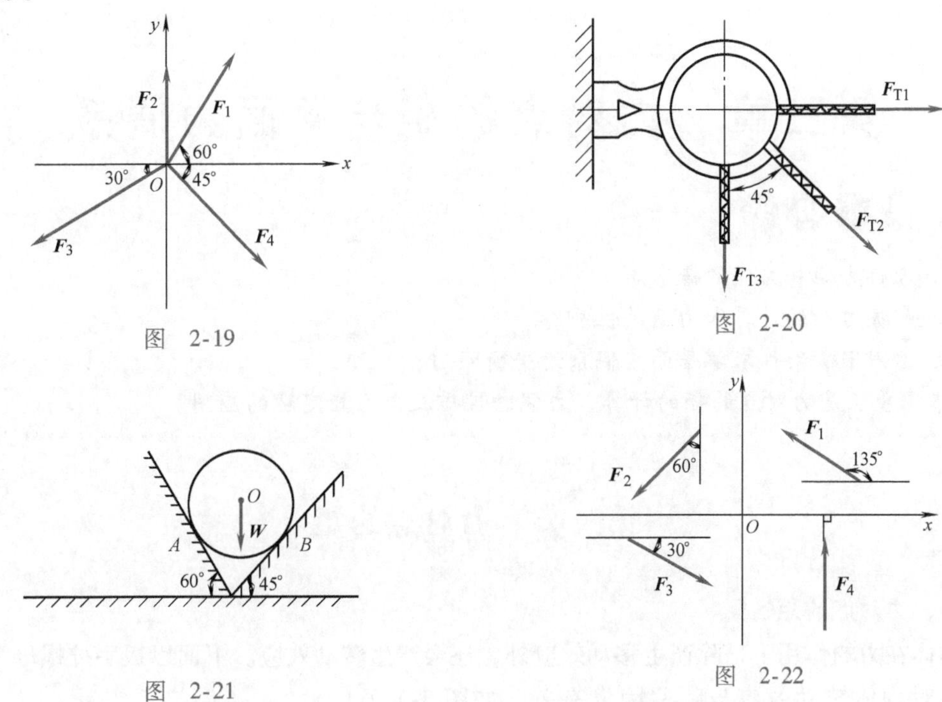

图　2-19　　图　2-20

图　2-21　　图　2-22

2-5　已知在梁 AB 的跨中部作用一力 $F=30\text{kN}$，方向如图 2-23 所示。试用解析法求支座 A、B 的约束反力。

2-6　已知三铰刚架如图 2-24 所示，受水平力 $\boldsymbol{F}$ 作用。当 $F=200\text{kN}$ 时，求固定铰支座 A、B 的约束反力。刚架自重不计。

2-7　已知图 2-25 所示支架，杆两端均为铰接，在 A 点作用有重力 $W=20\text{kN}$，求杆 AB、AC 所受到的力。各杆的自重均不计。

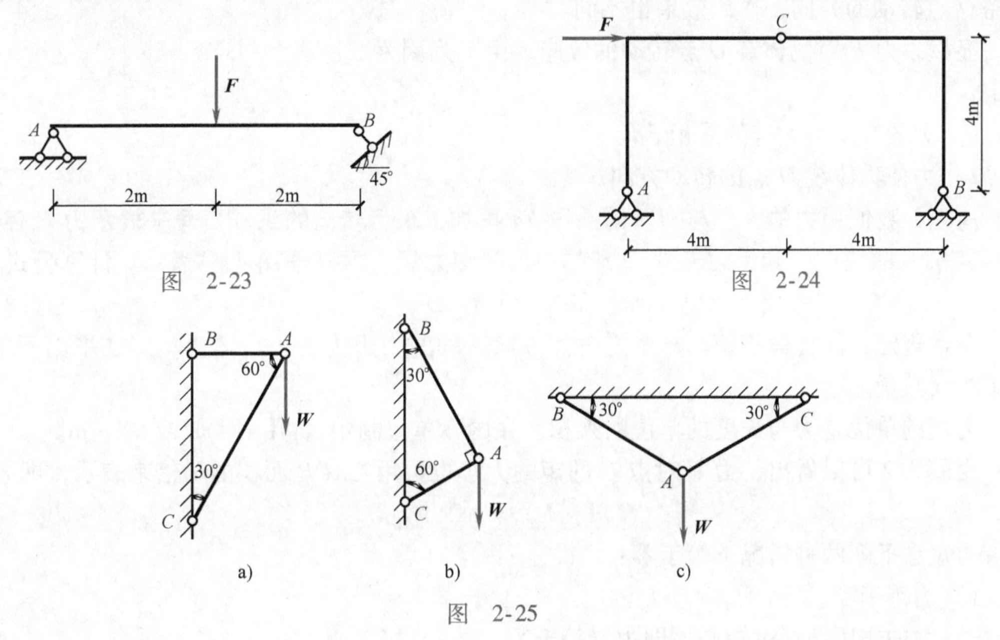

图　2-23　　图　2-24

图　2-25

第三章　力对点的矩与平面力偶系

学习目标

1. 理解力矩和力偶的概念。
2. 掌握力矩的计算和力偶的性质。
3. 运用平衡条件求解平面力偶系的平衡问题。

本章重点是力对点的矩的计算、力偶的性质及合力矩定理的应用。

第一节　力对点的矩

一、力对点的矩的概念

刚体在力的作用下，除产生移动效应外，还会产生转动效应。下面以扳手拧螺母为例来讨论力对物体转动效应与哪些因素有关。如图 3-1 所示，力 $\boldsymbol{F}$ 使扳手绕螺母中心 O 转动的效应，不仅与力 $\boldsymbol{F}$ 的大小有关，而且还与力 $\boldsymbol{F}$ 的作用线到螺母中心 O 的垂直距离 d 有关。因此可用两者的乘积 Fd 来度量力 $\boldsymbol{F}$ 对扳手的转动效应。转动中心 O 称为力矩中心，简称矩心。矩心到力作用线的垂直距离 d，称为力臂。改变力 $\boldsymbol{F}$ 绕 O 点转动的方向，作用效果也不同。

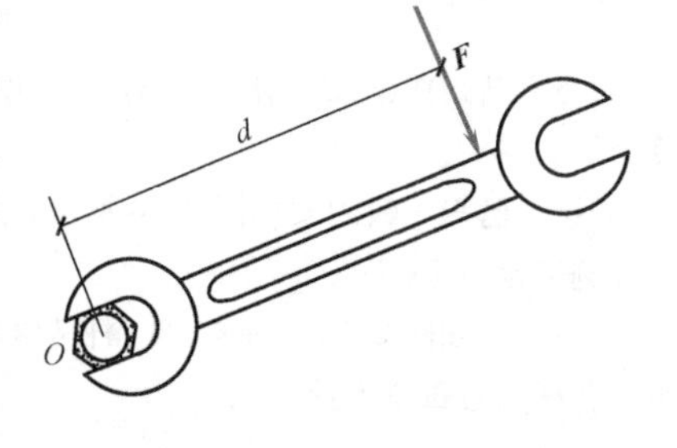

图　3-1

显然，力 $\boldsymbol{F}$ 对物体绕 O 点转动的效应，由下列因素决定：

1）力的大小与力臂的乘积 Fd。

2）力使物体绕 O 点的转动方向。

所以，我们用力的大小与力臂的乘积 Fd 再加上表示转向的正、负号来表示力 $\boldsymbol{F}$ 使物体绕 O 点转动的效应，称为力 $\boldsymbol{F}$ 对 O 点的矩，简称力矩。用符号 $M_O(\boldsymbol{F})$ 表示。计算公式为

$$M_O(\boldsymbol{F}) = \pm Fd \tag{3-1}$$

通常规定：使物体绕矩心产生逆时针方向转动的力矩为正，反之为负。在平面问题中，力矩为代数量。

力矩的单位是力与长度的单位的乘积。在国际单位制中，常用 N · m 或 kN · m。

由图 3-2 可以看出，力 $\boldsymbol{F}$ 对点 O 的矩的大小也可用 $\triangle AOB$ 面积的 2 倍来表示，即

$$M_O(\boldsymbol{F}) = \pm 2S_{\triangle AOB} \tag{3-2}$$

力矩在下列两种情况下等于零：

1）力等于零。

2）力的作用线通过矩心，即力臂等于零。

二、合力矩定理

我们已知道，平面汇交力系对物体的作用效果可以用各分力的合力 $\boldsymbol{F}_R$ 来代替。那么，该力系中各分力对其平面内某一点的力矩能否用它们的合力对该点的力矩来代替呢？现在来证明。

图3-3 中，设力 $\boldsymbol{F}_1$、$\boldsymbol{F}_2$ 作用于物体的 A 点，它们的合力为 $\boldsymbol{F}_R$，在力的平面内任选一点 O 为矩心，过点 O 并垂直于 OA 作 y 轴，令 F_{1y}、F_{2y} 和 F_{Ry} 分别表示力 $\boldsymbol{F}_1$、$\boldsymbol{F}_2$ 和 $\boldsymbol{F}_R$ 在 y 轴上的投影，由图可知

$$F_{1y} = Ob_1 \qquad F_{2y} = -Ob_2 \qquad F_{Ry} = Ob$$

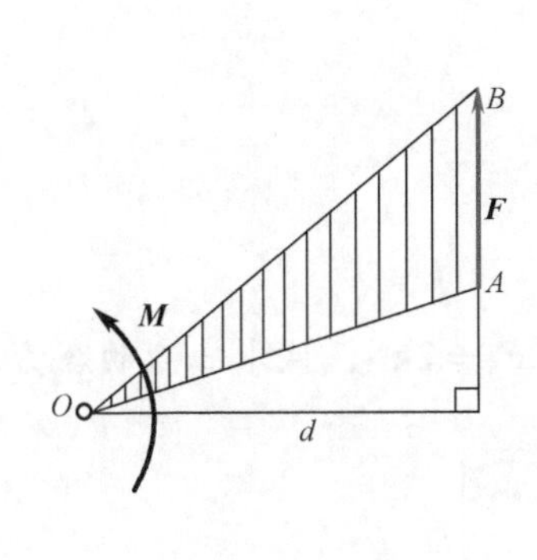

图　3-2

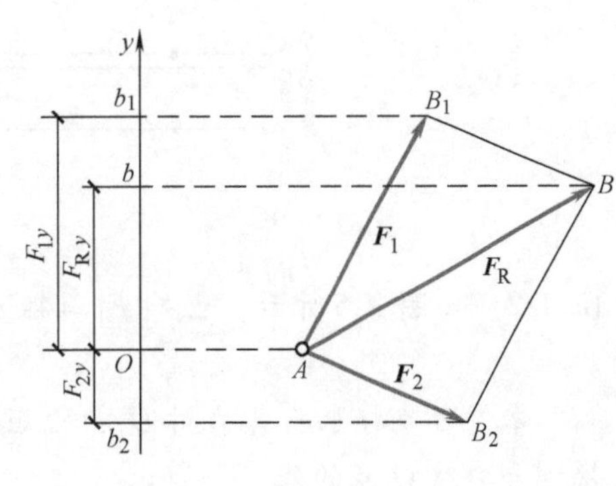

图　3-3

各力对 O 点的矩分别为

$$\left.\begin{aligned} M_O(\boldsymbol{F}_1) &= +2S_{\triangle AOB_1} = Ob_1 \times OA = F_{1y}OA \\ M_O(\boldsymbol{F}_2) &= -Ob_2 \times OA = F_{2y}OA \\ M_O(\boldsymbol{F}_R) &= Ob \times OA = F_{Ry}OA \end{aligned}\right\} \tag{a}$$

由合力投影定理有

$$F_{Ry} = F_{1y} + F_{2y}$$

上式的两边同时乘以 OA 得

$$F_{Ry}OA = F_{1y}OA + F_{2y}OA \tag{b}$$

将式（a）代入得

$$M_O(\boldsymbol{F}_R) = M_O(\boldsymbol{F}_1) + M_O(\boldsymbol{F}_2)$$

以上证明可扩展到多个平面汇交力系作用于一点的情况。所以，**平面汇交力系的合力对平面内任一点的力矩，等于力系中各分力对同一点的力矩的代数和。这就是平面力系的合力矩定理。**用公式表示为

$$M_O(\boldsymbol{F}_R) = M_O(\boldsymbol{F}_1) + M_O(\boldsymbol{F}_2) + \cdots + M_O(\boldsymbol{F}_n) = \sum M_O(\boldsymbol{F}) \tag{3-3}$$

合力矩定理建立了平面汇交力系的合力对点的矩与分力对同一点的矩的关系，同时也适用于有合力的其他各种力系。

例 3-1　如图 3-4 所示，已知 $F = 150\text{N}$。试计算力 $\boldsymbol{F}$ 对 O 点的矩。

解　直接求力 $\boldsymbol{F}$ 对 O 点的矩有困难，不易计算出力臂。根据合力矩定理，将力 $\boldsymbol{F}$ 分解为相互垂直的两个分力 $\boldsymbol{F}_x$、$\boldsymbol{F}_y$，则两力的力臂是已知的。故由式(3-3)可得

$$M_O(\boldsymbol{F}) = M_O(\boldsymbol{F}_x) + M_O(\boldsymbol{F}_y) = -F_x \times 1\text{m} + F_y \times 3\text{m}$$

$$= -F\cos30° \times 1 + F\sin30° \times 3$$
$$= (-150 \times 0.866 \times 1 + 150 \times 0.5 \times 3)\text{N}\cdot\text{m}$$
$$= 95.1\text{N}\cdot\text{m}$$

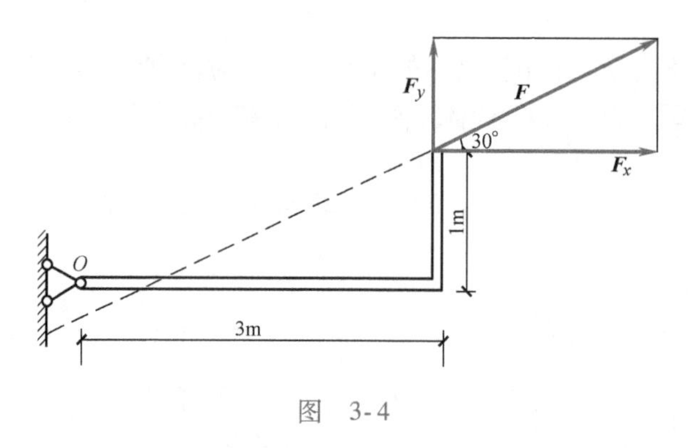

图 3-4

例3-2 如图3-5所示，已知 $F_1=4\text{kN}$，$F_2=3\text{kN}$，$F_3=2\text{kN}$，试求三力的合力对 O 点的矩。

解 本例可直接求出各力对 O 点的矩，根据合力矩定理得到合力对 O 点的矩。

$$M_O(\boldsymbol{F}_1) = F_1 d_1 = (4 \times 5\sin30°)\text{kN}\cdot\text{m} = 10\text{kN}\cdot\text{m}$$
$$M_O(\boldsymbol{F}_2) = 0$$
$$M_O(\boldsymbol{F}_3) = -F_3 d_3 = (-2 \times 5\sin60°)\text{kN}\cdot\text{m} = -8.66\text{kN}\cdot\text{m}$$
$$M_O(\boldsymbol{F}_\text{R}) = \sum M_O(\boldsymbol{F}) = (10 + 0 - 8.66)\text{kN}\cdot\text{m} = 1.34\text{kN}\cdot\text{m}$$

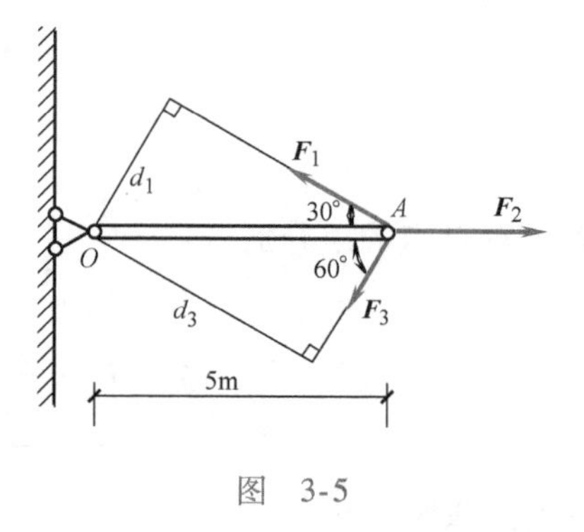

图 3-5

第二节 力偶及其基本性质

一、力偶和力偶矩

1. 力偶

在生活和生产实践中，我们常常见到汽车司机用双手转动转向盘驾驶汽车（图3-6）、人们用两手指拧开瓶盖、旋转钥匙开锁等。在转向盘、瓶盖和钥匙等物体上，作用一对大小相等、方向相反、不共线的平行力，这两个平行力不能平衡，会使物体转动。这种由两个大小相等、方向相反、不共线的平行力组成的力系，称为力偶，用符号（$\boldsymbol{F}$、$\boldsymbol{F}'$）表示，如图3-7所示。力偶的两个力之间的距离 d 称为力偶臂，力偶所在的平面称为力偶的作用面。由于力偶不能再简化成更简单的形式，所以力偶与力是组成力系的两个基本元素。

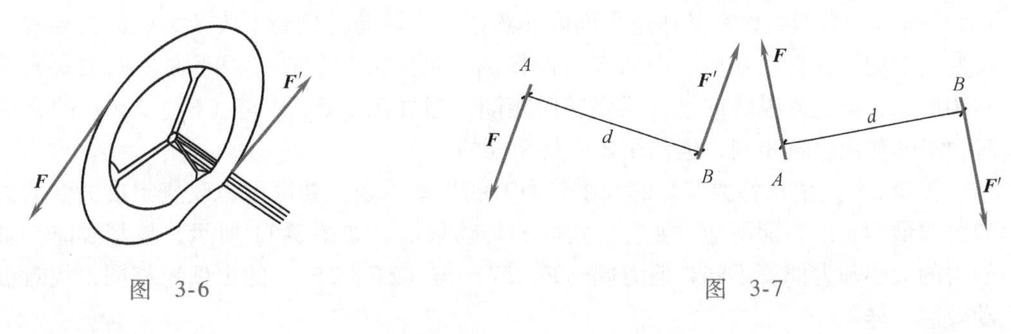

图　3-6　　　　图　3-7

2. 力偶矩

力偶由两个力组成，它对物体产生的转动效应，可用力偶的两个力对其作用面内某点的矩的代数和来度量。

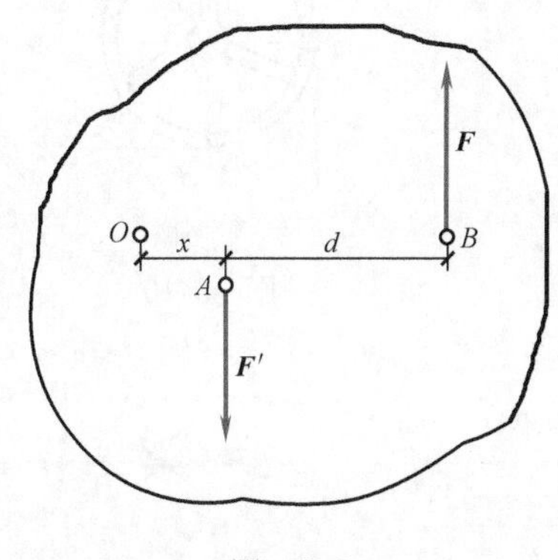

图　3-8

设有力偶（$\boldsymbol{F}$、$\boldsymbol{F}'$），其力偶臂为 d，如图 3-8 所示，力偶对点 O 的矩为M_O（$\boldsymbol{F}$、$\boldsymbol{F}'$），则

$$M_O(\boldsymbol{F}、\boldsymbol{F}') = M_O(\boldsymbol{F}) + M_O(\boldsymbol{F}')$$
$$= F(d + x) - F'(x) = F(d + x - x) = Fd$$

所以，力偶的作用效应决定于力的大小和力偶臂的长短，与矩心位置无关。力与力偶臂的乘积称为**力偶矩**，用符号 M（$\boldsymbol{F}$、$\boldsymbol{F}'$）来表示，可简记为 M。力偶在平面内的转向不同，作用效应也不相同。一般规定：**力偶使物体做逆时针转动时，力偶矩为正；反之为负。**

在平面力系中，力偶矩为代数量，其表达式为

$$M = \pm Fd \tag{3-4}$$

力偶矩的单位与力矩单位相同，也是 N · m 或 kN · m。

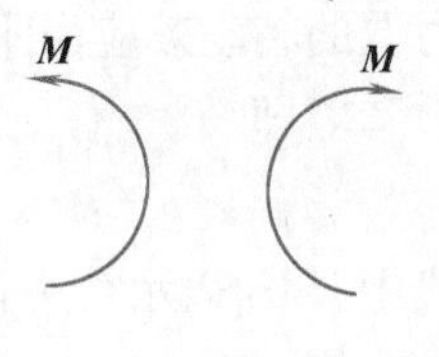

图　3-9

总之，力偶对物体的转动效应完全取决于**力偶的三要素**，即**力偶矩的大小、力偶的转向和力偶作用平面**。改变其中任何一个要素，都将改变这个力偶的作用效应。力偶在其作用面内除可用两个力表示外（图 3-7），通常还可用一带箭头的弧线来表示，如图 3-9 所示。其中箭头表示力偶的转向，M 表示力偶矩的大小。

二、力偶的基本性质

力偶不同于力，有以下基本性质：

1）**力偶不能合成为一个合力，所以不能用一个力来代替**。由力偶的定义和力的合力投影定理可以得出，力偶在任一轴上的投影恒为零。由此可知，力偶不会使物体移动，只会使物体转动。力偶和力对物体作用的效应不同。力偶不能和一个力平衡，力偶只能和力偶平衡。

2）**力偶对其作用平面内任一点的矩恒等于力偶矩，而与矩心位置无关**。这一性质在前面力偶矩中已证明。

3）**在同一平面内的两个力偶，如果它们的力偶矩大小相等，转向相同，则这两个力偶是等效的。**

以上性质已为实践所证实。由此，得出以下两个推论：

推论1　力偶可以在其作用平面内任意移动或转动，只要不改变力偶的三要素，就不会改变它对物体的转动效应，即力偶对刚体的转动效应与它在作用平面内的位置无关。如图3-10所示，司机操纵转向盘，只要转向相同，当（$\boldsymbol{F}_1$、$\boldsymbol{F}_1'$）与（$\boldsymbol{F}_2$、$\boldsymbol{F}_2'$）的力偶矩相同时，虽然作用位置不同，但作用效应是相同的。

推论2　只要保持力偶矩的大小和力偶的转向不变，就可同时改变组成力偶的力的大小和力偶臂的长度，而不会改变它对物体的转动效应。如图3-11所示，攻螺纹时，虽然所加的力的大小和力偶臂不同，但力偶（$\boldsymbol{F}$、$\boldsymbol{F}'$）与（$2\boldsymbol{F}$、$2\boldsymbol{F}'$）的力偶矩相同，故对扳手的转动效应一样。

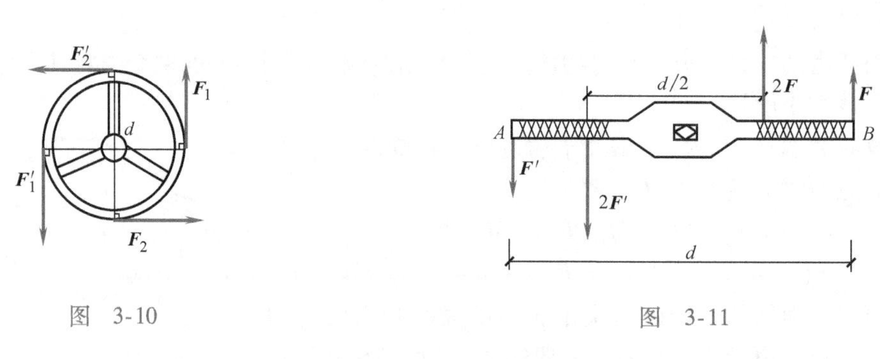

图　3-10　　　　图　3-11

第三节　平面力偶系的合成与平衡

一、平面力偶系的合成

力偶只能使物体转动。同样，在平面力偶系的作用下，物体也只能转动而不能移动，且力偶的转动效应由平面力偶系的合力偶矩确定，合力偶矩等于平面力偶系中各个力偶矩的代数和。即

$$M_R = M_1 + M_2 + \cdots + M_n = \sum M \tag{3-5}$$

式中，M_R表示合力偶矩；M_1，M_2，…，M_n 表示原力偶系中各力偶的力偶矩。

例3-3　如图3-12所示，有三个力偶同时作用在物体某平面内。已知 $F_1=80\text{N}$，$d_1=0.8\text{m}$，$F_2=100\text{N}$，$d_2=0.6\text{m}$，$M_3=24\text{N}\cdot\text{m}$，求其合成的结果。

解　三个共面力偶合成的结果是一个合力偶。各力偶矩为：

$$M_1 = F_1d_1 = (80\times0.8)\text{N}\cdot\text{m} = 64\text{N}\cdot\text{m}$$

$$M_2 = -F_2d_2 = (-100\times0.6)\text{N}\cdot\text{m} = -60\text{N}\cdot\text{m}$$

$$M_3 = 24\text{N}\cdot\text{m}$$

由式（3-5）得合力偶矩为

$$M_R = M_1 + M_2 + M_3 = (64-60+24)\text{N}\cdot\text{m} = 28\text{N}\cdot\text{m}$$

合力偶矩大小为28N·m，逆时针转向，与原力偶系共面。

二、平面力偶系的平衡条件

平面力偶系合成的结果为一个合力偶，力偶系的平衡要求合力偶矩等于零。因此，平面力偶系平衡的必要和充分条件是：力偶系中所有各力偶矩的代数和等于零。用公式表达为

$$\sum M = 0 \tag{3-6}$$

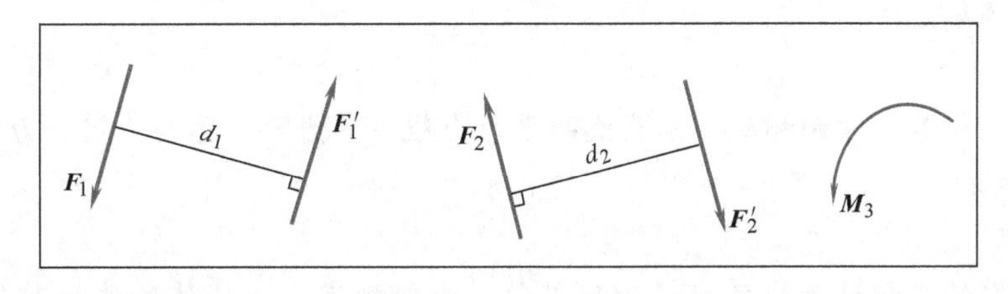

图　3-12

上式又称为平面力偶系的平衡方程。对于平面力偶系的平衡问题，利用式（3-6）可以求解一个未知量。

例 3-4　如图 3-13a所示，梁 AB 受一力偶的作用。已知力偶矩 $M=20\text{kN}\cdot\text{m}$，梁长 $l=4\text{m}$，梁自重不计。求 A、B 支座处反力。

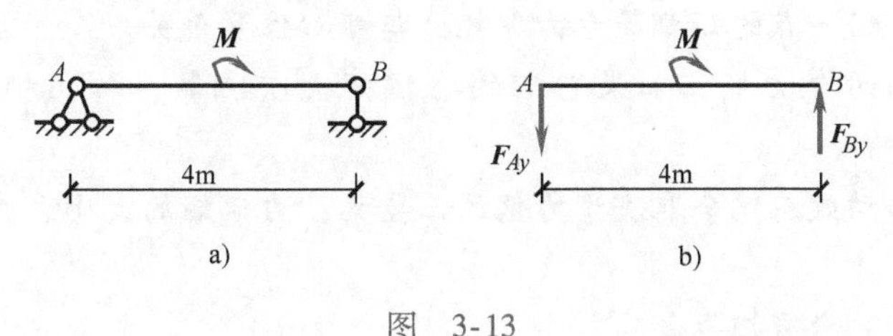

图　3-13

解　取梁 AB 为研究对象。该梁只受主动力偶的作用。由力偶的性质可知，力偶只能用力偶平衡。所以，A、B 支座处的两个反力必定也组成一个力偶，如图 3-13b 所示。由 $\sum M=0$ 得

$$F_{By}l-M=0$$

$$F_{By}=\frac{M}{l}=\frac{20}{4}\text{kN}=5\text{kN}\quad(\uparrow)$$

$$F_{Ay}=F_{By}=5\text{kN}\quad(\downarrow)$$

支座反力的指向与假设相同，如图 3-13b 所示。

本章研究了力矩和力偶。

一、力矩及计算

1. 力矩

力矩表示力使物体绕矩心的转动效应。力矩等于力的大小与力臂的乘积。在平面问题中它是一个代数量。一般规定：力使物体绕矩心产生逆时针方向转动为正，反之为负。用公式表达为

$$M_O(\boldsymbol{F})=\pm Fd$$

2. 合力矩定理

平面汇交力系的合力对平面内任一点的矩，等于力系中各力对同一点的矩的代数和。用公式表达为

$$M_O(\boldsymbol{F}_\text{R})=\sum M_O(\boldsymbol{F})$$

二、力偶的基本理论

1. 力偶

由两个大小相等、方向相反、不共线的平行力组成的力系，称为力偶。力偶与力是组成力系的两个基本元素。

2. 力偶矩

力与力偶臂的乘积称为力偶矩，为代数量。一般规定：力偶使物体逆时针方向转动为正，反之为负。用公式表达为

$$M = \pm Fd$$

3. 力偶的性质

力偶不能合成为一个合力，不能用一个力代替，力偶只能与力偶平衡。

力偶在任一轴上的投影恒为零。

力偶对其平面内任一点的矩都等于力偶矩，与矩心位置无关。

在同一平面内的两个力偶，如果它们的力偶矩大小相等，转向相同，则这两个力偶等效。

力偶对物体的转动效应完全取决于力偶的三要素：力偶矩的大小、力偶的转向和力偶所在的作用面。

三、平面力偶系的合成与平衡

平面力偶系的合成结果为一个合力偶，合力偶矩等于平面力偶系中各个力偶矩的代数和。用公式表达为

$$M_R = \sum M$$

平面力偶系的平衡条件是合力偶矩等于零。用公式表达为

$$\sum M = 0$$

3-1　试比较力矩与力偶矩的异同点。

3-2　合力矩定理的内容是什么？它有什么用途？

3-3　二力平衡中的两个力，作用与反作用公理中的两个力，构成力偶的两个力各有什么不同？

3-4　力偶不能用一个力来平衡。如图3-14所示的结构为何能平衡？

3-5　在物体A、B、C、D四点作用两个平面力偶，其力多边形封闭，如图3-15所示。试问物体是否平衡？

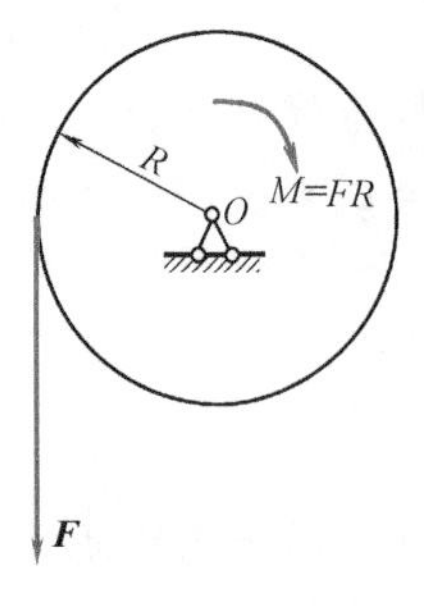

图　3-14

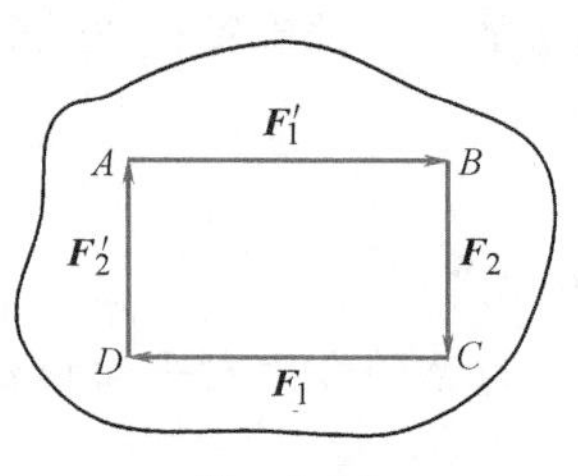

图　3-15

3-1　计算图 3-16 中力 **F** 对点 *O* 的矩。

3-2　如图 3-17 所示，每米长挡土墙承受 $F = 120\text{kN}$ 的土压力。求土压力 **F** 对挡土墙的倾覆力矩。

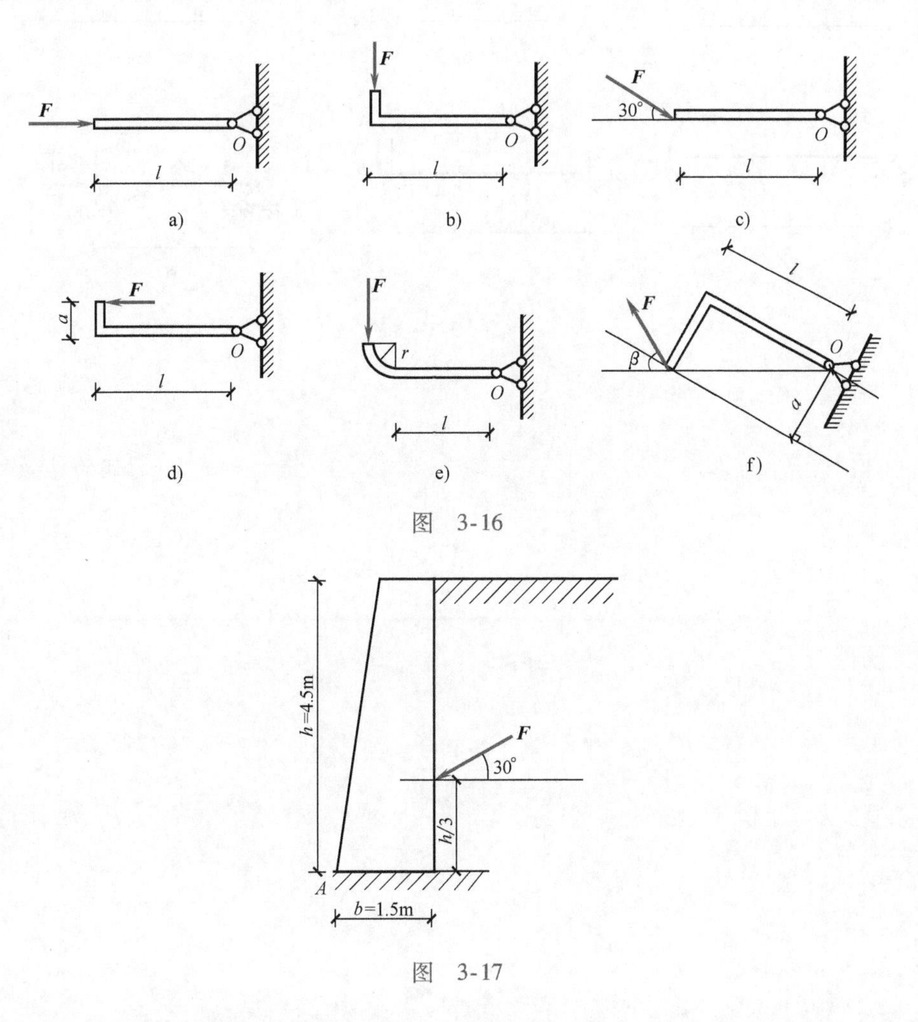

图　3-16

图　3-17

3-3　求图 3-18 所示力偶的合力偶矩。已知 $F_1 = F_1' = 100\text{N}$，$F_2 = F_2' = 150\text{N}$，$F_3 = F_3' = 100\text{N}$，$d_1 = 0.8\text{m}$，$d_2 = 0.7\text{m}$，$d_3 = 0.5\text{m}$。

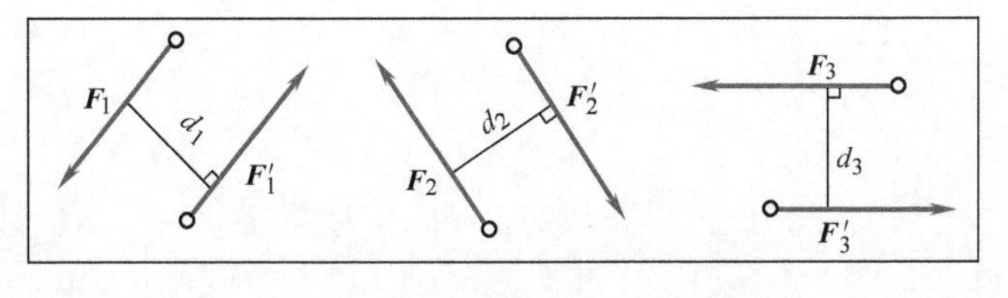

图　3-18

3-4 求图3-19中各梁的支座反力。

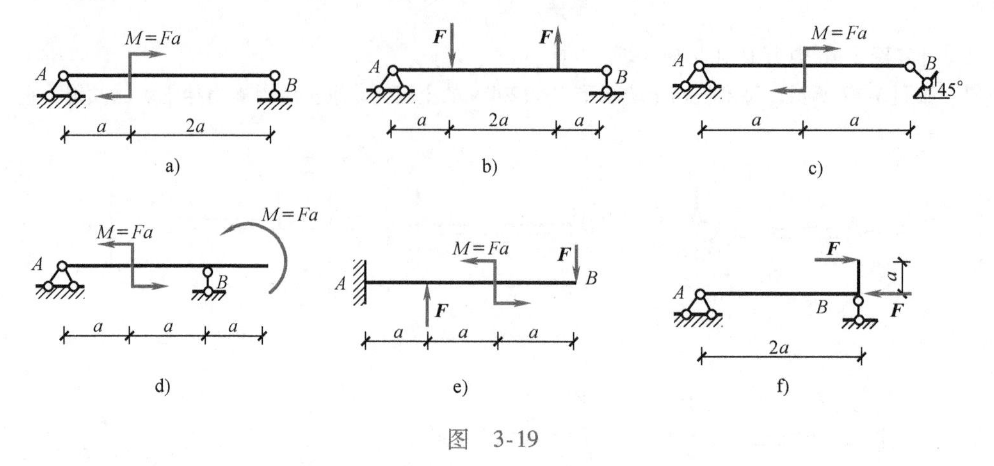

图 3-19

第四章　平面一般力系

学习目标

1. 理解力的平移定理。
2. 了解平面一般力系向一点简化的结果及其计算。
3. 掌握平面一般力系的平衡条件和平衡方程。
4. 熟练应用平衡方程求解物体和物体系统的平衡问题。

本章重点是应用平衡方程求解单个物体的平衡问题，难点是应用平衡方程求解物体系统的平衡问题。

平面一般力系是工程中最常见的力系，很多实际问题都可简化成平面一般力系问题处理。例如图4-1a所示的三角形屋架，它受到屋面传来的竖向荷载$\boldsymbol{F}_1$、风荷载$\boldsymbol{F}_2$以及两端支座反力$\boldsymbol{F}_{Ax}$、$\boldsymbol{F}_{Ay}$、$\boldsymbol{F}_{By}$，这些力组成平面一般力系，如图4-1b所示。

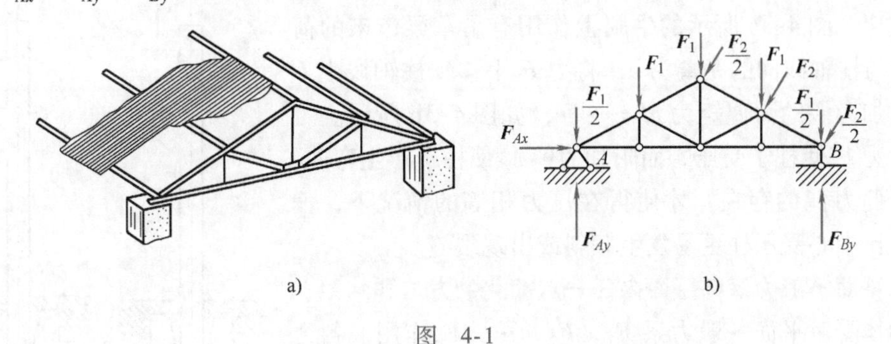

图　4-1

第一节　平面一般力系向作用面内任一点简化

平面一般力系向作用面内任一点简化的理论基础是力的平移定理。

一、力的平移定理

设力$\boldsymbol{F}$作用于物体上的A点，如图4-2a所示，欲将此力平移到物体上的任一点O，而又不改变物体的运动效果，可在O点加上一对平衡力$\boldsymbol{F}'$、$\boldsymbol{F}''$，并使$\boldsymbol{F}'=-\boldsymbol{F}''=\boldsymbol{F}$（图4-2b）。根据加减平衡力系公理，力系$\boldsymbol{F}$、$\boldsymbol{F}'$、$\boldsymbol{F}''$与原力$\boldsymbol{F}$等效。力$\boldsymbol{F}$与$\boldsymbol{F}''$组成一个力偶，其力偶矩为$M=Fd=M_O(\boldsymbol{F})$，而作用在$O$点的力$\boldsymbol{F}'$，其大小和方向与原力$\boldsymbol{F}$相同，即相当于把原力$\boldsymbol{F}$从$A$点平移到了$O$点。由此可见，**作用于物体上的力可平移至该物体上的任一点，但平移后必须附加一力偶，该力偶的矩等于原来的力对平移点O的矩，这就是力的平移定理。**

应用力的平移定理时，须注意以下两点：

1）平移力$\boldsymbol{F}'$的大小与作用点位置无关，即O点可选择在物体上的一般位置，而$\boldsymbol{F}'$的大小都与原力相同。但附加力偶矩 $M= \pm Fd$ 的大小和转向与作用点的位置有关，因为附加力偶矩的力臂 d 值因作用点位置的不同而变化。

2）力的平移定理说明作用于物体上某点的一个力可以和作用于另外一点的一个力和一个力偶等效，反过来也可将同平面内的一个力和一个力偶化为一个合力，如将图 4-2c 化为图 4-2a，这个力 $\boldsymbol{F}$ 与 $\boldsymbol{F}'$ 大小相等、方向相同、作用线平行，作用线间的垂直距离为

$$d=\frac{|M|}{F'}$$

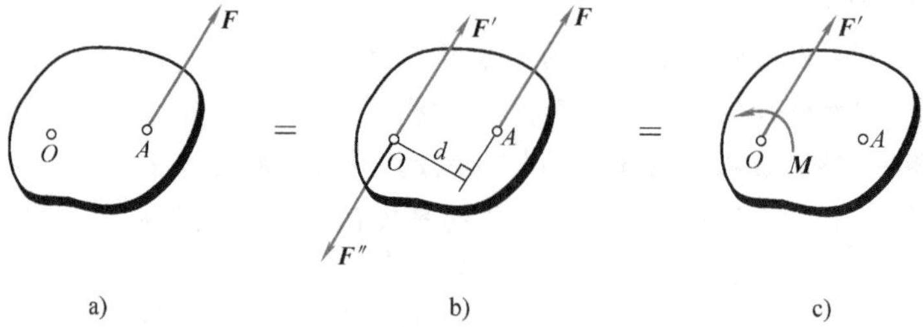

a) b) c)

图 4-2

在实际工程中，应用力的平移定理，可以更清楚地表示力的效应。图 4-3a 所示的牛腿上作用有吊车梁传来的荷载 $\boldsymbol{F}$，它与柱轴线间的距离为 e，将力 $\boldsymbol{F}$ 平移到柱轴线上 O 点时，附加力偶的力偶矩为 $M=-Fe$，如图 4-3b 所示。可以看出，力 $\boldsymbol{F}'$ 使柱子受压，而附加力偶 M 使柱子产生弯曲，正是由于此力偶的存在，才使得在压力相等的情况下，偏心受压柱比中心受压柱更易发生倾斜或出现裂缝。

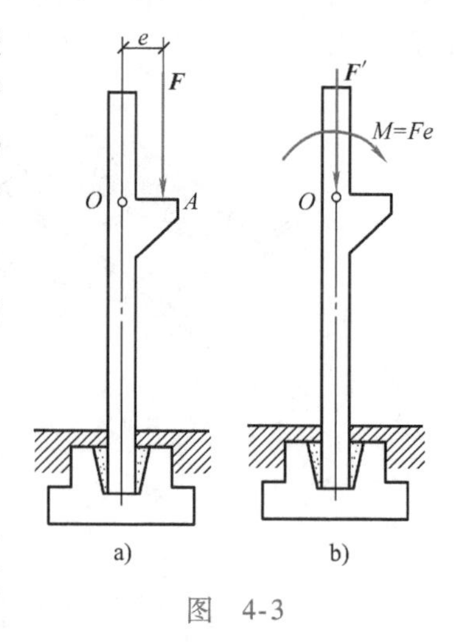

图 4-3

二、平面一般力系向平面内任一点简化的方法和结果

设物体受一平面一般力系 $\boldsymbol{F}_1$，$\boldsymbol{F}_2$，…，$\boldsymbol{F}_n$ 作用，各力的作用点分别为 A_1，A_2，…，A_n，如图 4-4a 所示。在力系的作用面内任选一点 O，称为简化中心。根据力的平移定理，将各力全部平移到 O 点，并附加相应的力偶，则原力系等效变换为作用在 O 点的平面汇交力系 $\boldsymbol{F}_1'$，$\boldsymbol{F}_2'$，…，$\boldsymbol{F}_n'$ 以及力偶矩分别为 M_1，M_2，…，M_n 的附加力偶系（图 4-4b）。

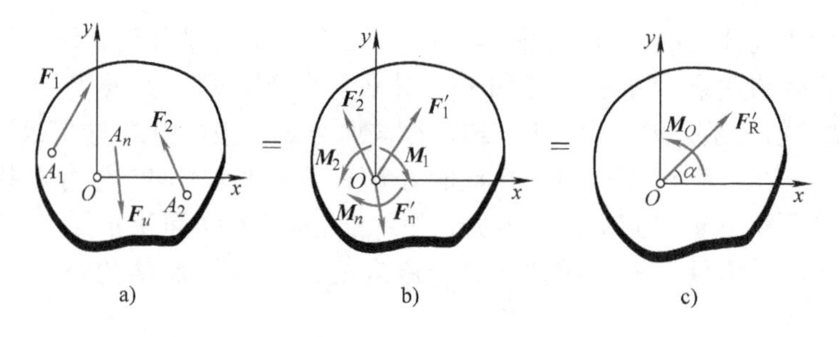

图 4-4

由平面汇交力系合成的理论可知，$\boldsymbol{F}'_1$，$\boldsymbol{F}'_2$，…，$\boldsymbol{F}'_n$可合成为作用于O点一个力$\boldsymbol{F}'_{\mathrm{R}}$（图4-4c），即

$$\boldsymbol{F}'_{\mathrm{R}} = \boldsymbol{F}'_1 + \boldsymbol{F}'_2 + \cdots + \boldsymbol{F}'_n = \sum \boldsymbol{F}'$$

因各力平移时其大小、方向均保持不变，即

$$\boldsymbol{F}'_1 = \boldsymbol{F}_1,\ \boldsymbol{F}'_2 = \boldsymbol{F}_2,\ \cdots,\ \boldsymbol{F}'_n = \boldsymbol{F}_n$$

故

$$\boldsymbol{F}'_{\mathrm{R}} = \boldsymbol{F}_1 + \boldsymbol{F}_2 + \cdots + \boldsymbol{F}_n = \sum \boldsymbol{F} \tag{4-1}$$

式中，$\boldsymbol{F}'_{\mathrm{R}}$ 称为原力系的主矢，它等于原力系各力的矢量和。

主矢 $\boldsymbol{F}'_{\mathrm{R}}$ 的大小和方向可应用解析法求得

$$\left.\begin{aligned} F'_{\mathrm{R}x} &= F_{1x} + F_{2x} + \cdots + F_{nx} = \sum F_x \\ F'_{\mathrm{R}y} &= F_{1y} + F_{2y} + \cdots + F_{ny} = \sum F_y \end{aligned}\right\}$$

$$\left.\begin{aligned} F'_{\mathrm{R}} &= \sqrt{\left(\sum F_x\right)^2 + \left(\sum F_y\right)^2} \\ \tan\alpha &= \left|\frac{\sum F_y}{\sum F_x}\right| \end{aligned}\right\} \tag{4-2}$$

式中，α 为$\boldsymbol{F}'_{\mathrm{R}}$与 x 轴所夹的锐角，$\boldsymbol{F}'_{\mathrm{R}}$的指向由$\sum F_x$、$\sum F_y$ 的正负号确定。

由平面力偶系合成的理论可知，M_1，M，…，M_n可合成为一个力偶（图4-4c），其力偶矩为

$$M_O = M_1 + M_2 + \cdots + M_n$$

因各力平移时所附加的力偶矩分别为原力对简化中心的矩，即

$$M_1 = M_O(\boldsymbol{F}_1),\ M_2 = M_O(\boldsymbol{F}_2),\ \cdots,\ M_n = M_O(\boldsymbol{F}_n)$$

故

$$M_O = M_O(\boldsymbol{F}_1) + M_O(\boldsymbol{F}_2) + \cdots + M_O(\boldsymbol{F}_n) = \sum M_O(\boldsymbol{F}) \tag{4-3}$$

式中，M_O称为原力系对简化中心 O 点的主矩，它等于原力系中各力对简化中心的矩的代数和。

综上所述，平面一般力系向平面内任一点简化的结果是一个力和一个力偶，这个力作用在简化中心，它的矢量称为原力系的主矢，并等于力系中各力的矢量和；这个力偶的力偶矩称为原力系对简化中心的主矩，并等于原力系中各力对简化中心的矩的代数和。

应当注意，主矢 $\boldsymbol{F}'_{\mathrm{R}}$并不是原力系的合力，主矩 M_O也不是原力系的合力偶矩，只有$\boldsymbol{F}'_{\mathrm{R}}$与 M_O两者相结合才与原力系等效。

由于主矢等于原力系中各力的矢量和，因此主矢 $\boldsymbol{F}'_{\mathrm{R}}$ 的大小和方向与简化中心的位置无关。而主矩等于原力系中各力对简化中心的矩的代数和，取不同的点作简化中心，各力的力臂都要发生变化，则各力对简化中心的矩也会改变，因而主矩一般随着简化中心的位置不同而改变。

现应用平面一般力系的简化理论，对固定端的支座反力进行分析。工程实际中的固定端支座，也称为插入端，是指该支座能限制物体沿任一方向的移动和转动。例如，一端嵌入墙内，另一端自由的雨篷梁，其墙体对梁的约束就是固定端约束，其计算简图如图4-5a 所示。在主动力作用下，梁的插入部分与墙接触的各点都受到大小和方向都不同的约束反力作用（图4-5b），这些约束反力就构成了一个平面一般力系，将此力系向梁上 A 点简化就得到一个力 $\boldsymbol{F}_A$和一个力偶矩为 M_A的力偶（图4-5c），为便于计算，一般把 $\boldsymbol{F}_A$用它的水平分力 $\boldsymbol{F}_{Ax}$和竖向分力 $\boldsymbol{F}_{Ay}$来代替。因此，在平面力系情况下，固定端支座的约束反力包括三个，即阻

止梁端向任何方向移动的水平分力 $\boldsymbol{F}_{Ax}$ 和竖向分力 $\boldsymbol{F}_{Ay}$，以及阻止梁端绕 A 点转动的反力偶 $\boldsymbol{M}_A$，它们的指向都是假定的（图4-5d）。

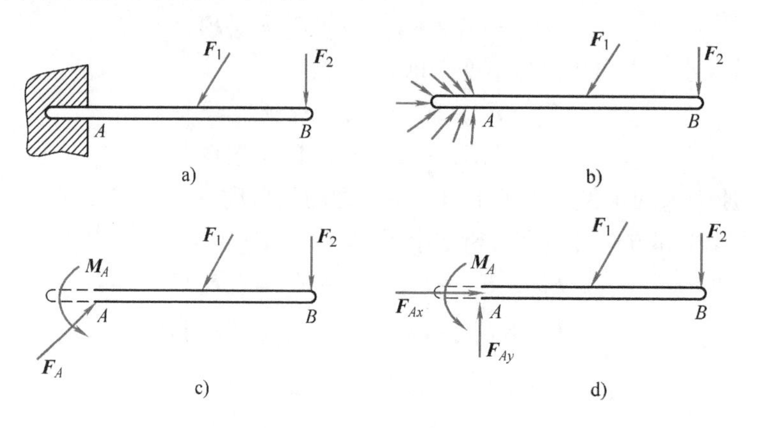

图 4-5

三、简化结果讨论

由以上讨论知，平面一般力系向任一点简化，可得到一主矢 $\boldsymbol{F}'_{\mathrm{R}}$ 和一主矩 M_O，根据主矢和主矩是否存在，可能出现下列四种情况：

1. $\boldsymbol{F}'_{\mathrm{R}}=0$，$M_O\neq0$

说明原力系与一个力偶等效，即原力系合成为一个合力偶，合力偶的力偶矩就等于原力系对简化中心的主矩。

由于力偶对平面内任一点的矩都相同，因此当力系合成为一个力偶时，主矩与简化中心的位置无关。

2. $\boldsymbol{F}'_{\mathrm{R}}\neq0$，$M_O=0$

说明力系与通过简化中心的一个力等效，即原力系合成为一个合力，合力的大小、方向和原力系的主矢 F'_{R} 相同，作用线通过简化中心。

3. $\boldsymbol{F}'_{\mathrm{R}}\neq0$，$M_O\neq0$

根据力的平移定理的逆过程，可将简化结果进一步合成为一个合力 $\boldsymbol{F}_{\mathrm{R}}$，如图4-6所示。

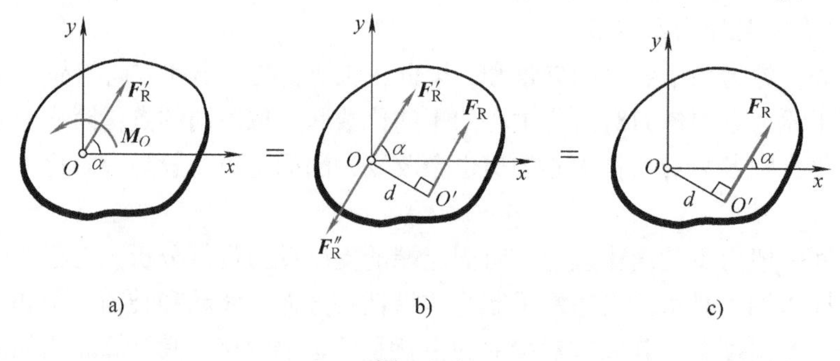

图 4-6

将主矩 M_O 用两个反向的平行力 $\boldsymbol{F}_{\mathrm{R}}$ 和 $\boldsymbol{F}''_{\mathrm{R}}$ 来表示，并使 $\boldsymbol{F}'_{\mathrm{R}}$ 和 $\boldsymbol{F}''_{\mathrm{R}}$ 等值、共线，构成一对平衡力，如图4-6b所示。撤去平衡力从而使原力系简化的最后结果为一作用线过 O' 点的合力 $\boldsymbol{F}_{\mathrm{R}}$（图4-6c），这个力的大小、方向与主矢相同，其作用线并不通过简化中心，其偏离

简化中心的垂直距离 $d=|M_O|/F_R$，偏离的位置应使得合力对简化中心的矩的转向与主矩 M_O 的转向相同。

此外，由图4-6c可以看出，平面一般力系的合力 $\boldsymbol{F}_R$ 对 O 点的矩为

$$M_O(\boldsymbol{F}_R)=F_R d$$

而
$$F_R d=M_O，M_O=\sum M_O(\boldsymbol{F})$$

故
$$M_O(\boldsymbol{F}_R)=\sum M_O(\boldsymbol{F}) \tag{4-4}$$

上式表明：平面一般力系的合力对其作用面内的任一点的矩等于力系中各分力对同一点的矩的代数和。这称为平面一般力系的合力矩定理。该定理对任一有合力的平面力系皆成立。利用该定理，可以简化某些情况下的力矩计算，还可以确定平面力系合力作用线的位置。

4. $\boldsymbol{F}'_R=0$，$M_O=0$

表明力系平衡，这种情形将在下节详细讨论。

综上所述，平面一般力系的简化结果，不外乎三种情况：或为一合力，或为一合力偶，或处于平衡。

特别指出：在实际工程中，经常会遇到连续地作用在整个构件或构件的一部分上的荷载，这种荷载称为分布荷载，如构件的自重、水压力、土压力等。如果荷载分布在一个狭长的范围内，则可以把它简化为沿其中心线分布的荷载，称为线荷载，如梁的自重和楼板传给梁的荷载都可简化为沿梁的轴线分布的线荷载（图4-7a）。当荷载均匀分布时，称为均布荷载；当荷载分布不均匀时，称为非均布荷载。线荷载可理解为单位长度上的荷载，用线荷载集度 q 来度量，其单位为N/m。

可以证明：沿直线平行同向分布的线荷载，荷载合力的大小等于该荷载图的面积，方向与分布荷载同向，其作用线通过该荷载图的形心。如图4-7b所示，若梁上作用的线均布荷载的集度为 q，梁长为 l，则其合力 $\boldsymbol{F}_R$ 的大小即为

$$F_R=ql$$

合力 $\boldsymbol{F}_R$ 的作用线位于梁中心 C 处，作用线方向垂直向下。

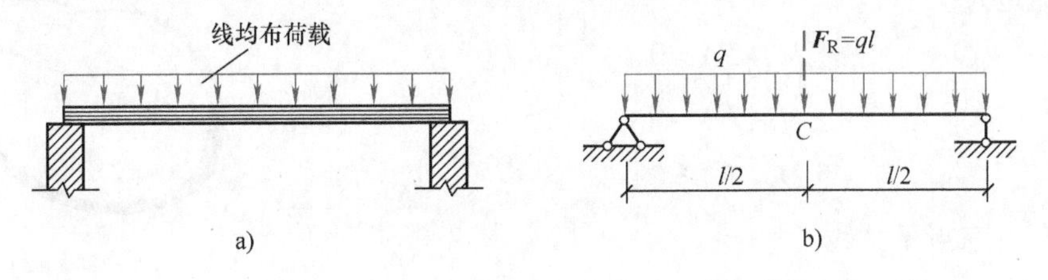

图　4-7

第二节　平面一般力系的平衡方程及其应用

一、平面一般力系的平衡方程

平面一般力系向作用面内任一点简化得到主矢 $\boldsymbol{F}'_R$ 和主矩 M_O。当力系的主矢 $\boldsymbol{F}'_R$ 和主矩 M_O 都为零时，该力系是平衡的。反之，若力系平衡，则其主矢 F'_R 和主矩 M_O 必定为零。由此可见，平面一般力系平衡的必要和充分条件是力系的主矢 $\boldsymbol{F}'_R$ 和主矩 M_O 均为零，即

$$F'_R=0,\ M_O=0 \tag{4-5}$$

根据这个平衡条件可导出不同形式的平衡方程。

1. 基本形式

根据式（4-2）和式（4-3），若式（4-5）成立，则必须

$$\left.\begin{aligned}\sum F_x=0\\ \sum F_y=0\\ \sum M_O(\boldsymbol{F})=0\end{aligned}\right\} \tag{4-6}$$

因此，**平面一般力系平衡的必要与充分条件也可以表示为力系中所有各力在两个坐标轴上的投影的代数和都等于零，而且力系中所有各力对任一点的矩的代数和也等于零。**式（4-6）称为平面一般力系平衡方程的基本形式，其中前两式称为投影方程，第三式称为力矩方程。这三个方程是相互独立的，应用这三个独立的平衡方程可求解三个未知量。

平面一般力系的平衡方程除了式（4-6）所示的基本形式外，还有二力矩式和三力矩式。

2. 二力矩式

$$\left.\begin{aligned}\sum F_x=0\\ \sum M_A(\boldsymbol{F})=0\\ \sum M_B(\boldsymbol{F})=0\end{aligned}\right\} \tag{4-7}$$

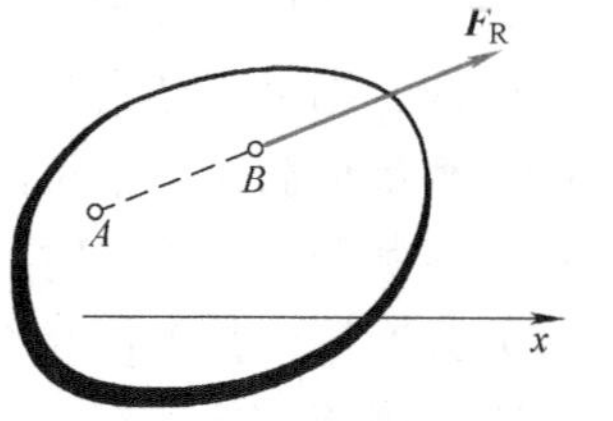

式中 x 轴不与 A、B 两点的连线垂直。

图 4-8

在式（4-7）中，若 $\sum M_A(\boldsymbol{F})=0$、$\sum M_B(\boldsymbol{F})=0$ 两式成立，则力系只能合成为其作用线既通过 A 点又通过 B 点的一个合力 $\boldsymbol{F}_R$（图4-8），或者平衡。若 $\sum F_x=0$ 也成立，且连线 AB 不垂直于 x 轴，则由图4-8可知，合力 $\boldsymbol{F}_R$ 必为零。由此可见，满足式（4-7）的力系必为平衡力系。

3. 三力矩式

$$\left.\begin{aligned}\sum M_A(\boldsymbol{F})=0\\ \sum M_B(\boldsymbol{F})=0\\ \sum M_C(\boldsymbol{F})=0\end{aligned}\right\} \tag{4-8}$$

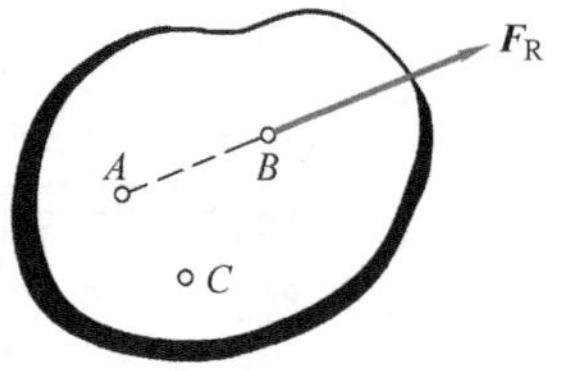

式中 A、B、C 三点不共线。

图 4-9

同上面讨论一样，若 $\sum M_A(\boldsymbol{F})=0$ 和 $\sum M_B(\boldsymbol{F})=0$ 成立，则力系合成结果只能是通过 A、B 两点的一个合力 $\boldsymbol{F}_R$（图4-9）或者平衡。若 $\sum M_C(\boldsymbol{F})=0$ 也成立，则合力 $\boldsymbol{F}_R$ 必然也通过 C 点，而一个力不可能同时通过不在一直线上的三点，因此力系必然平衡，即 $\boldsymbol{F}_R=0$。

平面一般力系的平衡方程虽有三种形式，但不论采用哪种形式，都只能写出三个独立的平衡方程。因为当力系满足式（4-6）或式（4-7）或式（4-8）的三个平衡方程时，力系必定平衡，任何第四个平衡方程都是力系平衡的必然结果，不再是独立的，我们可以利用这个方程来校核计算的结果。在实际应用中，采用哪种形式的平衡方程，完全取决于计算是否简便。通常力求在一个平衡方程中只包含一个未知量，避免解联列方程组。

二、平衡方程的应用

应用平面一般力系的平衡方程，主要是求解结构的约束反力，还可求解主动力之间的关系和物体的平衡位置等问题。其解题步骤如下：

(1) 确定研究对象　根据题意分析已知量和未知量，选取适当的研究对象。

(2) 分析受力并画出受力图　在研究对象上画出它受到的所有主动力和约束反力，约束反力根据约束类型来画。当约束反力的方向未定时，一般可用两个互相垂直的分力表示；当约束反力的指向未定时，可以先假设其指向。如果计算结果为正，则表示假设的指向与实际的指向一致；如果计算结果为负，则表示假设的指向与实际的指向相反。

(3) 列平衡方程求解未知量　为简化计算，避免解联列方程，在应用投影方程时，选取的投影轴应尽量与多个未知力相垂直；应用力矩方程时，矩心应选在多个未知力的交点上，这样可使方程中的未知量减少，使计算工作简化。

例 4-1　悬臂梁（一端是固定端支座，另一端无约束的梁）AB 承受如图 4-10a 所示的荷载作用。已知 $F_P=2ql$，$\alpha=60°$，不计梁的自重，求支座 A 的反力。

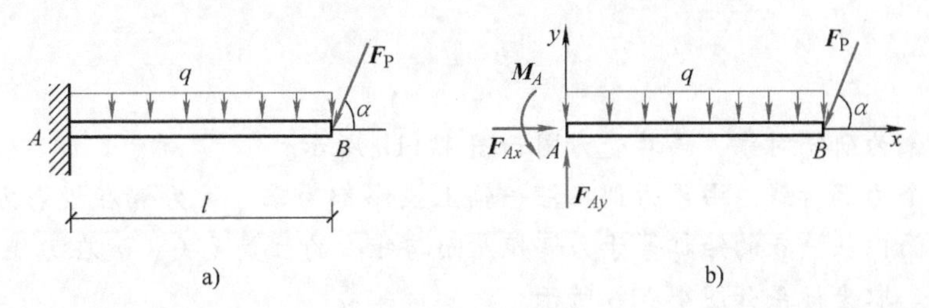

图　4-10

解　取悬臂梁为研究对象，其受力图如图 4-10b 所示。梁上作用有集中力 $\boldsymbol{F}_P$ 和均布荷载 $\boldsymbol{q}$，以及支座反力 $\boldsymbol{F}_{Ax}$、$\boldsymbol{F}_{Ay}$ 和 M_A，各反力的指向都是假定的，它们组成平面一般力系。

列平衡方程时，先将均布荷载 $\boldsymbol{q}$ 合成为合力 ql，方向与均布荷载方向相同，作用在梁 AB 的中点，选取坐标系如图 4-10b 所示。

由 $\sum F_x=0$ 得　　$F_{Ax}-F_P\cos 60°=0$

$$F_{Ax}=F_P\cos 60°=2ql\times\frac{1}{2}=ql\ (\rightarrow)$$

由 $\sum F_y=0$ 得　　$F_{Ay}-ql-F_P\sin 60°=0$

$$F_{Ay}=ql+F_P\sin 60°=ql+2ql\times\frac{\sqrt{3}}{2}=(1+\sqrt{3})\ ql=2.732ql\ (\uparrow)$$

由 $\sum M_A(\boldsymbol{F})=0$ 得　　$M_A-ql\times\dfrac{l}{2}-F_P\sin 60°\times l=0$

$$M_A=\frac{1}{2}ql^2+2ql\times\frac{\sqrt{3}}{2}l=\left(\frac{1}{2}+\sqrt{3}\right)ql^2=2.232ql^2\ (\circlearrowleft)$$

最后可将各反力正确的指向表示在答案后面的括号内。

特别注意，固定端的约束反力偶千万不能漏画。漏画固定端的约束反力偶是初学者常犯的错误。

例4-2 钢筋混凝土刚架，受荷载及支承情况如图4-11a所示。已知 $F_{P1}=40\text{kN}$，$F_{P2}=10\text{kN}$，$M=6\text{kN}\cdot\text{m}$，刚架自重不计，求支座 A、B 的反力。

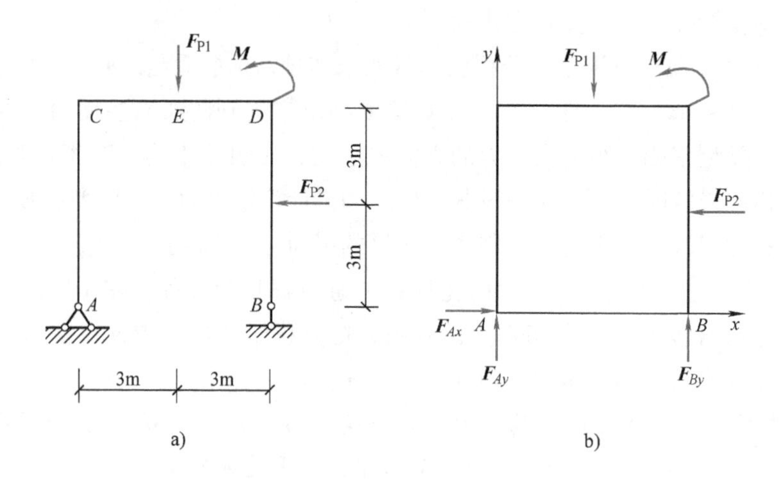

图 4-11

解 取刚架为研究对象，画其受力图如图4-11b所示。

本题有一个力偶荷载，由于力偶在任一轴上投影都为零，故力偶在投影方程中不出现。由于力偶对平面内任一点的矩都等于力偶矩，而与矩心的位置无关，故在力矩方程中可直接将力偶矩列入。取坐标系如图4-11b所示。

由 $\sum F_x=0$ 得
$$F_{Ax}-F_{P2}=0$$
$$F_{Ax}=F_{P2}=10\text{kN}\quad(\rightarrow)$$

由 $\sum M_A(\boldsymbol{F})=0$ 得
$$F_{By}\times 6\text{m}-F_{P1}\times 3\text{m}+M+F_{P2}\times 3\text{m}=0$$
$$F_{By}=\frac{40\times 3-6-10\times 3}{6}\text{kN}=14\text{kN}\ (\uparrow)$$

由 $\sum F_y=0$ 得
$$F_{Ay}+F_{By}-F_{P1}=0$$
$$F_{Ay}=(-14+40)\text{kN}=26\text{kN}\ (\uparrow)$$

讨论：1）由于平衡方程彼此独立，故可先列能解出一个未知量的方程，并视此未知量为已知量，再列其他方程。如本例中也可先列 $\sum M_A(\boldsymbol{F})=0$，再列 $\sum F_x=0$，最后列 $\sum F_y=0$。但如果先列 $\sum F_y=0$，再列后面两个方程，就存在一个回代过程，这种情况应尽量避免。

2）本例中，F_{By} 的数值有误差或出错，则必定影响到 F_{Ay}。因此，每个平衡方程最好能单独求解一个未知量。如本例可改用二力矩式的平衡方程，即把最后一个方程 $\sum F_y=0$，改用 $\sum M_B(\boldsymbol{F})=0$，即
$$-F_{Ay}\times 6\text{m}+F_{P1}\times 3\text{m}+M+F_{P2}\times 3\text{m}=0\quad(\text{此方程与 }F_{By}\text{无关})$$
得
$$F_{Ay}=26\text{kN}\quad(\uparrow)$$
平衡方程式 $\sum F_y=0$ 可作校核用。

例4-3 如图4-12a所示，管道搁置在三角支架上，管道加在架上的荷载 $F_P=8\text{kN}$，架重不计，求支座 A 的约束力和杆 CD 所受的力。

解 该支架在 A、C 两处都用混凝土浇注埋入墙内，D 处是利用连接钢板将角钢 AB 和

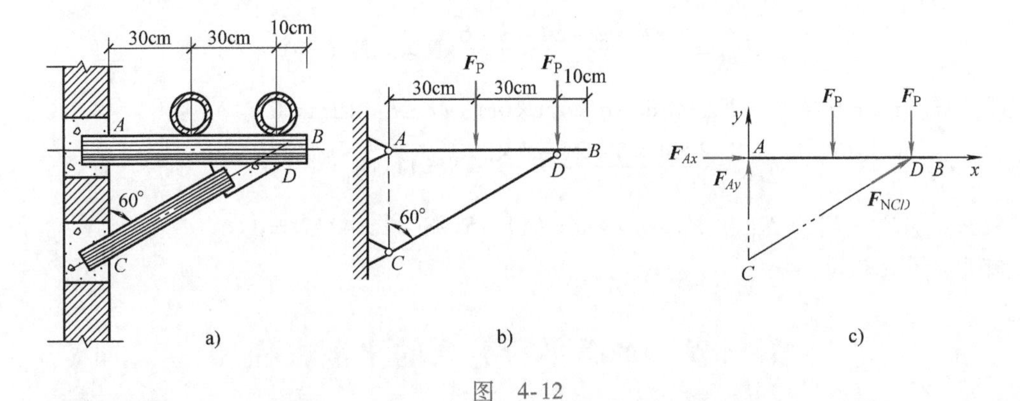

图　4-12

CD 焊接牢。一般近似地可将 A、C、D 三处视为铰链连接，管道荷载视为集中力，于是画出支架的计算简图如图 4-12b 所示。

取梁 AB 为研究对象，其受力图如图 4-12c 所示。

由 $\sum M_A(\boldsymbol{F})=0$ 得　　$F_{NCD}\sin 30°\times 60\text{cm}-F_P\times 30\text{cm}-F_P\times 60\text{cm}=0$

$$F_{NCD}=\frac{8\times 30+8\times 60}{0.5\times 60}\text{kN}=24\text{kN}$$

由 $\sum M_C(\boldsymbol{F})=0$ 得　　$-F_{Ax}\times 60\text{cm}\times\tan 30°-F_P\times 30\text{cm}-F_P\times 60\text{cm}=0$

$$F_{Ax}=-\frac{8\times 30+8\times 60}{60\times 0.577}\text{kN}=-20.8\text{kN}\ (\leftarrow)$$

由 $\sum M_D(\boldsymbol{F})=0$ 得　　$-F_{Ay}\times 60\text{cm}+F_P\times 30\text{cm}=0$

$$F_{Ay}=\frac{8\times 30}{60}\text{kN}=4\text{kN}\ (\uparrow)$$

校核：$\sum F_y=F_{Ay}+F_{NCD}\sin 30°-F_P-F_P=(4+24\times 0.5-8-8)\ \text{kN}=0$

可见计算无误。

例 4-4　简支梁（两端分别支承在固定铰支座和可动铰支座上的梁）受荷载如图 4-13a 所示。已知均布荷载集度 $q=2\text{kN/m}$，力偶矩 $M=24\text{kN}\cdot\text{m}$，集中力 $F_P=8\text{kN}$。试求支座 A、B 的反力。

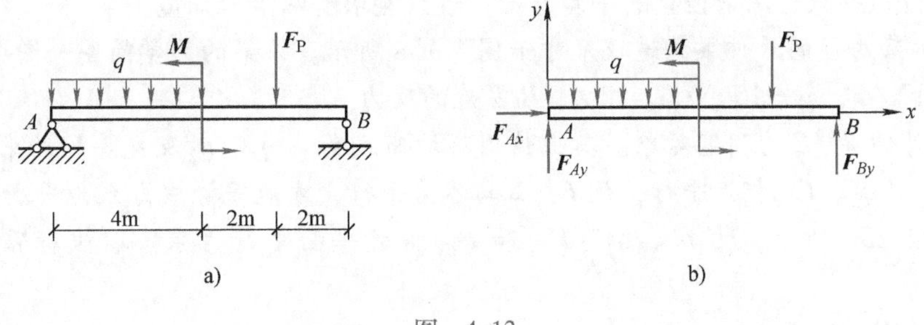

图　4-13

解　取简支梁为研究对象，其受力图和坐标系如图 4-13b 所示。

由 $\sum F_x=0$ 得　　$F_{Ax}=0$

由 $\sum M_A(\boldsymbol{F})=0$ 得　　$F_{By}\times 8\text{m}-q\times 4\text{m}\times 2\text{m}+M-F_P\times 6\text{m}=0$

$$F_{By}=\frac{2\times4\times2-24+8\times6}{8}\text{kN}=5\text{kN}\ (\uparrow)$$

由$\sum M_B(\boldsymbol{F})=0$得 $-F_{Ay}\times8\text{m}+q\times4\text{m}\times6\text{m}+M+F_P\times2\text{m}=0$

$$F_{Ay}=\frac{2\times4\times6+24+8\times2}{8}\text{kN}=11\text{kN}\quad(\uparrow)$$

校核：$\sum F_y=F_{Ay}+F_{By}-F_P-q\times4\text{m}=(11+5-8-2\times4)\text{kN}=0$
可见计算无误。

第三节 平面平行力系的平衡方程

当各力的作用线在同一平面内互相平行时，则该力系称为平面平行力系。

平面平行力系是平面一般力系的一种特殊情况。它的平衡方程可以从平面一般力系的平衡方程导出。如果取x轴与平行力系各力的作用线垂直，y轴与各力平行，如图4-14所示，则不论力系是否平衡，各力在x轴上的投影恒为零，即$\sum F_x=0$，故平面平行力系的平衡方程为

$$\left.\begin{aligned}\sum F_y=0\\ \sum M_O(\boldsymbol{F})=0\end{aligned}\right\}\tag{4-9}$$

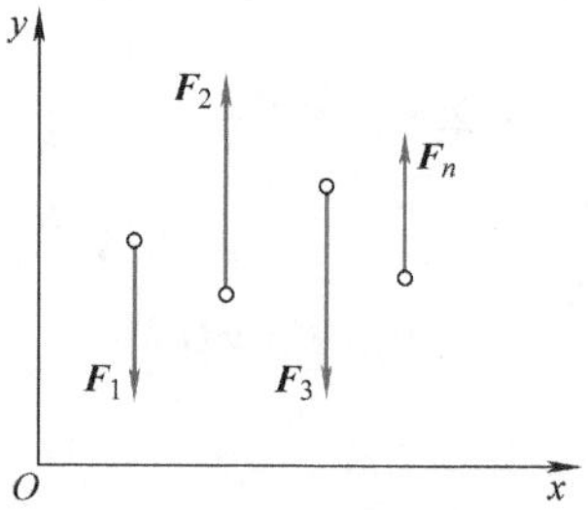

因为各力与y轴平行，所以$\sum F_y=0$，就表明各力的代数和等于零。这样，平面平行力系平衡的必要和充分条件是力系中所有各力的代数和等于零；力系中各力对任一点的矩的代数和等于零。

y F_2 F_n F_1 F_3 O x

图 4-14

同理，由平面一般力系平衡方程的二力矩形式，可导出平面平行力系平衡方程的另一种形式为

$$\left.\begin{aligned}\sum M_A(\boldsymbol{F})=0\\ \sum M_B(\boldsymbol{F})=0\end{aligned}\right\}\tag{4-10}$$

其中A、B两点连线不能与力系中各力的作用线平行。

平面平行力系只有两个独立的平衡方程，故只能求解两个未知量。

例4-5 某房屋的外伸梁构造及尺寸如图4-15a所示。该梁的力学简图如图4-15b所示。已知$q_1=20\text{kN/m}$，$q_2=15\text{kN/m}$。求A、B支座的反力。

解 取外伸梁AC为研究对象。其上作用有均布线荷载$\boldsymbol{q}_1$、$\boldsymbol{q}_2$及支座的约束反力$\boldsymbol{F}_{Ay}$和$\boldsymbol{F}_{By}$。由于$\boldsymbol{q}_1$、$\boldsymbol{q}_2$、$\boldsymbol{F}_{By}$相互平行，故$\boldsymbol{F}_{Ay}$必与各力平行，才能保持该力系为平衡力系。梁的受力图如图4-15c所示，力$\boldsymbol{q}_1$、$\boldsymbol{q}_2$、$\boldsymbol{F}_{Ay}$和$\boldsymbol{F}_{By}$组成平面平行力系。取坐标系如图4-15c所示。

由$\sum M_A(\boldsymbol{F})=0$得

$$F_{By}\times5\text{m}-q_1\times5\text{m}\times2.5\text{m}-q_2\times2\text{m}\times6\text{m}=0$$

$$F_{By}=\frac{20\times5\times2.5+15\times2\times6}{5}\text{kN}=86\text{kN}\ (\uparrow)$$

由$\sum M_B(\boldsymbol{F})=0$得

$$-F_{Ay}\times5\text{m}+q_1\times5\text{m}\times2.5\text{m}-q_2\times2\text{m}\times1\text{m}=0$$

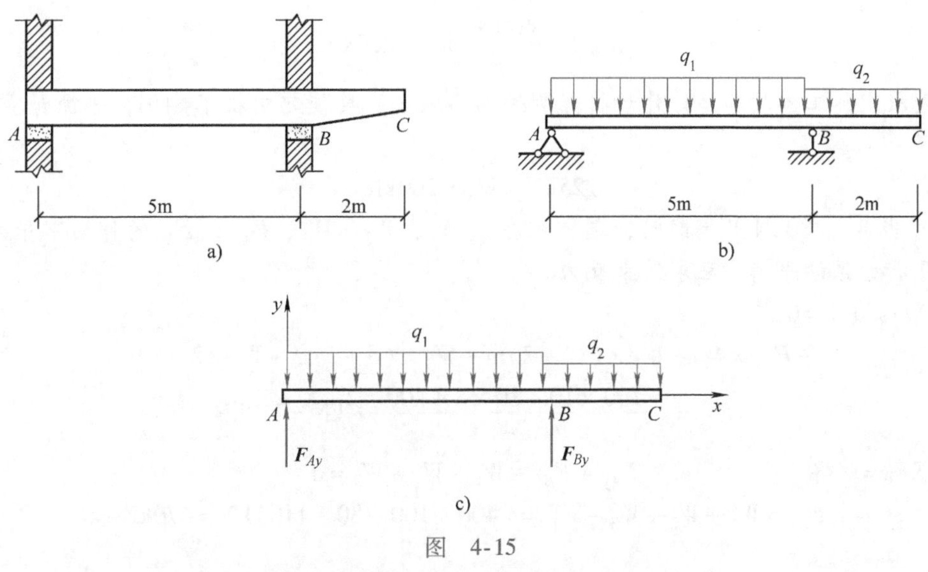

图　4-15

$$F_{Ay}=\frac{20\times5\times2.5-15\times2\times1}{5}\text{kN}=44\text{kN}\ (\uparrow)$$

校核：$\Sigma F_y=F_{Ay}+F_{By}-q_1\times5\text{m}-q_2\times2\text{m}=(86+44-20\times5-15\times2)\text{kN}=0$
说明计算无误。

例 4-6　塔式起重机如图 4-16 所示。机架重 $W_1=400\text{kN}$，作用线通过塔架的中心。最大起重量 $W_2=100\text{kN}$，最大悬臂长为 12m，轨道 AB 的间距为 4m。平衡锤重 W_3，到机身中心线距离为 6m。试问：(1) 保证起重机在满载和空载时都不致翻倒，平衡锤重 W_3 的范围；(2) 当平衡锤重 $W_3=80\text{kN}$ 时，求满载时轨道 A、B 对起重机轮子的反力。

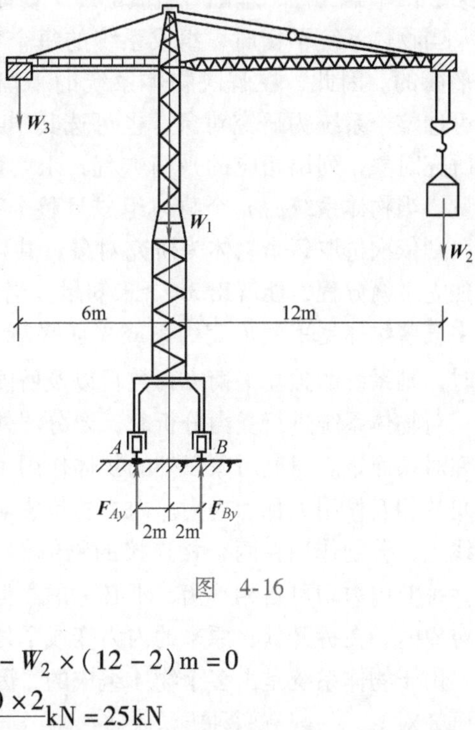

解　取起重机为研究对象。作用在机上的力有：载荷的重力 $\boldsymbol{W}_2$、机架的重力 $\boldsymbol{W}_1$、平衡锤重 $\boldsymbol{W}_3$，以及轨道的约束反力 $\boldsymbol{F}_{Ax}$ 和 $\boldsymbol{F}_{By}$，其受力图如图 4-16 所示。

(1) 要使起重机不翻倒，应使作用在起重机上的所有力满足平衡条件。

当满载时，为使起重机不绕 B 点翻倒，这些力必须满足平衡方程 $\Sigma M_B\ (\boldsymbol{F})=0$。在临界情况下，$\boldsymbol{F}_{Ay}=0$。此时求出的 $\boldsymbol{W}_3$ 值是所允许的最小值。

图　4-16

由 $\Sigma M_B(\boldsymbol{F})=0$ 得

$$W_{3\min}\times(6+2)\text{m}+W_1\times2\text{m}-W_2\times(12-2)\text{m}=0$$

$$W_{3\min}=\frac{100\times10-400\times2}{8}\text{kN}=25\text{kN}$$

当空载时，$W_2=0$。为使起重机不绕点 A 翻倒，所受的力必须满足平衡方程 $\Sigma M_A(\boldsymbol{F})=0$。在临界情况下，$\boldsymbol{F}_{By}=0$。这时求出的 W_3 值是所允许的最大值。

由 $\Sigma M_A(\boldsymbol{F})=0$ 得　　$W_{3\max}\times(6-2)\text{m}-W_1\times2\text{m}=0$

$$W_{3\max}=\frac{400\times 2}{4}\mathrm{kN}=200\mathrm{kN}$$

起重机实际工作时不允许处于将翻倒的临界状态，要使起重机不翻倒，平衡锤重 W_3 的范围应是

$$25\mathrm{kN}<W_3<200\mathrm{kN}$$

（2）当 $W_3=80\mathrm{kN}$ 且满载时，起重机在力 $\boldsymbol{W}_1$、$\boldsymbol{W}_2$、$\boldsymbol{W}_3$、$\boldsymbol{F}_{Ay}$ 及 $\boldsymbol{F}_{By}$ 的作用下平衡。应用平面平行力系的平衡方程求约束反力。

由 $\Sigma M_B(\boldsymbol{F})=0$ 得

$$-F_{Ay}\times 4\mathrm{m}-W_2\times(12-2)\mathrm{m}+W_3\times(6+2)\mathrm{m}+W_1\times 2\mathrm{m}=0$$

$$F_{Ay}=\frac{-100\times 10+80\times 8+400\times 2}{4}\mathrm{kN}=110\mathrm{kN}$$

由 $\Sigma F_y=0$ 得 $$F_{Ay}+F_{By}-W_1-W_2-W_3=0$$

$$F_{By}=W_1+W_2+W_3-F_{Ay}=(400+100+80-110)\mathrm{kN}=470\mathrm{kN}$$

第四节 物体系统的平衡问题

在工程实际问题中，常常遇到几个物体通过一定的约束联系在一起的系统，这种系统称为物体系统。例如图4-17所示的厂房结构，就是由屋架、吊车梁、柱、基础等组成的一个物体系统。

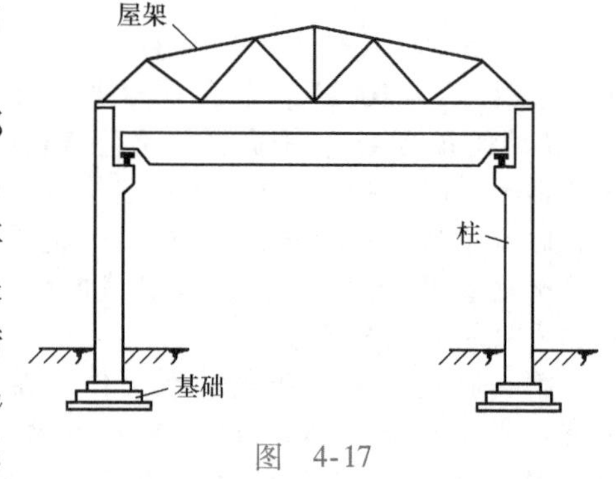

图 4-17

当物体系统平衡时，组成系统的每个物体也都是平衡的。因此，在解决物体系统的平衡问题时，既可选整个系统为研究对象，也可选其中某个物体为研究对象，列出相应的平衡方程，求解所需的未知量。当物体系统由 n 个物体组成且整个系统平衡时，则依次选取每个物体为研究对象，共可列出 $3n$ 个独立平衡方程，能解出 $3n$ 个未知量。当然，若系统中某些物体受平面汇交力系或平面平行力系等作用时，则系统的独立平衡方程数目以及所能求出的未知量数目都将相应地减少。

对物体系统进行受力分析时，要分清外力和内力。外力和内力是相对的，需视所选取的研究对象而定。研究对象以外的物体作用于研究对象上的力称为外力。研究对象内部各物体之间的相互作用力称为内力。内力总是成对出现的，且大小相等，方向相反，作用线在同一直线上，分别作用在两个相连接的物体上。因此，在考虑整个物体系统为研究对象的平衡时，每对内力均可自相平衡，不必考虑。但是，一旦将系统拆开，以局部或单个物体作为研究对象时，在拆开处，原来的内力变成了外力，建立平衡方程时，必须考虑这些力。

由于物体系统是由多个物体组成的，因此，研究对象的选择成为求解的关键。合理地选取研究对象，一般有两种方法：

（1）先整体　先取整个物体系统作为研究对象，求得某些未知量；再取其中某部分物体（一个物体或几个物体的组合）作为研究对象，求出其他未知量。

（2）先局部　先取某部分物体作为研究对象，再取其他部分物体或整体作为研究对象，

逐步求得所有未知量。

下面举例说明求解物体系统平衡问题的方法及步骤。

例4-7　组合梁受荷载如图4-18a所示。已知 $q=4\text{kN/m}$，$F_P=20\text{kN}$，梁自重不计。求支座A、C的反力。

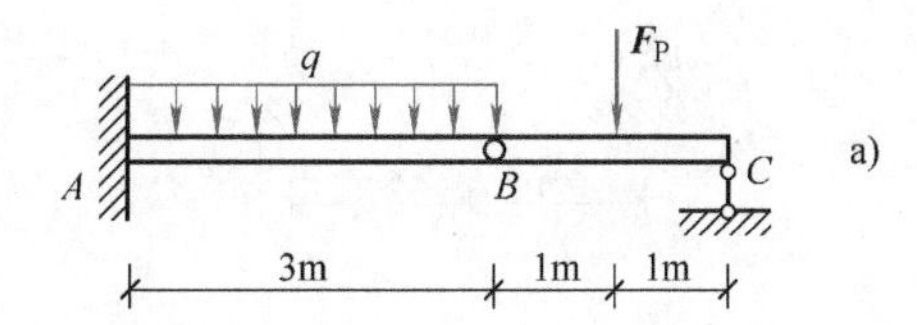

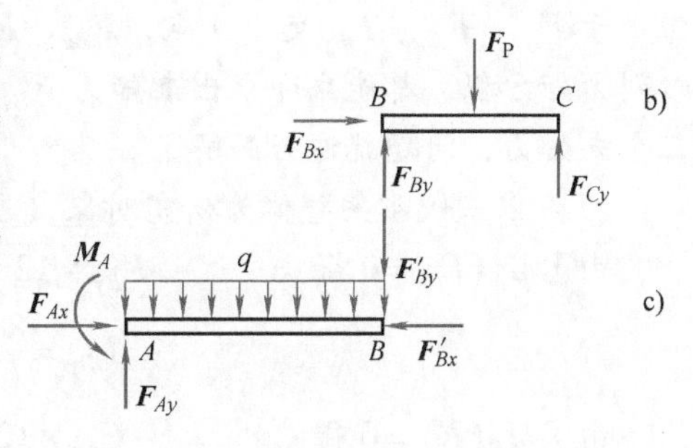

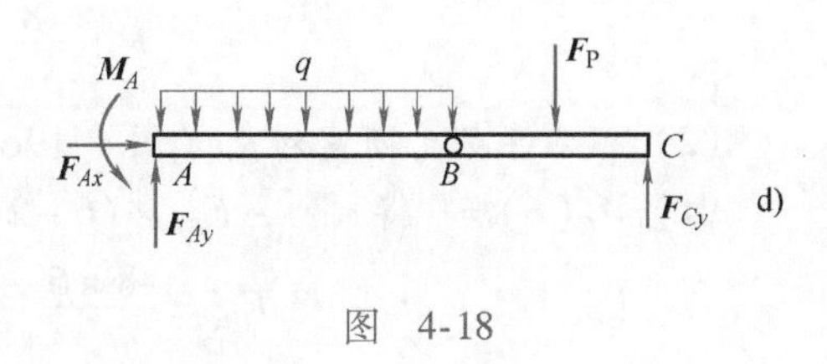

图　4-18

解　若取整个梁为研究对象，受力图如图4-18d所示，其有$\boldsymbol{F}_{Ax}$、$\boldsymbol{F}_{Ay}$、M_A及$\boldsymbol{F}_{Cy}$四个未知量，而平面一般力系独立的平衡方程只有三个。所以，仅以梁的整体为研究对象不能求出全部未知力。若将梁从铰B处拆开，分别考虑BC段和AB段的平衡，绘出它们的受力图如图4-18b、c所示，从受力图可看出：在梁BC上只有三个未知量，而在梁AB上有五个未知量。因此，该问题应先以梁BC为研究对象，求出$\boldsymbol{F}_{Cy}$，然后再考虑整体梁平衡，就能解出其余未知力。

(1) 取梁BC为研究对象（图4-18b）。

由 $\Sigma M_B(\boldsymbol{F})=0$ 得　　$F_{Cy}\times 2\text{m}-F_P\times 1\text{m}=0$

$$F_{Cy}=\frac{20\times 1}{2}\text{kN}=10\text{kN}\ (\uparrow)$$

(2) 取整个组合梁为研究对象（图4-18d）。

由 $\Sigma F_x=0$ 得　　$F_{Ax}=0$

由 $\Sigma F_y=0$ 得　　$F_{Ay}+F_{Cy}-F_P-q\times 3\text{m}=0$

$$F_{Ay}=(-10+20+4\times 3)\text{kN}=22\text{kN}(\uparrow)$$

由 $\Sigma M_A(\boldsymbol{F})=0$ 得　$M_A+F_{Cy}\times 5\text{m}-q\times 3\text{m}\times 1.5\text{m}-F_P\times 4\text{m}=0$

$$M_A=(-10\times 5+4\times 3\times 1.5+20\times 4)\text{kN}\cdot\text{m}=48\text{kN}\cdot\text{m}(\circlearrowleft)$$

校核：对整个组合梁

$$\Sigma M_C(\boldsymbol{F})=(20\times 1+4\times 3\times 3.5-22\times 5+48)\text{kN}=0$$

可见计算无误。

本例也可以分别以梁BC和AB为研究对象，建立平衡方程求解支座反力。这就需要通过BC杆的平衡方程，求出$\boldsymbol{F}_{Bx}$、$\boldsymbol{F}_{By}$，并以$\boldsymbol{F}'_{Bx}$、$\boldsymbol{F}'_{By}$的值代入AB梁的平衡方程中，通过AB梁为研究对象的平衡方程，求得$\boldsymbol{F}_{Ax}$、$\boldsymbol{F}_{Ay}$和M_A。这样做显然比较麻烦。

特别指出，当解题方法不只一种时，要通过分析对其进行比较，以确定最简捷方法。由于解题方法没有一成不变的规律可循，故应做一定数量的习题，灵活求解，举一反三，才能逐步掌握。

例4-8　钢筋混凝土三铰刚架受荷载如图4-19a所示，已知 $q=8\text{kN/m}$，求支座A、B及顶铰C处的约束反力。

解　三铰刚架整体和右半架的受力图如图4-19b、c所示。如果先取右半架为研究对象，在其上有四个未知力，不论是列出力矩方程或投影方程，每个方程中至少含有两个未知力，不可能做到一个方程解一个未知量。如果先取整体刚架为研究对象，虽然也有四个未知量，

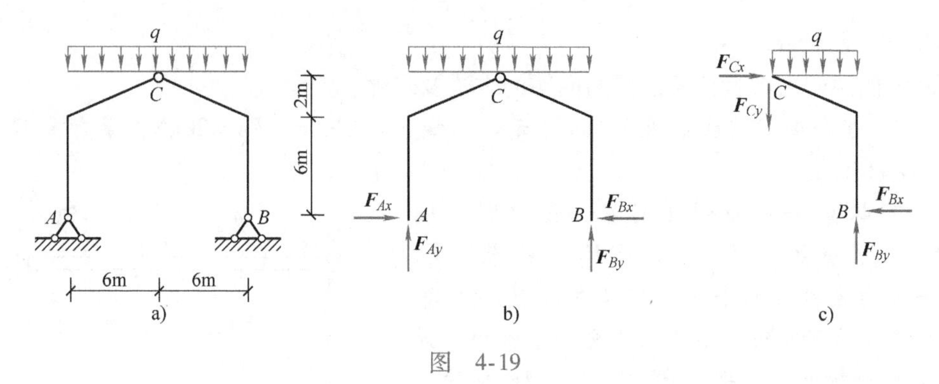

图　4-19

但由于$\boldsymbol{F}_{Ax}$、$\boldsymbol{F}_{Ay}$、$\boldsymbol{F}_{Bx}$交于A点，$\boldsymbol{F}_{Bx}$、$\boldsymbol{F}_{By}$、$\boldsymbol{F}_{Ax}$交于B点，所以，无论以A点或B点为矩心列力矩方程，都能立即求出未知力$\boldsymbol{F}_{By}$或$\boldsymbol{F}_{Ay}$。然后，再考虑右半架的平衡，这时只剩下三个未知力，问题就迎刃而解了。

（1）以三铰刚架整体为研究对象（图4-19b）。

由$\sum M_A(F)=0$得　$F_{By}\times 12\text{m}-q\times 12\text{m}\times 6\text{m}=0$

$$F_{By}=\frac{8\times 12\times 6}{12}\text{kN}=48\text{kN}$$

由$\sum M_B(F)=0$得　$-F_{Ay}\times 12\text{m}+q\times 12\text{m}\times 6\text{m}=0$

$$F_{Ay}=\frac{8\times 12\times 6}{12}\text{kN}=48\text{kN}$$

（2）以右半架为研究对象（图4-19c）。

由$\sum M_C(F)=0$得　$-F_{Bx}\times(6+2)\text{m}+F_{By}\times 6\text{m}-q\times 6\text{m}\times 3\text{m}=0$

$$F_{Bx}=\frac{48\times 6-8\times 6\times 3}{8}\text{kN}=18\text{kN}(\leftarrow)$$

由$\sum F_x=0$得　$F_{Cx}-F_{Bx}=0$

$$F_{Cx}=F_{Bx}=18\text{kN}(\rightarrow)$$

由$\sum F_y=0$得　$-F_{Cy}+F_{By}-q\times 6\text{m}=0$

$$F_{Cy}=(8\times 6-48)\text{kN}=0$$

（3）再以三铰刚架整体为研究对象。

由$\sum F_x=0$得　$F_{Ax}-F_{Bx}=0$

$$F_{Ax}=F_{Bx}=18\text{kN}\ (\rightarrow)$$

通过以上实例的分析，可见物体系统平衡问题的解题步骤与单个物体的平衡问题基本相同。现将物体系统平衡问题的解题特点归纳如下：

1）比较系统的独立平衡方程个数和未知力个数，若彼此相等，则可根据平衡方程求解出全部未知量。一般来说，由n个物体组成的系统，可以建立$3n$个独立的平衡方程。

2）根据已知条件和所求的未知量，适当选取研究对象，使计算简化。

3）要抓住一个“拆”字。需要将系统拆开时，要在各个物体连接处拆开，而不可将物体或杆件切断。在拆开的地方用相应的约束反力代替约束对物体的作用，这样就把物体系统分解为若干单个物体，单个物体受力简单，便于分析。

4）在画研究对象受力图时，切记受力图中只画研究对象所受的外力，不能画出研究对象的内力。

5）选择平衡方程的形式并注意选取适当的投影坐标轴和矩心，尽可能做到在一个平衡方程中只含有一个未知量，使计算简化。

在以前所研究的问题中，作用在物体上的未知力的数目正好等于独立平衡方程的数目，因此，应用平衡方程，可以解出全部未知量。这类问题称为静定问题，相应的结构称为静定结构。在工程实际中，有时为了提高结构的承载能力，或者为了满足其他工程要求，常常需要在静定结构上增加一些构件或约束，从而使作用在结构上未知力的数目多于独立平衡方程的数目，未知量不能通过平衡方程全部求出，这类问题称为静不定（或超静定）问题，相应的结构称为静不定结构（或超静定结构）。如图 4-20a 所示的 AB 梁和图 4-20b 所示的两铰拱的平衡问题都是静不定问题。解决静不定问题时，需要考虑物体的变形，不属于本篇的研究范围，这类问题将在第三篇结构的内力与位移计算中再研究。

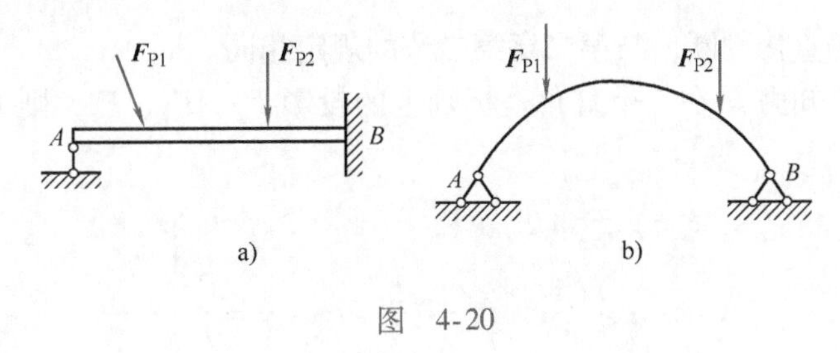

图　4-20

*第五节　空间力系简介

在工程中，空间力系的问题很多，在很多情况下，可将实际的空间力系简化为平面力系来研究，但有时却必须按空间力系来计算。

一、力在空间直角坐标轴上的投影

力在空间直角坐标轴上的投影方法有两种：一次投影法和二次投影法。

1. 一次投影法

如图 4-21 所示，已知力 $\boldsymbol{F}$ 与空间直角坐标轴 x、y、z 的正向之间的夹角分别为 α、β、γ，则力 $\boldsymbol{F}$ 在三个坐标轴上的投影 F_x、F_y、F_z分别为

$$\left.\begin{aligned}F_x&=F\cos\alpha\\F_y&=F\cos\beta\\F_z&=F\cos\gamma\end{aligned}\right\}\tag{4-11}$$

2. 二次投影法

如图 4-22 所示，如果力 $\boldsymbol{F}$ 与坐标轴 z 的夹角为 γ，而与 x、y 轴的夹角不易求出，则可先将力 $\boldsymbol{F}$ 投影在轴 z 与坐标面 oxy 上，在 oxy 平面上得到一个力 $\boldsymbol{F}_{xy}$，然后再把力 $\boldsymbol{F}_{xy}$ 投影到 x、y 轴上，F_x、F_y就是力 $\boldsymbol{F}$ 在 x、y 轴上的投影。若 $\boldsymbol{F}_{xy}$ 与 x 轴的夹角为 φ，则力 $\boldsymbol{F}$ 在三个坐标轴上的投影为

$$\left.\begin{aligned}F_x&=F\sin\gamma\cos\varphi\\F_y&=F\sin\gamma\sin\varphi\\F_z&=F\cos\gamma\end{aligned}\right\}\tag{4-12}$$

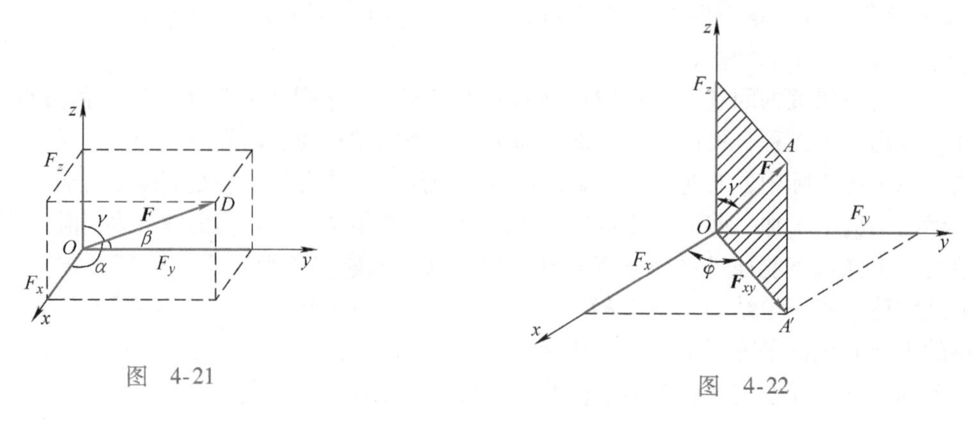

图　4-21　　　　图　4-22

投影的正负号仍直接判断，与第二章第二节的规定相同。

反过来，如果已知力 $\boldsymbol{F}$ 在三个直角坐标轴上的投影 F_x、F_y、F_z，则力的大小和方向余弦分别为

$$\left.\begin{aligned} &F=\sqrt{F_x^2+F_y^2+F_z^2}\\ &\cos\alpha=\frac{F_x}{F},\ \cos\beta=\frac{F_y}{F},\ \cos\gamma=\frac{F_z}{F}\end{aligned}\right\}\tag{4-13}$$

二、力对轴的矩

在日常生活和工程实际中，经常遇到物体绕某固定轴转动的情况。力使物体绕某固定轴的转动效应，由力对轴的矩来度量，现以开门为例进行说明。

设有一扇可绕 z 轴转动的门。如图4-23a、b 所示，分别在门上 A 点施加与 z 轴平行的力 $\boldsymbol{F}_1$ 或与 z 轴相交的力 $\boldsymbol{F}_2$，由经验可知，不论力 $\boldsymbol{F}_1$ 或 $\boldsymbol{F}_2$ 多大都不可能使门绕 z 轴转动。所以当力与转动轴平行或相交，即力与转动轴在同一平面内时，这个力不能使物体绕该轴转动，也称这个力对该轴的矩等于零。

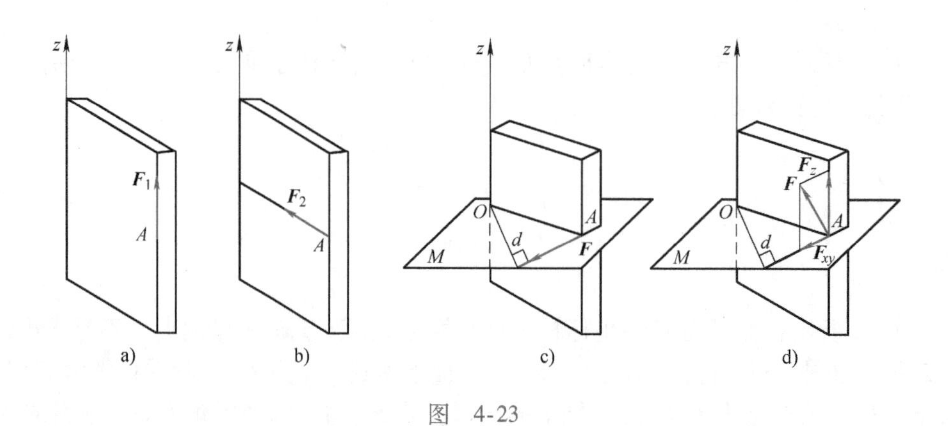

图　4-23

如果力 $\boldsymbol{F}$ 作用在垂直于 z 轴的平面内（图4-23c），则力 $\boldsymbol{F}$ 使门绕 z 轴的转动效应可用对 O 点（z 轴与平面的交点）的矩来量度。即

$$M_z(\boldsymbol{F})=M_O(\boldsymbol{F})=\pm Fd$$

通常状况，力 $\boldsymbol{F}$ 不在垂直于 z 轴的平面内，也不与 z 轴平行或相交（图4-23d）。确定

力 $\boldsymbol{F}$ 使门绕 z 轴的转动效应，可将该力分解为两个分力 $\boldsymbol{F}_z$ 和 $\boldsymbol{F}_{xy}$，其中 $\boldsymbol{F}_z$ 与 z 轴平行，$\boldsymbol{F}_{xy}$ 在与 z 轴垂直的平面内。分力 $\boldsymbol{F}_z$ 不能使门转动，分力 $\boldsymbol{F}_{xy}$ 可使门转动。所以力 $\boldsymbol{F}$ 使门绕 z 轴的转动效应完全由力 $\boldsymbol{F}_{xy}$ 来决定，而分力 $\boldsymbol{F}_{xy}$ 对 z 轴的转动效应可用力 $\boldsymbol{F}_{xy}$ 对 O 点的矩来量度。

因此力对轴的矩等于力在与轴垂直平面上的分力对轴与该平面交点的矩。其表达式为

$$M_z(\boldsymbol{F}) = M_O(\boldsymbol{F}_{xy}) = \pm F_{xy}d \tag{4-14}$$

上式中，正负号表示力使物体绕轴转动的方向，用右手法则确定，即以右手四指表示物体绕 z 轴转动的方向，若大拇指指向与 z 轴正向相同，则为正号（图 4-24a）；反之，为负号（图 4-24b）。可见力对轴的矩为代数量。力对轴的矩的单位与力对点的矩相同，常用 N · m 或 kN · m。

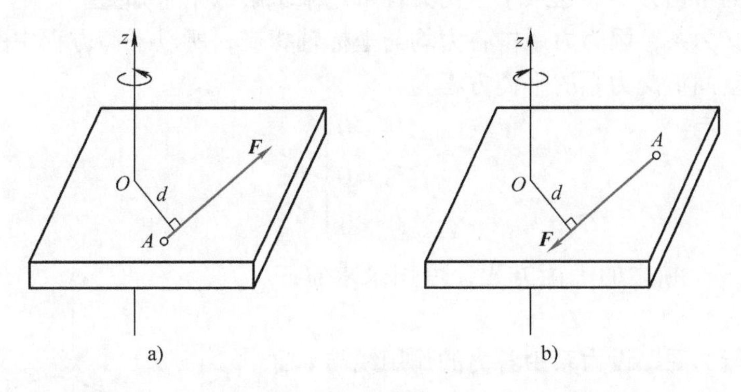

图　4-24

空间力系若有合力，则合力对某轴的矩等于各分力对该轴的矩的代数和。此即空间力系的合力矩定理。常用此定理来简化力对轴的矩的计算。

例 4-9　手柄 $ABCD$ 在 Axy 平面内，在 D 点作用一个铅垂力 $F = 500\text{N}$，尺寸如图 4-25 所示。求此力对 x、y、z 轴的矩。

解　由力对轴的定义，可得力 $\boldsymbol{F}$ 对 x 轴的矩为

$$M_x(\boldsymbol{F}) = -F \times (0.3 + 0.1)\text{m} = -500\text{N} \times 0.4\text{m} = -200\text{N} \cdot \text{m}$$

力 $\boldsymbol{F}$ 对 y 轴的矩为

$$M_y(\boldsymbol{F}) = -F \times 0.36\text{m} = -500\text{N} \times 0.36\text{m} = -180\text{N} \cdot \text{m}$$

力 $\boldsymbol{F}$ 与 z 轴平行，对 z 轴的矩为零。即

$$M_z(\boldsymbol{F}) = 0$$

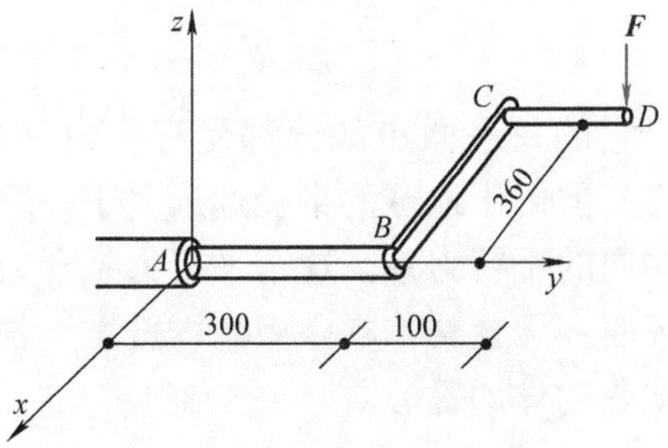

图　4-25

三、空间力系的平衡方程

空间一般力系与平面一般力系相同，也可以向一点简化，简化后可得到一个空间汇交力系和一个空间力偶系与原力系等效。这个空间汇交力系可以合成为一个合力，空间力偶系可以合成为一个力偶。当力系平衡时，物体在空间任意方向上都不能移动，也不能绕任意轴转动。即这个合力与合力偶都等于零。因此，空间一般力系的平衡方程共有六个，分别为

$$\left.\begin{array}{l}\sum F_x=0,\ \sum F_y=0,\ \sum F_z=0\\ \sum M_x(\boldsymbol{F})=0,\ \sum M_y(\boldsymbol{F})=0,\ \sum M_z(\boldsymbol{F})=0\end{array}\right\}\tag{4-15}$$

即空间一般力系平衡的必要和充分条件是力系中所有各力在三个坐标轴中每一个轴上的投影的代数和等于零，以及各力对于每一个坐标轴的矩的代数和也等于零。式（4-15）称为空间一般力系的平衡方程。这六个平衡方程可用来求解六个未知量。

对于空间汇交力系，因为力系中各力均与坐标轴相交，所以平衡方程中的三个力矩方程自然满足，因此空间汇交力系的平衡方程为

$$\left.\begin{array}{l}\sum F_x=0\\ \sum F_y=0\\ \sum F_z=0\end{array}\right\}\tag{4-16}$$

空间汇交力系有三个独立的平衡方程，可用来求解三个未知量。

对于空间平行力系，设力系中各力的作用线与 z 轴平行（图4-26），则不论力系是否平衡，总有 $\Sigma F_x=0$，$\Sigma F_y=0$，ΣM_z（$\boldsymbol{F}$）$=0$，因此空间平行力系的平衡方程为

$$\left.\begin{array}{l}\sum F_z=0\\ \sum M_x(\boldsymbol{F})=0\\ \sum M_y(\boldsymbol{F})=0\end{array}\right\}\tag{4-17}$$

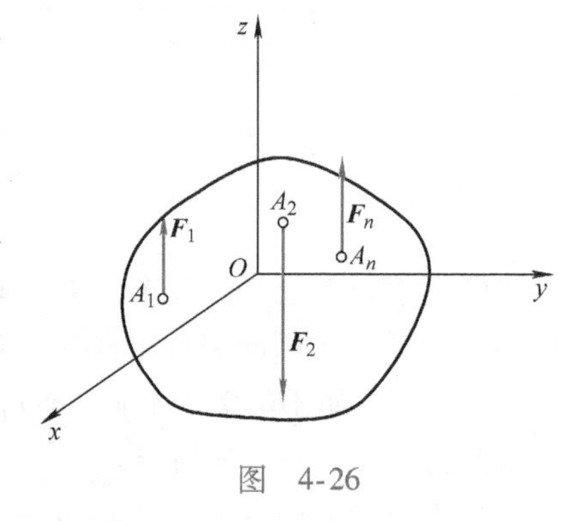

图　4-26

空间平行力系有三个独立的平衡方程，可用来求解三个未知量。

四、重心与形心

在工程实际问题中，重心具有很大的实用价值。例如挡土墙、水坝等，为了保证不致倾倒，必须适当地选择断面的形状与尺寸，使重心在一定范围内。又如预制构件和机械的安装，需知道其重心的位置，吊装才能平稳。因此，必须了解重心的概念以及重心位置的求法。

1. 重心的概念

在地球表面附近的物体，它的每一微小部分都受有重力（地球引力）的作用。这些众多的微小重力汇交于地球中心。但由于地球的半径远远大于一般物体的尺寸，所以近似地认为这些微小重力是一个空间同向的平行力系。这个平行力系合力就是物体的重力，重力的大小就是物体的总重力，实践证明：无论物体在空间怎样放置，物体重力的作用线总是通过物体上一个确定的点，这个点就是物体的重心。

2. 物体重心坐标公式

设组成某物体的各微小部分的重力分别为 ΔW_1，ΔW_2，…，ΔW_n，选取坐标系 $oxyz$，各

微小部分重力作用点的坐标为（x_1、y_1、z_1），（x_2、y_2、z_2），…，（x_n、y_n、z_n），物体重心 C 的坐标为（x_C、y_C、z_C），如图 4-27 所示，则物体的重力为

$$W = \Delta W_1 + \Delta W_2 + \cdots + \Delta W_n = \Sigma \Delta W_i$$

对 y 轴，应用合力矩定理有

$$M_y(W) = \Sigma M_y(\Delta W_i)$$

即

$$W x_C = \Delta W_1 x_1 + \Delta W_2 x_2 + \cdots + \Delta W_n x_n$$

所以

$$x_C = \frac{\Sigma \Delta W_i x_i}{W}$$

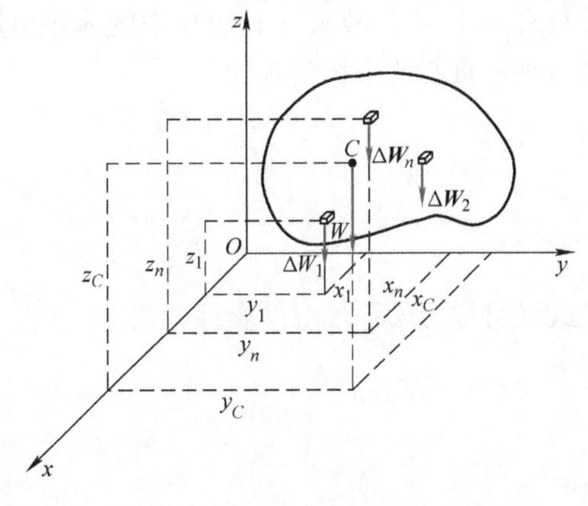

图　4-27

同理，对 x 轴取矩可得

$$y_C = \frac{\Sigma \Delta W_i y_i}{W}$$

将力系中各力绕其自身作用点转过 90°，与 y 轴平行。由重心的概念可知，物体重心 C 的位置不变，再对 x 轴应用合力矩定理得

$$z_C = \frac{\Sigma \Delta W_i z_i}{W}$$

所以，一般物体重心的坐标公式为

$$\left.\begin{aligned} x_C &= \frac{\Sigma \Delta W_i x_i}{W} \\ y_C &= \frac{\Sigma \Delta W_i y_i}{W} \\ z_C &= \frac{\Sigma \Delta W_i z_i}{W} \end{aligned}\right\} \tag{4-18}$$

3. 形心

许多物体可看成是匀质的，即物体的单位体积重力 γ 是常数。若物体的体积为 V，则物体的重力 $W = \gamma V$，每一微小体积的重力 $\Delta W = \gamma \Delta V$，把此关系代入式（4-18），并消去 γ，则得

$$\left.\begin{aligned} x_C &= \frac{\Sigma \Delta V_i x_i}{V} \\ y_C &= \frac{\Sigma \Delta V_i y_i}{V} \\ z_C &= \frac{\Sigma \Delta V_i z_i}{V} \end{aligned}\right\} \tag{4-19}$$

由式（4-19）可知，匀质物体的重心位置完全取决于物体的几何形状，而与物体的重力无关。由物体的几何形状和尺寸所决定的几何中心，称为**几何形体的形心**。故式（4-19）也是体积形心的坐标公式。对于匀质物体来说，形心和重心是重合的。

对于厚度远比其他两个方面尺寸小得多的匀质薄平板，其厚度可以略去不计。薄平板的重心就在其所在的平面上，在薄平板平面内取直角坐标系 xOy，如图 4-28 所示，其重心坐

标只有 x_C 和 y_C，故式（4-19）中的体积可用面积代换。所以薄平板重心的坐标公式为

$$\left.\begin{aligned} x_C &= \frac{\sum \Delta A_i x_i}{A} \\ y_C &= \frac{\sum \Delta A_i y_i}{A} \end{aligned}\right\} \tag{4-20}$$

上式又可称为面积形心的坐标公式。

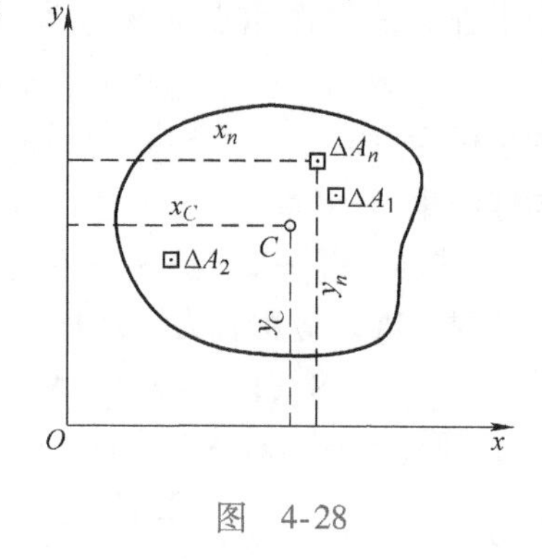

图 4-28

小 结

一、力的平移定理

作用于物体上的力可平移至该物体上的任一点，但平移后必须附加一力偶，该力偶的矩等于原来的力对平移点 O 的矩。

二、平面一般力系向任一点的简化的结果

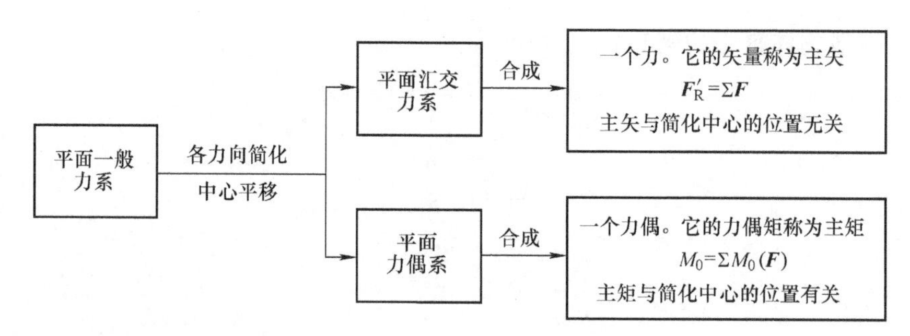

简化的最后结果或者是一个力，或者是一个力偶，或者平衡。

三、平面力系的平衡方程

平面力系类别		平衡方程	限制条件	可求未知量数目
一般力系	基本形式	$\sum F_x=0$，$\sum F_y=0$，$\sum M_O=0$		3
	二力矩式	$\sum F_x=0$，$\sum M_A=0$，$\sum M_B=0$	A、B 连线不垂直于 x 轴	3
	三力矩式	$\sum M_A=0$，$\sum M_B=0$，$\sum M_C=0$	A、B、C 三点不共线	3
平行力系		$\sum F_y=0$，$\sum M_O=0$	y 轴与各力不垂直	2
		$\sum M_A=0$，$\sum M_B=0$	A、B 连线与各力不平行	2
汇交力系		$\sum F_x=0$，$\sum F_y=0$		2
力偶系		$\sum M=0$		1

四、物体和物体系统的平衡问题

（1）单个物体的平衡　解决好单个物体平衡问题的关键，在于对物体进行受力分析，正确地画出受力图。受力图可以形象地反映物体所受的各力组成了一个什么样的力系，使我们判别力系中未知量的数目是否多于独立的平衡方程数目，以判定问题可解与否。下一步就

该考虑选用什么形式的平衡方程使计算简化，避免计算联立方程，选择坐标轴与未知力垂直，将力矩方程的矩心选在未知力的作用线的交点上。

（2）物体系统的平衡　计算物体系统的平衡问题时，往往先以整体系统为研究对象。当不能求出全部的未知力时，就要将物体系统拆成若干单个物体。通过“拆”，可使物体间相互作用的内力转化为外力，可化为若干个研究对象，以增加独立的平衡方程，有利于求解较多的未知量。所以说，将物体系统“拆开”是解决物体系统问题的重要手段。将物体系统“拆开”后，就该考虑研究对象的选择问题。简单地说，要选择既能够算出所求未知量同时外力又较少的物体为研究对象，然后画出其受力图。

五、重心与形心

物体的重心是物体各微小部分的重力所组成的空间平行力系的合力的作用点。形心是物体几何形状的中心。匀质物体的重心与形心重合。

匀质物体重心的坐标公式

$$x_C = \frac{\Sigma \Delta V_i x}{V} \qquad y_C = \frac{\Sigma \Delta V_i y_i}{V} \qquad z_C = \frac{\Sigma \Delta V_i z_i}{V}$$

匀质薄板重心的坐标公式

$$x_C = \frac{\Sigma \Delta A_i x_i}{A} \qquad y_C = \frac{\Sigma \Delta A_i y}{A}$$

思　考　题

4-1　如图4-29所示的三铰拱上，有力$\boldsymbol{F}_\mathrm{P}$作用于$D$点。根据力的平移定理将力$\boldsymbol{F}_\mathrm{P}$平移至$E$点，并附加一个力偶矩$M=4F_\mathrm{P}a$的力偶。试问力$\boldsymbol{F}_\mathrm{P}$平移前后支座$A$、$B$的反力有无影响？能不能这样将力平移？为什么？

4-2　如图4-30所示的两轮，半径都是r。试问图4-30a、b所示两种情况下力对轮的作用有何不同？

4-3　平面一般力系的合力与其主矢的关系怎样？在什么情况下主矢即为合力？

4-4　当力系简化的最后结果为一个力偶时，为什么主矩与简化中心的选择无关？

4-5　力系如图4-31所示，且$F_1=F_2=F_3=F_4$。试问力系向A点和B点简化的结果分别是什么？两种结果是否等效？

4-6　如图4-32所示分别作用在一平面上A、B、C、D四点的四个力$\boldsymbol{F}_1$、$\boldsymbol{F}_2$、$\boldsymbol{F}_3$、$\boldsymbol{F}_4$，这四个力画出的力多边形刚好首尾相接。试问：（1）此力系是否平衡？（2）此力系简化的结果是什么？

4-7　如图4-33所示的平面平行力系，如果选取的坐标系的y轴不与各力平行，则其平衡方程是否可写成$\Sigma F_x=0$，$\Sigma F_y=0$和$\Sigma M_O=0$三个独立的平衡方程？为什么？

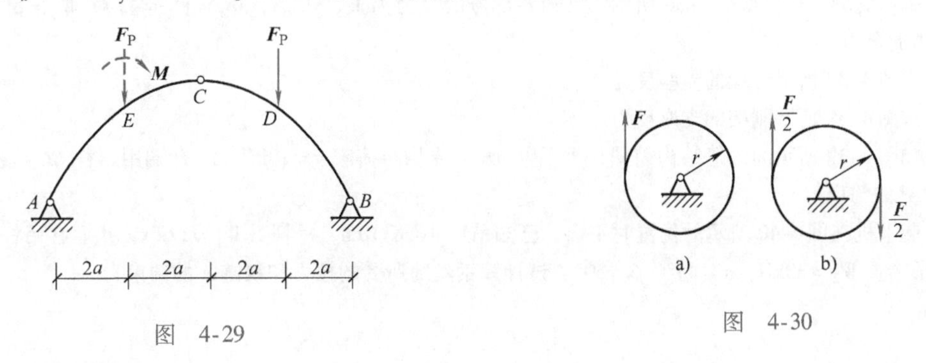

图　4-29　　　　图　4-30

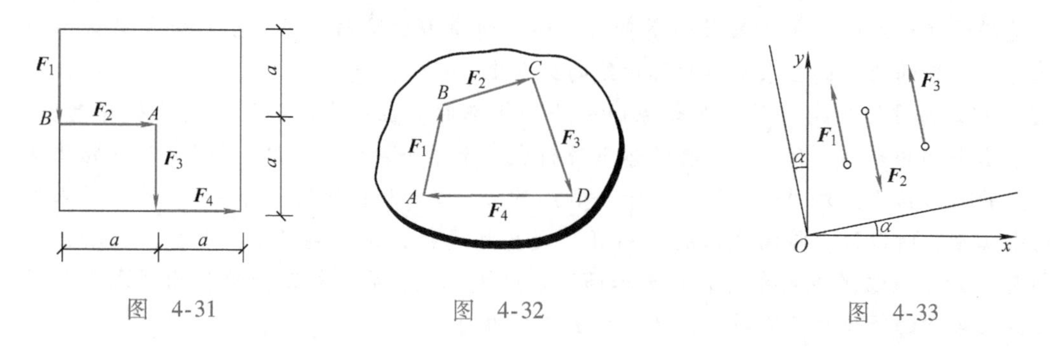

图 4-31　　图 4-32　　图 4-33

4-8 怎样判断静定和静不定问题？如图4-34所示的六种情形中哪些是静定问题，哪些是静不定问题？

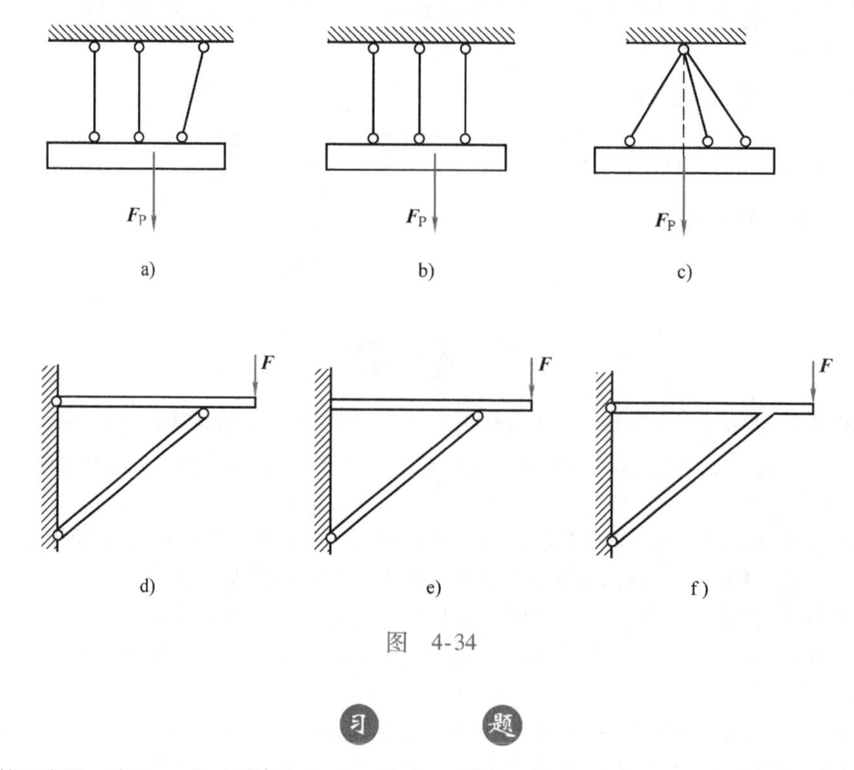

图 4-34

习　　题

4-1 某厂房柱，高9m，柱上段 BC 重 $W_1=8\text{kN}$，下段 CO 重 $W_2=37\text{kN}$，柱顶水平力 $F_P=6\text{kN}$，各力作用位置如图4-35所示。试将各力向柱底中心 O 点简化。

4-2 钢筋混凝土构件如图4-36所示，已知各部分的重力为 $W_1=2\text{kN}$，$W_2=W_4=4\text{kN}$，$W_3=8\text{kN}$。试求这些重力的合力。

4-3 求图4-37所示各梁的支座反力。

4-4 求图4-38所示刚架的支座反力。

4-5 如图4-39所示为雨篷结构简图，水平梁 AB 上受均布荷载 $q=10\text{kN/m}$，B 端用斜杆 BC 拉住。求铰链 A、C 处的约束。

4-6 起重机在图4-40所示的位置时平衡。已知吊杆 AB 长10m，吊杆重 $W_1=12\text{kN}$，重心在吊杆 AB 的中点，起吊物重 $W_2=30\text{kN}$，$\alpha=45°$，$\beta=30°$。试计算钢丝绳所受的拉力和铰链 A 的约束力。

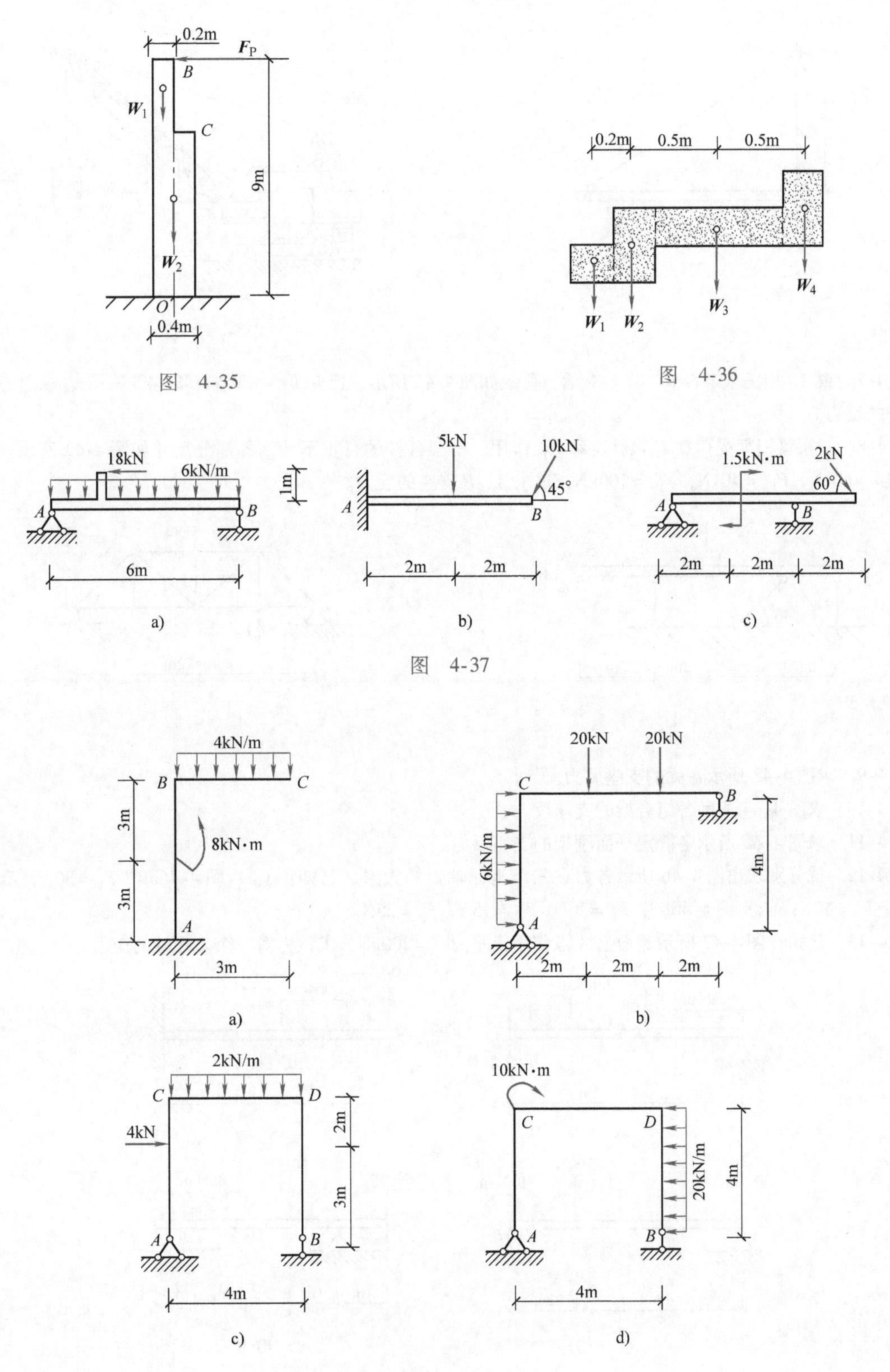

图　4-35

图　4-36

a)　b)　c)

图　4-37

a)　b)

c)　d)

图　4-38

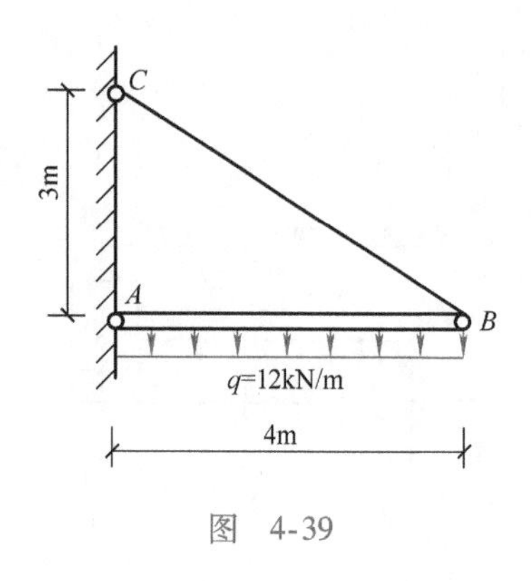

图　4-39

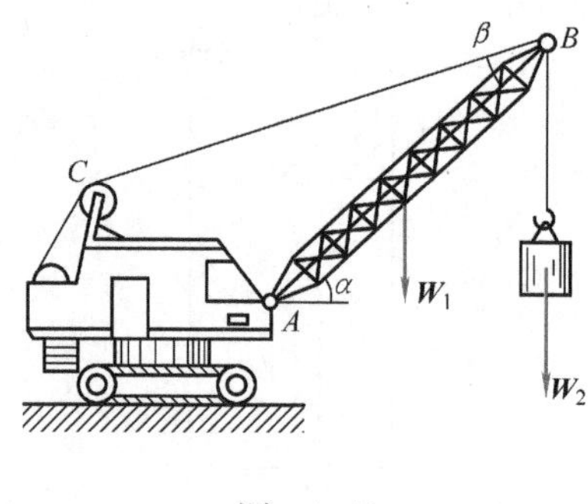

图　4-40

4-7　梁 AB 用三根链杆 a、b、c 支承，荷载如图 4-41 所示。已知 $F_P=80\text{kN}$，$M=49\text{kN}\cdot\text{m}$，求这三根链杆的反力。

4-8　一桥梁桁架受荷载 $\boldsymbol{F}_{P1}$、$\boldsymbol{F}_{P2}$ 和 $\boldsymbol{F}_{P3}$ 作用，桁架各杆的自重不计，各部分尺寸如图 4-42 所示。已知 $F_{P1}=60\text{kN}$，$F_{P2}=40\text{kN}$，$F_{P3}=100\text{kN}$，试求 A、B 支座的反力。

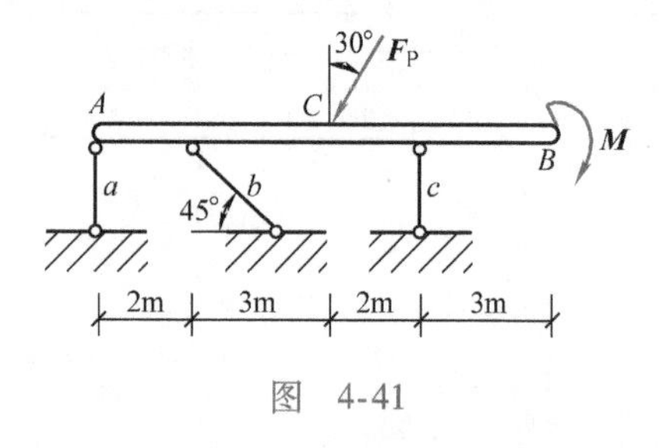

图　4-41

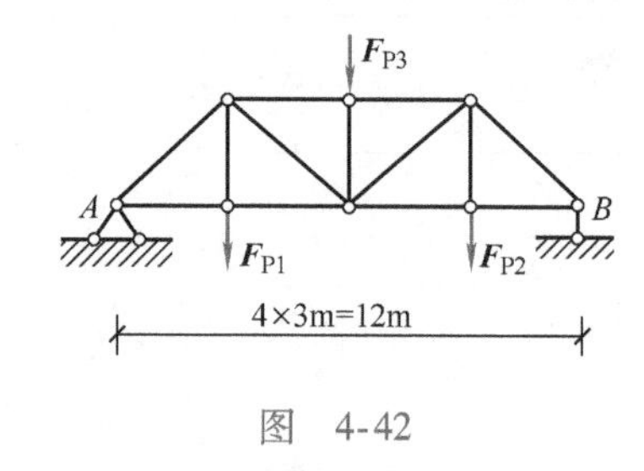

图　4-42

4-9　求图 4-43 所示各梁的支座反力。

4-10　求图 4-44 所示各组合梁的支座反力。

4-11　求图 4-45 所示各静定平面刚架的支座反力。

4-12　试分别求出图 4-46 所示各力在三个坐标轴上的投影，已知：（1）图 4-46a 中 $F_1=30\text{N}$，$F_2=20\text{N}$，$F_3=10\text{N}$；（2）图 4-46b 中 $F_1=20\text{N}$，$F_2=15\text{N}$，$F_3=25\text{N}$。

4-13　已知在图 4-47 所示截面上 A 点作用铅垂力 $F=200\text{kN}$，求该力对三个坐标轴的矩。

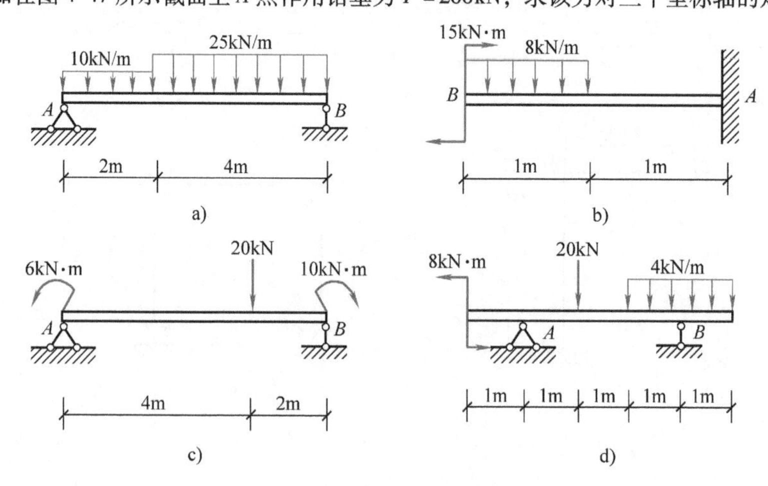

图　4-43

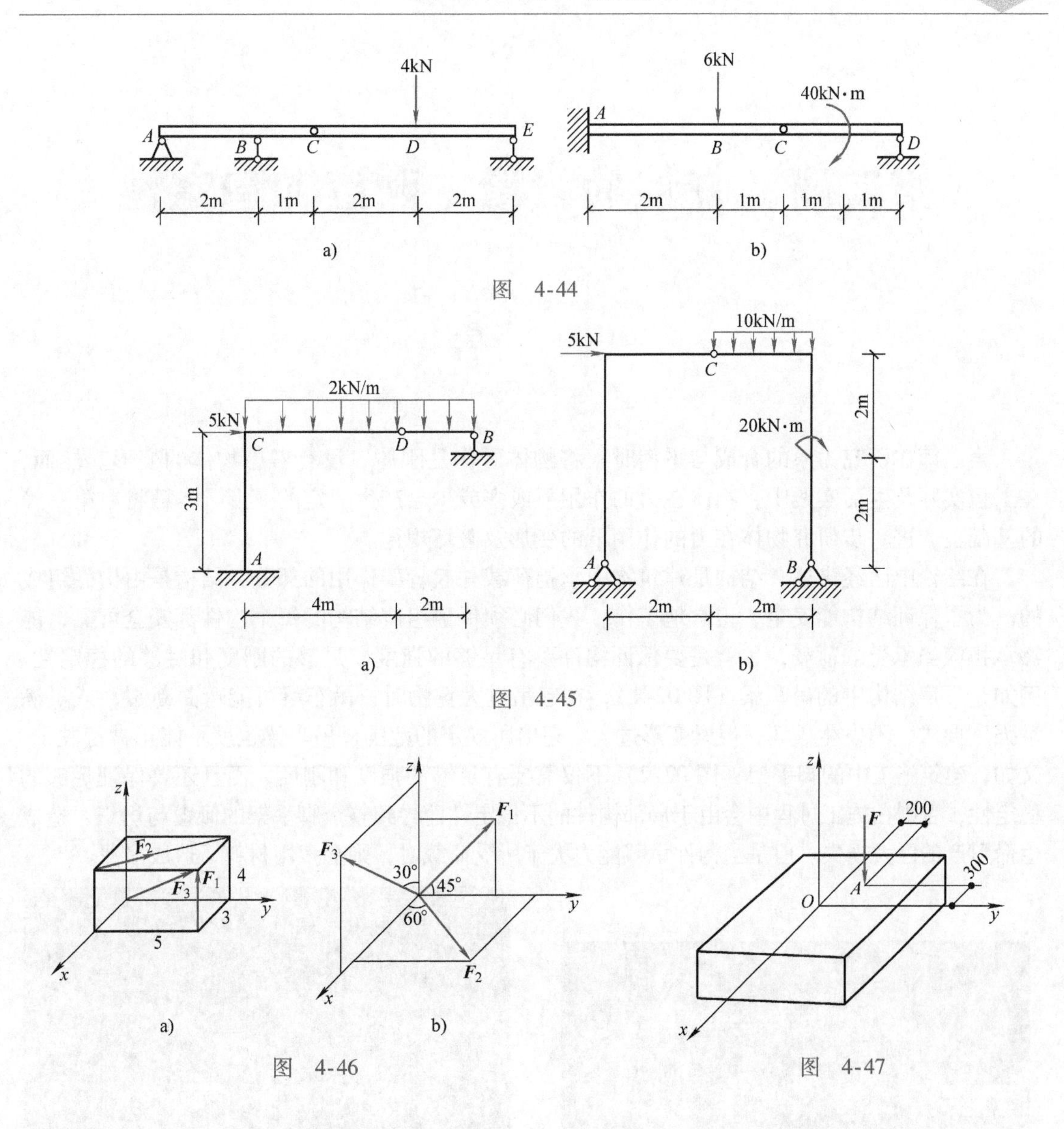

图　4-44

图　4-45

图　4-46

图　4-47

第二篇　杆件的强度、刚度和稳定性

引　　言

第一篇在研究力系的合成与平衡时，将物体看作是刚体，没有考虑物体的变形。然而，在工程实际及生活实践中，物体在力的作用下或多或少会产生一定的变形。本篇将在第一篇的基础上，进一步研究物体在力的作用下的变形及破坏规律。

在绪论中已经讲述，结构是建筑物中承担荷载并起骨架作用的部分，结构是由构件组成的。为了保证结构能安全、正常地工作，我们必须保证组成结构的每个构件都安全可靠，能够承担应当承受的荷载，也就是要保证构件要有足够的强度、足够的刚度和足够的稳定性。例如，厂房结构中的吊车梁（图 02-1），在起吊过大重物时，吊车梁可能弯曲断裂，或虽满足强度要求，不发生破坏，但梁变形过大，超出所规定的范围，吊车梁也就不能正常行驶了。又如，建筑施工中的脚手架（图 02-2）不仅需要有足够的强度和刚度，而且还要保证足够的稳定性，否则在施工过程中会由于局部构件的不稳定性而导致整个脚手架的倾覆与坍塌，造成生命财产的巨大损失。但是当构件承载能力大于所受荷载时，则会多用材料，造成浪费。

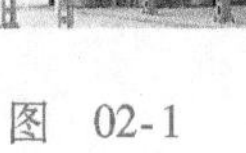

图　02-1

图　02-2

本篇的任务就是以单个杆件为研究对象，研究材料性质、杆件的形状和尺寸、支承形式等因素与杆件承载力的关系，为设计出既安全可靠又经济节约的杆件提供系统的力学计算原理和基本方法。

需要指出的是，实际问题是很复杂的，为了能做到将个别的具体问题科学系统化，并通过实验，将观察到的表面现象经过理论分析从而找到问题的本质和规律，研究问题时通常作一些假设，如将研究对象看成在弹性范围内工作的弹性变形体等。

第五章　变形固体的基本知识与杆件的变形形式

学习目标

1. 理解变形固体的概念及其基本假设。
2. 理解内力、应力的概念；了解内力的计算方法——截面法。
3. 了解杆件变形的基本形式。

第一节　变形固体及其基本假设

一、变形固体

建筑工程中的构件（如梁、板、墙、柱等）都是用固体材料制成的，这些用固体材料制成的构件在实际使用时要受到外力的作用，并产生变形。由于第二篇要研究杆件在外力作用下变形和破坏的规律，因此，我们研究问题时必须考虑固体在外力作用下的变形。通常将在外力作用下能产生一定变形的固体称为变形固体。

变形固体在外力作用下发生的变形可分为弹性变形和塑性变形两类。在外力撤去后能消失的变形称为弹性变形，不能消失而遗留下的变形称为塑性变形。在一般情况下，物体受力后，既有弹性变形，又有塑性变形。但工程中所用的材料，在所受外力不超过一定限度时，塑性变形很小，可忽略不计，认为材料只发生弹性变形而不产生塑性变形。这种只有弹性变形的物体称为理想弹性体或完全弹性体。只产生弹性变形的外力范围称为弹性范围。在弹性范围内，构件的变形量与外力的情况有关，变形量可能较大，也可能很小，当变形量与构件本身尺寸相比特别微小时称为小变形。第二篇将只研究杆件在弹性范围内的小变形问题。

二、变形固体的基本假设

制作构件的材料多种多样，而且其微观结构和力学性能也各不相同，为了使问题得到简化，通常对变形固体作如下基本假设：

1. 连续性假设

认为固体在其整个体积内毫无空隙地充满了物质。由此假设，构件中的一些物理量也可看成是连续的，就可以用高等数学中的连续函数表示了。

2. 均匀性假设

认为在固体内各处的力学性质都相同。由此假设，就可取构件中任一小部分来加以研究，然后把分析的结果用于整个构件。同样，通过试验所测得的材料性质也可用到构件的任何微小部分上去。

3. 各向同性假设

认为固体在各个方向的力学性质都是相同的。对于金属材料，就其单个晶粒来说，沿不同的方向其力学性质并不相同，但金属构件所包含晶粒的数目极多，而且又随机排列，使得其力学性质在各个方向基本相同，可以认为金属是各向同性材料。

工程中使用的材料大部分都符合各向同性的特点。但是也有少部分材料，如木材、复合材料等，其力学性质具有明显的方向性。我们把在各个方向上具有不同力学性质的材料称为各向异性材料。本书不讨论各向异性材料的具体特征。不过，实验结果表明：根据上述假设所得的理论，可以近似地用于各向异性材料。

总之，本篇所研究的构件看成是连续均匀且各向同性，在小变形范围内的理想弹性体。

第二节 内力和应力

一、内力的概念

构件在未受外力作用时，其内部各部分之间存在着相互作用力，以维持它们之间的联系，保持构件的形状。当构件受到外力的作用而变形时，其内部各部分之间的相对位置发生变化，因而它们的相互作用力也发生改变。这种由于外力作用而引起的构件内部各部分之间的相互作用力的改变，称为“附加内力”，简称**内力**。显然，内力是由外力引起的，并随外力的增加而加大，但是内力的增大不是无限度的，当内力达到某一限度（这一限度与杆件的材料、几何尺寸等因素有关）时，杆件就会破坏。由此可知：内力与杆件的强度、刚度等是密切相关的。

二、求内力的方法——截面法

求构件内力的基本方法是截面法，如图5-1所示。截面法的步骤如下：

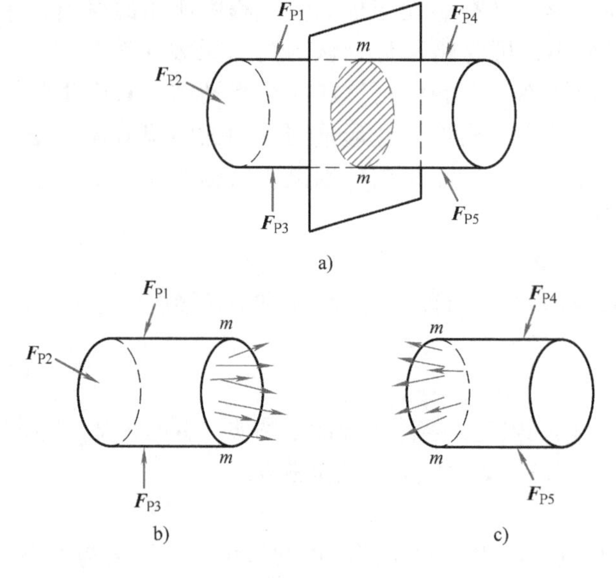

图 5-1

(1) 截开 沿需要求内力的截面假想地把构件截开，分成两部分。

（2）代替 任取其中的一部分（一般取受力较简单的部分）为研究对象，并把弃去部分对留下部分的作用以截开面上的内力来代替。因为假设变形固体是均匀连续的，所以内力在截面上是连续分布的，称其为**分布内力**，这些分布内力就是弃去部分对留下部分的作用力。而内力则是这些分布内力的合力（力和力偶）。

（3）平衡 列出留下部分的平衡方程，根据其上的已知外力来计算构件在截开面上的未知内力。

用截面法求内力与取脱离体由平衡条件求约束反力的方法实质是相同的。求约束反力时，去掉约束代之以约束反力；求内力时，去掉一部分杆件，代之以于该截面的内力。

三、应力的概念

为了解决杆件的强度问题，只知道杆件的内力是不够的。例如，用同种材料制作两根粗细不同的杆件，并使这两根杆件承受相同的轴向拉力，当拉力达到某一值时，细杆将首先被拉断。这一事实说明：杆件的强度不仅和杆件横截面上的内力有关，而且还与横截面的面积有关。细杆将先被拉断是因为内力在小截面上分布的密集程度（简称集度）大而造成的。因此，为了解决强度问题，应进一步研究内力在横截面上的分布集度。工程上将**内力在一点处的分布集度称为应力**。

为了分析图 5-2a 所示截面上任一点 K 处的应力，可在该截面上 K 点周围取一微小面积 ΔA，设 ΔA 面积上的分布内力的合力为 ΔF。则在 ΔA 上内力的平均集度为

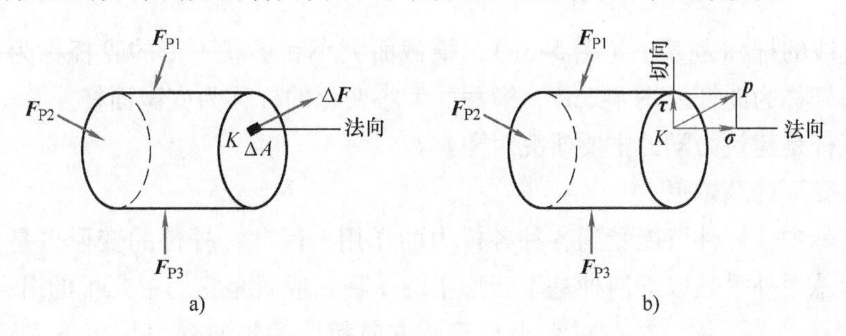

图 5-2

$$p_m = \frac{\Delta F}{\Delta A}$$

p_m称为 ΔA 上的平均应力。由于在一般情况下，分布内力并不一定是均匀的，所以平均应力不能精确地表示 K 点处的内力分布集度。当 ΔA 无限缩小而趋向于零时，平均应力的极限值才能表示 K 点处的内力集度，即

$$p = \lim_{\Delta A \to 0} \frac{\Delta F}{\Delta A} = \frac{\mathrm{d}F}{\mathrm{d}A}$$

p 称为 K 点的总应力。总应力 $\boldsymbol{p}$ 是一个矢量，通常情况下，它既不与截面垂直，也不与截面相切。为了研究问题时方便起见，习惯上常将它分解为与截面垂直的分量 $\boldsymbol{\sigma}$ 和与截面相切的分量 $\boldsymbol{\tau}$。**$\boldsymbol{\sigma}$ 称为正应力，$\boldsymbol{\tau}$ 称为切应力**（图 5-2b）。

对于正应力 $\boldsymbol{\sigma}$，通常规定：拉应力（箭头背离截面）为正，压应力（箭头指向截面）为负；对于切应力 $\boldsymbol{\tau}$，通常规定：顺时针（切应力对研究部分内任一点取矩时，力矩的转向为顺时针）为正，逆时针为负。

工程中，应力的单位常用 Pa（帕）或 MPa（兆帕）。

$$1\text{Pa} = 1\text{N/m}^2 \qquad 1\text{MPa} = 1\text{N/mm}^2$$

另外，应力的单位有时也用 kPa（千帕）和 GPa（吉帕），各单位的换算如下：

$$1\text{kPa} = 10^3\text{Pa} \qquad 1\text{GPa} = 10^9\text{Pa} = 10^3\text{MPa} \qquad 1\text{MPa} = 10^6\text{Pa}$$

第三节 杆件变形的基本形式

一、杆件的几何特征及分类

杆件是指某一个方向（一般为长度方向）的尺寸远大于其另外两个方向尺寸的构件。通常将垂直于杆件长度方向的截面称为横截面，杆件中各横截面形心的连线称为杆的轴线，如图 5-3 所示。从图 5-3 中可以看出：横截面总是与轴线相垂直的。

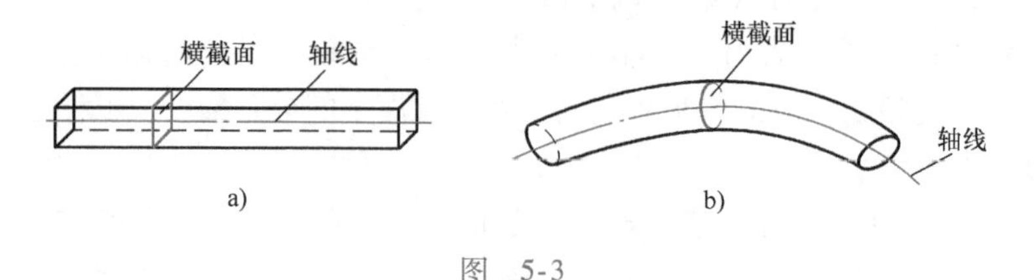

图 5-3

轴线为直线的杆称为直杆（图 5-3a），横截面大小和形状不变的直杆称为等截面直杆。轴线为曲线的杆称为曲杆（图 5-3b），横截面大小变化的杆称为变截面杆。

等截面直杆是建筑力学的主要研究对象。

二、杆件变形的基本形式

在工程实际中，杆件可能受到各种各样力的作用，因此，杆件的变形也是多种多样的，但是这些变形总不外乎是以下四种基本变形中的一种，或者是它们中几种的组合。

（1）轴向拉伸与压缩　在一对大小相等、方向相反的轴向外力作用下，杆件主要发生沿轴向的伸长（图 5-4a）或缩短（图 5-4b）。

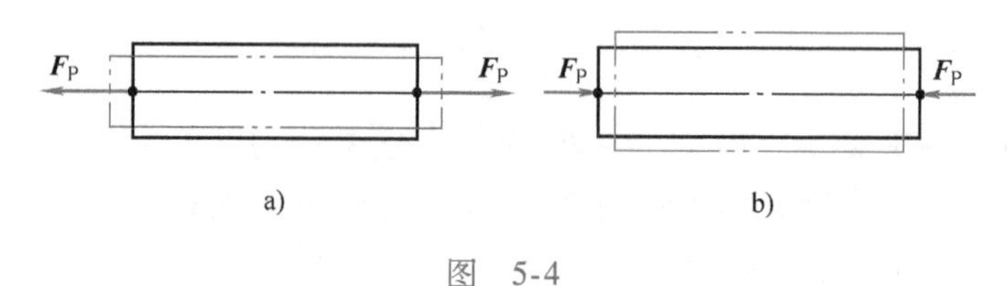

图 5-4

（2）剪切　在一对大小相等、方向相反、作用线相距很近的横向外力作用下，杆件的相邻横截面发生相对错动（图 5-5）。

（3）扭转　在一对大小相等、转向相反、作用面垂直于杆轴的外力偶作用下，杆件的任意两个横载面发生相对转动（图 5-6）。

（4）弯曲　在一对大小相等、方向相反、位于杆的纵向对称面内的外力偶作用下，杆件将在纵向对称面内发生弯曲（图 5-7）。

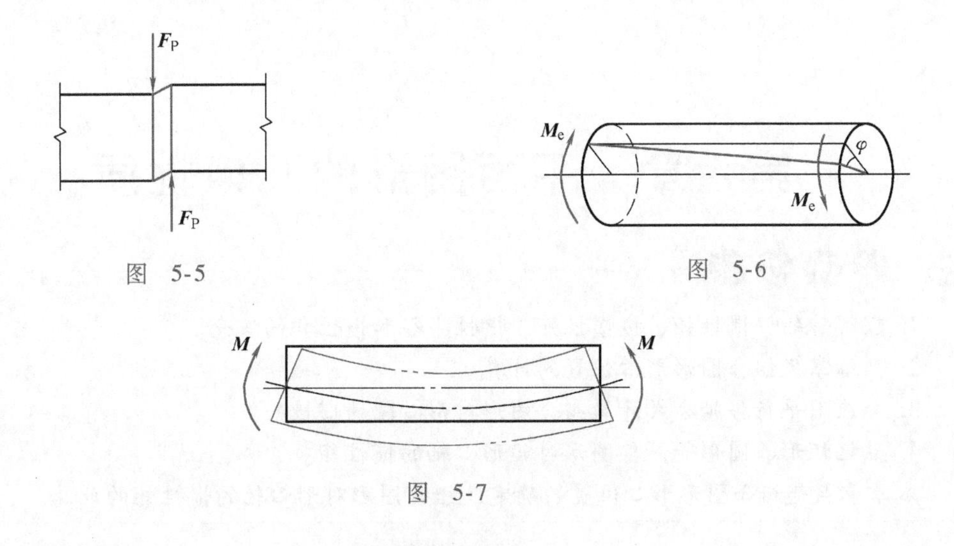

图　5-5　　图　5-6

图　5-7

思考题

5-1　简述变形固体的概念；变形固体有哪些基本假设？

5-2　内力和应力有什么关系？哪一个能直接反应构件的危险程度？

5-3　正应力的“正”指的是正负的意思，所以正应力恒大于零，这种说法对吗？为什么？

5-4　什么是杆件？描述杆件的要素有哪些？杆件可以分为几种类型？工程中常见的杆件是哪种杆？

5-5　杆件变形的基本形式有哪几种？结合生产和生活实际，列举一些产生各种基本变形的实例。

第六章　平面图形的几何性质

学习目标

1. 理解静矩、惯性矩、极惯性矩、惯性半径和惯性积的概念。
2. 熟练掌握组合图形形心位置的计算。
3. 会应用平行移轴公式计算组合图形对形心轴的惯性矩。
4. 熟记矩形、圆形等简单图形对其形心轴的惯性矩。

本章重点是组合图形形心位置的确定及组合图形对形心轴的惯性矩的计算。

杆件的横截面都是具有一定几何形状的平面图形。在杆件的应力和变形计算中，经常会遇到与杆件横截面的形状和尺寸有关的几何量，例如横截面的面积、惯性矩、抗弯截面系数等，这些与平面图形形状和尺寸有关的几何量统称为平面图形的几何性质。平面图形的几何性质是影响杆件承载能力的重要因素。

第一节　静　　矩

一、静矩的概念

如图 6-1 所示为一任意形状的平面图形，其面积为 A，在平面图形内选取坐标系 zOy。在坐标（z，y）处取微面积 $\mathrm{d}A$，则微面积 $\mathrm{d}A$ 与坐标 y（或坐标 z）的乘积称为微面积 $\mathrm{d}A$ 对 z 轴（或 y 轴）的静矩，记作 $\mathrm{d}S_z$（或 $\mathrm{d}S_y$），即

$$\mathrm{d}S_z = y\mathrm{d}A,\qquad \mathrm{d}S_y = z\mathrm{d}A$$

平面图形上所有微面积对 z 轴（或 y 轴）的静矩之和，称为该平面图形对 z 轴（或 y 轴）的**静矩**，用 S_z（或 S_y）表示。即

$$\left.\begin{aligned} S_z &= \int_A \mathrm{d}S_z = \int_A y\mathrm{d}A \\ S_y &= \int_A \mathrm{d}S_y = \int_A z\mathrm{d}A \end{aligned}\right\} \tag{6-1}$$

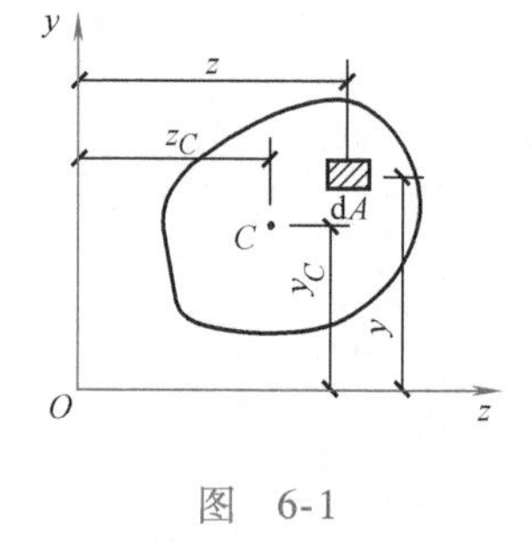

图　6-1

从上述定义可以看出，平面图形的静矩是对指定的坐标轴而言的。同一平面图形对不同的坐标，其静矩显然不同。静矩的数值可能为正，可能为负，也可能等于零。常用单位是 m^3 或 mm^3。

现设平面图形的形心 C 的坐标为（z_C，y_C）。在第四章中，已得到求平面图形形心坐标的公式为

$$\left.\begin{aligned} z_C &= \frac{\sum \Delta A z}{A} \\ y_C &= \frac{\sum \Delta A y}{A} \end{aligned}\right\}$$

在上式中，面积 ΔA 取得越小，形心坐标就越精确。故在 $\Delta A \to 0$ 的极限情况下，图形形心坐标的精确公式可写成积分形式。即

$$\left.\begin{aligned} z_C &= \frac{\int_A z\mathrm{d}A}{A} \\ y_C &= \frac{\int_A y\mathrm{d}A}{A} \end{aligned}\right\}$$

将式（6-1）代入上式，得

$$\left.\begin{aligned} z_C &= \frac{S_y}{A} \\ y_C &= \frac{S_z}{A} \end{aligned}\right\} \tag{6-2}$$

或将式（6-2）改写为

$$\left.\begin{aligned} S_z &= Ay_C \\ S_y &= Az_C \end{aligned}\right\} \tag{6-3}$$

由式（6-3）可见，平面图形对 z 轴（或 y 轴）的静矩，等于该图形面积 A 与其形心坐标 y_C（或 z_C）的乘积。对于形心位置已知的截面图形，如矩形、圆形及三角形等截面，可直接用式（6-3）来计算静矩。当坐标轴通过平面图形的形心时，其静矩为零；反之，若平面图形对某轴的静矩为零，则该轴必通过平面图形的形心。

如果平面图形具有对称轴，对称轴必然是平面图形的形心轴，故平面图形对其对称轴的静矩必等于零。

二、组合图形的静矩

在工程实际中，经常遇到工字形、T形、环形等横截面的构件，这些构件的截面图形是由几个简单的几何图形组合而成的，称为组合图形。根据平面图形静矩的定义，组合图形对 z 轴（或 y 轴）的静矩等于各简单图形对同一轴静矩的代数和，即

$$\left.\begin{aligned} S_z &= A_1 y_{C1} + A_2 y_{C2} + \cdots + A_n y_{Cn} = \sum_{i=1}^{n} A_i y_{Ci} \\ S_y &= A_1 z_{C1} + A_2 z_{C2} + \cdots + A_n z_{Cn} = \sum_{i=1}^{n} A_i z_{Ci} \end{aligned}\right\} \tag{6-4}$$

式中，y_{Ci}、z_{Ci}及 A_i 分别为各简单图形的形心坐标和面积；n 为组成组合图形的简单图形的个数。

例 6-1　矩形截面尺寸如图 6-2 所示。试求该矩形对 z_1 轴的静矩 S_{z_1}和对形心轴 z 的静矩 S_z。

解　(1) 计算矩形截面对 z_1 轴的静矩。由式（6-3）可得

$$S_{z_1} = Ay_C = bh\frac{h}{2} = \frac{bh^2}{2}$$

(2) 计算矩形截面对形心轴的静矩。由于 z 轴为矩形截面的对称轴，通过截面形心，所

以矩形截面对 z 轴的静矩为

$$S_z = 0$$

例 6-2 试计算图 6-3 所示的平面图形对 z 和 y 的静矩，并求该图形的形心位置。

解 将平面图形看作由两个矩形 Ⅰ 和 Ⅱ 组成，其面积分别为

$$A_1 = 10 \times 120\text{mm}^2 = 1200\text{mm}^2$$

$$A_2 = 70 \times 10\text{mm}^2 = 700\text{mm}^2$$

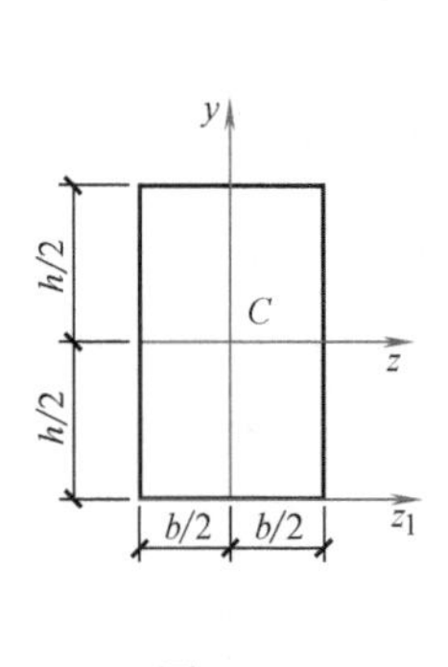

图 6-2

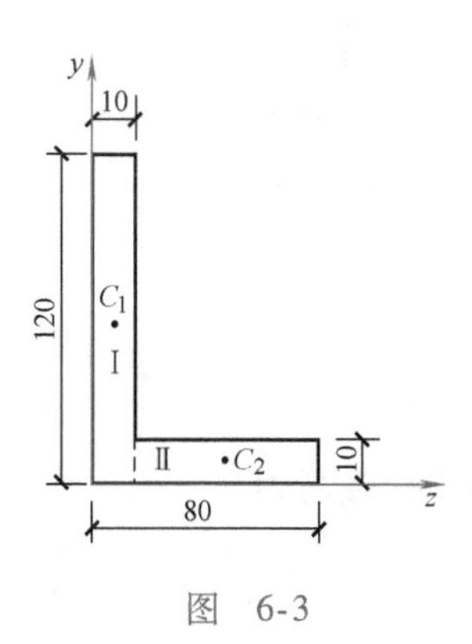

图 6-3

两个矩形的形心坐标分别为

矩形 Ⅰ：
$$z_{C_1} = \frac{10}{2}\text{mm} = 5\text{mm}$$

$$y_{C1} = \frac{120}{2}\text{mm} = 60\text{mm}$$

矩形 Ⅱ：
$$z_{C_2} = \left(10 + \frac{70}{2}\right)\text{mm} = 45\text{mm}$$

$$y_{C_2} = \frac{10}{2}\text{mm} = 5\text{mm}$$

由式（6-4）可得该平面图形对 z 轴和 y 轴的静矩分别为

$$S_z = \sum_{i=1}^{n} A_i y_{C_i} = A_1 y_{C_1} + A_2 y_{C_2} = (1200 \times 60 + 700 \times 5)\text{mm}^3 = 7.55 \times 10^4\text{mm}^3$$

$$S_y = \sum_{i=1}^{n} A_i z_{C_i} = A_1 z_{C_1} + A_2 z_{C_2} = (1200 \times 5 + 700 \times 45)\text{mm}^3 = 3.75 \times 10^4\text{mm}^3$$

由式（6-2）可求得该平面图形的形心坐标为

$$z_C = \frac{S_y}{A} = \frac{3.75 \times 10^4}{1200 + 700}\text{mm} = 19.74\text{mm}$$

$$y_C = \frac{S_z}{A} = \frac{7.55 \times 10^4}{1200 + 700}\text{mm} = 39.74\text{mm}$$

第二节 惯性矩、极惯性矩、惯性积、惯性半径

一、惯性矩和极惯性矩

设任意平面图形如图 6-4 所示，面积为 A，zOy 为平面图形所在平面内的坐标系。在平

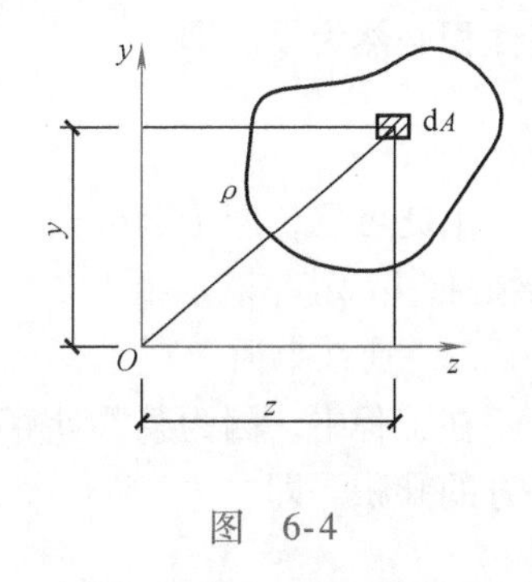

图　6-4

面图形内任取一微面积 dA，其坐标为（z，y），将乘积 y^2dA（或 z^2dA）称为微面积 dA 对 z 轴（或 y 轴）的惯性矩。整个平面图形上各微面积对 z 轴（或 y 轴）惯性矩的总和称为该平面图形对 z 轴（或 y 轴）的**惯性矩**，用 I_z（或 I_y）表示。即

$$\left.\begin{aligned} I_z &= \int_A y^2 \mathrm{d}A \\ I_y &= \int_A z^2 \mathrm{d}A \end{aligned}\right\} \tag{6-5}$$

设直角坐标原点 O 为极点，微面积 dA 到点 O 的距离为 ρ，则乘积 ρ^2dA 称为微面积 dA 对点 O 的极惯性矩。整个图形上所有微面积对点 O 的极惯性矩的总和称为该图形对点 O 的**极惯性矩**，用 I_{p}表示。即

$$I_{\mathrm{p}} = \int_A \rho^2 \mathrm{d}A \tag{6-6a}$$

由图 6-4 可以看出

$$\rho^2 = y^2 + z^2$$

所以有

$$I_{\mathrm{p}} = \int_A \rho^2 \mathrm{d}A = \int_A (y^2 + z^2)\ \mathrm{d}A = \int_A y^2 \mathrm{d}A + \int_A z^2 \mathrm{d}A = I_z + I_y \tag{6-6b}$$

式（6-6b）表明，**平面图形对任一点的极惯性矩，等于图形对以该点为原点的任意两正交坐标轴的惯性矩之和，其值恒为正值。**

从上述惯性矩的定义可以看出，惯性矩也是对坐标轴而言的。同一图形对不同坐标轴的惯性矩不同。极惯性矩是对点来说的，同一图形对不同点的极惯性矩也不相同。式（6-5）中，y^2、z^2 恒为正值，故惯性矩也恒为正值，常用单位为 m^4 或 mm^4。

简单平面图形的惯性矩可直接由式（6-5）求得。常用的一些简单图形的惯性矩可在计算手册中查到，型钢截面的惯性矩可在型钢表中查找。

二、惯性积

在如图 6-4 所示的平面图形中，微面积 dA 与它的两个坐标 z、y 的乘积 zydA 称为微面积 dA 对 z、y 两轴的惯性积。整个图形上所有微面积对 z、y 两轴惯性积的总和称为该图形对 z、y 两轴的**惯性积**，用 I_{zy}表示。即

$$I_{zy} = \int_A zy \mathrm{d}A \tag{6-7}$$

惯性积是平面图形对某两个正交坐标轴而言的，同一图形对不同的正交坐标轴，其惯性积不同。由于坐标值 z、y 有正负，因此惯性积可能为正或负，也可能为零。惯性积的单位为 m^4 或 mm^4。

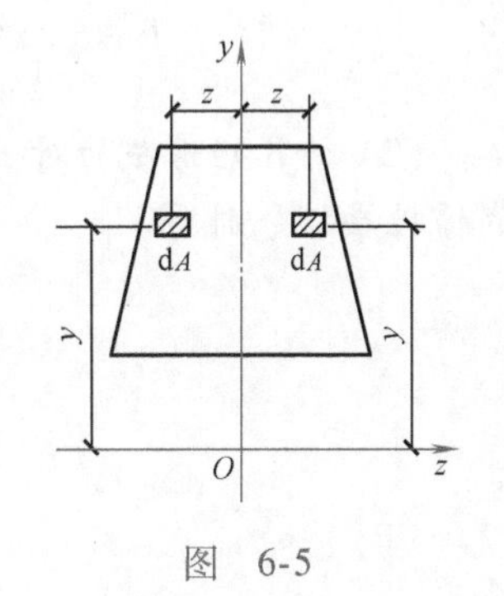

图　6-5

如果坐标轴 z 或 y 中有一根是图形的对称轴，如图 6-5 中的 y 轴，在 y 轴两侧的对称位置处，各取一相同的微面积 dA，显然，两者 y 坐标相同，而 z 坐标互为相反数。所以两个微面积的惯性积也互为相反数，它们之和为零。对于整个图形来说，它的

惯性积必然为零。即

$$I_{zy} = \int_A zy\mathrm{d}A = 0$$

由此可见，两个坐标轴中只要有一根轴为平面图形的对称轴，则该图形对这一对坐标轴的惯性积一定等于零。

三、惯性半径

在工程中，因为某些计算的特殊需要，常将图形的惯性矩表示为图形面积 A 与某一长度平方的乘积。即

$$\left.\begin{aligned} I_z &= i_z^2 A \\ I_y &= i_y^2 A \\ I_\mathrm{p} &= i_\mathrm{p}^2 A \end{aligned}\right\} \tag{6-8}$$

或改写成

$$\left.\begin{aligned} i_z &= \sqrt{\frac{I_z}{A}} \\ i_y &= \sqrt{\frac{I_y}{A}} \\ i_\mathrm{p} &= \sqrt{\frac{I_\mathrm{p}}{A}} \end{aligned}\right\} \tag{6-9}$$

式中，i_z、i_y、i_p 分别称为平面图形对 z 轴、y 轴、和极点的**惯性半径**，又称**回转半径**，单位为 m 或 mm。

例 6-3　矩形截面的尺寸如图 6-6 所示。试计算矩形截面对其形心轴 z、y 的惯性矩、惯性半径及惯性积。

解　(1) 计算矩形截面对 z 轴和 y 轴的惯性矩。取平行于 z 轴的微面积 $\mathrm{d}A$，如图 6-6 所示，$\mathrm{d}A$ 到 z 轴的距离为 y，则

$$\mathrm{d}A = b\mathrm{d}y$$

由式 (6-5)，可得矩形截面对 z 轴的惯性矩为

$$I_z = \int_A y^2\mathrm{d}A = \int_{-\frac{h}{2}}^{\frac{h}{2}} y^2 b\mathrm{d}y = \frac{bh^3}{12}$$

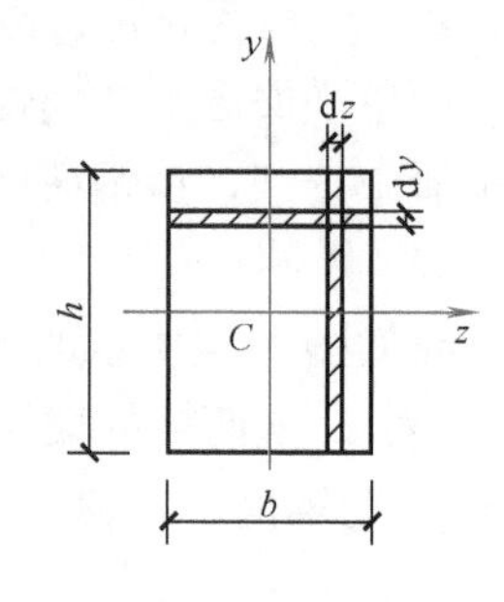

图　6-6

同理可得，矩形截面对 y 轴的惯性矩为

$$I_y = \int_A z^2\mathrm{d}A = \int_{-\frac{b}{2}}^{\frac{b}{2}} z^2 h\mathrm{d}z = \frac{hb^3}{12}$$

(2) 计算矩形截面对 z 轴、y 轴的惯性半径。由式 (6-9)，可得矩形截面对 z 轴和 y 轴的惯性半径分别为

$$i_z = \sqrt{\frac{I_z}{A}} = \sqrt{\frac{bh^3/12}{bh}} = \frac{h}{\sqrt{12}}$$

$$i_y = \sqrt{\frac{I_y}{A}} = \sqrt{\frac{hb^3/12}{bh}} = \frac{b}{\sqrt{12}}$$

(3) 计算矩形截面对 y、z 轴的惯性积。因为 z、y 轴为矩形截面的两根对称轴，故

$$I_{zy} = \int_A yz\mathrm{d}A = 0$$

例 6-4　直径为 d 的圆形截面如图 6-7 所示。试计算圆形对 O 的极惯性矩、对 z、y 的惯性矩和惯性半径。

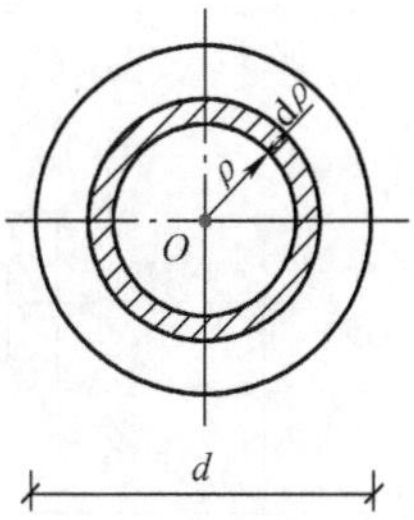

解　(1) 计算圆形截面对圆心 O 的极惯性矩。可取厚度为 $\mathrm{d}\rho$ 的圆环作为微面积，如图 6-7a 所示，其微面积为

$$\mathrm{d}A = 2\pi\rho\mathrm{d}\rho$$

由式 (6-6a) 得

$$I_{\mathrm{P}} = \int_0^{\frac{d}{2}} \rho^2 2\pi\rho\mathrm{d}\rho = \frac{\pi d^4}{32}$$

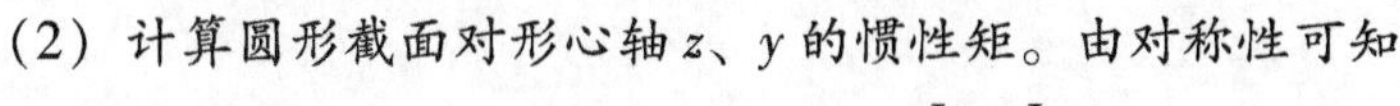

图　6-7

(2) 计算圆形截面对形心轴 z、y 的惯性矩。由对称性可知

$$I_y = I_z$$

由式 (6-6b) 得

$$I_y = I_z = \frac{I_p}{2} = \frac{\pi d^4}{64}$$

(3) 计算圆形截面对其形心轴 z、y 的惯性半径。由于圆形截面对任一根形心轴的惯性矩都相等，故它对任一根形心轴的惯性半径也都相等，即

$$i_y = i_z = i = \sqrt{\frac{I}{A}} = \sqrt{\frac{\pi d^4/64}{\pi d^2/4}} = \frac{d}{4}$$

为了便于查用，表 6-1 列出了几种常见截面图形的面积、形心和惯性矩。

表 6-1　几种常见截面图形的面积、形心和惯性矩

序号	图　形	面积 A	形心到边缘（或顶点）距离	惯性矩 I
1	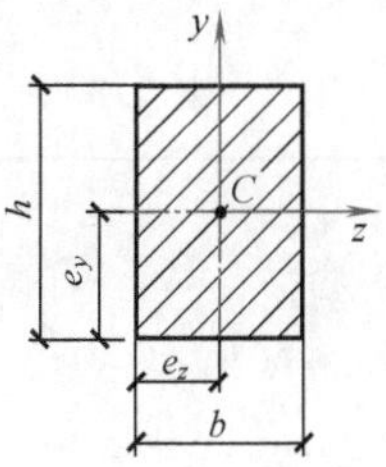	bh	$e_z = \frac{b}{2}$ $e_y = \frac{h}{2}$	$I_z = \frac{bh^3}{12}$ $I_y = \frac{b^3 h}{12}$
2	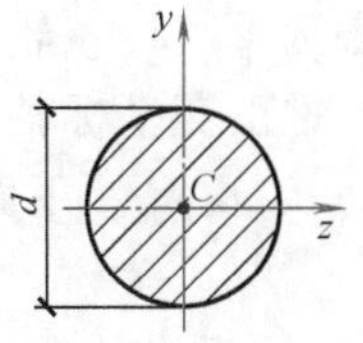	$\frac{\pi}{4}d^2$	$e = \frac{d}{2}$	$I = \frac{\pi}{64}d^4$

（续）

序号	图　形	面积 A	形心到边缘（或顶点）距离	惯性矩 I
3	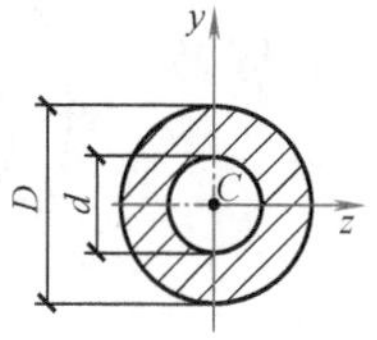	$\frac{\pi}{4}(D^2-d^2)$	$e=\frac{D}{2}$	$I=\frac{\pi D^4}{64}(1-\alpha^4)$ $\alpha=d/D$
4	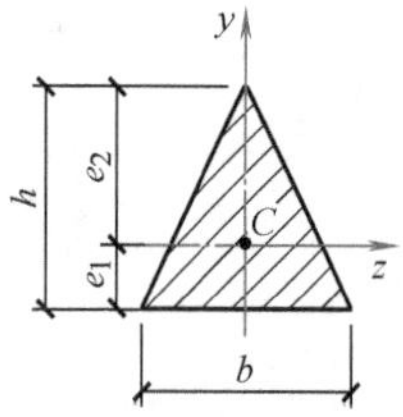	$\frac{bh}{2}$	$e_1=\frac{h}{3}$ $e_2=\frac{2h}{3}$	$I_z=\frac{bh^3}{36}$
5	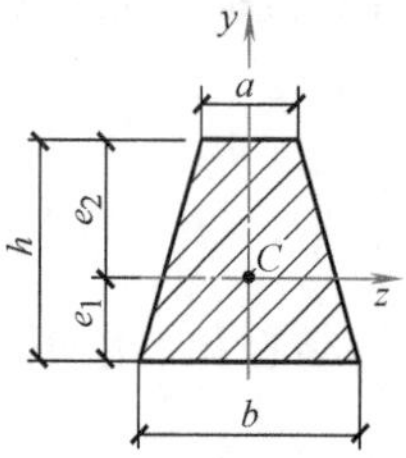	$\frac{h(a+b)}{2}$	$e_1=\frac{h(2a+b)}{3(a+b)}$ $e_2=\frac{h(a+2b)}{3(a+b)}$	$I_z=\frac{h^3(a^2+4ab+b^2)}{36(a+b)}$
6	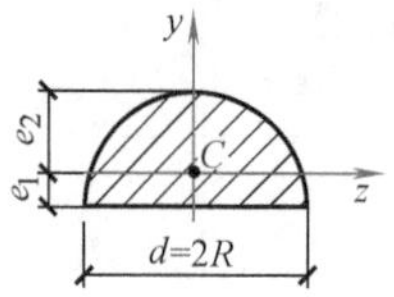	$\frac{\pi R^2}{2}$	$e_1=\frac{4R}{3\pi}$	$I_z=\left(\frac{1}{8}-\frac{8}{9\pi^2}\right)\pi R^4$ $I_y=\frac{\pi R^4}{8}$

第三节　组合图形的惯性矩

一、平行移轴公式

如前所述，同一平面图形对互相平行的两对坐标轴，其惯性矩、惯性积并不相同，但它们之间存在着一定的关系。利用这一关系可求出复杂平面图形惯性矩和惯性积。

如图6-8所示为一任意平面图形，图形面积为 A，设形心为 C，z、y 轴是通过图形形心的一对正交坐标轴，z_1、y_1 轴是分别与 z 轴、y 轴平行的另一对正交坐标轴，且距离分别为 a、b。若已知图形对形心轴 z、y 的惯性矩和惯性积分别为 I_z、I_y 及 I_{zy}。下面求该图形对 z_1、y_1 轴的惯性矩和惯性积。

在平面图形上取微面积 dA，微面积 dA 在 $z-y$ 和 z_1-y_1 坐标系中的坐标分别为（z，y）和（z_1，y_1），由图可见，微面积 dA 在两个坐标系中的坐标有如下关系：

$$z_1 = z + b$$

$$y_1 = y + a$$

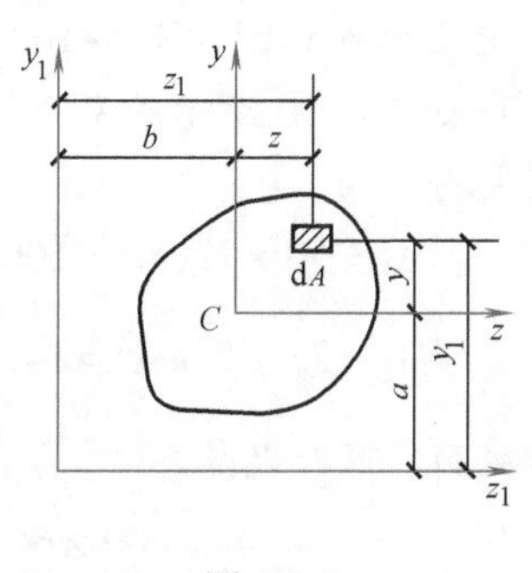

图　6-8

根据惯性矩定义，图形对 z_1 轴的惯性矩为

$$I_{z_1} = \int_A y_1^2 \mathrm{d}A = \int_A (y+a)^2 \mathrm{d}A = \int_A y^2 \mathrm{d}A + 2a\int_A y\mathrm{d}A + a^2\int_A \mathrm{d}A$$

其中

$$\int_A y^2 \mathrm{d}A = I_z$$

$$\int_A y\mathrm{d}A = S_z = 0$$

$$\int_A \mathrm{d}A = A$$

于是得到

$$\left.\begin{aligned} I_{z_1} &= I_z + a^2 A \\ I_{y_1} &= I_y + b^2 A \end{aligned}\right\} \tag{6-10}$$

同理可得

$$I_{z_1 y_1} = I_{zy} + abA \tag{6-11}$$

式（6-10）、(6-11）分别称为惯性矩、惯性积的平行移轴公式。式中 I_z 与 I_y 必须是平面图形形心轴的惯性矩。式（6-10）表明：图形对任一轴的惯性矩，等于图形对与该轴平行的形心轴的惯性矩，再加上图形面积与两平行轴间距离平方的乘积。由于 a^2（或 b^2）恒为正值，故在所有平行轴中，平面图形对形心轴的惯性矩最小。

例 6-5　计算图 6-9 所示的矩形截面对 z_1 轴和 y_1 轴的惯性矩。

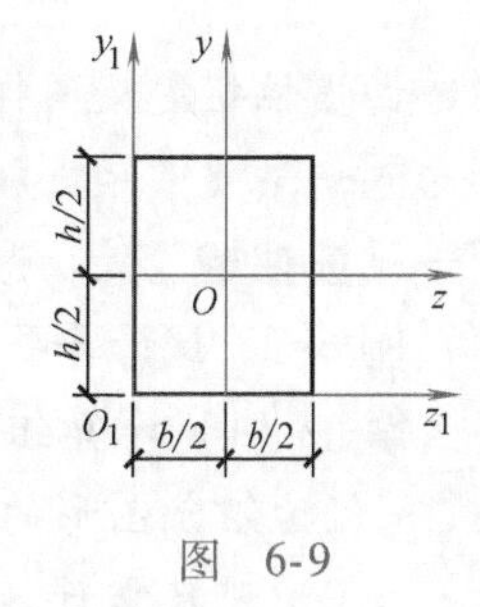

图　6-9

解　z、y 轴是矩形截面的形心轴，它们分别与 z_1 轴和 y_1 轴平行，则由平行移轴公式（6-10）可得矩形截面对 z_1 轴和 y_1 轴的惯性矩分别为

$$I_{z_1} = I_z + \left(\frac{h}{2}\right)^2 A = \frac{bh^3}{12} + \left(\frac{h}{2}\right)^2 bh = \frac{bh^3}{3}$$

$$I_{y_1} = I_y + \left(\frac{b}{2}\right)^2 A = \frac{hb^3}{12} + \left(\frac{b}{2}\right)^2 bh = \frac{hb^3}{3}$$

二、组合图形惯性矩的计算

在工程实际中，常会遇到构件的截面是由矩形、圆形和三角形等几个简单图形组成的组合图形。由惯性矩定义可知，组合图形对任一轴的惯性矩，等于组成组合图形的各简单图形对同一轴惯性矩之和。即

$$\left.\begin{aligned} I_z &= I_{1z} + I_{2z} + \cdots + I_{nz} = \sum I_{iz} \\ I_y &= I_{1y} + I_{2y} + \cdots + I_{ny} = \sum I_{iy} \end{aligned}\right\} \tag{6-12}$$

在计算组合图形的惯性矩时，首先应确定组合图形的形心位置，然后通过积分或查表求得各简单图形对自身形心轴的惯性矩，再利用平行移轴公式，就可计算出组合图形对其形心轴的惯性矩。

例 6-6　试计算图 6-10 所示的 T 形截面对其形心轴 z、y 的惯性矩。

解　(1) 计算截面的形心位置。由于 T 形截面有一根对称轴，形心必在此轴上，即

$$z_C = 0$$

选坐标系 yOz'（图6-10），以确定截面形心的位置 y_C。将T形分成如图6-10所示的两个矩形Ⅰ、Ⅱ，这两个矩形的面积和形心坐标分别为

$$A_1 = 50 \times 12\text{cm}^2 = 600\text{cm}^2 \qquad y_{C1} = (58+6)\ \text{cm} = 64\text{cm}$$

$$A_2 = 25 \times 58\text{cm}^2 = 1450\text{cm}^2 \qquad y_{C2} = \frac{58}{2}\text{cm} = 29\text{cm}$$

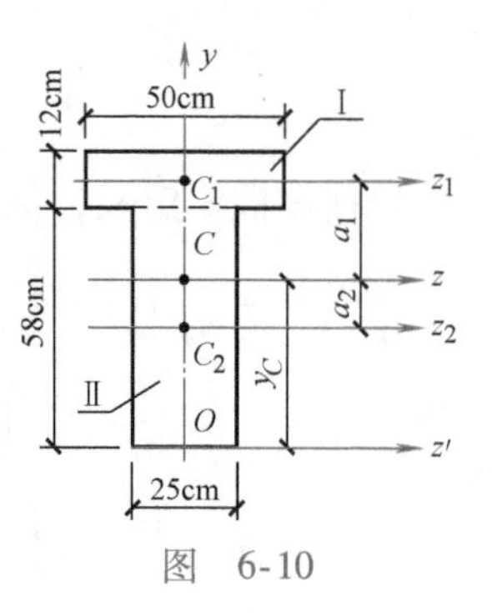

图 6-10

T形截面的形心坐标为

$$y_C = \frac{S_z}{A} = \frac{600 \times 64 + 1450 \times 29}{600 + 1450}\text{cm} = 39.2\text{cm}$$

（2）计算组合图形对形心轴的惯性矩 I_z、I_y。首先分别求出矩形Ⅰ、Ⅱ对形心轴 z、y 的惯性矩。由平行移轴公式可得

$$I_{1z} = I_{1z_1} + a_1^2 A_1 = \left(\frac{50 \times 12^3}{12} + 24.8^2 \times 600\right)\text{cm}^4 = 3.76 \times 10^5\text{cm}^4$$

$$I_{2z} = I_{2z_2} + a_2^2 A_2 = \left(\frac{25 \times 58^3}{12} + 10.2^2 \times 1450\right)\text{cm}^4 = 5.57 \times 10^5\text{cm}^4$$

整个图形对 z、y 轴的惯性矩分别为

$$I_z = I_{1z} + I_{2z} = (3.76 + 5.57) \times 10^5\text{cm}^4 = 9.33 \times 10^5\text{cm}^4$$

$$I_y = I_{1y} + I_{2y} = \left(\frac{12 \times 50^3}{12} + \frac{58 \times 25^3}{12}\right)\text{cm}^4 = 2.01 \times 10^5\text{cm}^4$$

由惯性矩定义同样可知：**当把组合图形视为几个简单图形之和时，其惯性矩等于简单图形对同一轴惯性矩之和；当把组合图形视为几个简单图形之差时，其惯性矩等于简单图形对同一轴惯性矩之差。这一结论，读者可自行证明。**

例6-7 试计算图6-11所示的由方钢和20a工字钢组成的组合图形对形心轴 z、y 的惯性矩。

解 （1）计算组合图形的形心位置。取 z' 轴作为参考轴，y 轴为组合图形的对称轴，组合图形的形心必在 y 轴上，故 $z_C = 0$。现只需计算组合图形的形心坐标 y_C。由附录A的型钢表查得20a工字钢 $b = 100\text{mm}$，$h = 200\text{mm}$，其截面面积 $A_1 = 35.578\text{cm}^2$。

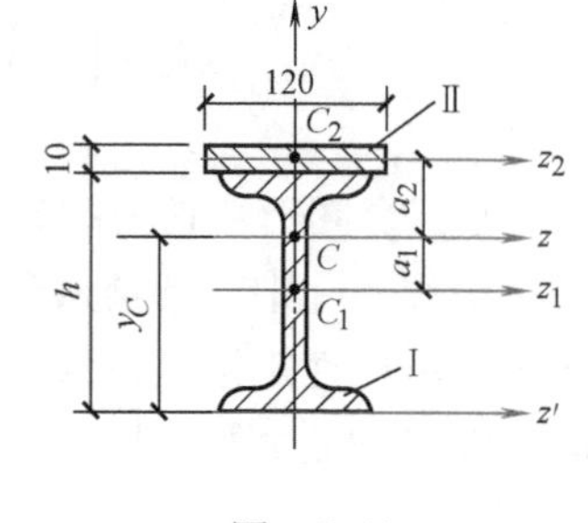

图 6-11

$$y_C = \frac{S_z}{A} = \frac{35.578 \times 10^2 \times \frac{200}{2} + 120 \times 10 \times \left(200 + \frac{10}{2}\right)}{35.578 \times 10^2 + 120 \times 10}\text{mm} = 126.48\text{mm}$$

（2）计算组合图形对形心轴 z、y 的惯性矩。首先计算20a工字钢和方钢截面各自对本身形心轴 z、y 的惯性矩。由附录A得

$$I_{1z_1} = 2370\text{cm}^4$$

$$I_{1y} = 158\text{cm}^4$$

$$I_{2z_2} = \frac{bh^3}{12} = \frac{120 \times 10^3}{12}\text{mm}^4 = 1.0 \times 10^4\text{mm}^4$$

$$I_{2y} = \frac{hb^3}{12} = \frac{10 \times 120^3}{12}\text{mm}^4 = 144 \times 10^4\text{mm}^4$$

由平行移轴公式（6-10）可得工字钢和方钢截面分别对 z、y 轴的惯性矩为

$$I_{1z}=I_{1z_1}+a_1^2A_1=[2370\times10^4+(126.48-100)^2\times35.578\times10^2]\ \text{mm}^4$$
$$=26.19\times10^6\text{mm}^4$$
$$I_{2z}=I_{2z_2}+a_2^2A_2=[1.0\times10^4+(205-126.48)^2\times120\times10]\ \text{mm}^4$$
$$=7.41\times10^6\text{mm}^4$$

整个组合图形对形心轴的惯性矩应等于工字钢和方钢截面对形心轴的惯性矩之和，故得

$$I_z=I_{1z}+I_{2z}=(26.19+7.41)\times10^6\text{mm}^4=3.36\times10^7\text{mm}^4$$
$$I_y=I_{1y}+I_{2y}=(158+144)\times10^4\text{mm}^4=3.02\times10^6\text{mm}^4$$

第四节　形心主惯性轴和形心主惯性矩

一、形心主惯性轴

若平面图形对某一对正交坐标轴 z_0、y_0 轴的惯性积为零，则这对坐标轴称为平面图形的主惯性轴。显然，如果一对正交坐标轴中有一根是对称轴，则这对坐标轴一定是图形的主惯性轴。

若主惯性轴通过平面图形形心，则该轴称为图形的形心主惯性轴。因图形的对称轴必然通过形心，则图形的对称轴和通过图形的形心且与该轴垂直的另一根轴必然是图形的形心主惯性轴。

二、形心主惯性矩

平面图形对主轴的惯性矩称为主惯性矩。

平面图形对形心主轴的惯性矩称为形心主惯性矩。

一、主要公式

1. 静矩

$$S_z=\int_A y\mathrm{d}A=Ay_C\qquad S_y=\int_A z\mathrm{d}A=Az_C$$

2. 惯性矩

$$I_z=\int_A y^2\mathrm{d}A=Ai_z^2\qquad I_y=\int_A z^2\mathrm{d}A=Ai_y^2$$

3. 惯性积

$$I_{zy}=\int_A yz\mathrm{d}A$$

4. 惯性半径

$$i_z=\sqrt{\frac{I_z}{A}}\qquad i_y=\sqrt{\frac{I_y}{A}}$$

5. 平行移轴公式

$$I_{z_1}=I_z+a^2A\qquad I_{y_1}=I_y+b^2A\qquad I_{z_1y_1}=I_{zy}+abA$$

平行移轴公式要求 z_1 与 z、y_1 与 y 两轴平行，并且 z、y 轴通过平面图形形心。

二、组合图形

组合图形对某轴的静矩等于各简单图形对同一轴静矩的代数和；组合图形对某轴的惯性矩等于其各组成部分对于同一轴的惯性矩之和。

三、平面图形的形心主轴

形心主轴是一对通过形心且惯性积为零的轴。任何图形必定存在且至少有一对形心主轴，形心主轴有下列特性：

1）整个图形对形心主轴的静矩恒为零。

2）整个图形对形心主轴的惯性积恒为零。

3）在通过形心的所有轴中，图形对一对正交形心主轴的惯性矩，分别为最大值和最小值。

4）图形若有一根对称轴，此轴必是形心主轴。

图形对形心主轴的惯性矩称为形心主惯性矩。

6-1 静矩和惯性矩有何异同点？

6-2 已知平面图形对其形心轴的静矩 $S_z=0$，问该图形的惯性矩 I_z 是否也为零？为什么？

6-3 如图6-12所示，两截面的惯性矩 I_z 可否按下式计算？

$$I_z=\frac{BH^3}{12}-\frac{bh^3}{12}$$

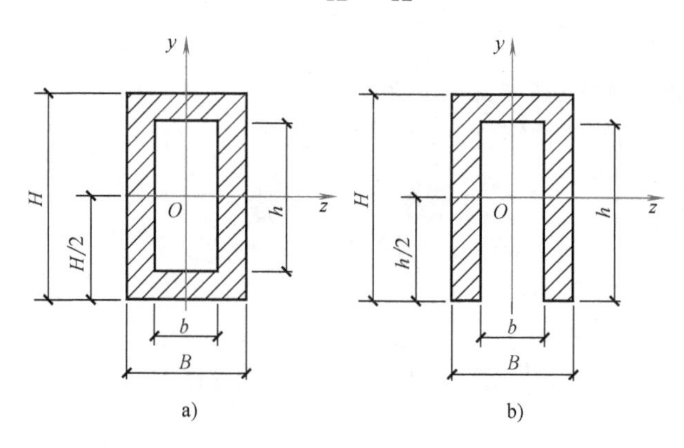

图 6-12

6-4 由两个20号槽钢组成两种形状的截面图形（图6-13a、b）。试说明它们的形心主惯性矩 I_z、I_y 大小是否相等？为什么？

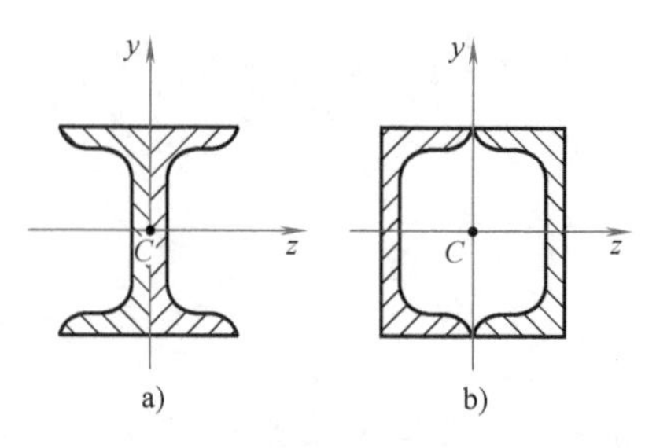

图 6-13

6-5　为什么平面图形对于包括对称轴在内的一对正交坐标轴的惯性积一定为零？如图6-14所示，各图形中C点是形心，平面图形对图示两个坐标轴的惯性积是否为零？

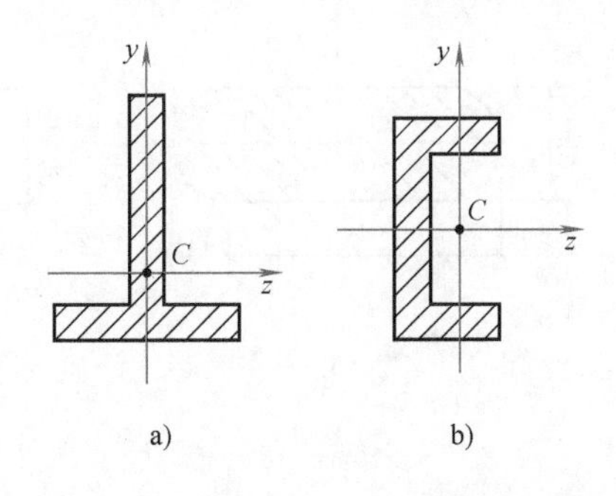

图　6-14

6-1　试求图6-15所示各图形对z_1轴的静矩。

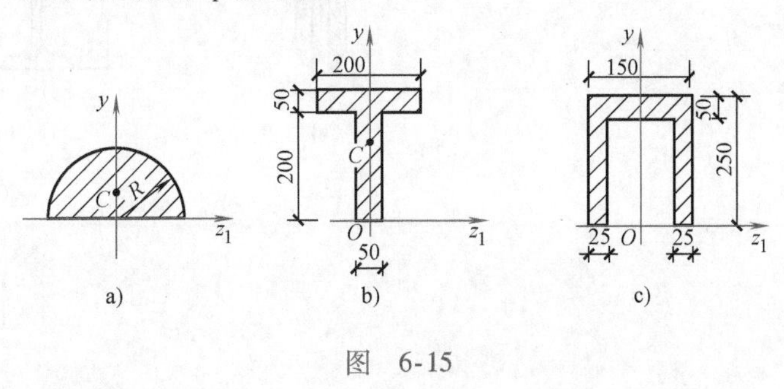

图　6-15

6-2　求图6-16所示平面图形的：（1）形心C的位置；（2）图中阴影部分对z轴的静矩。

6-3　计算图6-17所示矩形截面对其形心轴的惯性矩。已知$b=150\text{mm}$，$h=300\text{mm}$。如按图中虚线所示，将矩形截面的中间部分移至两边缘变成工字形截面，试计算此工字形截面对z轴的惯性矩，并求工字形截面的惯性矩较矩形截面的惯性矩增大的百分比。

6-4　计算图6-18所示各图形对形心轴z、y轴的惯性矩和惯性半径。

6-5　试计算图6-15中各平面图形对形心轴的惯性矩和惯性积。

6-6　如图6-19所示，由两个20a号槽钢组成的平面图形，若要使$I_z=I_y$，试求间距a的大小。

6-7　计算图6-20所示各平面图形对形心轴z的惯性矩。

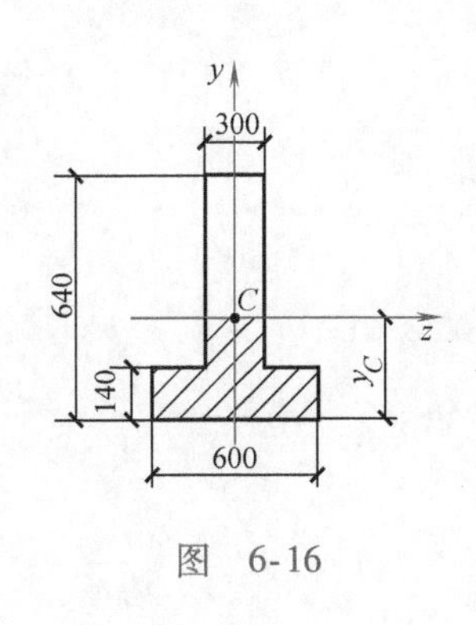

图　6-16

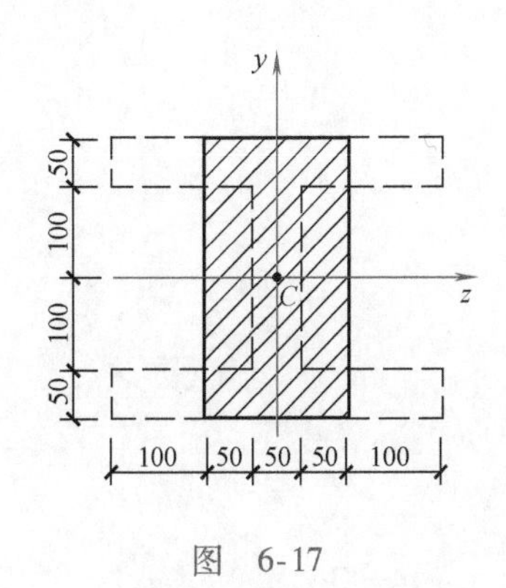

图　6-17

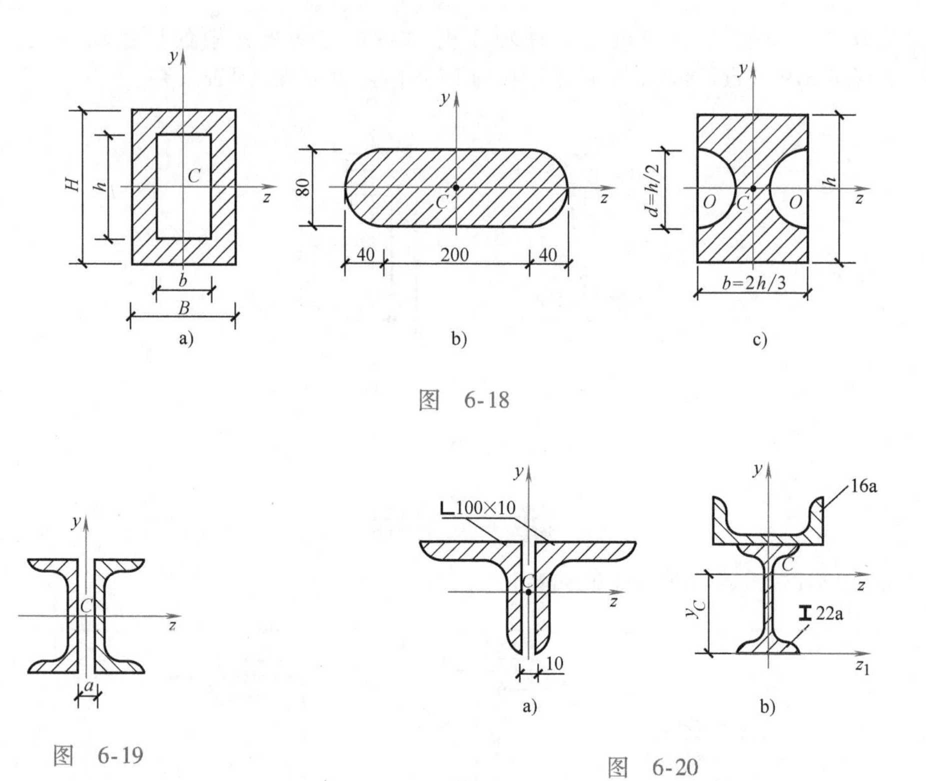

图　6-18

图　6-19

图　6-20

第七章 轴向拉伸和压缩

学习目标

1. 弄清轴向拉（压）杆的受力特点和变形特点。

2. 应用截面法熟练计算轴向拉（压）杆的内力；并能正确绘出轴力图。

3. 熟练掌握轴向拉（压）杆横截面上的正应力计算公式，并能计算拉（压）杆的变形。

4. 了解低碳钢和铸铁的 $\sigma-\varepsilon$ 曲线，明确塑性材料和脆性材料的力学性质及其差别。

5. 会根据轴向拉（压）杆的强度条件进行强度计算。

本章重点是轴向拉（压）杆的内力计算，轴向拉（压）杆横截面上的应力计算及其强度条件在工程实际中的应用。

第一节 轴向拉伸和压缩的概念与实例

在工程实际中经常遇到承受轴向拉伸和压缩的杆件。例如，起重机的支架（图 7-1a）；起吊装置中的钢索（图 7-1b）；柱子（图 7-1c）；屋架结构中的各杆件（图 7-1d）；悬索桥中的吊杆等（图 7-1e）。通过分析可知，它们的共同受力特点是作用于杆件上的外力或外力合力的作用线与杆轴线重合。在这种受力情况下，杆件将沿轴线方向伸长或缩短。这种变形形式称为轴向拉伸和压缩。这类杆件称为轴向拉（压）杆。轴向拉（压）杆都可以简化成图7-2所示的计算简图。

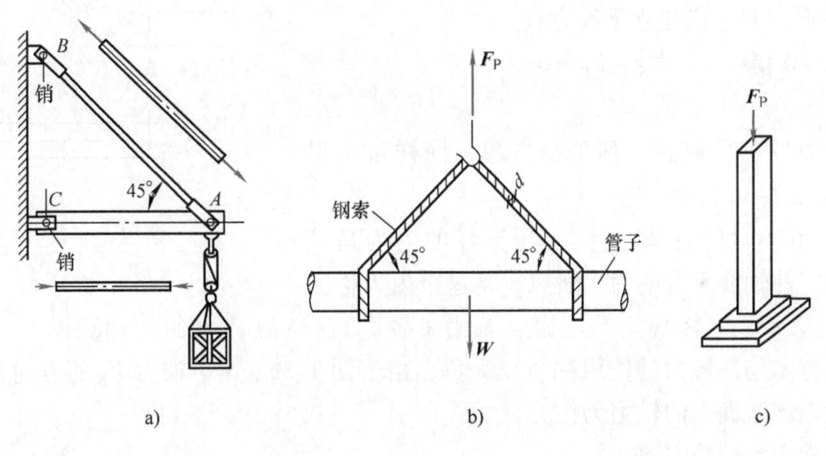

图 7-1

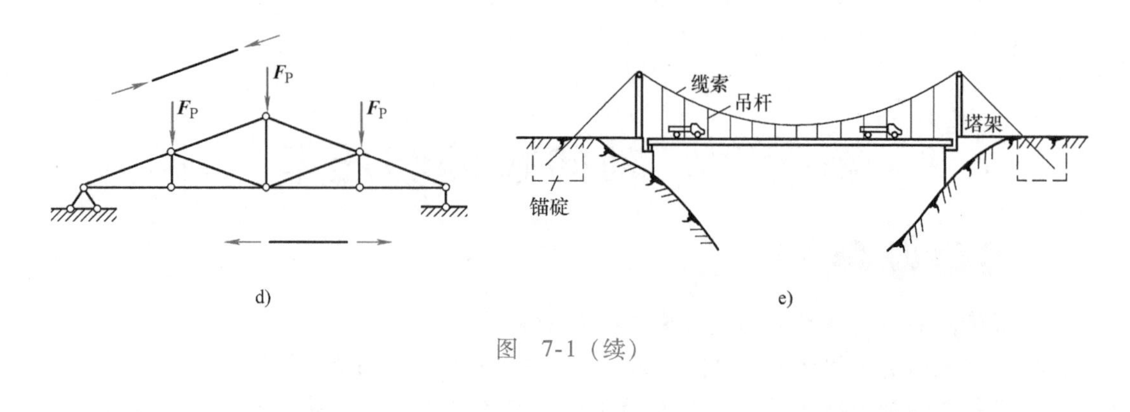

图　7-1（续）

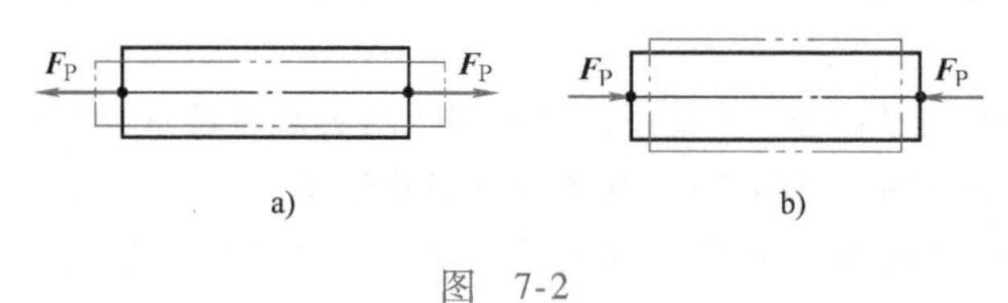

图　7-2

第二节　轴向拉（压）杆的内力

一、轴向拉（压）杆的内力——轴力

以图7-3a所示的等直杆，研究杆件在轴向拉力作用下其横截面上的内力情况。为求出杆中任意截面的内力，采用前面介绍的截面法进行分析。

（1）截开　沿需要求内力的截面处，假想地用一平面 $m-m$ 将杆截成两部分。

（2）代替　取截开后的左段为研究对象，右段截面对左段截面的作用力用合力 F_N 来代替，如图7-3b所示。

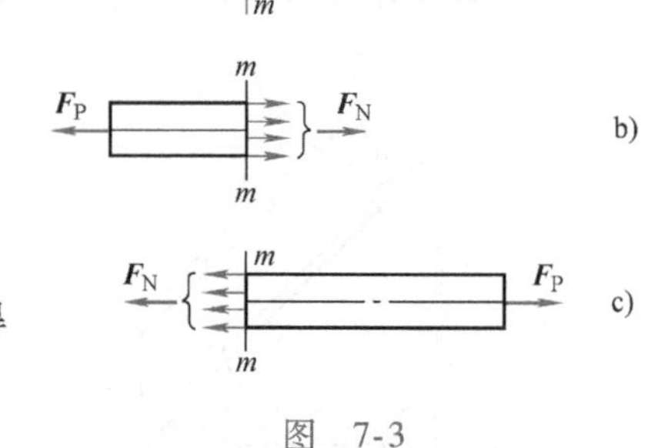

图　7-3

（3）平衡　对左段建立平衡方程

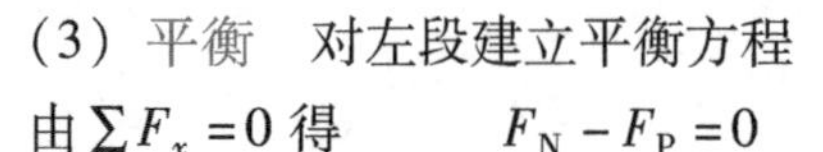

由 $\sum F_x=0$ 得　　$F_N-F_P=0$

$$F_N=F_P$$

若取截面的右段研究，列平衡方程，同样可求得 $F_N=F_P$，如图7-3c所示。

由图7-3b、c可知：轴向拉（压）杆的内力是一个作用线与杆件轴线重合的力，所以，将这个内力称为**轴力**，用 F_N 表示。通常规定：拉力（轴力 F_N 的方向背离该力的作用截面）为正；压力（轴力 F_N 的方向指向该力的作用截面）为负，由于图7-3c、d中轴力 F_N 的方向背离它的作用截面，所以该截面上的轴力为拉力。

轴力的常用单位是N或kN。

例7-1　一等截面直杆受力如图7-4a所示，试求1-1、2-2截面上的内力。

解　如图7-4a所示，杆上作用的外力都与杆的轴线相重合，所以杆产生轴向拉（压）

变形，杆的内力为轴力。

(1) 求1-1截面上的轴力。沿1-1截面将杆件假想地截开，取截面的左侧为研究对象，如图7-4b所示，在1-1截面上假设轴力为拉力，并用F_{N1}表示。以杆轴线方向为x轴，由平衡方程$\sum F_x=0$得

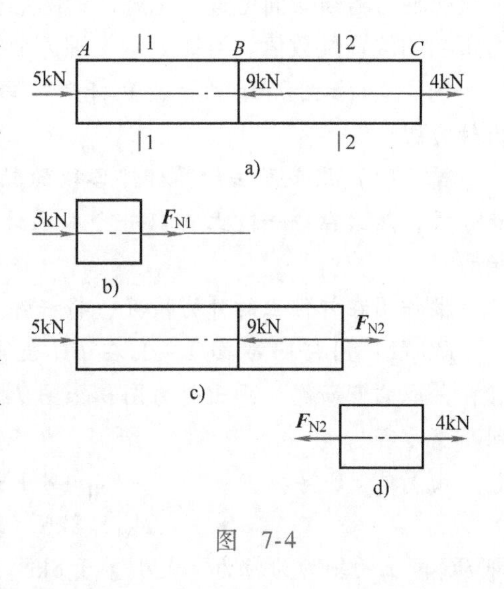

图 7-4

$$F_{N1}+5kN=0$$

$$F_{N1}=-5kN$$

计算结果为负，说明F_{N1}的实际方向与图中假设相反，即1-1截面上的轴力不是图7-4b中假设的拉力，而是压力。

(2) 求2-2截面上的轴力。沿2-2截面将杆件假想地截开，仍取截面的左侧为研究对象，如图7-4c所示，以F_{N2}表示2-2截面上的轴力，并设为拉力。

由平衡方程$\sum F_x=0$得

$$F_{N2}+5kN-9kN=0$$

$$F_{N2}=-5kN+9kN=4kN$$

计算结果为正，说明2-2截面上的轴力与图7-4c中假设的方向一致，即2-2截面上的轴力为拉力。

若取2-2截面右侧研究，如图7-4d所示。

由平衡方程$\sum F_x=0$得

$$-F_{N2}+4kN=0$$

$$F_{N2}=4kN$$

结果相同，所以计算轴力时，为简化计算，应选择杆件上受力比较简单的一侧研究。

说明：

1）用截面法计算轴力时通常先假设轴力为拉力，这样计算结果为正表示轴力为拉力，计算结果为负表示轴力为压力。

2）列平衡方程时，轴力及外力在方程中的正、负号由其投影的正、负决定，与轴力本身的正、负无关。

3）在计算杆件内力时，将杆截开之前，不能使用力的可传性原理。例如：图7-4a所示的杆件，由计算可知：$F_{N1}=-5kN$，$F_{N2}=4kN$，若按力的可传性原理将作用于C点的力沿其作用线移到A点，则计算结果变为$F_{N1}=-9kN$，$F_{N2}=0$。可见外力使物体产生内力和变形，与外力的作用位置有关。

二、轴力图

工程中的轴向拉（压）杆，有些杆只受两个外力作用而平衡，我们称这类杆为二力杆（图7-3a中的杆就为受两个力作用的拉杆）；而还有一些杆是受到两个以上外力的作用而平衡，这类杆称为多力杆（图7-4a中的杆是多力杆）。从例7-1的计算结果可知，对于多力杆，随着外力的变化，轴力也在改变。为了形象地表明杆的轴力随横截面位置变化的规律，通常以平行于杆轴线的坐标（即x坐标）表示横截面的位置，以垂直于杆轴线的坐标（即F_N坐标）表示横截面上的轴力，按适当比例将轴力随横截面位置变化的情况画成图形。这

种表明轴力随横截面位置变化规律的图形称为轴力图。从轴力图上可以很直观地看出最大轴力所在的位置及数值。习惯上将正轴力画在上侧，负值画在下侧。

例7-2 如图7-5a所示，直杆受轴向外力作用，试求杆件各段横截面上的轴力，并画出轴力图。

解 (1) 用截面法计算杆件各段的轴力。为了求杆件各段上的轴力，首先从外力变化点分段，然后在每一段上各取一个截面计算，计算出的轴力即分别代表该截面所在杆段的轴力。

按作用在杆件上的外力情况，将杆件 AC 分为 AB、BC 两段。

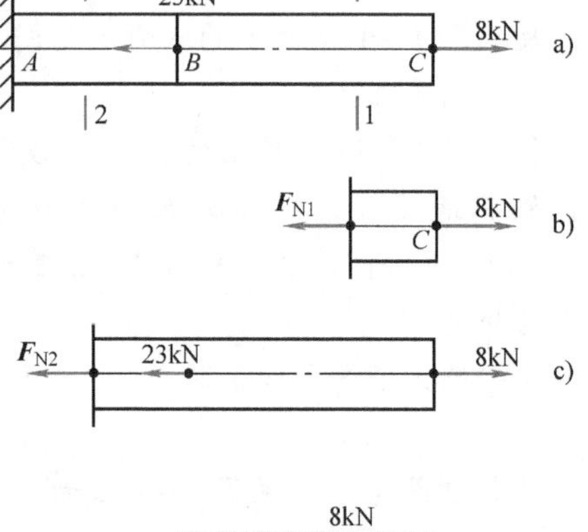

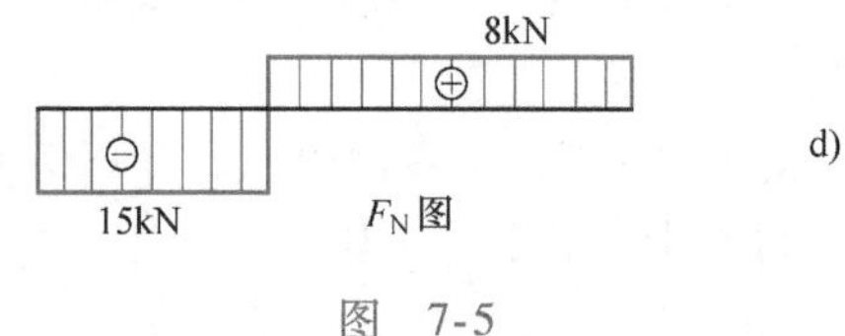

图 7-5

BC 段：用任一截面1－1在 BC 段内将杆截开，并取右侧研究，画出受力图，如图7-5b所示，列平衡方程。

由 $\sum F_x=0$ 得
$$-F_{N1}+8\ \text{kN}=0$$
$$F_{N1}=8\text{kN}\ (\text{拉力})$$

即 BC 段上的轴力为拉力，大小等于8kN。

AB 段：用任一假想截面2－2在 AB 段内将杆截开，取右侧研究，画出受力图，如图7-5c所示，列平衡方程。

由 $\sum F_x=0$ 得
$$-F_{N2}-23\text{kN}+8\text{kN}=0$$
$$F_{N2}=-15\text{kN}\ (\text{压力})$$

即 AB 段上的轴力为压力，大小等于15kN。

(2) 画轴力图如图7-5d所示。为了方便起见，通常在画轴力图时，可以不画坐标轴，将轴力图画成图7-5d所示的形式，不过此时一定要写出图名（F_N图），标清楚大小、单位和正负。

本例题若想取左侧研究，需先取整体杆件为研究对象，求出 A 处的支座反力，再进行内力计算，因为这种做法较麻烦，所以不常用。

从以上例题的计算中我们会发现：截面上的轴力与所研究的杆段上的外力之间存在一种关系，即轴力等于所取杆段（左段或右段）上外力的代数和。若外力的方向背离截面时（引起拉力）取正号，若外力的方向指向截面时（引起压力）取负号。

根据这个规律，由外力可直接计算截面上的轴力，而不必取研究对象画受力图。

例7-3 试画出图7-6a所示等截面直杆的轴力图。

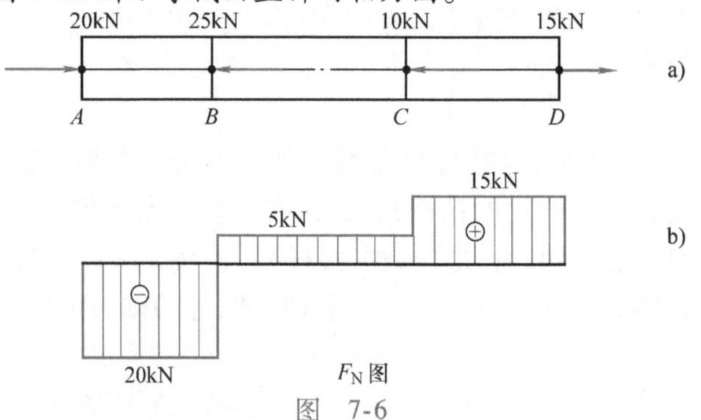

图 7-6

解　(1) 计算杆件各段的轴力。按作用在杆件上的外力情况，将杆分为 AB、BC、CD 三段。

AB 段：用任一假想截面在 AB 段内将杆截开，取右侧研究，根据规律得

$$F_{NAB} = -20\text{kN}\ (\text{压力})$$

BC 段：用任一假想截面在 BC 段内将杆截开，取左侧研究，根据规律得

$$F_{NBC} = -20\text{kN} + 25\text{kN} = 5\text{kN}\ (\text{拉力})$$

CD 段：用任一假想截面在 CD 段内将杆截开，取右侧研究，根据规律得

$$F_{NCD} = 15\text{kN}\ (\text{拉力})$$

(2) 轴力图如图 7-6b 所示。

由图 7-6b 可以看出：该杆的最大轴力发生在 AB 段，数值为 20kN，并且为压力。

第三节　轴向拉（压）杆的应力

从第二节我们已经知道，轴向拉（压）杆横截面上的内力只有一种，即轴力，它的方向与横截面垂直。由内力与应力的关系很容易推断出：在轴向拉（压）杆横截面上与轴力相应的应力只能是垂直于截面的正应力。但正应力在横截面上的变化规律不能由主观推断。为此，下面通过观察杆的实际变形情况，进行由表及里的分析来寻找正应力在横截面上的分布规律，进而导出轴向拉（压）杆横截面上正应力的计算公式。

取一等截面直杆，在杆的表面均匀地画一些与轴线相平行的纵向线和与轴线相垂直的横向线（图 7-7a），然后在杆的两端加一对与轴线相重合的外力，使杆产生轴向拉伸变形（图 7-7b）。可观察到：所有的纵向线都伸长了，而且伸长量都相等，并且仍然都与轴线平行；所有的横向线仍然保持与纵向线垂直，而且仍为直线，只是它们之间的相对距离增大了。

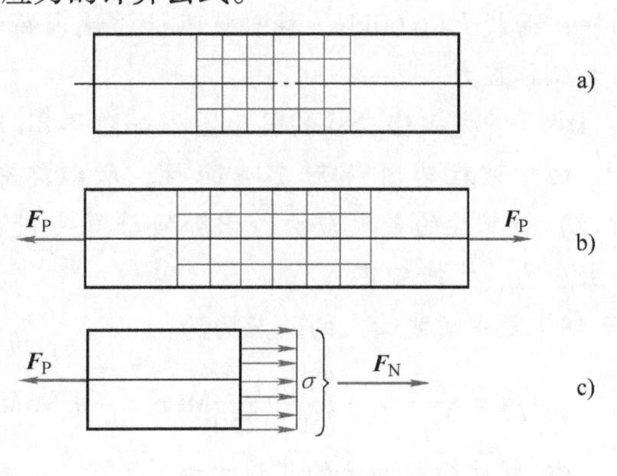

图　7-7

根据上述现象，可以做出如下假设：杆件的横截面变形前是平面，变形后仍保持为平面且与杆件的轴线垂直，这一假设称为平面假设。如果将杆设想成由无数纵向“纤维”所组成，则由平面假设可知，任意两个横截面之间所有纵向纤维的伸长量均相等，又因材料是均匀的，各纵向纤维的变形相同，因而它们所受的力也相等。这表明横截面上的内力是均匀分布的，即横截面上各点处的正应力 σ 都相等，如图 7-7c 所示。于是可得拉（压）杆横截面上任一点处正应力的计算公式为

$$\sigma = \frac{F_N}{A} \tag{7-1}$$

式中，A 为拉（压）杆横截面的面积；F_N 为轴力。

当杆受轴向压缩时，情况完全类似，上式同样适用。由于前面规定了轴力的正负号，由式 (7-1) 可知，正应力也随轴力有正负之分，若 F_N 为拉力，则 σ 为拉应力；若 F_N 为压

力，则 σ 为压应力，拉应力为正，压应力为负。

对于等截面直杆，最大正应力一定发生在轴力最大的截面上，即

$$\sigma_{max} = \frac{F_{Nmax}}{A} \tag{7-2}$$

习惯上把杆件在荷载作用下产生的应力，称为工作应力，并且通常把产生最大工作应力的截面称为危险截面，产生最大工作应力的点称为危险点。可见：对于产生轴向拉（压）变形的等截面直杆，轴力最大的截面就是危险截面，该截面上任一点都是危险点。

例 7-4 若前面例 7-2 中的直杆其横截面为 50mm×50mm 的正方形，试求杆中各段横截面上的应力。

解 杆的横截面面积

$$A = 50\text{mm} \times 50\text{mm} = 2500\text{mm}^2$$

前面例 7-2 中，已求得杆 AB、BC 段的轴力，分别为 $F_{NAB} = -15\text{kN}$ 和 $F_{NBC} = 8\text{kN}$。

各段横截面上应力为

AB 段：
$$\sigma_{AB} = \frac{F_{NAB}}{A} = \frac{-15 \times 10^3}{2500}\text{MPa} = -6\text{MPa}\ （压应力）$$

AC 段：
$$\sigma_{BC} = \frac{F_{NBC}}{A} = \frac{8 \times 10^3}{2500}\text{MPa} = 3.2\text{MPa}\ （拉应力）$$

例 7-5 如图 7-8a 所示为正方形截面阶梯形砖柱。已知：荷载 $F_P = 60\text{kN}$，柱自重不计，试求荷载引起的最大工作应力。

解 首先画出砖柱的轴力图，如图 7-8b 所示。

由于该柱为阶梯形变截面柱，所以不能利用式 (7-2) 计算柱的最大应力，需分段计算每段柱的横截面上应力，才能确定。

AB 段柱横截面上的正应力为

$$\sigma_{AB} = \frac{F_{NAB}}{A_{AB}} = -\frac{60 \times 10^3}{250 \times 250}\text{MPa} = -0.96\text{MPa}$$

BC 段柱横截面上的正应力为

$$\sigma_{BC} = \frac{F_{NBC}}{A_{BC}} = -\frac{180 \times 10^3}{500 \times 500}\text{MPa} = -0.72\text{MPa}$$

由结果可见，砖柱的最大工作应力在柱的下段，其值为 0.72MPa，是压应力。

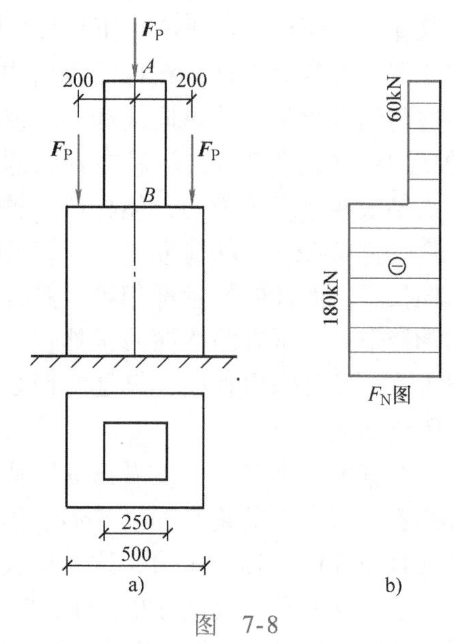

图 7-8

第四节 轴向拉（压）杆的变形

杆件在受到轴向拉力或轴向压力作用时，将产生沿轴线方向（纵向）的伸长或缩短变形，这种沿轴向的变形称为纵向变形。同时，与杆轴线相垂直的方向（横向）也随之产生缩小或增大的变形，称为横向变形。

一、纵向变形和横向变形

如图 7-9a、b 所示为正方形截面杆，受轴向力作用，产生轴向拉伸或压缩变形。设杆件变形前的长度为 l，其横截面边长为 a，变形后的长度变为 l_1，随之横截面边长变为 a_1。

杆的纵向变形为

$$\Delta l = l_1 - l$$

杆在轴向拉伸时纵向变形为正值，压缩时为负。其单位为 m 或 mm。

杆的横向变形为

$$\Delta a = a_1 - a$$

杆在轴向拉伸时的横向变形为负值，压缩时为正值。

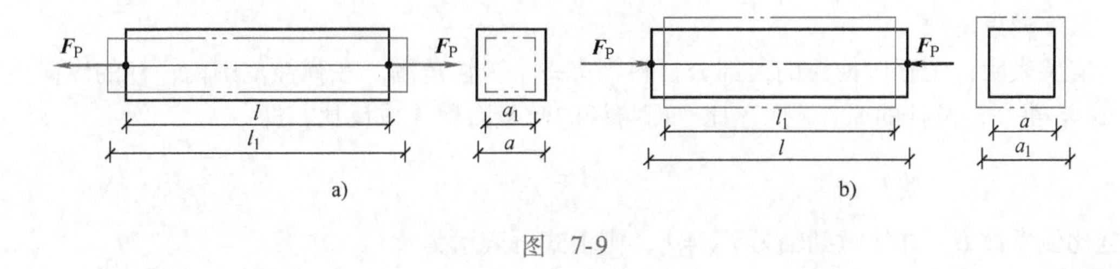

图 7-9

杆件的纵向变形 Δl 或横向变形 Δa 只能表示杆件在纵向或横向的总变形量，不能说明杆件的变形程度。为了消除原始尺寸对杆件变形量的影响，准确说明杆件的变形程度，将杆件的纵向变形 Δl 除以杆的原长 l，得到杆件单位长度的纵向变形

$$\varepsilon = \frac{\Delta l}{l}$$

ε 称为纵向线应变，简称线应变。ε 的正负号与 Δl 相同，拉伸时为正值，压缩时为负值。ε 是一个无量纲的量。

同理，将杆件的横向变形 Δa 除以杆的原截面边长 a，得到杆件单位长度的横向变形

$$\varepsilon' = \frac{\Delta a}{a}$$

ε'称为横向线应变。ε'的正负号与 Δa 相同，压缩时为正值，拉伸时为负值。ε'也是一个无量纲的量。

二、泊松比

实验表明：当轴向拉（压）杆的应力不超过材料的比例极限时，横向线应变 ε'与纵向线应变 ε 的比值的绝对值为一常数，通常将这一常数称为泊松比或横向变形系数，用 μ 表示。

$$\mu = \left|\frac{\varepsilon'}{\varepsilon}\right| \tag{7-3a}$$

泊松比 μ 是一个无量纲的量。它的值与材料有关，可由实验测出。常用材料的泊松比见表 7-1。

考虑到纵向线应变 ε 与横向线应变 ε'总是正、负号相反，故式（7-3a）可写为

$$\varepsilon' = -\mu\varepsilon \tag{7-3b}$$

表7-1 常用材料的μ、E值

材料名称	E/GPa	μ
Q235（低碳）钢	200 ~ 210	0.24 ~ 0.28
Q345（16Mn）钢	200 ~ 220	0.25 ~ 0.33
铸铁	115 ~ 160	0.23 ~ 0.27
铝合金	70 ~ 72	0.26 ~ 0.33
混凝土	15 ~ 36	0.16 ~ 0.18
木材（顺纹）	9 ~ 12	—
砖石料	2.7 ~ 3.5	0.12 ~ 0.20
花岗岩	49	0.16 ~ 0.34

三、胡克定律

实验表明：工程中使用的大部分材料都有一个弹性范围。在弹性范围内，杆的纵向变形量Δl与外力F及杆的原长l成正比，而与杆的横截面积A成反比，即

$$\Delta l \propto \frac{Fl}{A}$$

引进比例常数E，并注意到轴力$F_N = F$，则上式可表示为

$$\Delta l = \frac{F_N l}{EA} \tag{7-4}$$

这一关系式是英国科学家胡克首先提出的，所以称式（7-4）为胡克定律。引进的比例常数E称为材料的弹性模量，可由实验测出。工程中常用材料的弹性模量E见表7-1。

从式（7-4）可以推断出：对于长度相同、轴力相同的杆件，分母EA越大，杆的纵向变形Δl就越小，可见EA反映了杆件抵抗拉（压）变形的能力，称为杆件的抗拉（压）刚度。

若将式（7-4）的两边同时除以杆件的原长l，并将$\varepsilon = \dfrac{\Delta l}{l}$及$\sigma = \dfrac{F_N}{A}$代入，于是得

$$\varepsilon = \frac{\sigma}{E} \quad 或 \quad \sigma = E\varepsilon \tag{7-5}$$

式（7-5）是胡克定律的另一种表达形式。它表明在弹性范围内，正应力与线应变成正比。

例7-6 试求前面例7-5中所示砖柱顶面位移。已知材料的弹性模量$E = 3\text{GPa}$，$l_{AB} = 3\text{m}$，$l_{BC} = 4\text{m}$。

解 由于砖柱底端是固定端，所以柱顶面位移等于全柱的总缩短变形。

该柱为阶梯形变截面柱，并且上下两段的端轴力也不相等，故需分段计算变形。

AB段：
$$\Delta l_{AB} = \frac{F_{NAB} l_{AB}}{EA_{AB}} = \frac{60 \times 10^3 \times 3 \times 10^3}{3 \times 10^3 \times 250 \times 250}\text{mm} = 0.96\text{mm}$$

BC段：
$$\Delta l_{BC} = \frac{F_{NBC} l_{BC}}{EA_{BC}} = \frac{180 \times 10^3 \times 4 \times 10^3}{3 \times 10^3 \times 500 \times 500}\text{mm} = 0.96\text{mm}$$

柱顶面位移为

$$\Delta l = \Delta l_{AB} + \Delta l_{BC} = 0.96\text{mm} + 0.96\text{mm} = 1.92\text{mm}$$

例7-7 一圆形截面钢杆如图7-10所示，其直径$d = 32\text{mm}$，当杆受到拉力$F_P = 135\text{kN}$作用时，经拉伸试验测得：在纵向50mm的长度内，杆伸长了0.04mm，量得直径缩短了

0.0062mm，试求该钢材的泊松比和弹性模量。

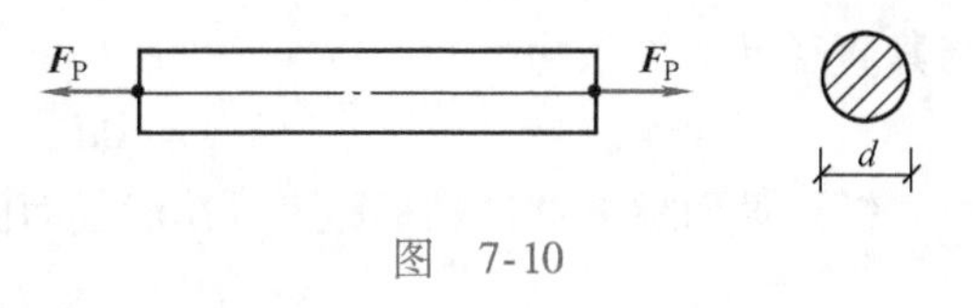

图　7-10

解　(1) 求泊松比。要想通过上述试验测出的数值计算泊松比，首先要计算出纵向线应变及横向线应变。

求杆的纵向线应变 ε

$$\varepsilon = \frac{\Delta l}{l} = \frac{0.04}{50} = 8 \times 10^{-4}$$

求杆的横向线应变 ε'

$$\varepsilon' = \frac{\Delta d}{d} = \frac{-0.0062}{32} = -1.94 \times 10^{-4}$$

求泊松比 μ

$$\mu = \left|\frac{\varepsilon'}{\varepsilon}\right| = \left|\frac{-1.94 \times 10^{-4}}{8 \times 10^{-4}}\right| = 0.24$$

(2) 计算弹性模量。

求杆件横截面上的应力

$$\sigma = \frac{F_N}{A} = \frac{135 \times 10^3}{\pi \times 32^2/4}\text{MPa} = 168\text{MPa}$$

由胡克定律 $\sigma = \varepsilon E$，得弹性模量

$$E = \frac{\sigma}{\varepsilon} = \frac{168}{8 \times 10^{-4}}\text{MPa} = 21 \times 10^4\text{MPa} = 210\text{GPa}$$

第五节　材料在拉伸和压缩时的力学性质

前面讨论了轴向拉（压）杆横截面上的工作应力，而要判断杆件是否会破坏（即杆的强度是否满足要求），还需要知道制作杆件的材料能够承担的应力，这种与材料有关的应力是材料的力学性质之一。所谓材料的力学性质，是指材料在外力作用下所表现出的强度和变形方面的性能。材料的力学性质都要通过实验来确定。工程中使用的材料种类很多，通常根据其破坏时发生塑性变形的大小，区分为脆性材料和塑性材料两大类。脆性材料在被破坏时的塑性变形很小，如铸铁、混凝土和石料等；而塑性材料在被破坏时会产生较大的塑性变形，如低碳钢、铝、合金钢等。这两种材料的力学性能具有明显的差别，通常以低碳钢和铸铁作为这两类材料的代表，分别介绍它们在拉伸和压缩时的力学性能。

本节只讨论材料在常温、静荷载情况下，受到轴向拉力或压力作用时的力学性质。

一、材料在拉伸时的力学性质

（一）低碳钢拉伸时的力学性质

低碳钢拉伸试验时采用国家规定的标准试件。常用的试件有圆截面和矩形截面两种，如图 7-11 所示。试件的中间部分是工作长度，称为标距（图 7-11 中的 l），通常规定：圆截面标准试件的标距 l

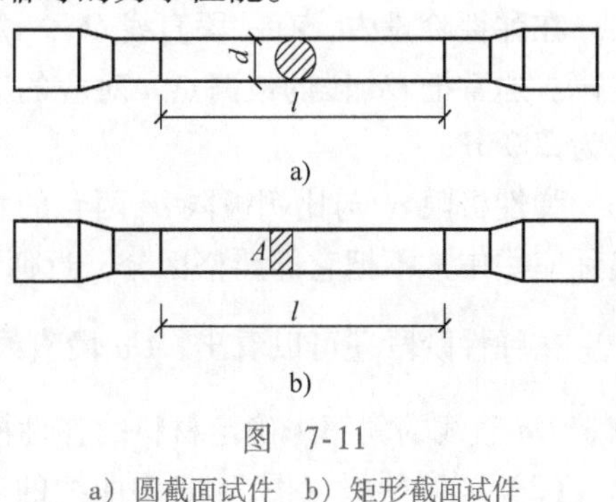

图　7-11
a）圆截面试件　b）矩形截面试件

与其直径 d 的关系为

$$l=10d \quad 或 \quad l=5d$$

矩形截面标准试件的标距 l 与其横截面面积 A 的关系为

$$l=11.3\sqrt{A} 或 l=5.65\sqrt{A}$$

1. 拉伸图和应力－应变图

做拉伸试验时，将低碳钢的试件两端夹在万能试验机上，然后开动试验机，对试件缓慢施加拉力。万能试验机上备有自动绘图设备，在试件拉伸过程中，能自动绘出试件所受拉力 F_P 与标距 l 段相应的伸长量 Δl 的关系曲线，该曲线以伸长量 Δl 为横坐标，拉力 F_P 为纵坐标，通常称它为拉伸图。如图7-12所示为低碳钢的**拉伸图**。

拉伸图中拉力 F_P 与伸长量 l 的对应关系与试件的尺寸有关。尺寸不同的试件，发生的伸长量 Δl 也将不同。为了消除试件尺寸对试验结果的影响，使图形反映材料本身的性质，通常把横坐标 Δl 除以标距 l，即 $\varepsilon=\dfrac{\Delta l}{l}$；把纵坐标 F_P 除以杆件横截面的面积 A，即 $\sigma=\dfrac{F_P}{A}$，画出以 ε 为横坐标，σ 为纵坐标的曲线，这种曲线与试件的尺寸无关，只反映材料本身的一些力学性质，该曲线称为应力－应变图，又称 $\sigma-\varepsilon$ 曲线。低碳钢的应力－应变图如图7-13所示。这一图形与拉伸图的图形相似，只是坐标轴和比例不同而已。

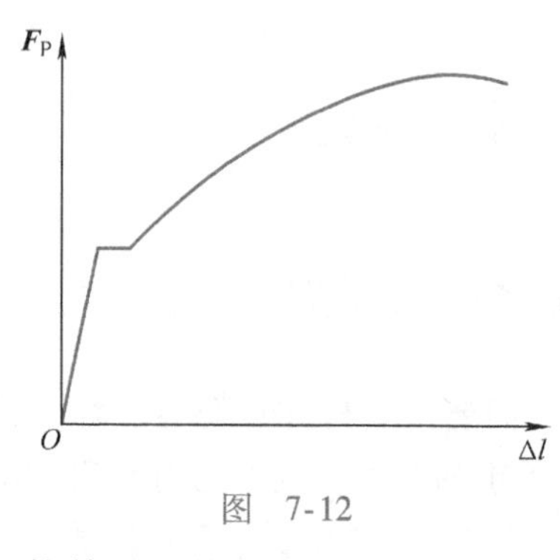

图　7-12

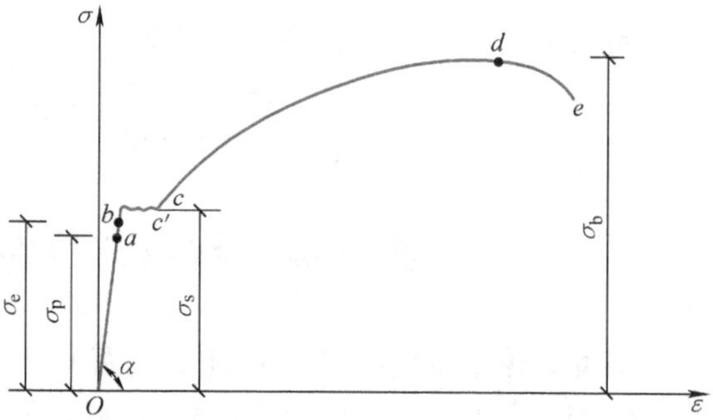

图　7-13

2. 拉伸过程的四个阶段

根据低碳钢的应力－应变图的特点，可以将其拉伸过程分成四个阶段。

（1）弹性阶段（图7-13中曲线的 Ob 阶段）　实验表明，在 Ob 范围内全部卸除荷载后，试件的变形能完全消失，试件能恢复其原长，材料的变形是完全弹性的。弹性阶段的最高点 b 对应的应力值为弹性极限，用 σ_e 表示。

在弹性阶段内，有一段直线 Oa，说明在 Oa 范围内应力与应变成正比例，材料服从胡克定律。通常把 Oa 段的最高点 a 对应的应力值称为比例极限，用 σ_p 表示。低碳钢的比例极限约为200MPa。

弹性极限 σ_e 与比例极限 σ_p 两者的意义虽然不同，但是它们的数值非常接近，因此，在实际应用中常不把它们严格区分，近似认为在弹性范围内材料服从胡克定律。

在弹性阶段还可以看出：Oa 段直线的斜率为 $\tan\alpha=\dfrac{\sigma}{\varepsilon}=E$，可见，在此阶段可以通过测定 Oa 直线的斜率来确定材料的弹性模量。低碳钢的弹性模量约为200～210GPa。

（2）屈服阶段（图7-13中曲线的 bc 阶段）　在应力超过弹性极限后，变形进入弹塑性阶段。应力-应变曲线中出现了一段接近水平的锯齿形线段 bc，在此阶段应力基本不变，但应变显著增加，这表明材料此时暂时失去了抵抗变形的能力，这一现象称为“流动”或“屈服”，此阶段称为屈服阶段。在屈服阶段中，对应于应力-应变曲线首次下降后的最低点 c'对应的应力值称为屈服下限。屈服下限的值较稳定，故一般将其作为材料的**屈服极限**，用 σ_s表示。低碳钢的屈服极限约为240MPa。

进入屈服阶段后，由于材料产生了显著的塑性变形，应力-应变关系已不是线性关系了，所以该阶段胡克定律已不能适用。

若试件表面光滑，则材料进入屈服阶段时，可以看到在试件表面出现了一些与杆轴线大约成45°的倾斜条纹（图7-14），通常称之为滑移线。它是由于轴向拉伸时45°斜面上产生了最大切应力，使材料内部晶格间发生相对滑移而引起的。屈服阶段材料将产生很大的塑性变形，工程结构中的杆件，一般不允许产生很大的塑性变形，所以设计中常取屈服极限 σ_s为材料的强度指标。

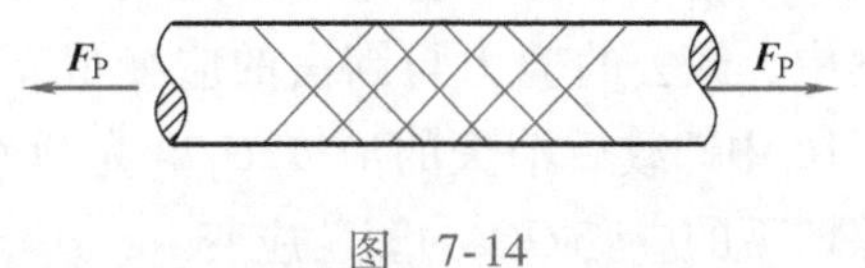

图　7-14

（3）强化阶段（图7-13中的 cd 段）　经过屈服阶段后，材料的内部结构重新得到了调整，材料又恢复了抵抗变形的能力，要使试件继续变形就得继续增加荷载，表现在图中曲线上升的 cd 段。这一阶段称为强化阶段。这一阶段的最高点 d 对应的应力称为**强度极限**，用 σ_b表示。低碳钢的强度极限约为400MPa。

（4）颈缩阶段（图7-13中的 de 段）　在应力到达强度极限 σ_b后，应力-应变曲线开始出现下降现象。观察发现：在试件某一段内横截面面积将开始显著收缩，出现颈缩现象（图7-15），这一阶段称为颈缩阶段。此阶段没有特征应力极限值，只有一种特殊现象，即颈缩现象。颈缩现象的出现，预示着试件即将破坏。

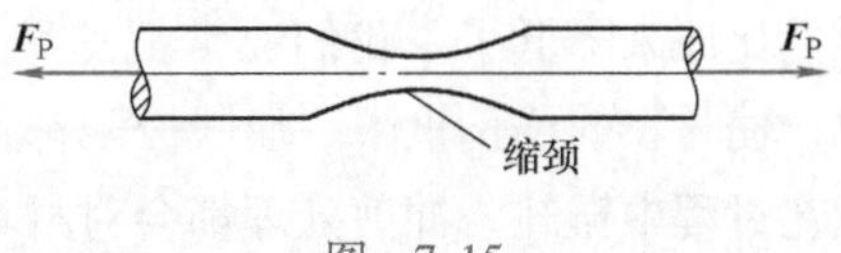

图　7-15

3. 延伸率和截面收缩率

试件拉断后，弹性变形全部消失，而塑性变形保留了下来，工程中常用试件拉断后保留下来的塑性变形大小来表示材料的塑性性质。塑性性质有延伸率和截面收缩率两个指标。

（1）延伸率　将拉断的试件拼在一起，量出断裂后的标距长度 l_1，习惯上把断裂后的标距长度 l_1与原标距长度 l 的差值除以原标距长度 l 的百分率称为材料的**延伸率**，用 δ 表示，即

$$\delta=\frac{l_1-l}{l}\times 100\% \tag{7-6}$$

低碳钢的延伸率约为20%～30%。

延伸率表示试件直到拉断时塑性变形所能达到的最大程度。δ 的值越大，说明材料的塑性越好。工程中常按延伸率的大小将材料分为两类：**$\delta\geqslant 5\%$的材料为塑性材料**；**$\delta<5\%$的材料为脆性材料**。拉伸试验证明低碳钢是一种抗拉能力良好的塑性材料。

（2）截面收缩率　测出断裂试件颈缩处的最小横截面面积 A_1，原试件的横截面面积 A 与 A_1的差值除以原试件的横截面面积的百分率称为**截面收缩率**，用 ψ 表示，即

$$\psi=\frac{A-A_1}{A}\times 100\% \tag{7-7}$$

低碳钢的截面收缩率约为60%～70%。

4. 冷作硬化

在试验过程中，若将试件拉伸到强化阶段的某一点 k 时停止加载并逐渐卸载（图7-16），可以看到：在卸载过程中应力与应变按直线规律变化，沿直线 kO_1 回到 O_1 点，直线 O_1k 近似平行于直线 Oa，这说明在卸载过程中，卸去的应力与卸去的应变成正比，图7-16中卸载后消失的应变 O_1k_1 为弹性应变，保留下的应变 OO_1 为塑性应变。

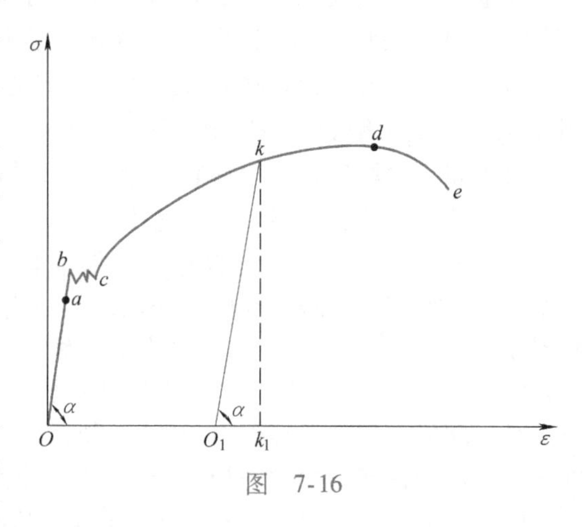

图　7-16

若卸载后立刻再重新加载，则 σ 与 ε 大致沿刚才卸载时的直线 O_1k 上升到 k 点，到 k 点后仍沿原来的曲线 kde 变化。这表明：在重新加载时，直到 k 点之前材料的变形都是弹性变形，k 点对应的应力为重新加载时材料的比例极限，可见将材料拉伸到强化阶段卸载后再加载，材料的比例极限提高了；另外重新加载时直到 k 点后才开始出现塑性变形，可见材料的屈服极限也提高了，试件破坏后总的塑性变形量比原来降低了。我们通常把这种将材料预拉到强化阶段，然后卸载，卸载后再重新加载，使材料的比例极限、屈服极限都得到提高，而塑性变形有所降低的现象称为**冷作硬化**。工艺过程中辗轧、冲剪处理都会对材料造成不同程度的冷作硬化。工程中常借此来提高某些构件在弹性阶段的承载能力。建筑工程中对受拉钢筋进行冷拉就是为了提高它的比例极限和屈服极限，提高承载能力。

当然，利用冷作硬化对钢筋进行冷加工，在提高承载能力的同时也会降低钢材的塑性，使之变脆、变硬，容易断裂，再加工困难等，这些现象在工程实践中应予以高度重视，以避免出现工程事故。

（二）其他塑性材料在拉伸时的力学性质

图7-17给出了几种金属材料的应力－应变曲线。由图可见，锰钢、硬铝、退火球墨铸铁不像低碳钢那样具有明显的屈服阶段，但这三种材料的延伸率都比较大，$\delta \geqslant 5\%$，属于塑性材料。对于没有明显屈服极限的塑性材料，工程上规定，取试件产生0.2%的塑性应变时，所对应的应力值作为材料的名义屈服极限，以 $\sigma_{0.2}$ 表示（图7-18）。

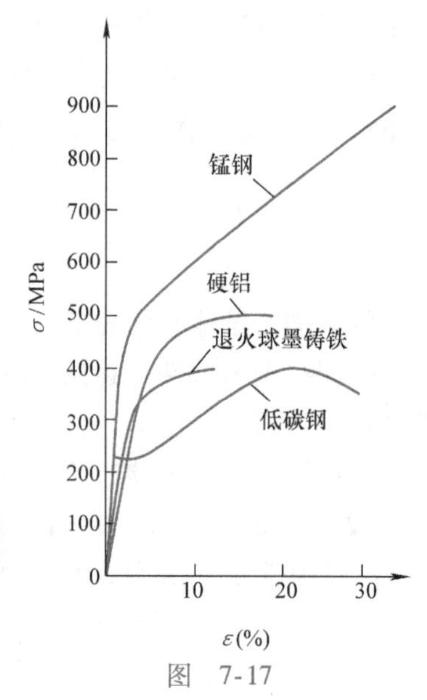

图　7-17

（三）铸铁在拉伸时的力学性质

铸铁拉伸时的应力－应变曲线如图7-19虚线1所示。从图7-19中可以看出：图线没有明显的直线部分，没有屈服阶段，也没有颈缩现象。拉断时的应变很小，约为0.4%～0.5%，是典型的脆性材料。拉断时的应力就是衡量它强度的唯一指标，称为强度极限，用 σ_b 表示。铸铁的抗拉强度很低，约为120～180MPa。因此，铸铁不宜用作受拉的杆件。

工程中通常用规定某一总应变时应力－应变曲线的割线来代替此曲线在开始部分的直线，从而确定其弹性模量，并称之为割线弹性模量。

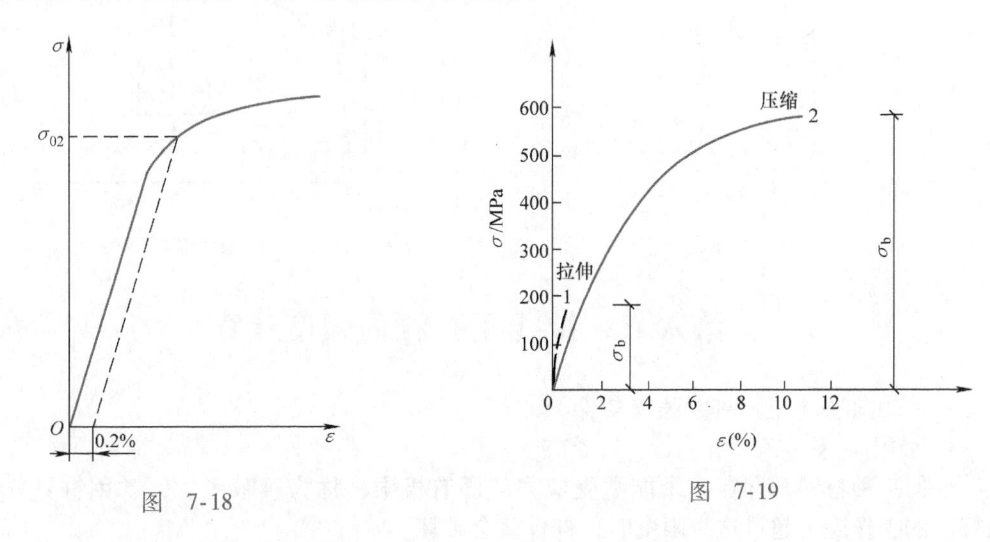

图　7-18　　　　图　7-19

二、材料在压缩时的力学性质

（一）低碳钢压缩时的力学性质

金属材料压缩试件一般做成短圆柱体（图 7-20）。试件高度一般为直径的 1.5～3 倍，高度不能太高，否则受压后容易发生弯曲变形。

试验时将试件放在万能试验机的两压座间，然后施加轴向压力使其产生轴向压缩变形。与拉伸试验类似，自动绘图装置可以画出低碳钢在压缩时的应力－应变图线。

低碳钢压缩时的应力－应变曲线如图 7-21 所示。为了便于比较，图中用虚线表示低碳钢在拉伸时的应力－应变曲线。从图中可以看出：在屈服阶段以前，拉伸和压缩的应力－应变图线大致重合，这表明：低碳钢压缩时的比例极限、屈服极限、弹性模量都与拉伸时相同。过了屈服阶段后，试件越压越扁平（图 7-21），横截面面积增大，抗压能力提高，最后压成饼状但不破坏，因此无法测出低碳钢压缩的强度极限。由于屈服阶段以前的力学性质基本相同，所以把低碳钢看作拉压性能相同的材料。

（二）铸铁在压缩时的力学性质

铸铁压缩时的应力－应变曲线如图 7-19 实线 2 所示。不难看出，铸铁压缩时的应力－应变曲线与拉伸时相似，也没有明显的直线部分及屈服阶段。压坏时的应力就是衡量它强度的唯一指标，也称为强度极限，用 σ_b 表示。但压缩时的强度极限比拉伸时大，大约为拉伸时的 4～5 倍。压缩时的变形量也比拉伸时大。可见，铸铁是一种抗压性能好而抗拉能力差的材料，工程中常用于受压杆件。

需特别指出：影响材料力学性质的因素是多方面的，上述关于材料的一些性质是在常温、静荷载条件下得到的。若环境因素发生变化（如温度不是常温，或受力状态改变），则材料的性质也可能随之而发生改变。

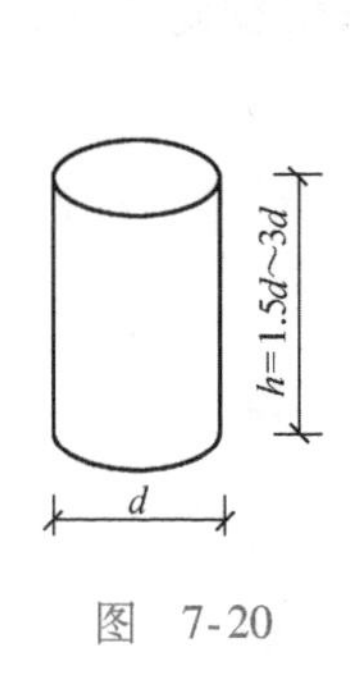

图 7-20

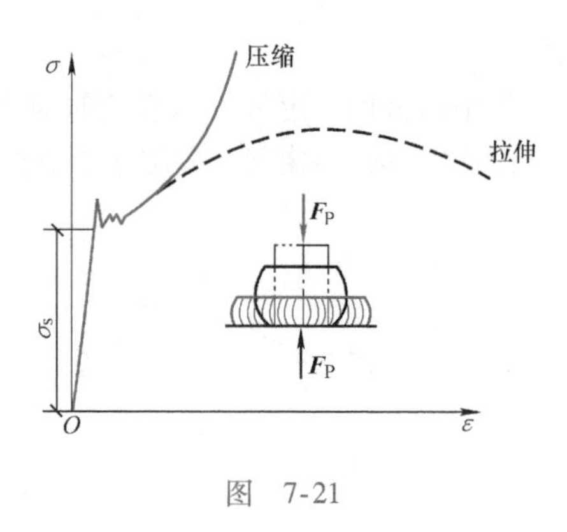

图 7-21

第六节 拉（压）杆的强度计算

一、轴向拉（压）杆的强度条件

1. 极限应力

任何一种材料都存在一个能承受应力的固有极限，称为极限应力，常用符号 σ°表示。当杆件的工作应力超过这一限度时，杆件就会破坏。

通过对材料力学性质的研究，我们知道，对于塑性材料，当构件的工作应力达到屈服极限时，会产生很大的塑性变形而影响构件的正常工作；对于脆性材料，当构件的工作应力达到强度极限时，构件就会断裂而丧失了工作能力。显然，这两种情况在工程中都是绝对不允许的。所以，对于塑性材料取屈服极限为极限应力，即 $\sigma^{\circ}=\sigma_s$；对于脆性材料取强度极限为极限应力，即 $\sigma^{\circ}=\sigma_b$。

2. 许用应力

为了保证构件能安全正常地工作，必须保证构件在荷载作用下产生的工作应力低于极限应力。但是在实际工程中还有许多无法预计的因素对构件产生影响，如构件上的荷载、应力并非理想中的那样准确，材料也并非假设的那样均匀等。这些因素都会造成对构件偏于不安全的后果。因此，必须使构件有必要的安全储备，将构件的工作应力限制在比极限应力更低的范围内，为此规定将极限应力 σ°除以一个大于 1 的系数后作为构件的最大工作应力，称为许用应力，用 $[\sigma]$ 表示。

许用应力与极限应力的关系可写为

塑性材料：
$$[\sigma]=\frac{\sigma_s}{n_s}$$

脆性材料：
$$[\sigma]=\frac{\sigma_b}{n_b}$$

式中，n_s与 n_b称为安全系数。在静载作用下，由于脆性材料的破坏没有预兆，因此脆性材料的安全系数比塑性材料的大。建筑工程中，一般取 $n_s=1.4\sim1.7$，$n_b=2.5\sim3.0$。

工程中常用材料的安全系数和许用应力可从有关的设计规范中查到。

3. 强度条件

为了保证轴向拉（压）杆在承受外力作用时能安全正常地使用，不发生破坏，必须使杆内的最大工作应力不超过材料的许用应力，即

$$\sigma_{max}\leqslant[\sigma] \tag{7-8}$$

由于塑性材料的抗拉、抗压能力相同，许用拉、压应力相等。所以对于塑性材料的等截面杆，其强度条件式为

$$\sigma_{max}=\frac{F_{Nmax}}{A}\leqslant [\sigma] \tag{7-9a}$$

式中σ_{max}是杆件的最大工作应力，可能是拉应力，也可能是压应力。

由于脆性材料的抗压能力好于抗拉能力，材料的许用拉、压应力不相等。所以，对于脆性材料的等截面杆，其强度条件式为：

$$\left.\begin{aligned}\sigma_{tmax}\leqslant [\sigma_t]\\ \sigma_{cmax}\leqslant [\sigma_c]\end{aligned}\right\} \tag{7-9b}$$

式中，σ_{tmax}及$[\sigma_t]$分别为最大工作拉应力和许用拉应力；σ_{cmax}及$[\sigma_c]$分别为最大工作压应力和许用压应力。

二、强度条件在工程中的应用

根据强度条件，可以解决实际工程中的三类问题。

（1）强度校核　已知杆件所用材料（$[\sigma]$已知）、杆件的截面形状及尺寸（A已知）、杆件所受的外荷载（可以求出轴力），判断杆件在实际荷载作用下是否会破坏，即校核杆的强度是否满足要求。若计算结果为$\sigma_{max}\leqslant [\sigma]$，则杆的强度满足要求，杆能安全正常使用；若计算结果为$\sigma_{max}>[\sigma]$，则杆的强度不满足要求。

（2）设计截面　已知杆件所用材料、杆件所受的外荷载，确定杆件不发生破坏（即满足强度要求）时，杆件应该选用的横截面面积或与横截面有关的尺寸。满足强度要求时面积的计算式为$A\geqslant\frac{F_N}{[\sigma]}$，求出面积后可进一步根据截面形状求出有关尺寸。

（3）计算许用荷载　已知杆件所用材料、杆所受外荷载的情况（可建立轴力与外荷载之间的关系）、杆的截面形状及尺寸，就可用$F_N\leqslant A[\sigma]$求出满足强度要求时的轴力值，再根据轴力与外荷载之间的平衡关系，进一步求出许用荷载。

例7-8　如图7-22a所示为实心圆截面木杆，杆的直径沿轴线变化，A截面直径为$d_A=140\text{mm}$，C截面直径为$d_C=160\text{mm}$，B截面为AC杆的中点截面，木材的许用拉应力$[\sigma_t]=6.5\text{MPa}$，许用压应力$[\sigma_c]=10\text{MPa}$。荷载$F_P=80\text{kN}$，试校核木杆的强度。

解　(1) 求轴力，画轴力图。木杆的轴力图如图7-22b所示。

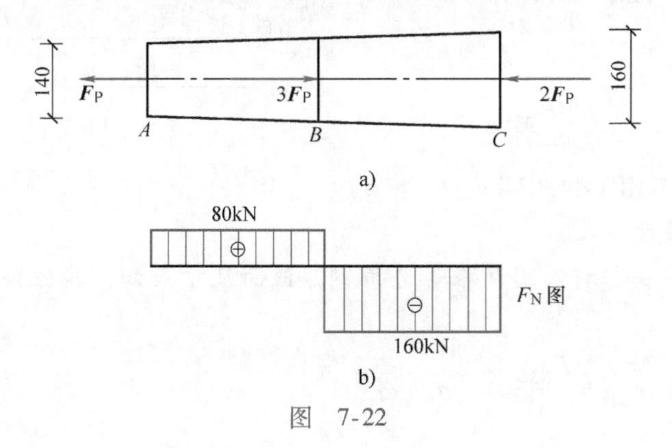

图 7-22

（2）计算最大工作应力并进行强度校核。从轴力图可以看出：AB 段受拉，A 偏右截面为危险截面；BC 段受压，B 偏右截面为危险截面。各危险截面上的任一点均为危险点。

A 偏右截面：

$$A_A=\frac{\pi d^2}{4}=\frac{3.14\times 140^2}{4}\text{mm}^2=15386\text{ mm}^2$$

$$\sigma_A=\frac{F_{NAB}}{A_A}=\frac{80\times 10^3}{15386}\text{MPa}=5.2\text{MPa}<[\sigma_t]$$

B 偏右截面： $$A_B=\frac{\pi d^2}{4}=\frac{3.14\times 150^2}{4}\text{mm}^2=17662\text{ mm}^2$$

$$\sigma_B=\frac{F_{NBC}}{A_B}=\frac{160\times 10^3}{17662}\text{MPa}=9.1\text{MPa}<[\sigma_c]$$

所以该木杆满足强度要求。

例7-9 如图7-23a所示为一钢筋混凝土组合屋架，受到均布荷载 q 作用，已知 $q=10\text{kN/m}$，水平拉杆为圆截面钢拉杆，长 $l=8.4\text{m}$，直径 $d=22\text{mm}$，屋架高 $h=1.4\text{m}$，钢的许用应力 $[\sigma]=170\text{MPa}$，试校核该拉杆的强度。

解 （1）求支座反力。

$$F_{Ay}=F_{By}=\frac{ql}{2}=\frac{10\times 8.4}{2}\text{kN}=42\text{kN}$$

（2）求拉杆的轴力。用截面法取左半个屋架为研究对象，如图7-23b所示。

由 $\sum M_C=0$ 得 $$F_{NAB}\times h-F_{Ay}\times\frac{l}{2}+q\times\frac{l}{2}\times\frac{l}{4}=0$$

$$F_{NAB}=\frac{42\times 4.2-10\times 4.2\times 2.1}{1.4}\text{kN}=63\text{kN}$$

（3）校核拉杆的强度。拉杆的横截面面积为

$$A=\frac{\pi d^2}{4}=\frac{\pi\times 22^2}{4}\text{mm}^2=379.94\text{ mm}^2$$

拉杆的工作应力为

$$\sigma_{max}=\frac{F_{NAB}}{A}=\frac{63\times 10^3}{379.94}\text{MPa}=165.8\text{MPa}<170\text{MPa}$$

故拉杆能满足强度要求。

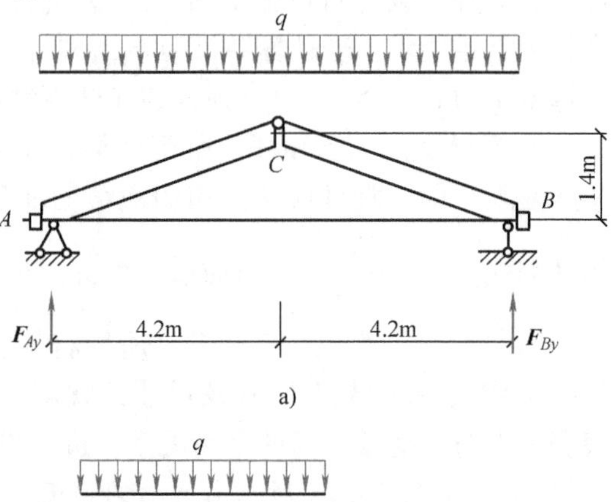

a)

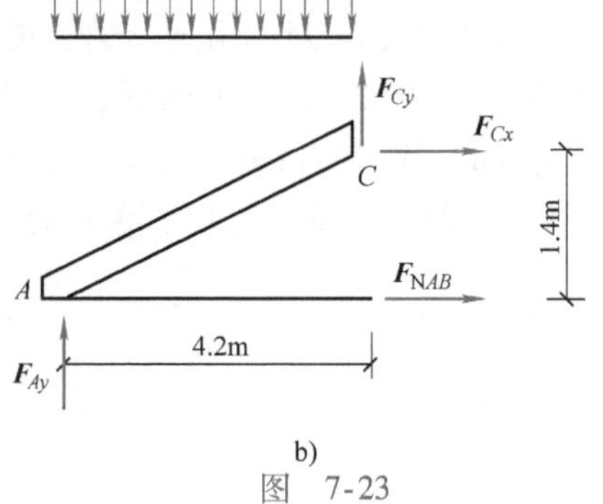

b)

图 7-23

例7-10 上例中若拉杆选用两根等边角钢，截面尺寸未知，其他条件不变，试选择角钢的型号。

解 由强度条件 $\sigma_{max}=\frac{F_{NAB}}{A}\leqslant[\sigma]$ 得

$$A \geqslant \frac{F_{NAB}}{[\sigma]} = \frac{63 \times 10^3}{170}\text{mm}^2 = 370.6\ \text{mm}^2$$

拉杆选用两根等边角钢，则每根等边角钢的最小面积应为

$$A_1 = \frac{A}{2} = \frac{370.6}{2}\text{mm}^2 = 185.3\ \text{mm}^2$$

查附录A中型钢表知，可选用两根25mm×4mm的2.5号等边角钢。该角钢的横截面面积$A_1 = 185.9\text{mm}^2$，故此时拉杆的面积为

$$A = 2 \times 185.9\text{mm}^2 = 371.8\text{mm}^2 > 370.6\text{mm}^2\text{，满足强度要求。}$$

例7-11　如图7-24a所示的三角形支架，在节点A处受铅直荷载F_P的作用。已知AB为圆截面钢杆，直径$d = 30\text{mm}$，许用应力$[\sigma] = 160\text{MPa}$，AC为正方形木杆，边长$a = 100\text{mm}$，许用压应力$[\sigma_c] = 10\text{MPa}$。试求许用荷载$[F_P]$。

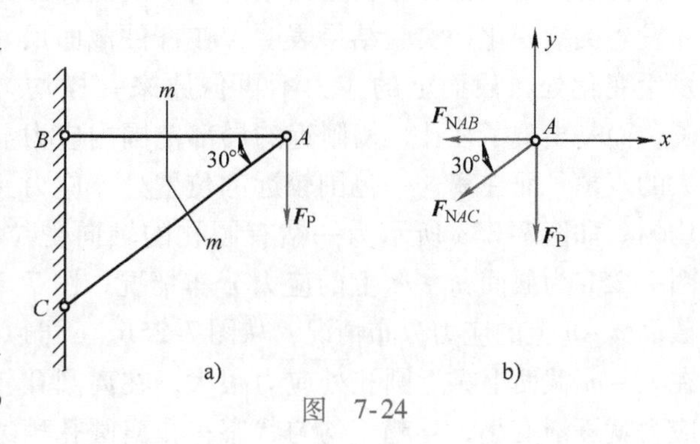

图　7-24

解　(1) 计算杆的轴力。取结点A为研究对象，画出受力图如图7-24b所示。

由$\sum F_y = 0$得　　$-F_{NAC}\sin 30° - F_P = 0$

$$F_{NAC} = -2F_P\text{（压）}$$

由$\sum F_x = 0$得　　$-F_{NAB} - F_{NAC}\cos 30° = 0$

$$F_{NAB} = \sqrt{3}F_P\text{（拉）}$$

(2) 根据强度条件确定各杆轴力的许用值。

AB段：
$$F_{NAB} \leqslant [\sigma]A_{AB} = 160 \times \frac{3.14 \times 30^2}{4}\text{N} = 113040\text{N} \approx 113\text{kN}$$

$$[F_{NAB}] = 100\text{kN}$$

BC段：
$$|F_{NAC}| \leqslant [\sigma_c]A_{AC} = (10 \times 100 \times 100)\text{N} = 10^5\text{N} = 100\text{kN}$$

$$[F_{NAC}] = 100\text{kN}$$

(3) 确定许可荷载。

AB段：
$$[F_P] = \frac{[F_{NAB}]}{\sqrt{3}} = 65.26\text{kN}$$

BC段：
$$[F_P] = \frac{[F_{N2}]}{2} = 50\text{kN}$$

要使杆安全使用，那么就必须保证每根杆都不破坏，所以许用荷载取上述计算结果的较小值，即$[F_P] = 50\text{kN}$。

第七节　应力集中

一、应力集中的概念

从前面的讨论知道等截面直杆受到轴向拉力或压力作用时，横截面上的应力是均匀分布的。但是，在实际工程中，由于结构、工艺、使用等方面的要求，有时要在杆件上开槽、钻孔等，这样做的结果是使杆的截面尺寸发生突然变化。实验结果表明，在杆件截面尺寸突然发生变化处，截面上的应力不再像原来一样均匀分布了，而是出现了在孔、槽附近的局部范围内应力显著增大的现象，而在离这一范围较远的位置处，应力又渐趋均匀。如图7-25a所示为一钻有圆孔的轴向受拉杆件，图7-25b为截面$m-m$上的应力分布情况，图7-25c为截面$n-n$上的应力分布情况，从图7-25b、c可以看出：在$m-m$截面上靠近圆孔处应力很大，在离圆孔较远处应力就逐渐变小，且趋于均匀状态；在离圆孔稍远的截面$n-n$上，应力仍然是均匀分布的。这种**因杆件截面尺寸的突然变化而引起局部应力急剧增大的现象，称为应力集中**。

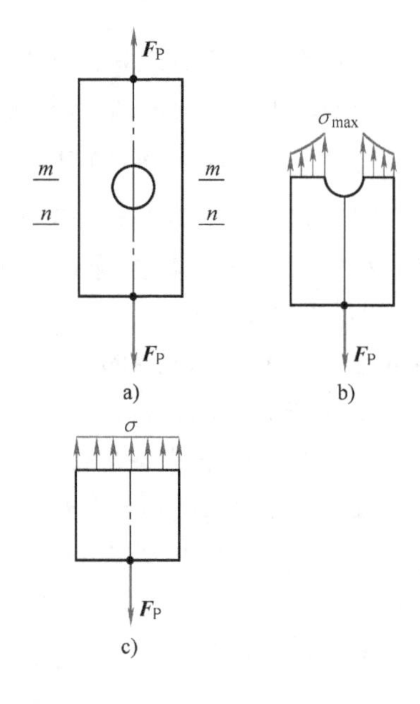

图　7-25

实验表明，截面尺寸改变的越急剧，应力集中的现象越明显。通常用发生应力集中的截面上最大局部应力σ_{max}，与该截面上按削弱后的净面积计算的平均应力σ_m的比值来表示截面上应力集中的程度，即

$$\frac{\sigma_{max}}{\sigma_m}=k$$

通常将k称为理论应力集中系数，它反映了应力集中的程度。

二、应力集中对杆件强度的影响

应力集中对杆件是不利的，在设计时应尽可能不使杆的截面尺寸发生突变。应力集中对杆件强度的影响还与材料有关。对于塑性材料，当应力集中处的最大应力σ_{max}达到材料的屈服极限时，就不再继续增大了，随着外力的加大，其他点的应力逐渐增大，最后当整个截面上的应力都达到了屈服极限σ_s时，杆件才失去承载能力。因此，塑性材料在静荷载作用下，应力集中对强度的影响较小。对于脆性材料，当应力集中处的最大应力σ_{max}达到材料的强度极限时，就很快导致杆件失去承载能力。因此，应力集中严重降低了脆性材料杆件的强度。但在随时间做周期性变化的外力或冲击外力作用时，不论是塑性材料还是脆性材料，应力集中对杆件强度的影响都较大。

小　结

轴向拉伸和压缩是杆件的最基本变形，也是建筑工程中最常见的两种变形形式。

一、轴向拉（压）杆的外力

外力特点是外力的合力作用线与杆轴线重合。

二、轴向拉（压）杆的内力

轴向拉（压）杆在横截面上只有一种内力，即轴力 F_N。它通过截面的形心与横截面垂直。规定拉为正，压为负。

求轴力的基本方法是截面法。用截面法求轴力的三个步骤：截开、代替和平衡。

轴力图是表示轴力随杆的横截面位置变化的规律的图形。画轴向拉（压）杆的轴力图是本章的重点之一，要特别熟悉这一内容。

三、轴向拉（压）杆的应力

轴向拉（压）杆横截面上只有正应力，且在横截面上是均匀分布的。

任一截面的应力计算公式　$$\sigma=\frac{F_N}{A}$$

等直杆的最大应力计算公式　$$\sigma_{max}=\frac{F_{Nmax}}{A}$$

四、轴向拉（压）杆的变形

胡克定律　$$\Delta l=\frac{F_N l}{EA} \text{或} \sigma=E\varepsilon$$

胡克定律的适用范围为弹性范围。

泊松比　$$\mu=\left|\frac{\varepsilon'}{\varepsilon}\right|$$

E 和 μ 都是反映材料力学性质的指标。

五、材料的力学性质

塑性材料　$\delta \geqslant 5\%$ 屈服极限为极限应力。

脆性材料　$\delta < 5\%$ 压缩强度大于拉伸强度，强度极限为极限应力。

六、轴向拉（压）杆的强度计算

1. 强度条件

塑性材料　$$\sigma_{max} \leqslant [\sigma]$$

脆性材料　$$\begin{cases}\sigma_{tmax} \leqslant [\sigma_t] \\ \sigma_{cmax} \leqslant [\sigma_c]\end{cases}$$

2. 强度条件在工程中的三类应用

（1）强度校核

（2）设计截面

（3）计算许用荷载

7-1　简述轴向拉（压）杆的受力特点和变形特点。判断图 7-26 所示杆件中，哪些属于轴向拉伸？哪

些属于轴向压缩？各杆自重均不计。

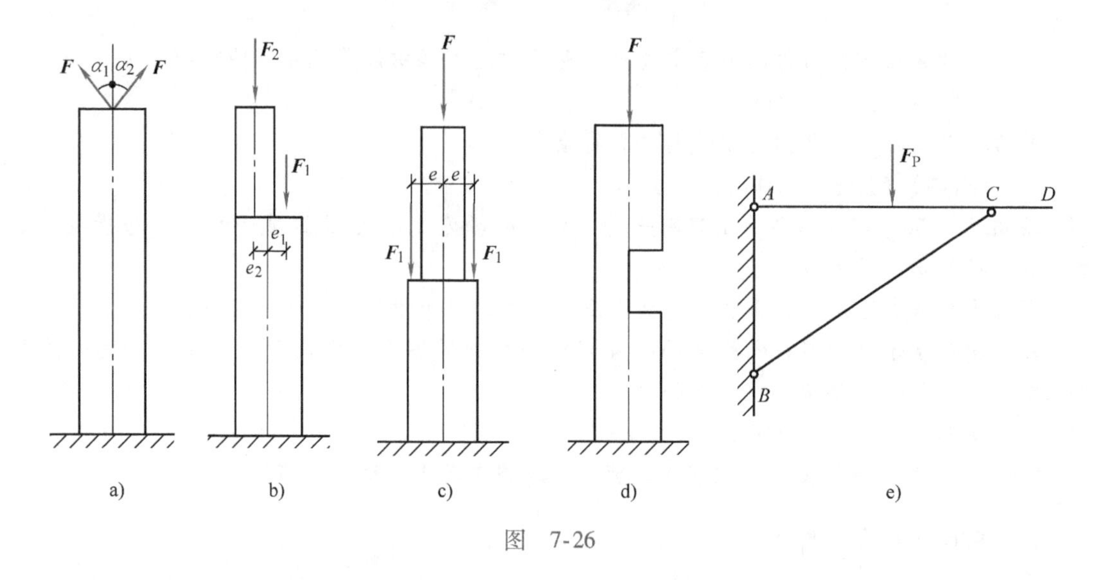

图　7-26

7-2　两根不同材料的等截面直杆，承受相同的轴向拉（压）力，它们的横截面面积和长度均相同，试问：（1）两杆的轴力是否相同？（2）两杆的应力是否相同？（3）两杆的变形是否相同？

7-3　力的可传性原理在研究杆件的变形时是否适用？为什么？

7-4　对于轴向拉（压）杆而言，轴力最大的截面一定是危险截面，这种说法对吗？

7-5　低碳钢拉伸时的应力－应变图可分为哪四个阶段？简述每个阶段对应的特征应力极限值或出现的特殊现象。

7-6　分析图7-27所示三种不同材料的应力－应变图，试问哪种材料的强度高？哪种材料的刚度大？哪种材料的塑性好？

7-7　现有低碳钢和铸铁两种材料，在图7-28所示结构中，AB杆选用铸铁，AC杆选用低碳钢是否合理？为什么？如何选材才最合理？

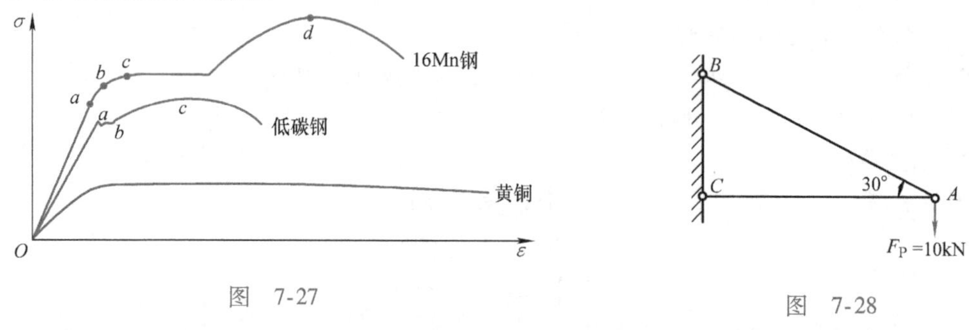

图　7-27　　　　图　7-28

7-8　一圆截面直杆，受轴向拉力作用，若将其直径变为原来的2倍，其他条件不变，试问：（1）轴力是否改变？（2）横截面上的应力是否改变？若有改变，变为原来的多少倍？（3）纵向变形是否改变？若有改变，是比原来变大还是变小了？

7-9　材料经过冷作硬化处理后，其力学性能有何变化？

7-10　塑性材料和脆性材料的极限应力各指什么极限？分别写出轴向拉（压）杆件用塑性材料和脆性材料时的强度条件，并简述强度条件在工程中的三类应用。

7-1　求图 7-29 所示各杆指定截面上的轴力，并作轴力图。

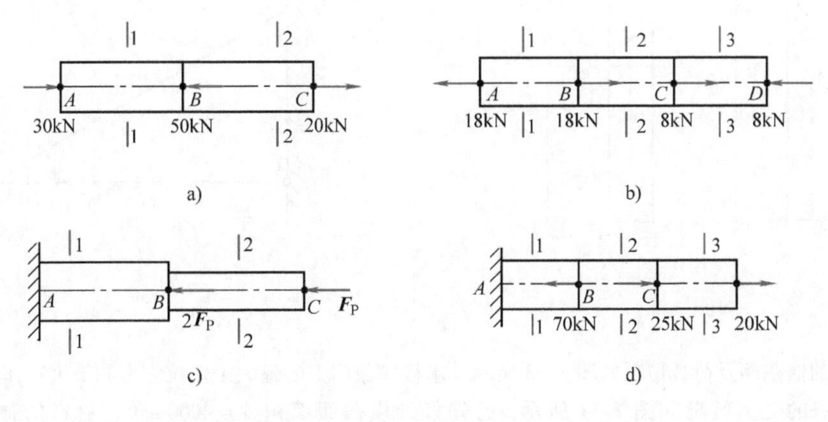

图　7-29

7-2　判断图 7-30 所示各杆的轴力图是否正确，若有错，请指出错在哪里，并加以改正。

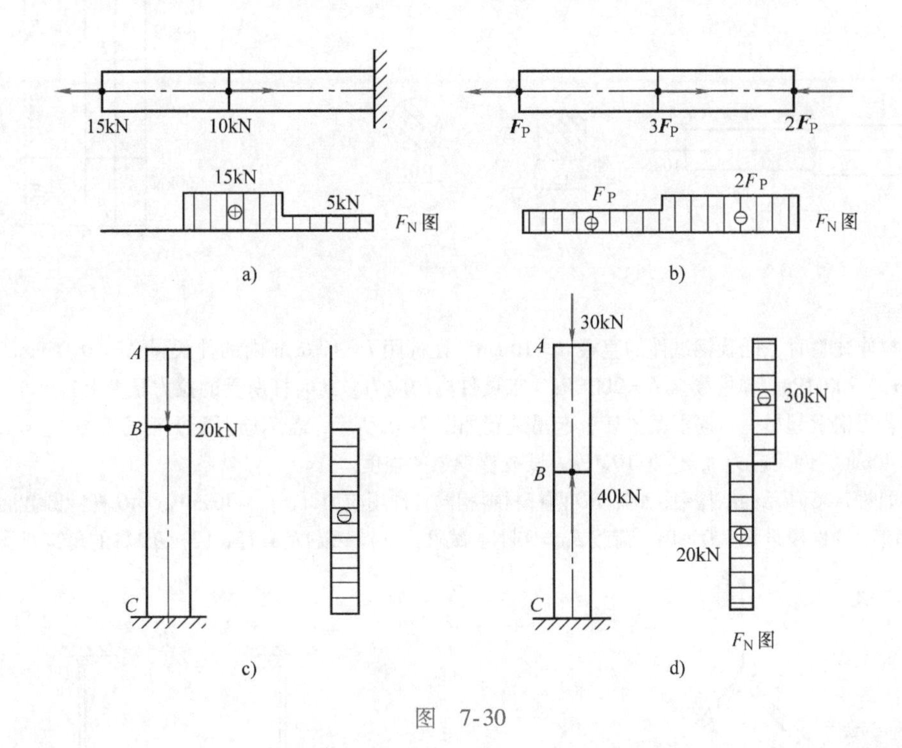

图　7-30

7-3　画出图 7-31 所示各杆的轴力图，并找出危险截面。（各杆均考虑自重，设杆的横截面面积均为 A，材料的重度均为 γ）。

7-4　如图 7-32 所示的三角支架中，AB 杆为圆截面，直径 $d=25\text{mm}$，BC 杆为正方形截面，边长 $a=80\text{mm}$，$F_P=30\text{kN}$，求在图示荷载作用下，AB 杆、BC 杆内的工作应力。

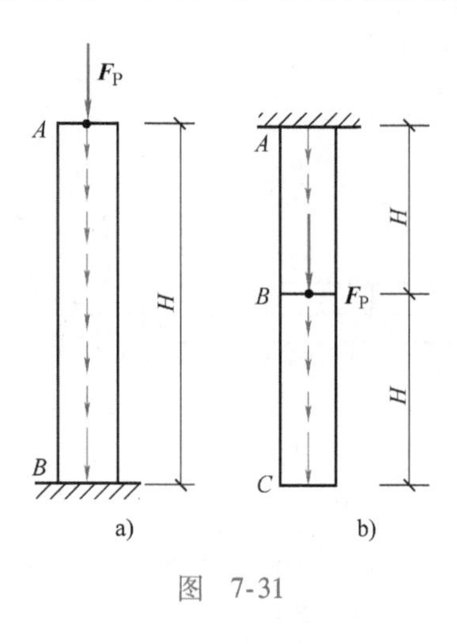

图 7-31

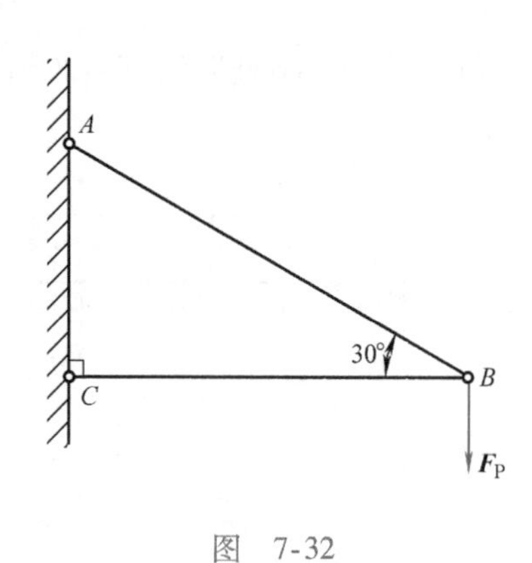

图 7-32

7-5 杆的横截面及荷载情况如图7-33所示，求杆横截面上的最大工作拉应力和最大工作压应力。

7-6 钢杆的受力情况如图7-34所示，已知杆的横截面面积 $A=4000\text{mm}^2$，材料的弹性模量 $E=200\text{GPa}$，试求：(1) 杆件各段的应力；(2) 杆的总纵向变形。

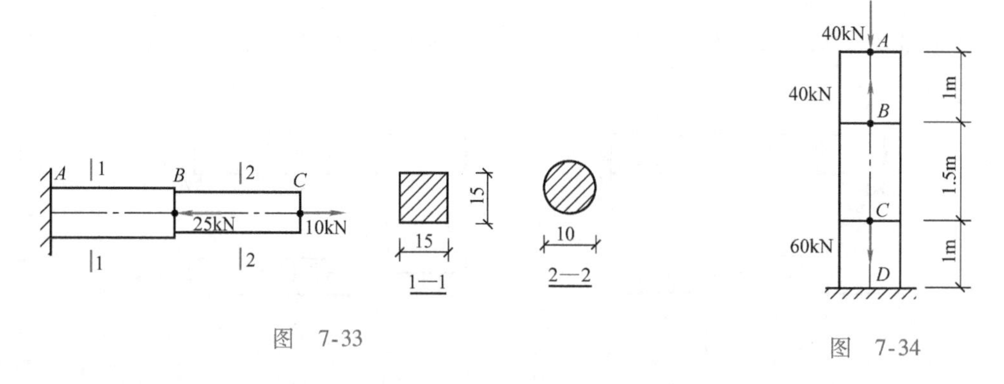

图 7-33

图 7-34

7-7 拉伸试验时，低碳钢试件的直径 $d=10\text{mm}$，在标距 $l=100\text{mm}$ 内的伸长量 $\Delta l=0.06\text{mm}$，材料的比例极限 $\sigma_P=200\text{MPa}$，弹性模量 $E=200\text{GPa}$。求试件内的应力，此时杆所受的拉力是多大？

7-8 若用钢索起吊一钢筋混凝土管，起吊装置如图7-35所示，若钢筋混凝土管的重力 $F_W=15\text{kN}$，钢索直径 $d=40\text{mm}$，许用应力 $[\sigma]=10\text{MPa}$。试校核钢索的强度。

7-9 如图7-36所示的结构中，AC、BD两杆材料相同，许用应力 $[\sigma]=160\text{MPa}$，AC杆为圆截面，BD杆为一等边角钢，弹性模量 $E=200\text{GPa}$，荷载 $F_P=60\text{kN}$。试求：(1) AC杆的直径；(2) BD杆的角钢型号。

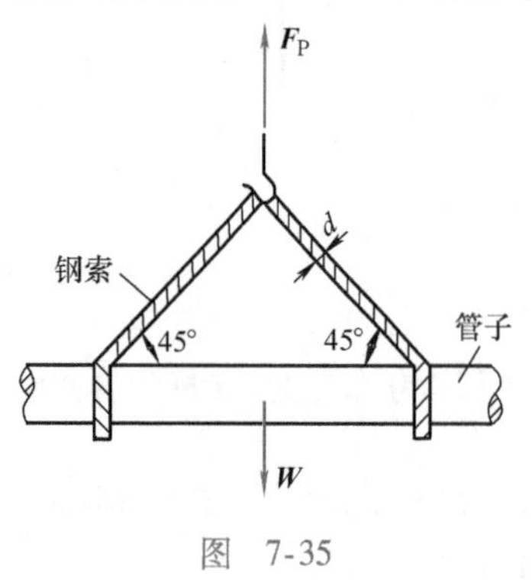

图 7-35

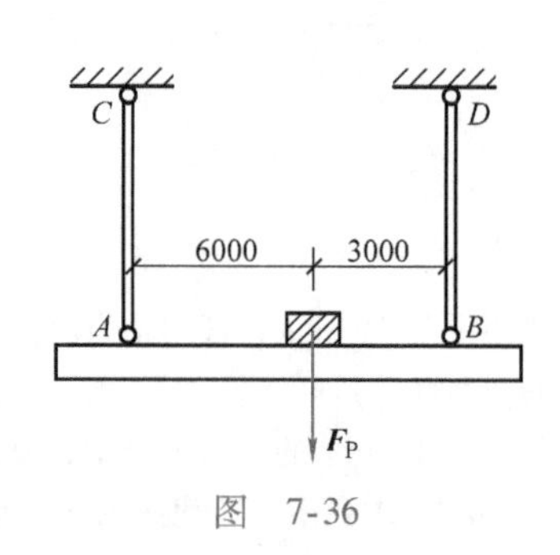

图 7-36

7-10　如图 7-37 所示为建筑工程中某雨篷的计算简图，沿水平梁的均布荷载 $q=10\text{kN/m}$，BC 杆为一拉杆，材料的许用应力 $[\sigma]=160\text{MPa}$，若斜拉杆 BC 由两根等边角钢组成，试选择角钢的型号。

7-11　一装置简图如图 7-38 所示，自重不计，拉绳 AB 的截面面积 $A=400\text{mm}^2$，许用应力 $[\sigma]=60\text{MPa}$。试根据拉绳 AB 的强度条件确定许用重力 W。

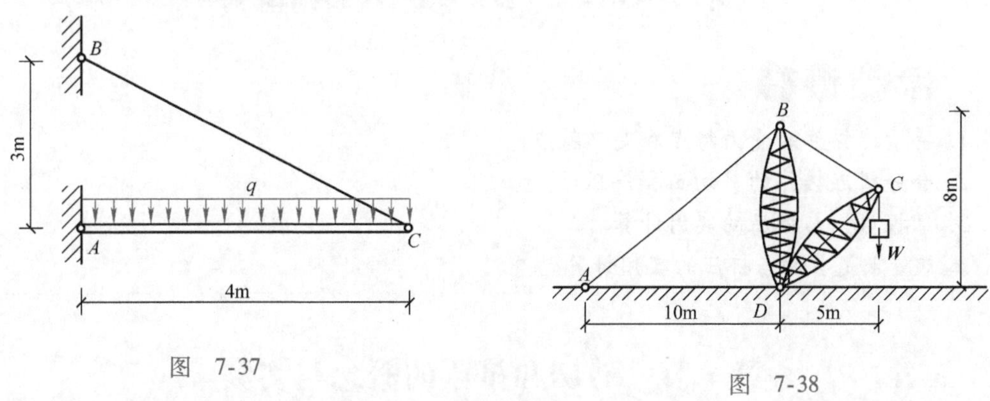

图　7-37　　　图　7-38

7-12　如图 7-39 所示为一拉杆结构，AC 杆的横截面面积 $A_{AC}=600\text{mm}^2$，材料的许用拉应力 $[\sigma_t]_{AC}=160\text{MPa}$；$BC$ 杆的横截面面积为 $A_{DC}=800\text{mm}^2$，材料的许用拉应力 $[\sigma_t]_{BC}=100\text{MPa}$。试求该结构的许用荷载 $[F_P]$。

7-13　如图 7-40 所示的三角形屋架，已知：①杆的横截面面积 $A_1=1.2\times10^4\text{mm}^2$，许用应力 $[\sigma_1]=7\text{MPa}$；②杆的横截面面积 $A_2=8\times10^2\text{mm}^2$，许用应力 $[\sigma_2]=160\text{MPa}$，荷载 $F_P=80\text{kN}$。试问：(1) 校核屋架的强度；(2) 求该屋架的许用荷载。

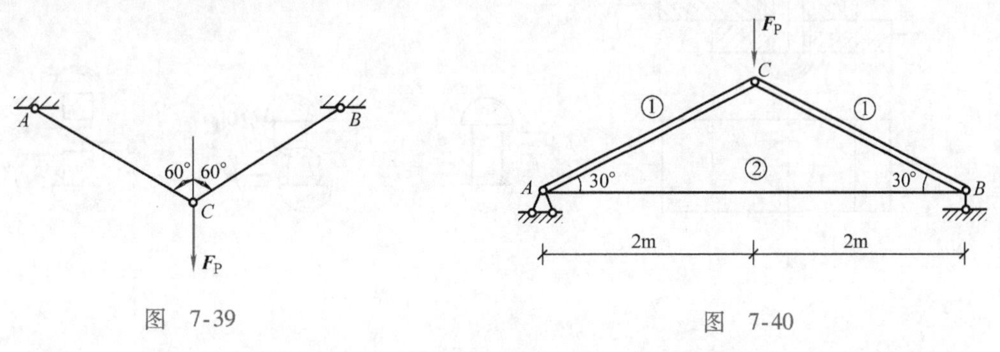

图　7-39　　　图　7-40

第八章　剪切和挤压

学习目标

1. 弄清连接件的受力特点和变形特点。
2. 会分析连接件的剪切面和挤压面。
3. 掌握剪切与挤压的实用计算。

本章重点是剪切与挤压的实用计算。

第一节　剪切和挤压的概念与实例

在工程实际中，经常可以看到两个或两个以上构件用铆钉、螺栓、销或榫等部件连接起来。例如，图 8-1 所示两块钢板之间的铆钉连接，图 8-2 所示木结构中的榫连接，图8-3所示焊接中的侧焊缝等。我们把这些起连接作用的部件，称为连接件。连接件在构件之间起着传递力的作用。

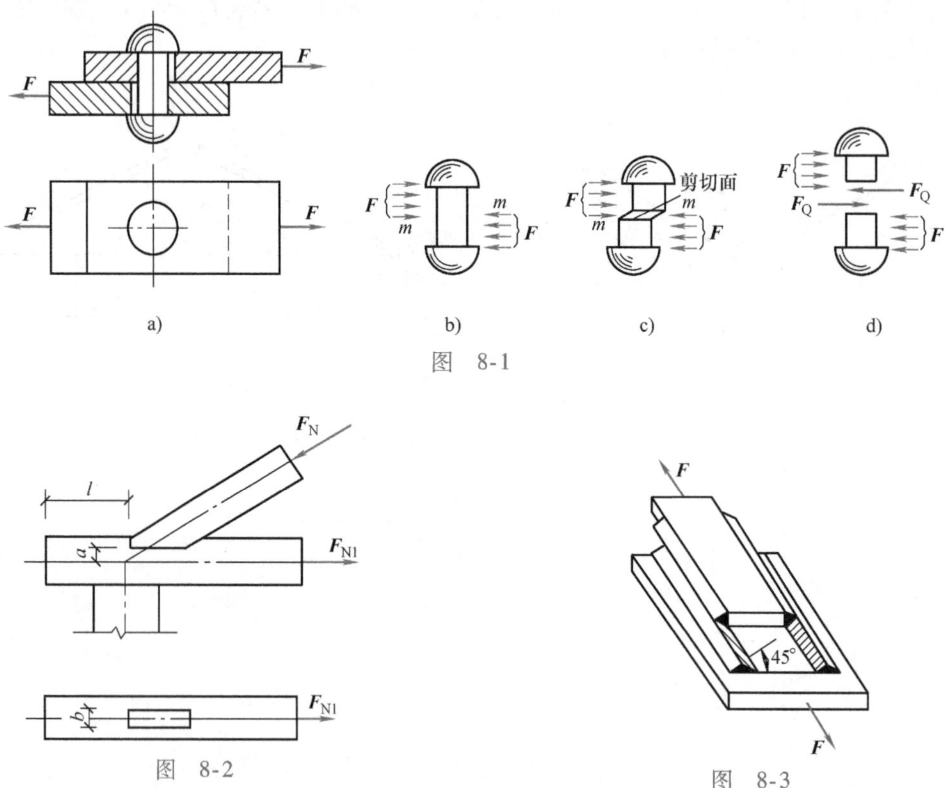

图　8-1

图　8-2

图　8-3

现以图 8-1a 所示的铆钉连接为例对连接件进行受力和变形分析。当钢板受到轴向拉力

$\boldsymbol{F}$ 作用后，铆钉就受到了上、下钢板传来的如图 8-1b 所示的力的作用，其受力特点是铆钉两侧面所受力的合力大小相等，方向相反，作用线平行且相距很近。当外力足够大时，铆钉的上半部将沿力的方向向右移动，而下半部将沿力的方向向左移动，在截面 $m-m$ 面处产生相对错动，而使之发生所谓的剪切变形（图 8-1c），通常把相对错动的截面称为剪切面。剪切面平行于力的作用线，位于方向相反的两横向外力作用线之间。剪切面上的内力 $\boldsymbol{F}_{\mathrm{Q}}$ 与截面相切，称为剪力（图 8-1d），仍可用截面法求得。像这种只有一个剪切面的称为单剪。如图 8-4 所示，销钉连接中有两个剪切面的称为双剪。

连接件在产生剪切变形时，还将与被连接的构件在相互接触面上压紧，这种现象称为挤压。挤压可能使连接件和被连接的构件在挤压处产生局部的塑性变形或压碎。如图 8-5 所示为铆钉与钢板之间的挤压情况。两构件相互接触的局部受压面称为挤压面，挤压面上的压力称为挤压力，由于挤压引起的应力称为挤压应力。

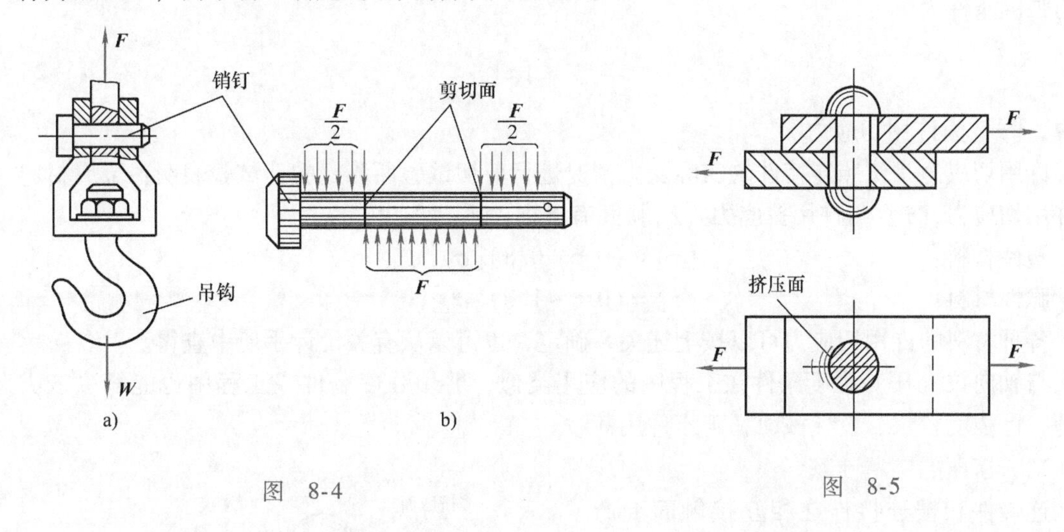

图　8-4　　　图　8-5

在工程中另有一些非连接件也发生剪切破坏，如地基的混凝土板受柱子向下的压力和基础向上的支持力，使混凝土板产生剪切变形（图 8-6）。

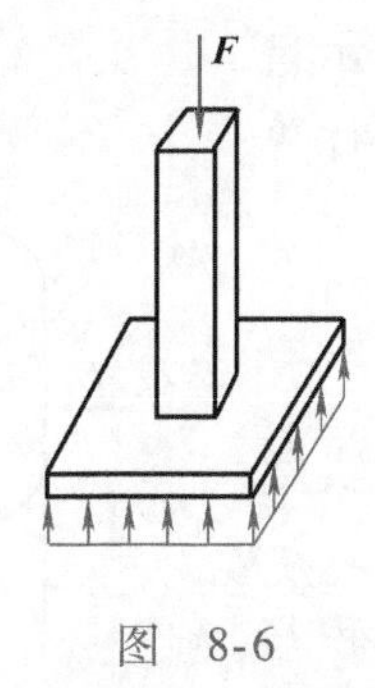

图　8-6

第二节 剪切和挤压的实用计算

一、剪切的实用计算

与剪力相对应的应力称为切应力。通常情况下，连接件的受力和变形都比较复杂，在实际工程中常采用以试验及经验为基础的实用计算法。

在剪切的实用计算中，假定切应力在剪切面上是均匀分布的。若用$\boldsymbol{F}_{\mathrm{Q}}$表示剪切面上的剪力，$A_{\mathrm{s}}$表示剪切面的面积，则切应力的实用计算公式为

$$\tau=\frac{F_{\mathrm{Q}}}{A_{\mathrm{s}}} \tag{8-1}$$

为了保证构件不发生剪切破坏，要求剪切面上的切应力不超过材料的许用切应力。所以剪切强度条件为

$$\tau=\frac{F_{\mathrm{Q}}}{A_{\mathrm{s}}}\leqslant[\tau] \tag{8-2}$$

式中，$[\tau]$ 为许用切应力。

许用切应力是仿照连接件的实际受力情况进行剪切试验而测定的。试验表明：金属材料的许用切应力 $[\tau]$ 与许用拉应力 $[\sigma_{\mathrm{t}}]$ 间有下列关系：

塑性材料： $[\tau]=(0.6\sim0.8)[\sigma_{\mathrm{t}}]$

脆性材料： $[\tau]=(0.8\sim1.0)[\sigma_{\mathrm{t}}]$

各种材料的许用切应力可以按上述关系确定，也可以从有关设计手册中查得。

与轴向拉（压）强度条件在工程中的应用类似，剪切强度条件在工程中也能解决三类问题，即强度校核、设计截面和确定许用荷载。

二、挤压的实用计算

连接件和被连接件在相互接触面上产生挤压时，其挤压应力的分布也很复杂，故工程上也采用实用计算法，即假定挤压应力均匀地分布在挤压面的计算面积上。若用$\boldsymbol{F}_{\mathrm{c}}$表示挤压面上的挤压力，$A_{\mathrm{c}}$表示挤压面的计算面积，则挤压应力的实用计算公式为

$$\sigma_{\mathrm{c}}=\frac{F_{\mathrm{c}}}{A_{\mathrm{c}}} \tag{8-3}$$

式中，A_{c}为挤压面的计算面积，它与实际挤压面积是有一定区别的。

当挤压面为平面时，挤压计算面积与挤压面积相等；当挤压面为半圆柱面时，挤压计算面积为挤压面在圆柱体的直径平面上的投影面积。如图8-7a所示的连接中，铆钉的挤压面（图8-7b）为半圆柱面，则

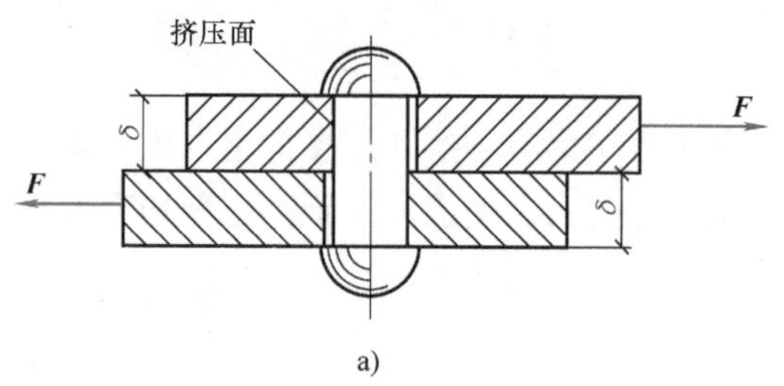

a)

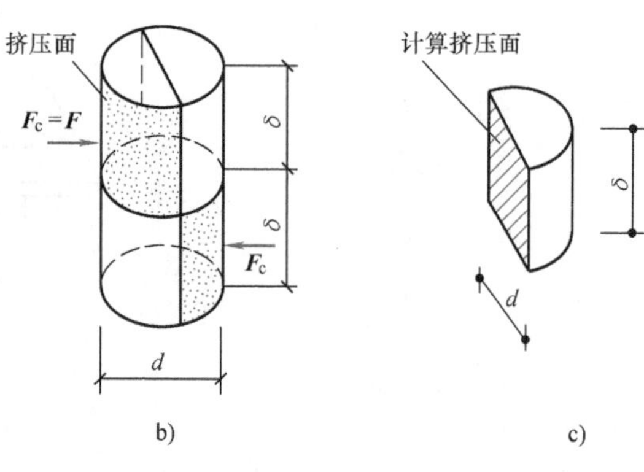

b) c)

图 8-7

挤压计算面积为图8-7c中的平面。之所以这样取挤压计算面积，是因为这样求得的挤压应力与按精确理论分析得到的最大挤压应力十分接近，在工程中得到广泛应用。

为了保证构件不发生挤压破坏，要求挤压应力不超过材料的许用挤压应力。所以挤压强度条件为

$$\sigma_c = \frac{F_c}{A_c} \leqslant [\sigma_c] \tag{8-4}$$

式中，$[\sigma_c]$ 为材料的许用挤压应力，可查有关设计手册。

特别指出，对于连接件来说，挤压与剪切是同时发生的。所以究竟哪个因素会使构件破坏，要根据具体情况而定。因此，在对连接件计算时，除了应进行剪切强度计算外，还要进行挤压强度计算。另外，由于被连接的钢板上打了孔，断面受到削弱，在削弱断面处容易被拉断，要使连接部位安全可靠，必须重新验算其轴向拉压强度，从而保证在连接处具有足够的强度。

例8-1　现有两块钢板，拟用材料和直径都相同的四个铆钉搭接，如图8-8a所示。已知作用在钢板上的拉力 $F=160\text{kN}$，两块钢板的厚度均为 $t=10\text{mm}$，宽度 $b=150\text{mm}$，铆钉的直径 $d=20\text{mm}$。铆钉的许用应力为 $[\sigma_c]=320\text{MPa}$，$[\tau]=140\text{MPa}$，钢板的许用应力为 $[\sigma]=160\text{MPa}$，试校核按铆钉的强度。

解　工程上为了计算方便，当在一个连接中有 n 个连接件（如铆钉、螺栓等）时，假定各连接件的受力相同。所以设此连接中，每个铆钉所受的力相同。每个铆钉所受的力为

$$F_1 = \frac{F}{4} = 40\text{kN}$$

任取一个铆钉，受力图如图8-8b所示。

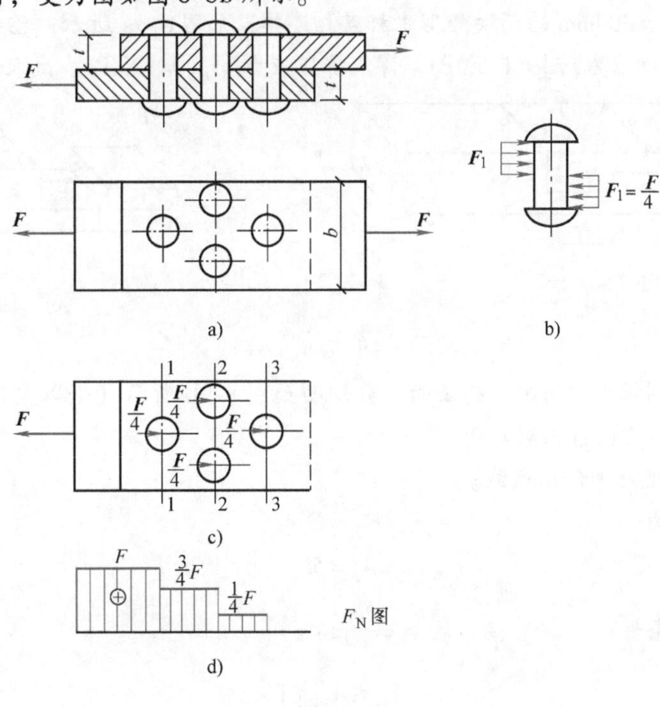

图　8-8

(1) 校核铆钉的剪切强度。剪切面上的剪力为

$$F_Q = F_1 = 40\text{kN}$$

由剪切强度条件得 $\tau = \dfrac{F_Q}{A_s} = \dfrac{F/4}{\pi d^2/4} = \dfrac{160\times10^3}{3.14\times20^2}\text{MPa} = 127.4\text{MPa} < [\tau] = 140\text{MPa}$

所以铆钉满足剪切强度条件。

(2) 校核铆钉的挤压强度。每个铆钉均有两个挤压面，由于两个挤压面上的挤压力及挤压计算面积均相等，因此任选一个计算即可。

挤压力 $F_c = F_1 = 40\text{kN}$

由挤压强度条件得

$$\sigma_c = \frac{F_c}{A_c} = \frac{F/4}{dt} = \frac{160\times10^3}{20\times10\times4}\text{MPa} = 200\text{MPa} < [\sigma_c] = 320\text{MPa}$$

所以铆钉满足挤压强度条件。

(3) 校核钢板的抗拉强度。取下面一块钢板为研究对象，画其受力图（图8-8c）和轴力图（图8-8d）。

截面1-1和3-3处净面积相同，而截面3-3处轴力较小，故截面3-3不是危险截面。截面2-2的轴力虽比截面1-1小，但净面积也小，故需对截面1-1和2-2进行强度校核。

截面1-1 $\sigma_1 = \dfrac{F_{N1}}{A_1} = \dfrac{F}{(b-d)t} = \dfrac{160\times10^3}{(150-20)\times10}\text{MPa} = 123.1\text{MPa} < [\sigma] = 160\text{MPa}$

截面2-2 $\sigma_2 = \dfrac{F_{N2}}{A_2} = \dfrac{3F/4}{(b-2d)t} = \dfrac{3\times160\times10^3}{(150-2\times20)\times10\times4}\text{MPa} = 109.1\text{MPa} < [\sigma] = 160\text{MPa}$

所以钢板满足抗拉强度条件。

例8-2 宽度 $b=300\text{mm}$ 的两块矩形木杆互相连接，如图8-9a所示。已知 $l=200\text{mm}$，$a=30\text{mm}$，木材的许用切应力 $[\tau]=1.5\text{MPa}$，许用挤压应力 $[\sigma_c]=12\text{MPa}$。试求许用荷载 $[F_P]$。

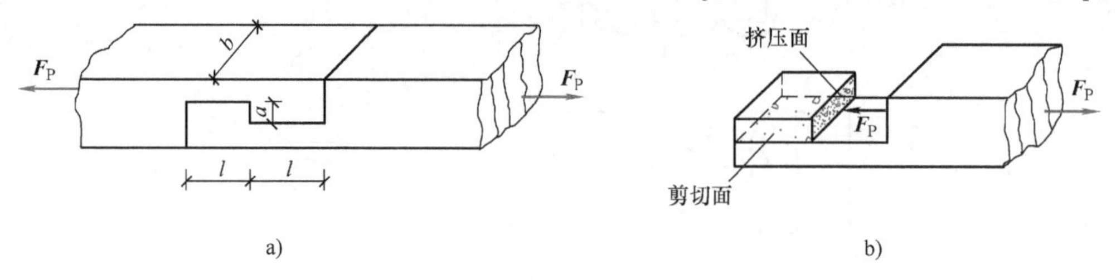

图 8-9

解 当木杆受到拉力作用时，挤压面及剪切面如图8-9b所示（若取左段杆则其挤压面面积及剪切面面积与取右段杆相同）。

(1) 按剪切强度计算许用荷载。

剪切面上的剪力 $F_Q = F_P$

剪切面面积 $A_s = bl$

根据剪切强度条件 $\tau = \dfrac{F_Q}{A_s} \leqslant [\tau]$

得 $F_Q \leqslant A_s[\tau]$

即 $F_P \leqslant A_s[\tau] = bl[\tau] = (300\times200\times1.5)\text{N} = 9\times10^4\text{N} = 90\text{kN}$

木杆不发生剪切破坏时的许用荷载为$[F_P]=90\text{kN}$。

(2) 按挤压强度计算许用荷载。

挤压面上的挤压力　　$F_c=F_P$

挤压面为平面，计算挤压面与挤压面相等，其面积为$A_c=ab$。

根据挤压强度条件

$$\sigma_c=\frac{F_c}{A_c}\leqslant [\sigma_c]$$

得

$$F_c\leqslant A_c[\sigma_c]$$

即

$$F_c\leqslant A_c[\sigma_c]=ab[\sigma_c]=(30\times300\times12)\text{N}=10.8\times10^4\text{N}=108\text{kN}$$

木杆不发生挤压破坏时的许用荷载为$[F_P]=108\text{kN}$

综合考虑剪切和挤压强度，该木杆的许用荷载取满足剪切和挤压强度时的较小值，即$[F_P]=90\text{kN}$。

小结

剪切变形是杆件最基本的变形之一。工程中连接件通常采用实用计算法。

一、实用计算公式

1. 剪切计算时的切应力　　$\tau=\dfrac{F_Q}{A_s}$

2. 挤压计算时的挤压应力　　$\sigma_c=\dfrac{F_c}{A_c}$

二、强度计算

1. 剪切强度条件　　$\tau=\dfrac{F_Q}{A_s}\leqslant [\tau]$

2. 挤压强度条件　　$\sigma_c=\dfrac{F_c}{A_c}\leqslant [\sigma_c]$

运用剪切和挤压强度条件可解决工程中的强度校核、设计截面和确定许用荷载三类问题。

思考题

8-1　试分析图8-10所示各构件的挤压面和剪切面，写出剪切面积及挤压计算面积。

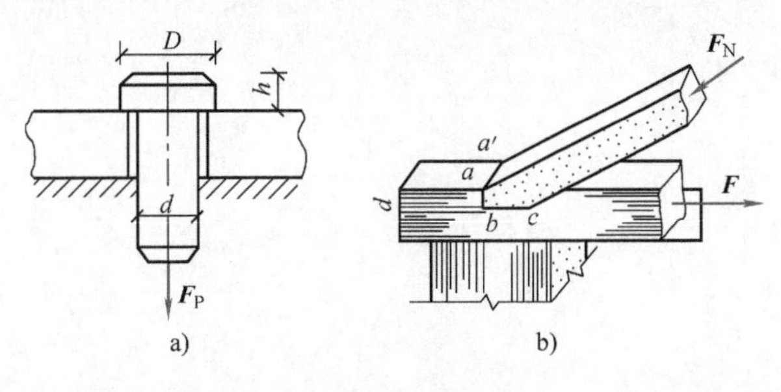

图　8-10

8-2　连接件的剪切和挤压的实用计算采用了哪些假设？

8-3　举例说明挤压面与挤压计算面之间的关系。

习　题

8-1　夹剪如图8-11所示，用力 $F=0.3\text{kN}$ 剪直径 $d=5\text{mm}$ 的铁丝。已知 $a=30\text{mm}$，$b=100\text{mm}$，试计算铁丝上的切应力。

8-2　两块钢板用四个铆钉搭接，钢板和铆钉材料相同，如图8-12所示。已知作用在钢板上的拉力 $F=100\text{kN}$，两块钢板的厚度均为 $t=8\text{mm}$，宽度 $b=200\text{mm}$，铆钉的直径 $d=16\text{mm}$，许用切应力 $[\tau]=140\text{MPa}$，许用挤压应力 $[\sigma_c]=320\text{MPa}$，许用应力为 $[\sigma]=160\text{MPa}$，试校核铆钉的强度。

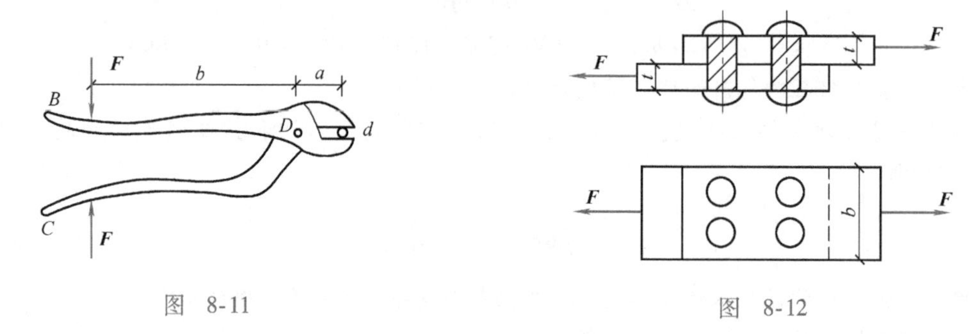

图　8-11　　　　图　8-12

8-3　正方形截面的混凝土柱，边长 $b=200\text{mm}$，该柱放置在边长为 $a=1\text{m}$ 的正方形混凝土基础板上，该柱在柱顶受到轴向压力 $F=120\text{kN}$（图8-13）。假如地基对混凝土基础板的反力均匀分布，混凝土的许用切应力 $[\tau]=1.5\text{MPa}$。求柱不将混凝土基础板穿透时，混凝土基础板的最小厚度 t。

8-4　某连接如图8-14所示，在该连接中只用了一个螺栓，其直径 $d=20\text{mm}$，板厚度均为 $t=10\text{mm}$，螺栓的许用切应力 $[\tau]=100\text{MPa}$，许用挤压应力 $[\sigma_c]=280\text{MPa}$，试求许用荷载 $[F_P]$。（假定被连接的三块钢板强度足够）

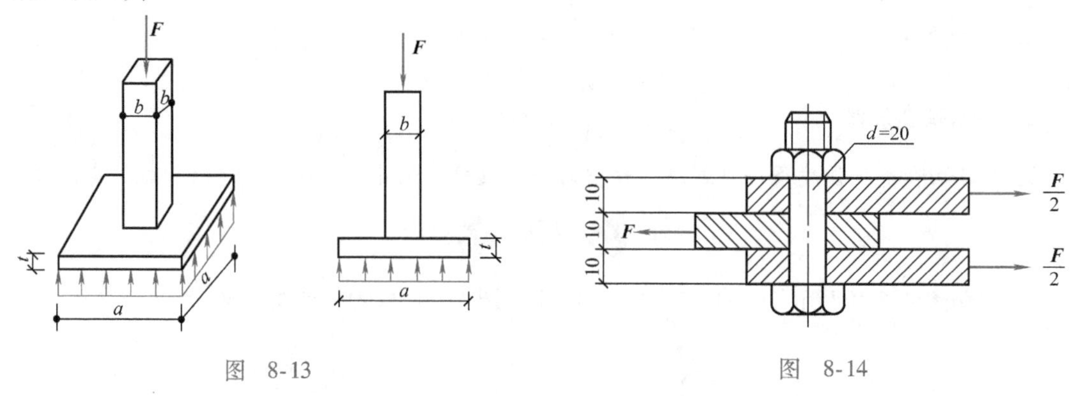

图　8-13　　　　图　8-14

第九章 扭　　转

学习目标

1. 弄清扭转轴的受力特点和变形特点。
2. 应用截面法熟练计算扭转轴的内力，并能正确绘制扭矩图。
3. 了解剪切胡克定律和剪应力互等定理。
4. 掌握圆轴扭转时横截面上的切应力计算公式，明确切应力的分布规律。
5. 掌握扭转轴的强度和刚度计算。
6. 了解矩形截面杆件扭转时的切应力计算。

本章重点是扭转轴的内力计算和扭矩图的绘制，以及圆扭转时横截面上的切应力计算和强度计算。

第一节　扭转的概念和实例

在工程实际中，以扭转变形为主的杆件是很多的。例如，汽车方向盘的操纵杆（图9-1a）、搅拌器的主轴（图9-1b）、钻探机的钻杆（图9-1c）等。

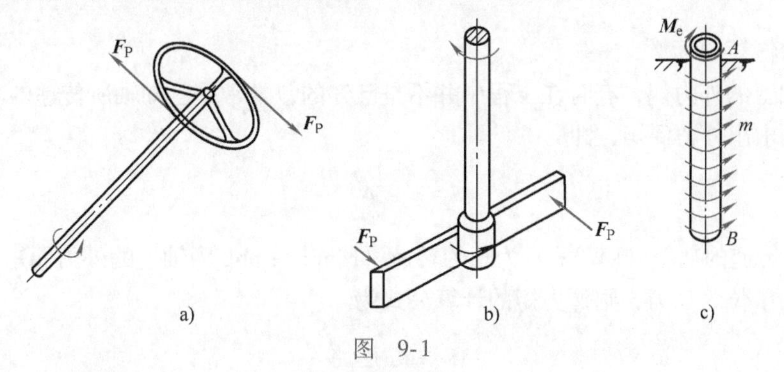

图　9-1

这类构件的**受力特点**是在垂直于杆件轴线的两个平面内，作用一对大小相等、转向相反的力偶。在这种受力情况下，杆件任意两横截面都绕杆的轴线发生相对转动。这种变形形式称为扭转变形。两横截面间相对转动的角度称为扭转角，用 φ 表示，如图9-2所示。凡以扭转变形为主的杆件，通常称为轴。

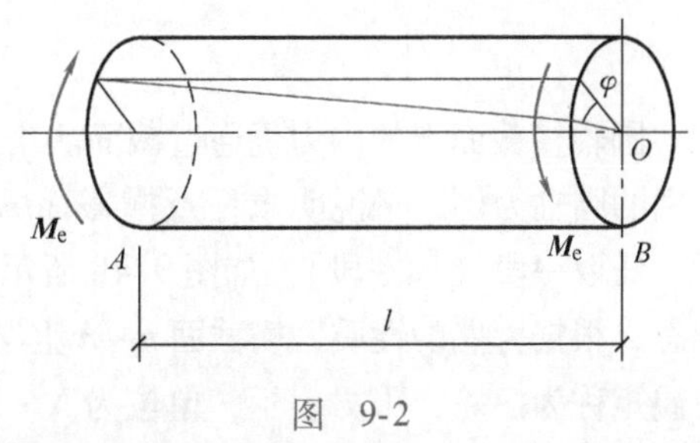

图　9-2

在建筑工程中，单纯受扭转的杆件很少，在扭转的同时常伴有其他变形，如图9-3所示的框架结构边梁和雨篷梁等，在发生扭转变形的同时还受到弯曲变形。

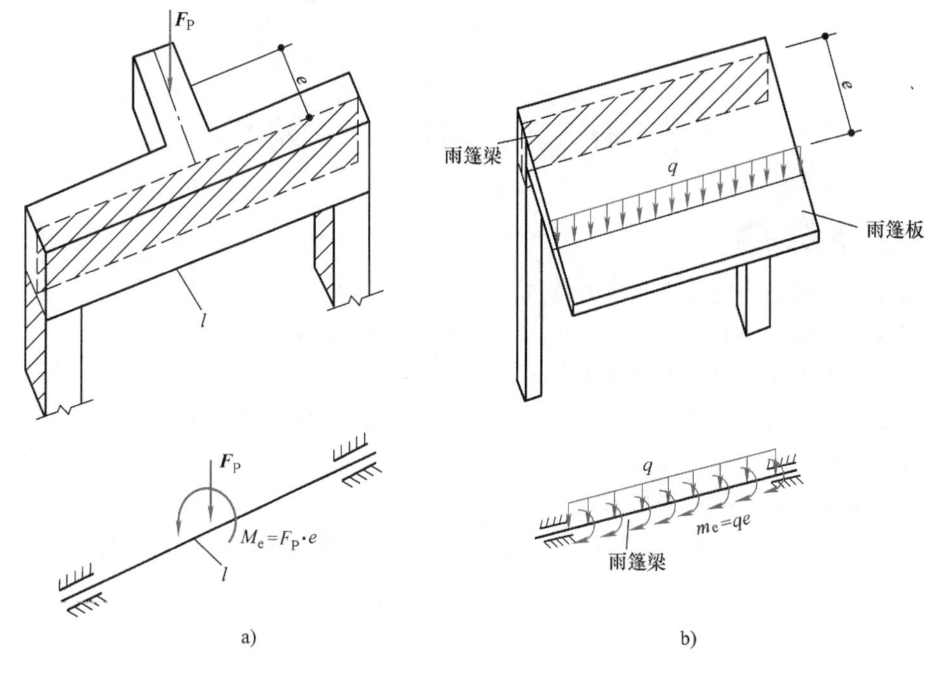

图　9-3

第二节　扭转轴的内力

一、外力偶矩的计算

作用于轴上的外力偶，有时在工程中并不是已知的，常常是已知轴所传递的功率和轴的转速，再由下式求出外力偶矩，即

$$M_e = 9549 \frac{P}{n} \tag{9-1}$$

式中，P 为轴传递的功率（kW）；n 为轴的转速（r/min）；M_e 为轴上的外力偶矩（N·m）。

若功率的单位为马力，则外力矩的计算公式为

$$M_e = 7024 \frac{P}{n} \tag{9-2}$$

二、扭矩

圆轴横截面上的内力仍通过截面法来进行分析。下面以图9-4a所示两端承受外力偶矩 M_e 作用的圆轴为例，来说明求任意横截面 m-m 上内力的方法。用假想截面沿截面 m-m 将轴截开，任取一段（如左段），如图9-4b所示。由于圆轴 AB 是平衡的，因此截取部分也处于平衡状态，根据力偶的性质，横截面 m-m 上必有一个内力偶矩与外力偶矩 M_e 平衡，我们把这个内力偶矩称为扭矩，用 T 表示，单位为 N·m 或 kN·m。由平衡条件 $\sum M_x=0$ 得

$$T-M_e=0$$

$$T=M_e$$

若取右段为研究对象，如图9-4c所示，由平衡条件 $\sum M_x=0$ 得

$$M_e - T = 0$$
$$T = M_e$$

与取左段为研究对象结果相同。

以上结果说明，计算某截面上的扭矩，无论取该截面左侧还是右侧为研究对象，求出的扭矩大小都相等且转向相反，它们是作用与反作用的关系。为了使从截面左、右两侧求得同一截面的扭矩不但数值相等，而且有同样的正负号，用右手螺旋法则规定扭矩的正负号，即以右手四指表示扭矩的转向，当大拇指的指向与横截面的外法线 n 指向一致时，扭矩为正（图 9-5a）；反之，扭矩为负（图 9-5b）。当横截面上扭矩的实际转向未知时，一般先假设扭矩为正。若求得结果为正，表示扭矩实际转向与假设相同；若求得结果为负，则表示扭矩实际转向与假设相反。

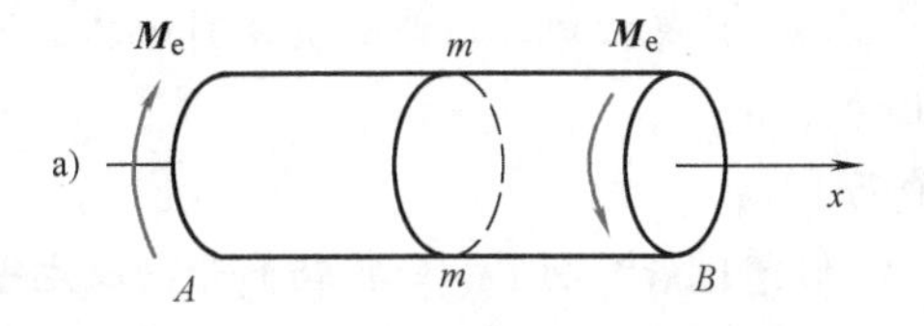

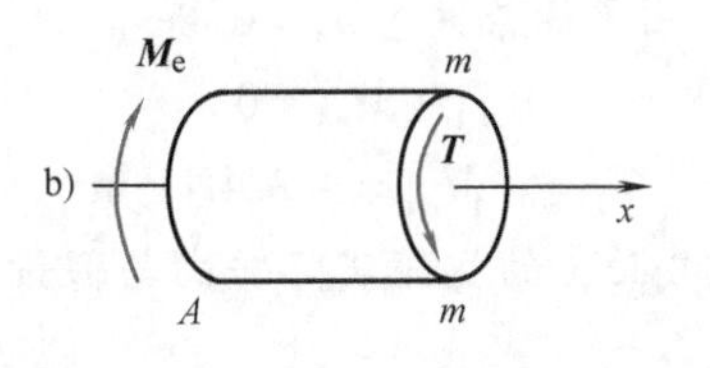

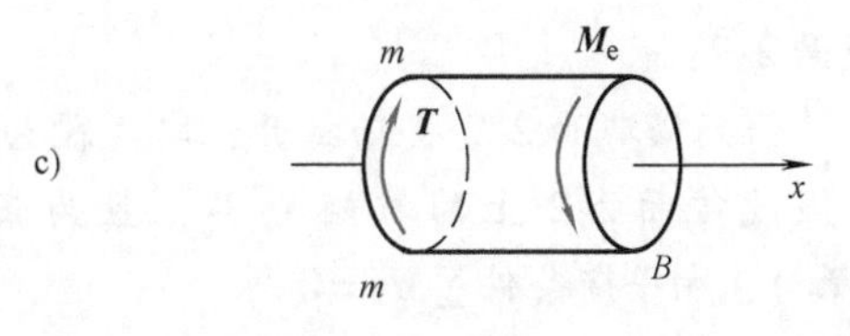

图　9-4

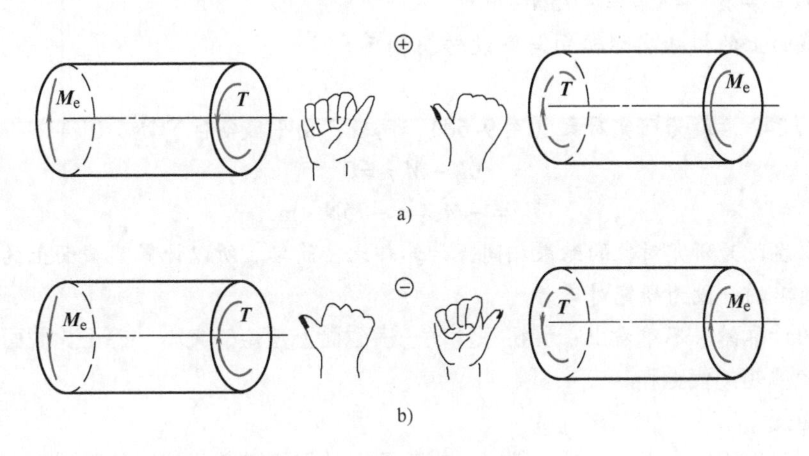

图　9-5

例 9-1　如图 9-6a 所示，一传动系统的主轴，其转速 $n = 960\text{r/min}$，输入功率 $P_A = 27.5\text{kW}$，输出功率 $P_B = 20\text{kW}$，$P_C = 7.5\text{kW}$。试求指定截面 1-1、2-2 上的扭矩。

解　(1) 计算外力偶矩。由式（9-1）得

$$M_{eA} = 9549\frac{P_A}{n} = 9549 \times \frac{27.5}{960}\text{N} \cdot \text{m}$$
$$= 274\text{N} \cdot \text{m}$$

同理可得

$$M_{eB} = 9549\frac{P_B}{n} = 9549 \times \frac{20}{960}\text{N} \cdot \text{m} = 199\text{N} \cdot \text{m}$$

$$M_{eC} = 9549\frac{P_C}{n} = 9549 \times \frac{7.5}{960}\text{N} \cdot \text{m} = 75\text{N} \cdot \text{m}$$

(2) 计算扭矩。用截面法分别计算截面1-1、2-2上的扭矩。

截面1-1：

假想地沿截面1-1处将轴截开，取左段为研究对象，并假设截面1-1上的扭矩为 T_1，且为正方向（图9-6b），由平衡条件 $\sum M_x=0$ 得

$$T_1+M_{eA}=0$$

$$T_1=-M_{eA}=-274\text{N}\cdot\text{m}$$

负号表示该截面上的扭矩实际转向与假设转向相反，即为负方向。

截面2-2：

假想沿截面2-2将轴截开，取左段为研究对象，并假设截面2-2上的扭矩为 T_2，且为正方向（图9-6c），由平衡条件 $\sum M_x=0$ 得

$$T_2+M_{eA}-M_{eB}=0$$

$$T_2=-M_{eA}+M_{eB}=-75\text{N}\cdot\text{m}$$

负号表示该截面上的扭矩实际转向与假设转向相反，即为负方向。

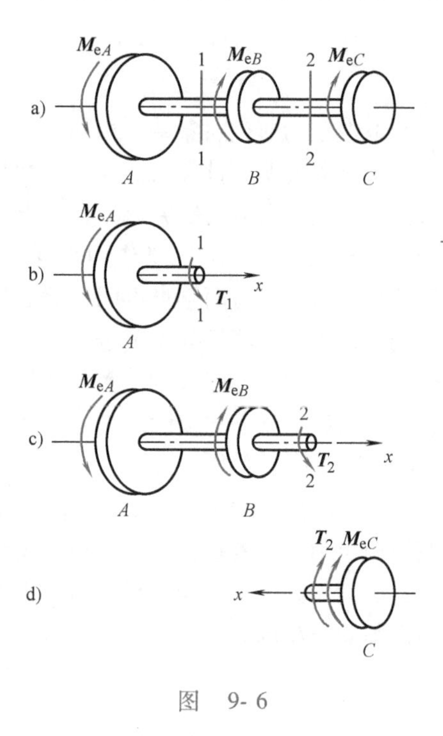

图 9-6

若以截面2-2右段为研究对象（图9-6d），同理，由平衡条件 $\sum M_x=0$ 得

$$T_2+M_{eC}=0$$

$$T_2=-M_{eC}=-75\text{N}\cdot\text{m}$$

所得结果与取左段为研究对象的结果相同，计算却比较简单。所以计算某截面上的扭矩时，应取受力比较简单的一段为研究对象。

由上面的计算结果不难看出：受扭杆件任一横截面上扭矩的大小，等于此截面一侧（左或右）所有外力偶矩的代数和。

三、扭矩图

当轴上同时作用两个以上的外力偶时，横截面上的扭矩随截面位置的不同而变化。反映轴各横截面上扭矩随截面位置不同而变化的图形称为扭矩图。根据扭矩图可以确定最大扭矩值及其所在截面的位置。

扭矩图的绘制方法与轴力图相似。需先以轴线为横轴 x、以扭矩 T 为纵轴，建立 T—x 坐标系，然后将各截面上的扭矩标在 T—x 坐标系中，正扭矩在 x 轴上方，负扭矩在 x 轴下方。

下面通过例题说明扭矩图绘制的方法和步骤。

例9-2 传动轴如图9-7a所示，主动轮 A 的输入功率 $P_A=120\text{kW}$，从动轮 B、C、D 的输出功率分别为 $P_B=30\text{kW}$、$P_C=40\text{kW}$、$P_D=50\text{kW}$，轴的转速 $n=300$ r/min。试作出该轴的扭矩图。

解 (1) 计算外力偶矩。由式（9-1）得

$$M_{eA}=9549\frac{P_A}{n}=\left(9549\times\frac{120}{300}\right)\text{N}\cdot\text{m}$$

$$=3819.6\text{N}\cdot\text{m}=3.82\text{kN}\cdot\text{m}$$

同理可得

$$M_{eB}=954.9\text{N}\cdot\text{m}=0.95\text{kN}\cdot\text{m}$$

$$M_{eC}=1273.2\text{N}\cdot\text{m}=1.27\text{kN}\cdot\text{m}$$

$$M_{eD}=1591.5\text{N}\cdot\text{m}=1.59\text{kN}\cdot\text{m}$$

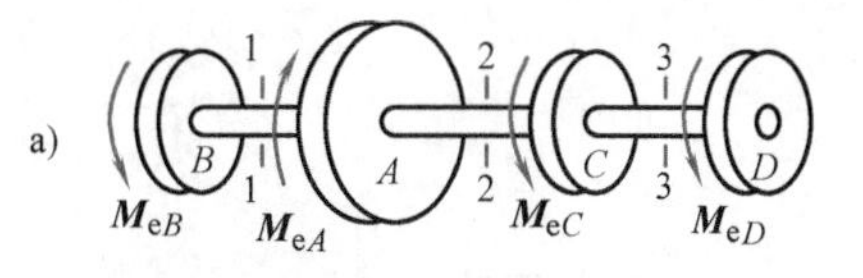

（2）计算扭矩。根据作用在轴上的外力偶，将轴分成 BA、AC 和 CD 三段，用截面法分别计算各段轴的扭矩，如图 9-7b、c、d 所示。

BA 段：$T_1=-M_{eB}=-0.95\text{kN}\cdot\text{m}$

AC 段：$T_2=M_{eA}-M_{eB}=2.87\text{kN}\cdot\text{m}$

CD 段：$T_3=M_{eD}=1.59\text{kN}\cdot\text{m}$

（3）作扭矩图。建立 T—x 坐标系，x 轴沿轴线方向，T 向上为正。将轴各横截面上的扭矩标在 T—x 坐标中，由于 BA 段各横截面上的扭矩均为 $-0.95\text{ kN}\cdot\text{m}$，故扭矩图为平行于 x 轴的直线，且位于 x 轴下方；而 AC 段、CB 段各横截面上的扭矩分别为 $2.87\text{kN}\cdot\text{m}$ 和 $1.59\text{kN}\cdot\text{m}$，故扭矩图均为平行于 x 轴的直线，且位于 x 轴上方，于是得到如图 9-7e 所示的扭矩图。

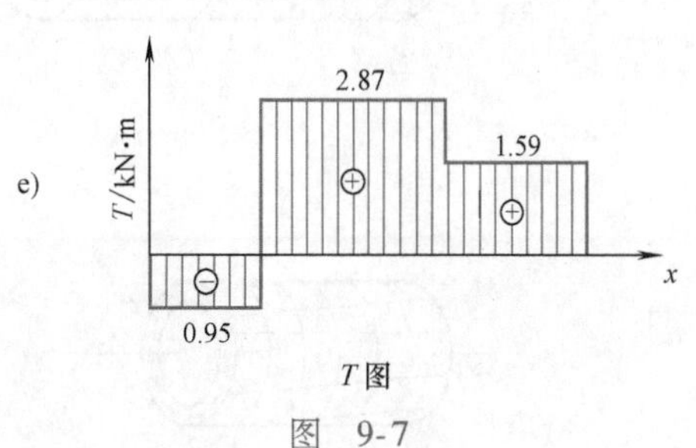

图　9-7

从扭矩图可以看出，在集中力偶作用处，其左右截面扭矩不同，此处发生突变，突变值等于集中力偶矩的大小；最大扭矩发生在 AC 段内，且 $T_{max}=2.87\text{kN}\cdot\text{m}$。

讨论　对同一根轴来说，若把主动轮 A 与从动轮 B 对调，即把主动轮布置于轴的左端（图 9-8a），则得到该轴的扭矩图（图 9-8b）。这时轴的最大扭矩发生在 AB 段内，且 $T_{max}=3.82\text{kN}\cdot\text{m}$。

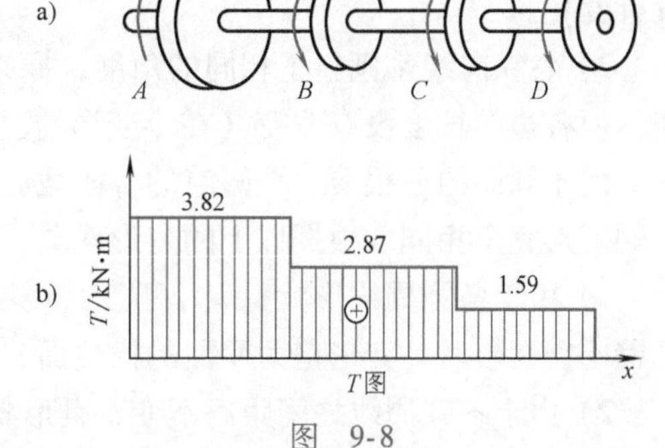

图　9-8

比较图 9-7e 和图 9-8b 可见，传动轴上主动轮和从动轮布置的位置不同，轴所承受的最大扭矩也随之改变。轴的强度和刚度都与最大扭矩值有关。因此，在布置轮子位置时，要尽可能降低轴内的最大扭矩值。显然图 9-7 的布局比较合理。

第三节　扭转轴的应力

一、薄壁圆筒的扭转

壁厚 t 远小于其平均半径 $r_0\left(t\leqslant\frac{r_0}{10}\right)$ 的圆筒，称为薄壁圆筒。薄壁圆筒扭转时的应力计算比较简单，它是圆轴扭转的一个特例。

1. 薄壁圆筒扭转时横截面上的切应力

取一等厚度薄壁圆筒（图 9-9a）。为研究横截面上的应力分布规律并确定各点应力的大小，先要观察和分析其变形情况。为此，在圆筒表面等间距地画上一些圆周线和纵向线，形成矩形网格。在圆筒两端平面内作用一对外力偶 M_e 后，圆筒发生扭转变形（图 9-9b）。在弹性变形范围内，可看到如下现象：

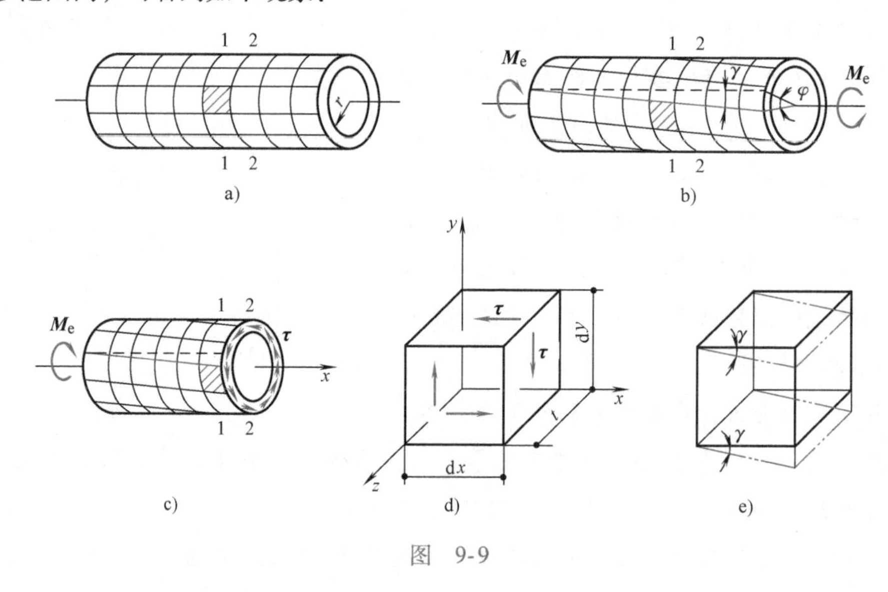

图　9-9

1）各圆周线均绕轴线作相对转动，且各圆周线的形状、大小及它们相互之间的距离都没有变化。

2）各纵向线都倾斜了相同的角度，原来的矩形格变成了平行四边形，即直角发生了改变。但各边的长度没有改变（在小变形情况下）。

由于圆筒的壁很薄，在圆筒的各横截面上，可以认为筒体内各点的变形与圆筒外表面上点的变形完全相同。根据以上的变形现象，可以得出下面的推论和假设：

1）由于各圆周线形状、大小不变，说明代表横截面的圆周线仍为平面。因此可以假设，**薄壁圆筒扭转时，变形前为平面的横截面，变形后仍保持平面，这一假设称为平面假设。**

2）由于各圆周线之间距离不变，且形状、大小不变，说明圆筒既没有纵向线应变也没有横向线应变，即**横向截面和纵向截面均没有正应力。**

3）由于各圆周线仅绕轴线相对转动，使得所有纵向线均有相同的倾角，说明**横截面上必有切应力，其方向垂直于半径，大小沿圆周不变。**

由于筒壁厚度很薄，故可以认为切应力沿壁厚也是均匀分布的，如图 9-9c 所示。

在图9-10所示的圆筒内任一横截面上，取与圆心角 $\mathrm{d}\theta$ 对应的微面积 $\mathrm{d}A$，作用在 $\mathrm{d}A$ 上的微剪力为 $\tau\mathrm{d}A$，它对圆心 O 的微力矩为 $\tau\mathrm{d}Ar_0$。由于扭矩 T 是横截面上分布内力系的合力偶矩，因此截面上所有微力矩的总和等于该截面上的扭矩，即

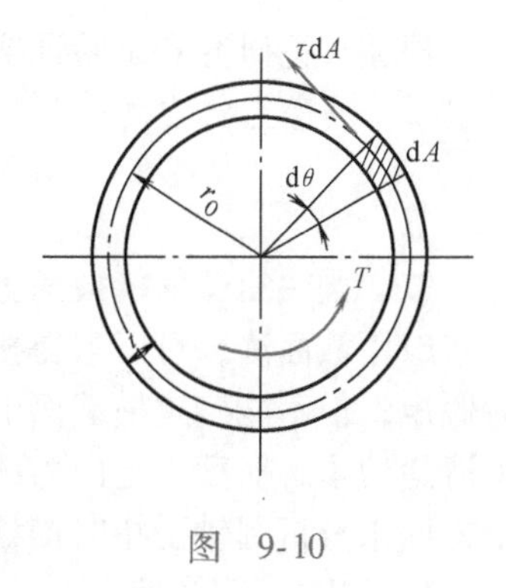

图　9-10

$$T = \int_A \tau\mathrm{d}Ar_0 = \tau r_0\int_A \mathrm{d}A = \tau r_0 A$$

将上式改写为

$$\tau = \frac{T}{r_0 A}$$

式中，A 是薄壁圆筒的横截面积，其大小为 $A\approx 2\pi r_0 t$。将其代入上式，可得

$$\tau = \frac{T}{2\pi r_0^2 t} \tag{9-3}$$

式（9-3）即薄壁圆筒扭转时横截面上的切应力计算公式。

2. 切应力互等定理

从图9-9b所示的薄壁圆筒中截取一单元体，边长分别为 $\mathrm{d}x$、$\mathrm{d}y$、t（图9-9d）。由前面分析可知，单元体上左、右侧面均无正应力，只存在切应力。也就是说，单元体左、右侧面上都只存在剪力，且大小都等于 $\tau t\mathrm{d}y$，方向相反。这两个剪力组成一力偶，它的力偶矩为 $\tau t\mathrm{d}y\mathrm{d}x$。由于单元体的前、后面为自由面，无应力存在，为保持单元体的平衡，故在单元体上、下侧面上必定存在方向相反的切应力 τ，并组成力偶矩为 $\tau' t\mathrm{d}x\mathrm{d}y$ 的力偶与上述力偶相平衡。由力偶系的平衡条件 $\sum M=0$ 得

$$\tau t\mathrm{d}y\mathrm{d}x = \tau' t\mathrm{d}x\mathrm{d}y$$

$$\tau = \tau' \tag{9-4}$$

式（9-4）表明：**在单元体互相垂直的两个平面上的切应力必然成对存在，且大小相等，方向同时指向或同时背离两平面的交线，这个规律称为切应力互等定理。**

3. 剪切胡克定律

在上述单元体的上、下、左、右四个侧面上，只有切应力而无正应力，单元体的这种受力状态称为纯剪切应力状态。在切应力 τ 和 τ' 作用下，单元体的两个侧面将发生相对错动，使原来的长方六面微体变成平行六面微体，单元体的直角发生微小的改变，这个直角的改变量 γ 称为**切应变**，如图9-9e所示。从图9-9b中可以看出，γ 角就是纵向线变形后的倾角，其单位是弧度（rad）。通过薄壁圆筒的扭转试验可知，当切应力 τ 不超过材料的剪切比例极限 τ_p 时，切应力 τ 与切应变 γ 成正比，即

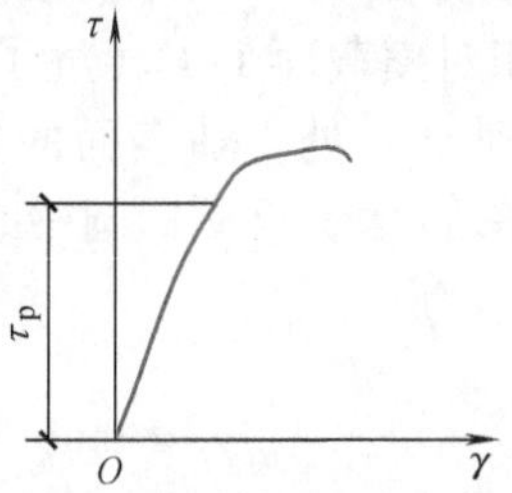

$$\tau = G\gamma \tag{9-5}$$

式（9-5）称为剪切胡克定律。式中，比例常数 G 称为材料的**切变模量**，它反映材料抵抗剪切变形的能力。它的单位与拉、压时材料的弹性模量 E 相同，常用GPa，其数值可由试验测得。常用工程材料的 G 值可从有关手册中查出。如图9-11所示为薄壁圆筒在纯剪切试验中得到的应力-应变曲线，τ_P 为剪切比例极限。

图　9-11

根据理论研究和试验证实，对于各向同性材料，在弹性变形范围内，切变模量 G、弹性模量 E、泊松比 μ 之间有下列关系：

$$G=\frac{E}{2(1+\mu)} \tag{9-6}$$

二、圆轴扭转时横截面上的应力

应用截面法，可以求得扭转时圆轴横截面上的扭矩，它是整个横截面上分布内力系的合力偶矩，但不能确定横截面上的应力，这是因为还不知道横截面上的内力是怎样分布的。为了清楚地了解横截面上内力的分布情况，我们必须从几何关系、物理关系和静力学关系这三个方面来分析圆轴受扭时横截面上的应力。

1. 几何变形方面

为了研究圆轴的扭转变形，取一圆轴进行扭转试验，与分析薄壁圆筒扭转问题的方法相似，试验前在圆轴表面作出几条等距的圆周线和纵向线，形成许多微小的矩形网格（图 9-12a）。圆轴受扭后发生的变形现象与薄壁圆筒的变形现象相似（图 9-12b）。即当变形很小时，各圆周线的形状、大小和间距都保持不变，仅绕轴线作相对转动；各纵向线都倾斜了相同的角度 γ，且仍保持直线，原来矩形方格变成平行四边形。

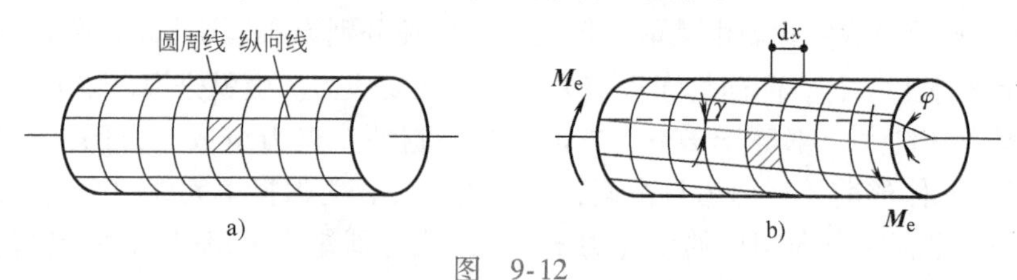

图　9-12

上述现象表明，圆轴表面上各点的变形与薄壁圆筒扭转时的变形一样，仍处于纯剪切应力状态。根据上述观察到的现象，对圆轴内部的变形可做如下假设：扭转变形前原为平面的横截面，变形后仍保持平面，且其形状、大小都不改变，只是绕轴线相对转过一个角度，两相邻横截面之间的距离也保持不变，这一假设称为圆轴扭转的平面假设。

按照上述假设，可以将圆轴视为无数个同轴的“薄壁圆筒”，这些“薄壁圆筒”都处于纯剪切应力状态。圆轴扭转时，其横截面就像刚性平面一样绕轴线旋转了一个角度。

从受扭圆轴中，用相邻两截面截取一微段 dx，放大后如图 9-13 所示。根据平面假设，受扭时横截面 2-2 相对横截面 1-1 转过了一个微小角度 dφ，半径 O_2B 转到 O_2C 处，轴表面的矩形格变成了平行四边形格，直角的改变量 γ 即圆轴表面上任一点 A 的切应变，其大小为

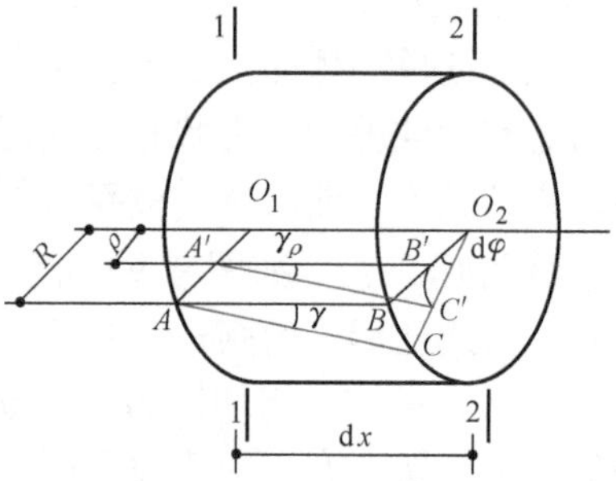

图　9-13

$$\gamma=\tan\gamma=\frac{\widehat{BC}}{\overline{A'B'}}=R\frac{\mathrm{d}\varphi}{\mathrm{d}x}$$

同理可推得在距轴线为 ρ 的 A' 点处的切应变 γ_ρ 为

$$\gamma_\rho=\tan\gamma_\rho=\frac{\widehat{B'C'}}{\overline{A'B'}}=\rho\frac{\mathrm{d}\varphi}{\mathrm{d}x} \tag{a}$$

式中，$\frac{d\varphi}{dx}$称为单位长度扭转角，是扭转角 φ 沿杆长方向的变化率，对于给定的横截面，$\frac{d\varphi}{dx}$为一常量。故式（a）表明：横截面上任意一点的切应变 γ_ρ 与该点到截面中心的距离 ρ 成正比，同一圆周上，各点的切应变 γ_ρ 相同。即上式描述了圆轴扭转时横截面上各点切应变沿径向的分布规律。

2. 物理方面

知道了切应变的变化规律后，应用物理关系即可确定切应力的分布规律。根据剪切胡克定律，在弹性范围内，切应力与切应变成正比。即

$$\tau_\rho = G\gamma_\rho = G\rho\frac{d\varphi}{dx} \tag{b}$$

上式表明：横截面上任一点的切应力与该点到圆心的距离 ρ 成正比，即切应力大小沿半径方向呈线性分布，在截面中心处切应力为零，在截面边缘各点切应力最大。由于切应变垂直于半径，所以切应力的方向也必垂直于半径，指向与截面扭矩的转向相同。实心圆轴和空心圆轴横截面上切应力的分布情况如图 9-14a、b 所示。

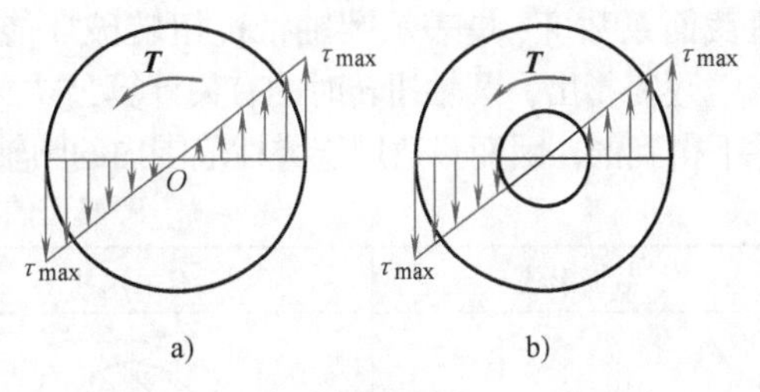

图 9-14

3. 静力学方面

式（b）虽然描述了圆轴扭转时横截面各点的切应力分布，但还不能计算各点的切应力，这是因为其中$\frac{d\varphi}{dx}$是未知量。可应用静力学关系求出$\frac{d\varphi}{dx}$。

如图 9-15 所示，在受扭圆轴的横截面上，取一微面积 dA，该微面积距圆心的距离为 ρ，微面积上的微剪力为 $\tau_\rho dA$，对圆心的微力矩为 $\tau_\rho dA\rho$。根据静力相等关系，分布在整个截面上的所有剪力产生的微力矩的总和应等于该截面上的扭矩 T，即将式（b）代入上式，得

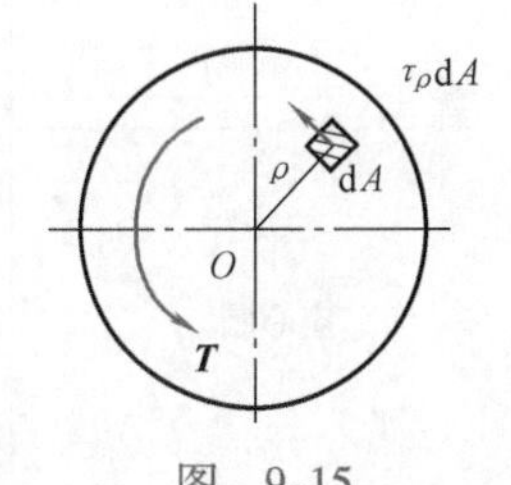

图 9-15

$$T = \int_A G\frac{d\varphi}{dx}\rho^2 dA = G\frac{d\varphi}{dx}\int_A \rho^2 dA \tag{c}$$

由第六章知，$\int_A \rho^2 dA$ 是横截面对圆心 O 的极惯性矩 I_p，即

$$I_p = \int_A \rho^2 dA \tag{9-7}$$

将式（9-7）代入式（c），整理得

$$\frac{d\varphi}{dx} = \frac{T}{GI_p} \tag{9-8}$$

式（9-8）称为圆轴单位长度的扭转角计算公式。

将式（9-8）代入式（b），得

$$\tau_\rho = \frac{T\rho}{I_p} \tag{9-9}$$

式中，T 为横截面上的扭矩；ρ 为所求点到圆心的距离；I_p 为该截面对圆心的极惯性矩。

式（9-9）即圆轴扭转时横截面上任一点切应力的计算公式。

根据式（9-9），当$\rho=R$时，切应力最大。即横截面上边缘点的切应力最大，其值为

$$\tau_{max}=\frac{TR}{I_p} \tag{d}$$

令

$$W_p=\frac{I_p}{R} \tag{9-10}$$

则有

$$\tau_{max}=\frac{T}{W_p} \tag{9-11}$$

W_p只与截面的几何尺寸和形状有关，称为**抗扭截面系数**。式（9-11）表明，圆轴扭转时，最大切应力τ_{max}与扭矩T成正比，与抗扭截面系数W_p成反比。W_p越大，τ_{max}就越小，故抗扭截面系数W_p是表示圆轴抵抗扭转破坏能力的几何量。

还需指出，圆轴扭转时的有关计算公式（9-8）、式（9-9）及式（9-11）都是在弹性加载条件下得到的，因而只适用于弹性范围内的圆轴。圆截面的极惯性矩和抗扭截面系数见表9-1。

表9-1　圆截面的极惯性矩和抗扭截面系数

截面形状	有关尺寸	极惯性矩	抗扭截面系数
实心圆	O，d	$I_P=\frac{\pi d^4}{32}$	$W_P=\frac{\pi d^3}{16}$
空心圆	O，d，D	$I_P=\frac{\pi}{32}(D^4-d^4)$ $=\frac{\pi D^4}{32}(1-\alpha^4)$ $\alpha=\frac{d}{D}$	$W_P=\frac{\pi D^3}{16}(1-\alpha^4)$ $\alpha=\frac{d}{D}$

例9-3　如图9-16a所示的圆轴，AB段直径$d_1=120$mm，BC段直径$d_2=100$mm，外力偶矩$M_{eA}=22$kN·m，$M_{eB}=36$kN·m，$M_{eC}=14$kN·m。试求该轴的最大切应力。

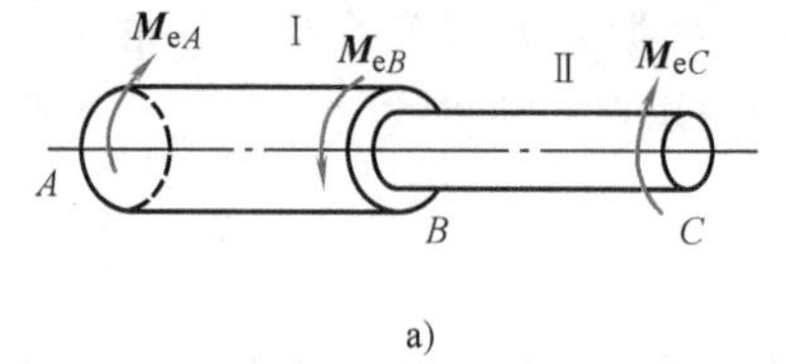

a)

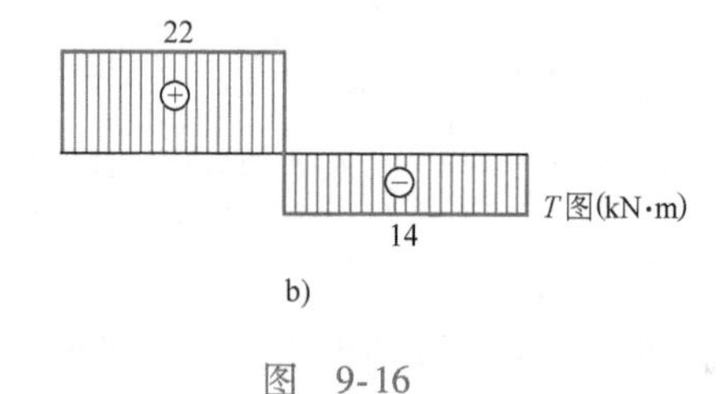

b)

图　9-16

解　（1）作扭矩图。用截面法求得AB段、BC段的扭矩分别为

$$T_1=M_{eA}=22\text{kN}\cdot\text{m}$$

$$T_2=-M_{eC}=-14\text{kN}\cdot\text{m}$$

作出该轴的扭矩图，如图9-16b所示。

（2）计算最大切应力。由扭矩图可知，AB段的扭矩较BC段的扭矩大，但因BC段直径较小，所以需分别计算各段轴横截面上的最大切应力。由式（9-11）得

$$AB段：\tau_{max}=\frac{T_1}{W_{p1}}=\frac{22\times10^6}{\frac{\pi}{16}\times120^3}\text{MPa}=64.8\text{MPa}$$

BC 段：

$$\tau_{\max}=\frac{T_2}{W_{p2}}=\frac{14\times10^6}{\frac{\pi}{16}\times100^3}\text{MPa}=71.3\text{MPa}$$

比较上述结果，该轴最大切应力位于 *BC* 段内任一截面的边缘各点处，即该轴最大切应力为 $\tau_{\max}=71.3\text{MPa}$。

例 9-4　如图 9-17a、b 所示为横截面积相等的两根圆轴，其一为实心圆截面，另一根为空心圆截面。两轴的材料、长度以及所受的外力偶矩均相同。已知：实心轴的直径 $d_1=100\text{mm}$，空心轴外径 $D_2=120\text{mm}$，外力偶矩 $M_e=20\text{kN}\cdot\text{m}$。求：(1) 实心轴横截面上的最大切应力；(2) 空心轴横截面上的最大切应力和最小切应力；(3) 实心轴横截面与空心轴横截面上最大切应力之比。

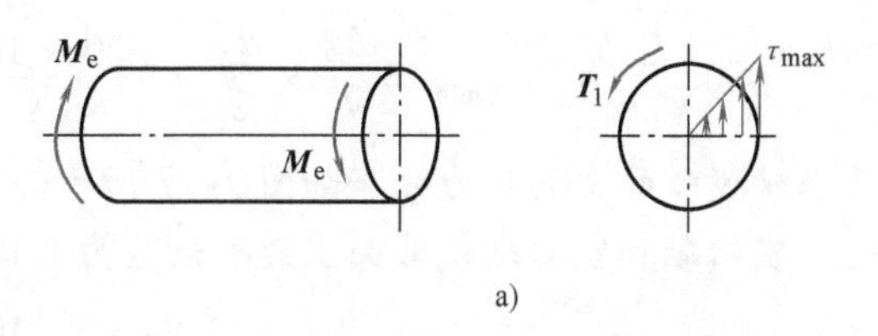

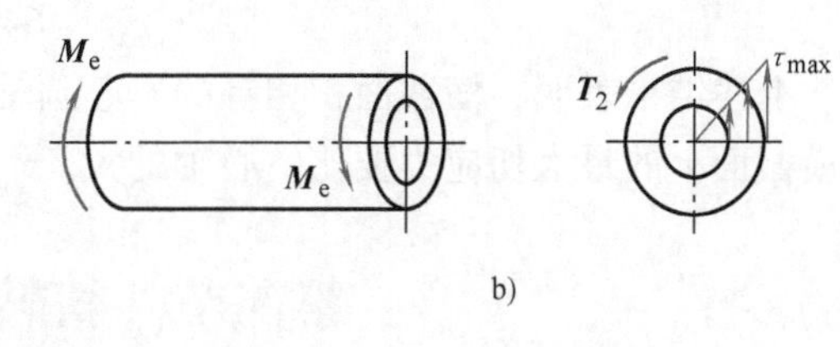

图　9-17

解　(1) 计算扭矩。由于实心轴和空心轴所受的外力偶相等，故两根轴横截面上的扭矩相同。由截面法可知，两根轴横截面上的扭矩均为

$$T_1=T_2=M_e=20\text{kN}\cdot\text{m}$$

(2) 计算两轴截面的极惯性矩和抗扭截面系数。

对于实心轴

$$I_p=\frac{\pi d_1^4}{32}=\frac{\pi\times100^4}{32}\text{mm}^4=9.82\times10^6\text{mm}^4$$

$$W_p=\frac{\pi d_1^3}{16}=\frac{\pi\times100^3}{16}\text{mm}^3=1.96\times10^5\text{mm}^3$$

因为空心轴截面和实心轴截面的面积相等，故空心轴内径可由 $\pi d_1^2=\pi\,(D_2^2-d_2^2)$ 求得为

$$d_2=\sqrt{D_2^2-d_1^2}=\sqrt{120^2-100^2}\text{mm}=66.3\text{mm}$$

于是，空心轴截面内外径之比为

$$\alpha=\frac{d_2}{D_2}=\frac{66.3}{120}=0.55$$

空心轴截面的极惯性矩和抗扭截面系数分别为

$$I_p=\frac{\pi D_2^4}{32}(1-\alpha^4)=\frac{\pi\times120^4}{32}(1-0.55^4)\text{mm}^4=1.85\times10^7\text{mm}^4$$

$$W_p=\frac{\pi D_2^3}{16}(1-\alpha^4)=\frac{\pi\times120^3}{16}(1-0.55^4)\text{mm}^3=3.08\times10^5\text{mm}^3$$

(3) 计算切应力。

实心轴横截面上的最大切应力为

$$\tau_{\max} = \frac{T_1}{W_p} = \frac{20 \times 10^6}{1.96 \times 10^5}\text{MPa} = 102\text{MPa}$$

空心轴横截面上的最大切应力和最小切应力分别为

$$\tau'_{\max} = \frac{T_2}{W_p} = \frac{20 \times 10^6}{3.08 \times 10^5}\text{MPa} = 64.9\text{MPa}$$

$$\tau_{\min} = \frac{T_2}{I_p} \times \frac{d_2}{2} = \frac{20 \times 10^6}{1.85 \times 10^7} \times \frac{66.3}{2}\text{MPa} = 35.8\text{MPa}$$

两根轴横截面上的应力分布如图9-17所示。

实心轴和空心轴横截面上最大切应力之比

$$\frac{\tau_{\max}}{\tau'_{\max}} = \frac{102}{64.9} = 1.57$$

上述结果表明，横截面积相等的实心圆轴和空心圆轴，在其他条件相同的情况下，实心轴横截面上的最大切应力要比空心轴的大。

第四节　扭转轴的强度计算

要进行扭转轴的强度计算，需先通过扭转试验确定其失效形式与相应的极限应力。

一、圆轴的扭转破坏试验与极限应力

圆轴的扭转试件可分别用Q235钢、铸铁等材料做成，扭转破坏试验在扭转试验机上进行，试件在两端外力偶M作用下，发生扭转变形，直至破坏。

试验结果表明，塑性材料（如Q235）试件受扭时，当最大切应力达到一定数值时，也会发生类似拉伸时的屈服现象，这时的切应力值称为屈服应力，用τ_s表示。试件屈服时，也会在试件表面出现纵向和横向的滑移线。屈服阶段后也有强化阶段，直到横截面上的最大切应力达到材料的抗剪强度极限τ_b，试件就沿横截面被剪断，断口较光滑，如图9-18a所示。这主要是由于Q235钢抗剪强度低于抗拉强度，所以试件因抗剪不足而首先沿横截面发生剪断破坏。

脆性材料（如铸铁）试件受扭时，当变形很小时便发生裂断，且没有屈服现象，断口与轴线成45°螺旋面，如图9-18b所示。由于铸铁等脆性材料的抗拉能力低于抗剪能力，于是便沿最大拉应力作用的斜截面发生拉断破坏。此时横截面上最大切应力的值称为抗剪强度极限，用τ_b表示。

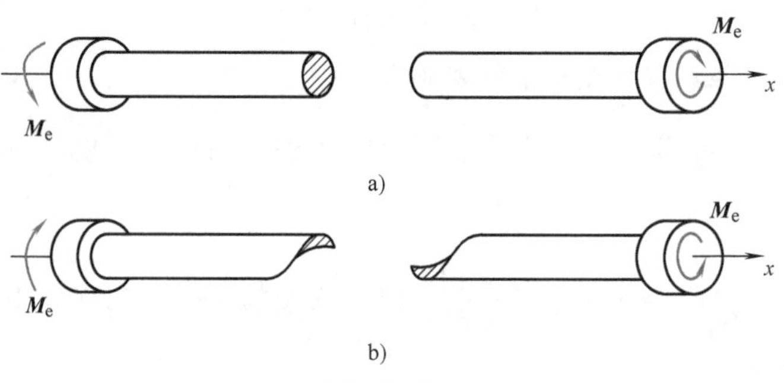

图　9-18

由此可见，圆轴受扭时，由于材料不同，将发生两种形式的失效：屈服和断裂。对于塑性材料的扭转失效是屈服破坏，故取屈服应力 τ_s 作为极限应力，即 $\tau^0=\tau_s$；对于脆性材料，则取强度极限 τ_b 作为极限应力，即 $\tau^0=\tau_b$。

二、圆轴的扭转强度条件

强度计算时，为确保安全，材料的强度要有一定的储备。一般把极限应力除以大于1的安全系数 n，所得结果称为许用切应力，用 $[\tau]$ 表示，即

$$[\tau]=\frac{\tau^0}{n}$$

各种材料的许用切应力可从有关手册中查得。在常温静载下，材料的扭转许用切应力与拉伸许用正应力之间有如下关系：

对塑性材料 $$[\tau]=(0.5\sim0.577)[\sigma]$$

对脆性材料 $$[\tau]=[\sigma]$$

为了保证圆轴在扭转变形中不会因强度不足而发生破坏，应使圆轴横截面上的最大切应力不超过材料的许用切应力，即

$$\tau_{max}=\frac{T}{W_p}\leqslant[\tau] \tag{9-12}$$

式（9-12）称为圆轴扭转的强度条件。

对于等直圆轴，最大工作应力 τ_{max} 发生在最大扭矩所在横截面（危险截面）边缘点处。因此，强度条件也可写成

$$\tau_{max}=\frac{T_{max}}{W_p}\leqslant[\tau] \tag{9-13}$$

与拉（压）杆的强度问题相似，应用式（9-13）可以解决圆轴扭转时的三类强度问题，即进行扭转强度校核、圆轴截面尺寸设计及确定许用荷载。

例9-5　钻机的空心圆截面钻杆的简图如图9-19a所示。土对钻杆的摩擦力偶为均匀分布，钻机的功率 $P=38\text{kW}$，转速 $n=150\text{r/min}$，钻杆材料的许用切应力 $[\tau]=32\text{MPa}$。试校核钻杆的强度。

解　(1) 作扭矩图。作用在钻杆 A 截面上的外力偶矩为

$$M_e=9549\frac{P}{n}=9549\times\frac{38}{150}\text{N}\cdot\text{m}=2419.08\text{N}\cdot\text{m}$$

由此可作出钻杆的扭矩图（图9-19b）。

(2) 强度校核。钻杆的抗扭截面系数为

$$W_p=\frac{\pi D^3}{16}(1-\alpha^4)=\frac{\pi\times98^3}{16}\left[1-\left(\frac{85}{98}\right)^4\right]\text{mm}^3$$

$$=8.02\times10^4\text{mm}^3$$

最大扭矩 $T_{max}=2419.08\text{N}\cdot\text{m}$，发生在钻杆的 AB 段，故 AB 段的最大工作切应力为

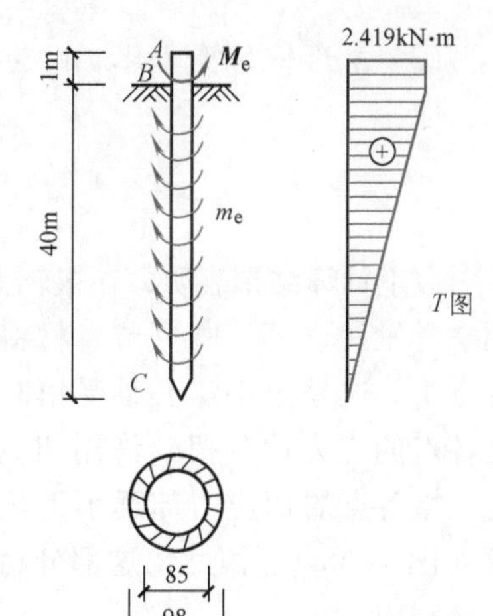

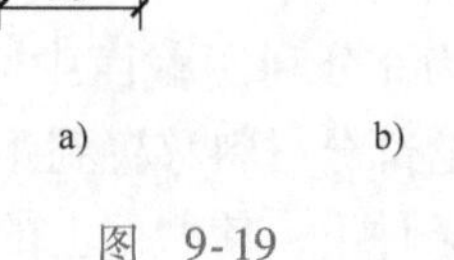

a)　b)

图　9-19

$$\tau_{max}=\frac{T_{max}}{W_p}=\frac{2419.08\times10^3}{8.02\times10^4}\text{MPa}=30.16\text{MPa}<[\tau]$$

故钻杆的强度满足要求。

例9-6 一实心圆轴，承受的最大扭矩 $T_{max}=1.5\text{kN}\cdot\text{m}$，轴的直径 $d_1=53\text{mm}$。求：(1) 该轴横截面上的最大切应力；(2) 在扭转强度相同的条件下，用空心轴代替实心轴，空心轴外径 $D_2=90\text{mm}$ 时的内径值；(3) 两轴的重力之比。

解 (1) 求实心轴横截面上的最大切应力。实心轴抗扭截面系数为

$$W_p=\frac{\pi d_1^3}{16}=\frac{\pi\times53^3}{16}\text{mm}^3=2.92\times10^4\text{mm}^3$$

由式 (9-11) 得实心轴横截面上的最大切应力为

$$\tau_{max}=\frac{T_{max}}{W_p}=\frac{1.5\times10^6}{2.92\times10^4}\text{MPa}=51.4\text{MPa}$$

(2) 求空心轴的内径。因为要求实心轴和空心轴的扭转强度相同，故两轴的最大切应力相等，即

$$\tau'_{max}=\tau_{max}=51.4\text{MPa}$$

而

$$\tau'_{max}=\frac{T_{max}}{W_p}=\frac{T_{max}}{\pi D_2^3(1-\alpha^4)/16}$$

则有

$$\alpha=\sqrt[4]{1-\frac{16T_{max}}{\pi D_2^3\tau_{max}}}=\sqrt[4]{1-\frac{16\times1.5\times10^6}{\pi\times90^3\times51.4}}=0.945$$

又因

$$\alpha=\frac{d_2}{D_2}$$

所以，空心轴的内径为

$$d_2=\alpha D_2=0.945\times90\text{mm}=85\text{mm}$$

(3) 求两轴的重力比。因为两轴的长度和材料都相同，故二者重力之比等于面积之比，即

$$\frac{A'}{A}=\frac{D_2^2-d_2^2}{d_1^2}=\frac{90^2-85^2}{53^2}=0.311$$

以上计算结果表明，在扭转强度相等的情况下，空心轴的重力比实心轴轻得多，因此采用空心轴较合理，既可节省材料，又能减轻轴的自重。这是由于实心轴受扭时，当截面边缘上各点的应力达到扭转许用切应力时，中心附近区域各点的切应力却远小于扭转许用切应力值（图9-20a）。因此，这部分材料便没有得到充分利用。

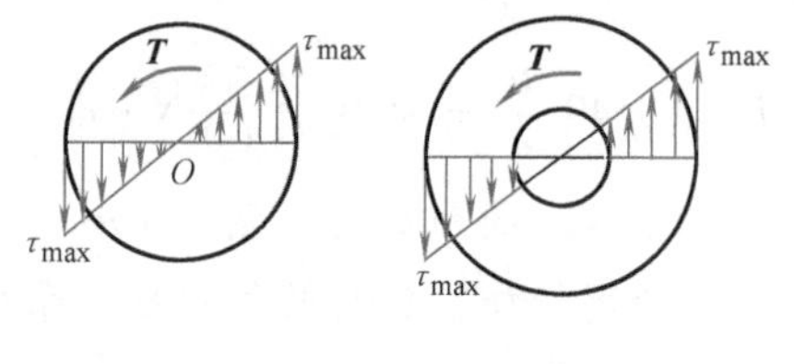

图 9-20

为充分利用截面中心附近区域的材料，可以将这部分材料移置到距截面中心较远处，即将实心轴改为空心轴。这样，在不增加材料用量的条件下，使截面上的切应力趋于均匀（图9-20b），并因此增大了抗扭截面系数，提高了圆轴的承载能力。但是，空心轴的壁厚也不能太薄，壁厚太薄的空心圆轴受扭时，筒壁内的压应力会使筒壁发生局部失稳，反而使承载能力降低。

第五节　扭转轴的变形与刚度计算

一、扭转轴的变形

由扭转变形现象可知，圆轴扭转时，各横截面之间绕轴线发生相对转动。因此，圆轴的扭转变形是用两个横截面绕轴线的相对扭转角来度量的。

根据式（9-8），在弹性范围内，相距 dx 的两个横截面间的相对扭转角为

$$d\varphi = \frac{T}{GI_p}dx$$

对于扭矩 T、GI_p 不随长度变化的圆轴，则长度为 l 的一段杆两端截面的相对扭转角为

$$\varphi = \int_0^l \frac{T}{GI_p}dx = \frac{Tl}{GI_p} \tag{9-14}$$

式（9-14）即圆轴扭转角 φ 的计算公式，φ 的单位为 rad，其正负号与扭矩的正负号一致。式（9-14）表明，相对扭转角 φ 与扭矩 T 和轴的长度 l 成正比，与 GI_p 成反比。在一定扭矩作用下，GI_p 越大，相对扭转角 φ 越小。因此，GI_p 反映了圆轴抵抗变形的能力，称为圆轴的抗扭刚度。

对于直径变化的圆轴以及扭矩分段变化的等截面圆轴，应分段计算截面间的相对扭转角，然后求代数和，即得整段轴的扭转角

$$\varphi = \sum_{i=1}^{n} \frac{T_i l_i}{G_i I_{pi}} \tag{9-15}$$

式（9-14）和式（9-15）只适用于线弹性范围。

二、扭转轴的刚度计算

为了保证圆轴的正常工作，除了要求满足强度要求外，还要求圆轴应有足够的刚度，即要求圆轴在一定的长度内扭转角不超过某个值。在工程中，为使受扭圆轴具有足够的刚度，通常规定，整个轴上的最大单位长度扭转角不超过规定的单位长度许用扭转角，即

$$\theta_{max} \leqslant [\theta] \tag{9-16}$$

式（9-16）称为受扭圆轴的刚度条件。

对于等截面圆轴，则有

$$\theta_{max} = \frac{T_{max}}{GI_p} \leqslant [\theta] \tag{9-17}$$

式中，单位长度扭转角 θ 和单位长度许用扭转角［θ］的单位为 rad/m。工程上，单位长度许用扭转角的常用单位为°/m，考虑单位换算，则得

$$\theta_{max} = \frac{T_{max}}{GI_p} \times \frac{180°}{\pi} \leqslant [\theta] \tag{9-18}$$

不同类型圆轴的单位长度许用扭转角［θ］的值，可从有关手册中查得。一般情况下，精密传动轴的［θ］值常取（0.25～0.5）°/m；对于一般传动轴，则可放宽到2°/m。

应用刚度条件，与应用强度条件一样，可以解决圆轴的扭转刚度校核、截面设计及确定许用荷载三方面的问题。

例 9-7　如图 9-21a 所示，圆轴承受外力偶作用。已知：M_{e1} = 0.8kN · m，M_{e2} = 2.3kN · m，

$M_{e3}=1.5\text{kN}\cdot\text{m}$，$AB$ 段的直径 $d_1=4\text{cm}$，BC 段的直径 $d_2=7\text{cm}$，材料的切变模量 $G=80\text{GPa}$。试计算 φ_{AB} 和 φ_{AC}。

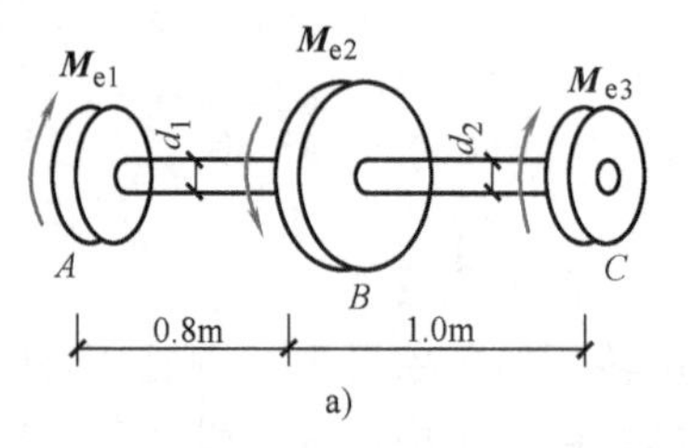

a)

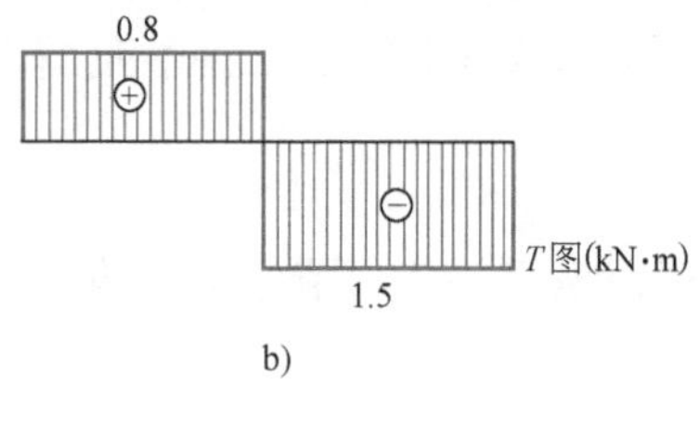

b)

图　9-21

解　(1) 作扭矩图。各段横截面上的扭矩为

AB 段：　　$T_1=0.8\text{kN}\cdot\text{m}$

BC 段：　　$T_2=-1.5\text{kN}\cdot\text{m}$

该轴的扭矩图如图 9-21b 所示。

(2) 计算极惯性矩。

$$AB\text{段：}I_{p1}=\frac{\pi d_1^4}{32}=\frac{\pi\times40^4}{32}\text{mm}^4=2.51\times10^5\text{mm}^4$$

$$BC\text{段：}I_{p2}=\frac{\pi d_2^4}{32}=\frac{\pi\times70^4}{32}\text{mm}^4=2.36\times10^6\text{mm}^4$$

(3) 计算扭转角。由于 AB 段和 BC 段的扭矩和截面尺寸都不相同，故应分段计算相对扭转角，然后计算其代数和即得 φ_{AC}。

由式 (9-14) 得

$$\varphi_{AB}=\frac{T_1l_1}{GI_{p1}}=\frac{0.8\times10^6\times0.8\times10^3}{80\times10^3\times2.51\times10^5}\text{rad}=0.0319\text{rad}$$

$$\varphi_{BC}=\frac{T_2l_2}{GI_{p2}}=\frac{(-1.5)\times10^6\times1.0\times10^3}{80\times10^3\times2.36\times10^6}\text{rad}=-0.0079\text{rad}$$

故
$$\varphi_{AC}=\varphi_{AB}+\varphi_{BC}=0.0319\text{rad}-0.0079\text{rad}=0.024\text{rad}$$

例 9-8　等截面传动轴如图 9-22a 所示。已知该轴转速 $n=300\text{r/min}$，主动轮输入功率 $P_C=30\text{kW}$，从动轮输出功率 $P_A=5\text{kW}$，$P_B=10\text{kW}$，$P_D=15\text{kW}$，材料的切变模量 $G=80\text{GPa}$，许用切应力 $[\tau]=40\text{MPa}$，单位长度许用扭转角 $[\theta]=1°/\text{m}$。试按强度条件和刚度条件设计此轴直径。

解　(1) 计算外力偶矩。由

$$M_e=9549\frac{P}{n}$$

得　$M_{eA}=159.2\text{N}\cdot\text{m}$　　$M_{eB}=318.3\text{N}\cdot\text{m}$

$M_{eC}=955\text{N}\cdot\text{m}$　　$M_{eD}=477.5\text{N}\cdot\text{m}$

(2) 作扭矩图。用截面法计算各段轴横截面上的扭矩为

$$T_1=-159.2\text{N}\cdot\text{m}\quad T_2=-477.5\text{N}\cdot\text{m}$$
$$T_3=477.5\text{N}\cdot\text{m}$$

该轴的扭矩图如图 9-22b 所示。由扭矩图可知，$T_{max}=477.5\text{N}\cdot\text{m}$，发生在 BC 段和 CD 段。

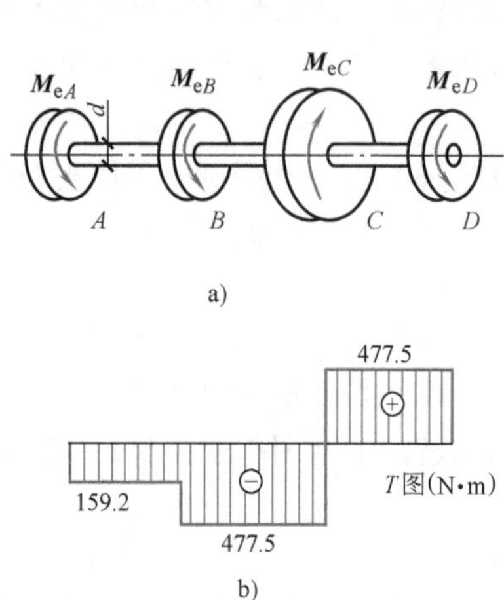

a)　b)

图　9-22

(3) 按强度条件设计轴的直径。根据强度条件

$$\tau_{max}=\frac{T_{max}}{W_p}\leqslant[\tau]$$

得
$$W_p \geqslant \frac{T_{max}}{[\tau]}$$
其中
$$W_p = \frac{\pi d^3}{16}$$
代入上式得
$$d \geqslant \sqrt[3]{\frac{16T_{max}}{\pi\ [\tau]}} = \sqrt[3]{\frac{16 \times 477.5 \times 10^3}{\pi \times 40}}\ \text{mm} = 39.3\text{mm}$$

(4) 按刚度条件设计轴的直径。根据刚度条件
$$\theta = \frac{T_{max}}{GI_p} \times \frac{180}{\pi} \leqslant [\theta]$$
得
$$I_p \geqslant \frac{T_{max}}{G\ [\theta]} \times \frac{180}{\pi}$$
其中
$$I_p = \frac{\pi d^4}{32}$$
代入上式得
$$d \geqslant \sqrt[4]{\frac{32T_{max} \times 180}{\pi^2 G\ [\theta]}} = \sqrt[4]{\frac{32 \times 477.5 \times 10^3 \times 180}{\pi^2 \times 80 \times 10^3 \times 1 \times 10^{-3}}}\text{mm} = 43.2\text{mm}$$

综上所述，圆轴须同时满足强度和刚度条件，取大值 $d = 44\text{mm}$。

* 第六节　非圆截面杆的扭转

一、非圆截面杆扭转问题概述

前几节我们详细讨论了等直圆截面杆件的扭转。但在建筑工程中，经常采用矩形、T形、工字形等非圆截面的杆件，因此必须了解非圆截面杆，特别是矩形截面杆的扭转问题。试验和理论分析表明，非圆截面杆的扭转问题与圆截面杆的扭转问题截然不同。如取一矩形截面杆件，在其表面画上一些纵向线和横向线（图 9-23a），则在杆件扭转后可看到这些纵向和横向直线全都变成了曲线（图 9-23b），从而可推知，横截面在杆件变形后将发生翘曲而不再保持平面，这种现象称为横截面的翘曲，它是非圆截面杆受扭的一个重要特征。

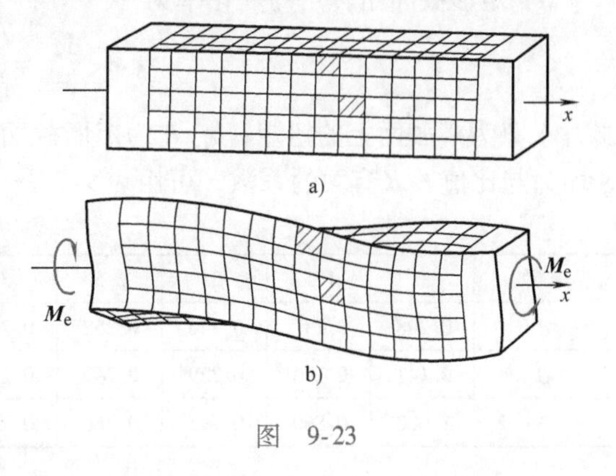

图　9-23

非圆截面杆在扭转时，横截面虽发生翘曲，但若杆件各横截面的翘曲不受任何约束，则各横截面的翘曲程度完全相同，这种情况称为自由扭转或纯扭转；反之，当杆件扭转时，某些横截面的翘曲受到约束而不能自由翘曲，就会使得各横截面的翘曲程度产生差异，这种情况称为约束扭转。自由扭转时，杆内各横截面可自由翘曲，各纵向纤维的长度无变化，因此杆中各横截面上不存在正应力，只有切应力。约束扭转时，截面上不但有扭转切应力，还有

因截面翘曲程度不同而引起的附加正应力。不过理论分析表明，由约束扭转引起的附加正应力，在一般实体截面（如矩形、椭圆形等）杆中通常都很小，可忽略不计。

在前面分析圆截面杆扭转时，我们都采用了平面假设。但对于非圆截面杆的扭转，由于横截面不再是平面而发生翘曲，平面假设不再成立。因此，在平面假设基础上推导出的关于圆截面杆扭转时横截面上的应力与变形的计算公式都不再适用。非圆截面杆的扭转问题属于弹性力学范畴内研究的问题。下面只简单介绍矩形截面杆在纯扭转时由试验研究和弹性力学分析导出的一些计算公式。

二、矩形截面杆的扭转

矩形截面杆在自由扭转时，若最大切应力未超过材料的比例极限，则横截面上的切应力分布规律如图 9-24 所示，可概括为：

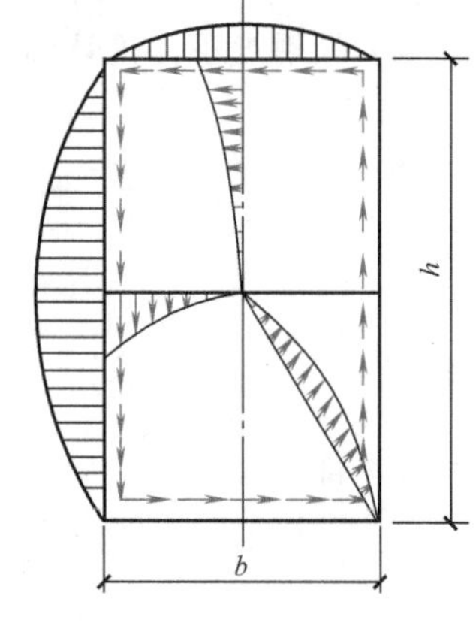

图 9-24

1）横截面周边各点处的切应力方向与周边相切，并组成一个与截面扭矩转向相同的环流，切应力的大小均呈非线性变化，中点处最大，四个角点处为零。

2）截面内两条对称轴上各点处切应力方向都垂直于对称轴，其他线上各点的切应力则是程度不同的倾斜。截面中心处的切应力为零。

3）最大切应力发生在矩形截面长边的中点处，其值为

$$\tau_{\max} = \frac{T}{\alpha h b^2} \tag{9-19}$$

4）矩形截面短边中点处的切应力是短边各点切应力中的最大值，其值为

$$\tau = \xi \tau_{\max} \tag{9-20}$$

5）矩形截面扭转角的变化率为

$$\frac{\mathrm{d}\varphi}{\mathrm{d}x} = \frac{T}{\beta h b^3 G} \tag{9-21}$$

式中，T 为横截面上的扭矩；b、h 为矩形截面的宽度和高度；G 为材料的切变模量；α、β、ξ 均为与比值 h/b 有关的系数，可由表 9-2 查得。

表 9-2

h/b	1	1.5	2	2.5	3	4	6	8	10	∞
α	0.208	0.231	0.246	0.258	0.267	0.282	0.299	0.307	0.312	0.333
β	0.141	0.196	0.229	0.249	0.263	0.281	0.299	0.307	0.312	0.333
ξ	1.000	0.860	0.795	0.766	0.753	0.745	0.743	0.742	0.742	0.742

例 9-9 有一矩形截面杆，横截面尺寸为 10mm ×30mm，在杆两端受到 M_e =20N · m 的外力偶作用（图 9-25）。试求横截面上的最大切应力 $\tau_{\max}$。若改为面积相等的圆截面杆，最大切应力又为多大？

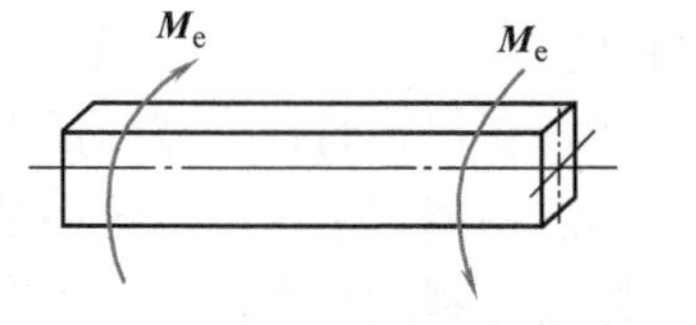

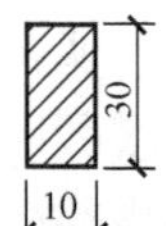

图 9-25

解 （1）计算矩形截面杆的最大切应力 $\tau_{\max}$。根据题意，该矩形截面杆属于自由扭转。故可按式

(9-19) 计算横截面上的最大切应力。由截面法可求得杆横截面上的扭矩为

$$T = M_e = 20\text{N} \cdot \text{m}$$

又由于 $h/b = 30/10 = 3$，查表 9-2 得

$$\alpha = 0.267$$

代入式（9-19）得

$$\tau_{max} = \frac{T}{\alpha hb^2} = \frac{20 \times 10^3}{0.267 \times 30 \times 10^2}\text{MPa} = 24.97\text{MPa}$$

（2）计算圆截面杆横截面上的最大切应力 τ_{max}。由于两杆横截面积相同，即

$$\frac{\pi d^2}{4} = hb$$

得
$$d = \sqrt{\frac{4hb}{\pi}} = \sqrt{\frac{4 \times 30 \times 10}{\pi}}\text{mm} = 19.54\text{mm}$$

取 $d = 20\text{mm}$。

由式（9-11）得圆截面杆横截面上的最大切应力为

$$\tau_{max} = \frac{T}{W_p} = \frac{T}{\pi d^3/16} = \frac{16 \times 20 \times 10^3}{\pi \times 20^3}\text{MPa} = 12.73\text{MPa}$$

从以上计算结果可以看出，矩形截面杆横截面上的最大切应力要比相同面积的圆形截面杆横截面上的切应力大。此外，矩形截面杆扭转时，横截面只有两点切应力最大，与圆形截面杆相比，未得到充分利用的材料较多。因此，扭转杆的合理截面形状，应该是圆形或圆环形。

一、扭矩和扭矩图

扭矩——扭转变形时，横截面上的内力偶矩，可用截面法求得。

扭矩图——表示杆件横截面上扭矩沿轴线变化规律的图形。

二、扭转轴的应力及强度计算

1. 应力

圆轴扭转时，横截面上只有切应力

$$\tau_\rho = \frac{T\rho}{I_p} \qquad \tau_{max} = \frac{T}{W_p}$$

2. 强度计算

（1）圆轴扭转时的强度条件

$$\tau_{max} = \frac{T}{W_p} \leqslant [\tau]$$

对于等截面圆轴，则有

$$\tau_{max} = \frac{T_{max}}{W_p} \leqslant [\tau]$$

（2）强度条件在工程中的应用

1）强度校核。

2）设计截面。

3）确定许用荷载。

三、扭转轴的变形及刚度条件

圆轴扭转时，横截面绕轴线产生相对转动，其扭转角为

$$\varphi = \frac{Tl}{GI_{\mathrm{p}}}$$

圆轴扭转时的刚度条件为

$$\theta_{\max} = \frac{T}{GI_{\mathrm{p}}} \times \frac{180}{\pi} \leqslant [\theta]$$

四、切应力互等定理和剪切胡克定律

切应力互等定理　$\tau = \tau'$

剪力胡克定律　$\tau = G\gamma$

五、矩形截面杆的扭转问题

矩形截面杆受扭后，横截面发生翘曲，最大切应力发生在截面长边的中点处。

9-1　试分析图 9-26 所示各圆形杆件是否发生扭转变形。

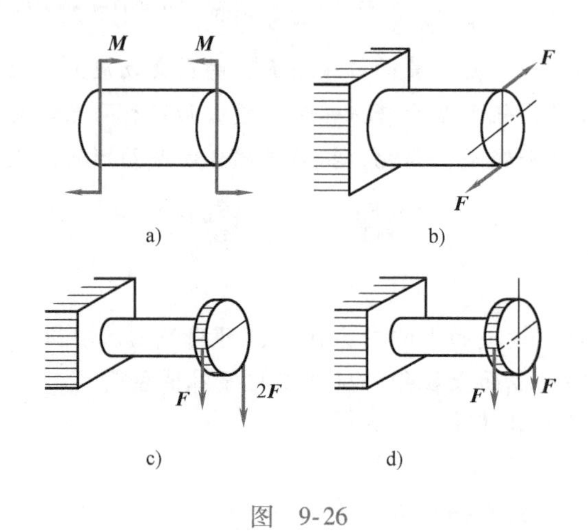

图　9-26

9-2　如图 9-27 所示，已知两圆轴上的外力偶矩及各段轴的长度相等。当两根轴的截面尺寸不同和当两根轴的材料不同时，其扭矩图是否相同？最大切应力是否相同？最大单位长度扭转角是否相同？

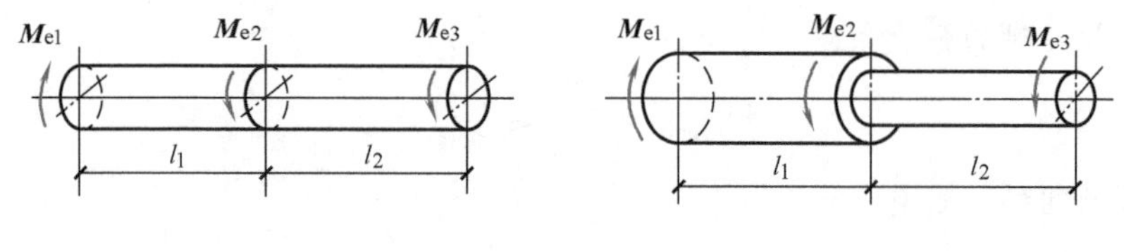

图　9-27

9-3　试指出图 9-28 所示各横截面上切应力分布图中的错误。图中 T 为横截面上的扭矩。

9-4　若实心圆轴的直径减小为原来的一半，其他条件都不变。那么轴的最大切应力和扭转角将如何变化？

9-5　纯扭转时，低碳钢材料的轴只需校核抗剪强度，而铸铁材料的轴只需校核抗拉强度，为什么？

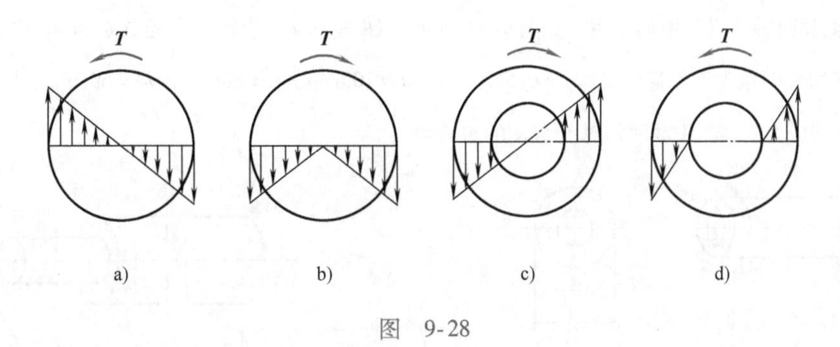

图　9-28

9-6　扭转圆轴横截面上切应力公式的使用有什么限制？能否推广到矩形截面扭转杆？

习　　题

9-1　求图 9-29 所示各段轴上的扭矩，并作轴的扭矩图。

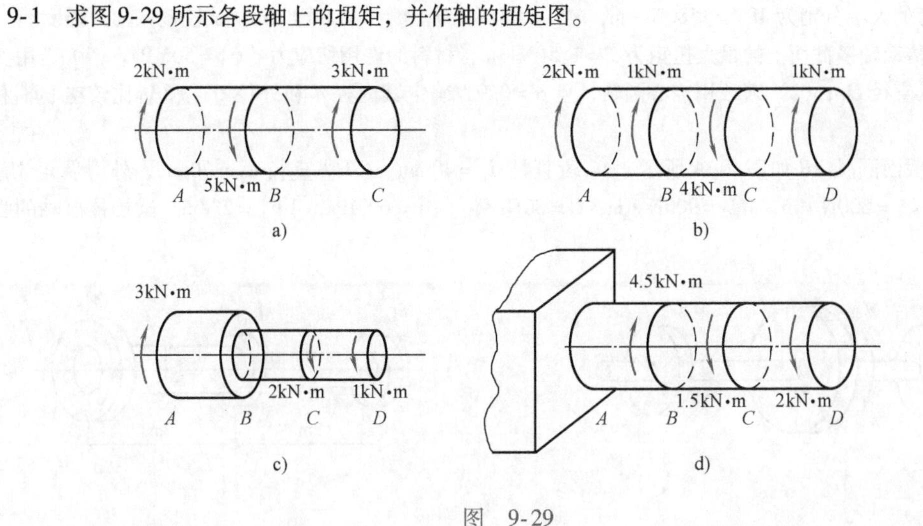

图　9-29

9-2　某传动轴如图 9-30 所示。主动轮输入功率 $P_A=50\text{kW}$，从动轮输出功率 $P_B=20\text{kW}$，$P_C=30\text{kW}$，轴的转速 $n=300\text{r/min}$，主、从轮的位置分布有两种形式（图 9-30a、b）。试根据轴的扭矩图选择合理的布置形式。

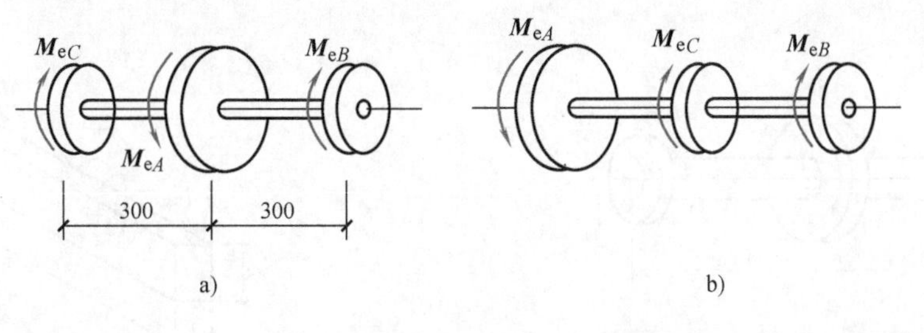

图　9-30

9-3　如图 9-31 所示空心圆轴，外径 $D=50\text{mm}$，内径 $d=20\text{mm}$，两端受外力偶矩 $M_e=1\text{kN}\cdot\text{m}$作用，材料的切变模量 $G=80\text{GPa}$。试求：（1）横截面上距圆心 25mm 处 A 点的切应力和切应变；（2）截面切应力最大值和最小值，并作应力分布图。

9-4 变截面圆轴承受外力偶作用，如图9-32所示。AB段和BC段轴的直径分别为d_1和d_2，且$d_1=\frac{5}{4}d_2$，材料的切变模量为G。若已知$M_e=0.5\text{kN}\cdot\text{m}$，$a=100\text{mm}$，$G=80\text{GPa}$，$d_2=60\text{mm}$。试求：(1) 横截面上最大的切应力；(2) A截面相对C截面的扭转角。

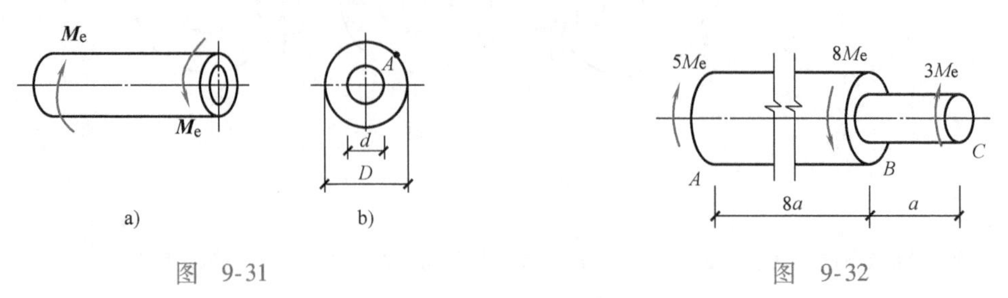

图 9-31　　图 9-32

9-5 如图9-33所示为一钢制的传动轴。已知材料的许用切应力$[\tau]=40\text{MPa}$，轴的直径$d=55\text{mm}$，所受外力偶矩的大小分别为$M_{e1}=1580\text{N}\cdot\text{m}$，$M_{e2}=500\text{N}\cdot\text{m}$，$M_{e3}=1080\text{N}\cdot\text{m}$。试校核该轴的强度。

9-6 某传动轴横截面上的最大扭矩为$T=1.5\text{kN}\cdot\text{m}$，材料的许用切应力$[\tau]=50\text{MPa}$。(1) 若用实心圆轴，确定其直径$D_1$；(2) 若改用空心圆轴，且$\alpha=0.9$，确定其内径$d$和外径$D$；(3) 比较空心轴和实心轴的重力。

9-7 变截面圆轴AB如图9-34所示，AC段直径$d_1=40\text{mm}$，CB段直径$d_2=70\text{mm}$，外力偶矩$M_{eB}=1500\text{N}\cdot\text{m}$，$M_{eA}=600\text{N}\cdot\text{m}$，$M_{eC}=900\text{N}\cdot\text{m}$，$G=80\text{GPa}$，$[\tau]=60\text{MPa}$，$[\theta]=2°/\text{m}$。试校核该轴的强度和刚度。

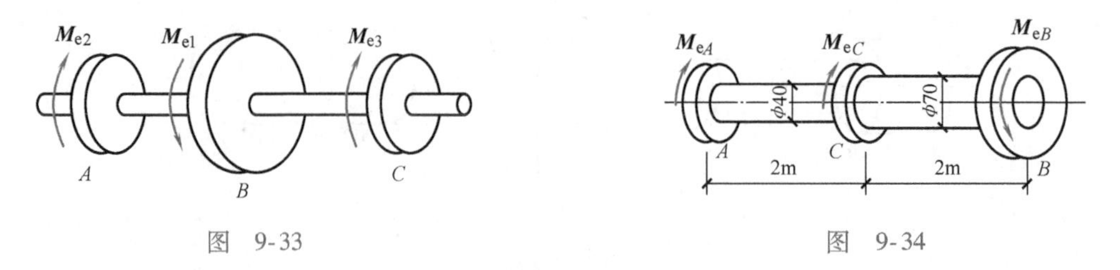

图 9-33　　图 9-34

9-8 某传动轴如图9-35所示，转速$n=400\text{r/min}$，B轮输入功率$P_B=60\text{kW}$，A轮和C轮输出功率$P_A=P_C=30\text{kW}$。已知$[\tau]=40\text{MPa}$，$[\theta]=0.5°/\text{m}$，$G=80\text{GPa}$，试按强度和刚度条件选择轴的直径。

9-9 如图9-36所示的矩形截面杆，两端受集中力偶矩$M_e=12\text{N}\cdot\text{m}$的作用，沿杆全长作用有均布力偶，其集度$m_e=10\text{N}\cdot\text{m/m}$。已知：$l=2.4\text{m}$，$b=0.2\text{m}$，$h=0.3\text{m}$。(1) 作矩形杆的扭矩图；(2) 求矩形杆的最大切应力。

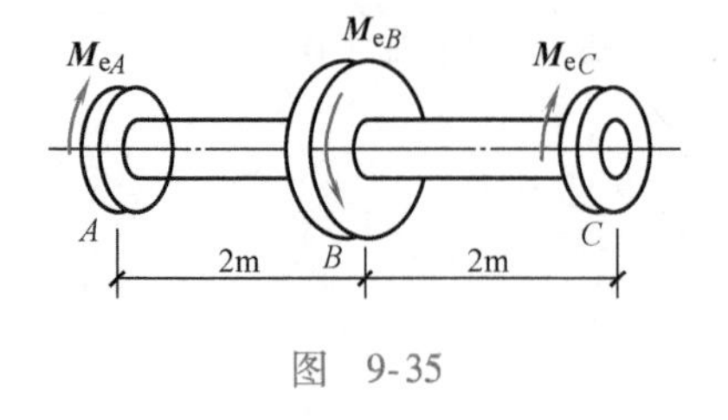

图 9-35

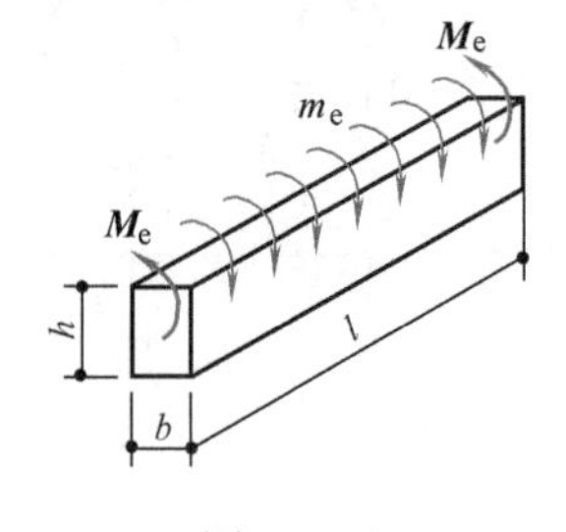

图 9-36

第十章 平面弯曲

学习目标

1. 弄清平面弯曲梁的受力特点和变形特点。

2. 理解剪力和弯矩的概念及正负号规定，熟练掌握用截面法的规律求梁的内力。

3. 利用荷载集度、剪力和弯矩间的微分关系，正确绘制梁的内力图。

4. 熟练掌握梁横截面上正应力、切应力的计算公式，明确正应力、切应力沿截面高度的分布规律。

5. 熟练掌握弯曲正应力和切应力强度条件的建立及相应的计算。

6. 了解梁的主应力和主应力迹线。

7. 掌握用叠加法求梁的位移，掌握梁的刚度条件及相应的计算。

本章重点是梁指定截面内力的计算，利用微分关系绘制梁的内力图；梁横截面上的应力计算；利用梁的强度及刚度条件，解决较简单的工程实际问题。

第一节 平面弯曲的概念与实例

一、弯曲的概念与实例

在工程中，我们经常遇到这样一些情况：杆件所受外力的作用线是垂直于杆轴线的平衡力系（或在纵向平面内作用的外力偶）。在这些外力作用下，杆的轴线由直线变成曲线（图 10-1，图中点划线表示梁在外力作用下变形后的轴线），这种变形称为弯曲。**凡是以弯曲为主要变形的杆件通常称之为梁。**

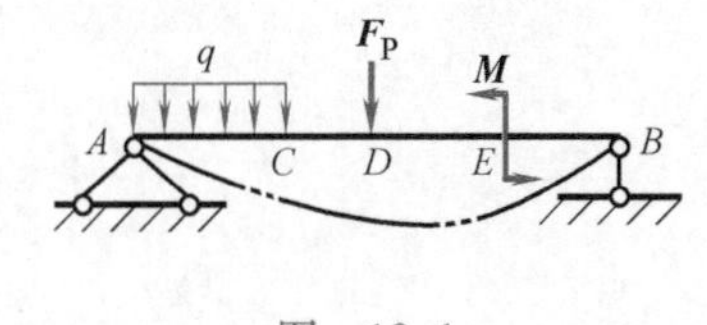

图 10-1

梁是工程中一种常用的杆件，尤其是在建筑工程中，它占有特别重要的地位。如房屋建筑中常用于支承楼板的梁（图 10-2）、阳台的挑梁（图 10-3）、门窗过梁（图 10-4）、厂房中的吊车梁（图 10-5）和梁式桥的主梁（图 10-6）等。

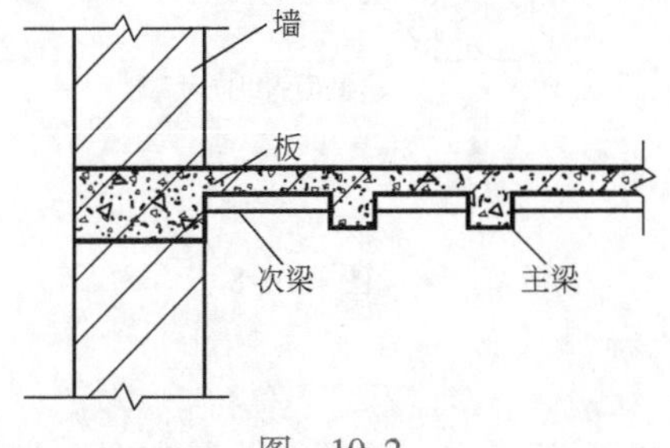

图 10-2

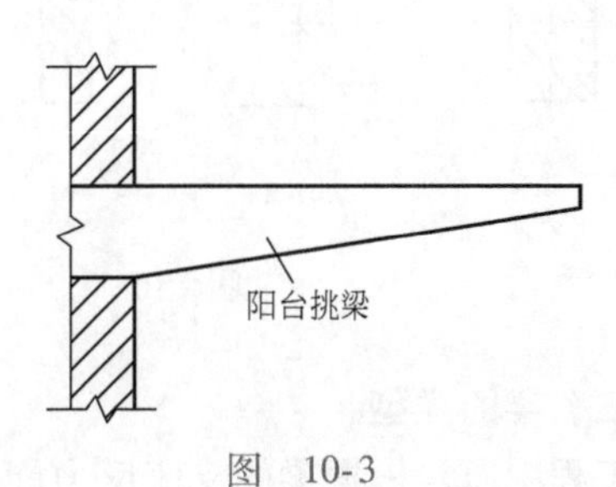

图 10-3

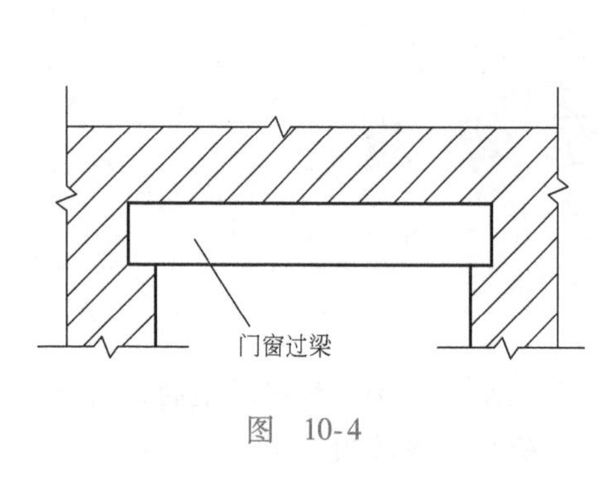

图 10-4

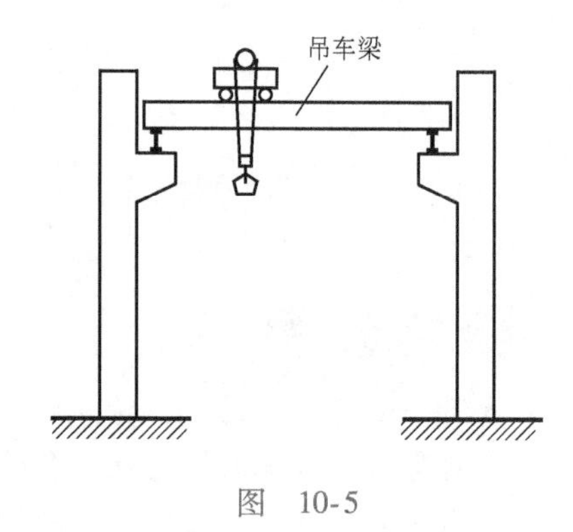

图 10-5

二、平面弯曲

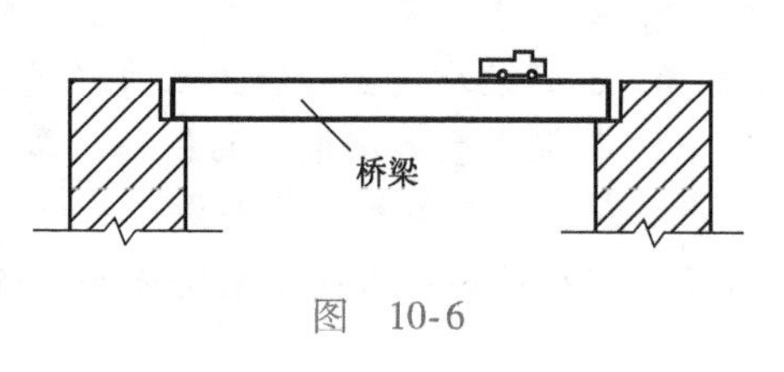

图 10-6

工程中常见的梁，其横截面大多为矩形、工字形、T形、十字形和槽形等（图10-7），它们都有对称轴，梁横截面的对称轴和梁的轴线所组成的平面通常称为纵向对称平面（图10-8）。当作用于梁上的力（包括主动力和约束反力）全部都在梁的同一纵向对称平面内时，梁变形后的轴线也在该平面内，我们把这种力的作用平面与梁的变形平面相重合的弯曲称为平面弯曲。图10-8中的梁就产生了平面弯曲。

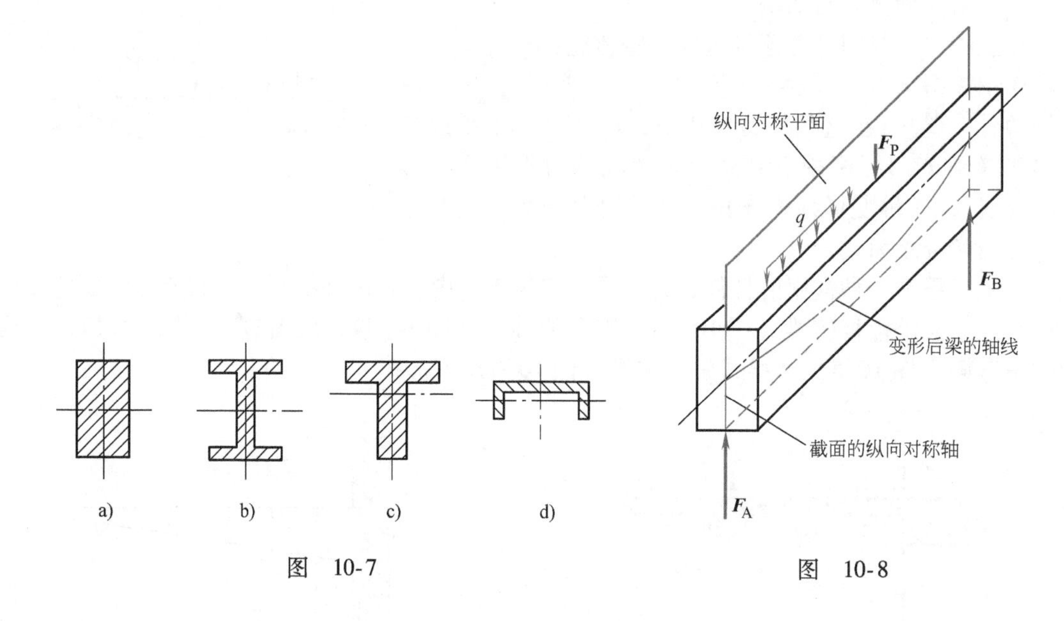

图 10-7　　图 10-8

三、梁的类型

工程中通常根据梁的支座反力能否用静力平衡方程全部求出，将梁分为静定梁和超静定梁两类。凡是通过静力平衡方程就能够求出全部约束反力和内力的梁，统称为静定梁。静定梁又根据其跨数分为单跨静定梁和多跨静定梁两类，单跨静定梁是本章的研究对象。通常根据支座情况将单跨静定梁分为下列三种基本形式：

(1) 悬臂梁　一端为固定端支座，另一端为自由端的梁（图 10-9a）。

(2) 简支梁　一端为固定铰支座，另一端为可动铰支座的梁（图 10-9b）。

(3) 外伸梁　梁身的一端或两端伸出支座的简支梁（图 10-9c、d）。

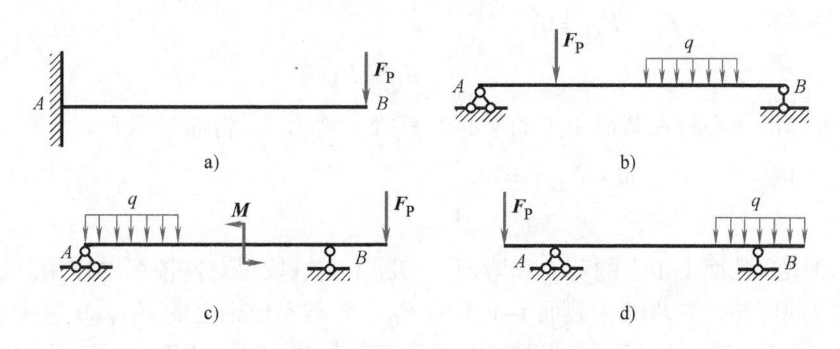

图　10-9

第二节　梁的内力

在求出梁的支座反力后，为了计算梁的应力和变形，首先需要研究梁的内力，以便对梁进行强度和刚度计算。

一、梁的内力——剪力和弯矩

下面我们仍用求内力的基本方法——截面法来讨论。

现以图 10-10a 所示的简支梁为例来分析。设荷载 $\boldsymbol{F}_P$ 和支座反力 $\boldsymbol{F}_{Ay}$、$\boldsymbol{F}_{By}$ 均作用在同一纵向对称平面内，组成的平面力系使梁处于平衡状态，欲计算截面 1-1 上的内力。

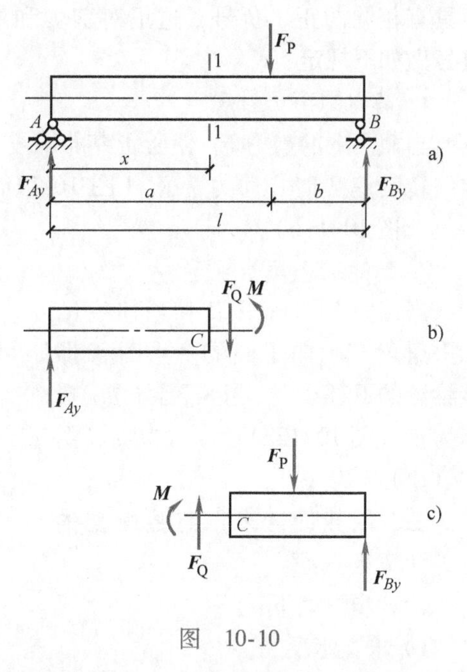

图　10-10

用一个假想的平面将该梁从欲求内力的位置 1-1 处切开，使梁分成左右两段，由于原来梁处于平衡状态，所以被切开后它的左段或右段也处于平衡状态。现取左段研究。在左段梁上向上的支座反力 $\boldsymbol{F}_{Ay}$ 有使梁段向上移动的可能，为了维持平衡，首先要保证该段在竖直方向不发生移动，于是左段在切开的截面上必定存在与 $\boldsymbol{F}_{Ay}$ 大小相等、方向相反的内力 $\boldsymbol{F}_Q$。但是，内力 $\boldsymbol{F}_Q$ 只能保证左段梁不移动，还不能保证左段梁不转动，因为支座反力 $\boldsymbol{F}_{Ay}$ 对 1-1 截面形心有一个顺时针方向的力矩 $F_{Ay}x$，这个力矩使该段有顺时针方向转动的趋势。为了保证左段梁不发生转动，在切开的1-1截面上还必定存在一个与力矩 $F_{Ay}x$ 大小相等、转向相反的内力偶 M（图 10-10b）。这样在 1-1 截面上同时有了 $\boldsymbol{F}_Q$ 和

M才能使梁段处于平衡状态。可见，产生平面弯曲的梁在其横截面上有两个内力：其一是与横截面相切的内力F_Q，称为**剪力**；其二是在纵向对称平面内的内力偶，其力偶矩为M，称为**弯矩**。

截面1-1上的剪力和弯矩值可由左段梁的平衡条件求得。

由$\sum F_y=0$得 $-F_Q+F_{Ay}=0$

$$F_Q=F_{Ay}$$

将力矩方程的矩心选在截面1-1的形心C点处，剪力F_Q将通过矩心。

由$\sum M_C=0$得 $M-F_{Ay}x=0$

$$M=F_{Ay}x$$

以上左段梁在截面1-1上的剪力和弯矩，实际上是右段梁对左段梁的作用。根据作用力与反作用力原理可知，右段梁在截面1-1上的F_Q、M与左段梁上的F_Q、M应大小相等、方向（或转向）相反（图10-10c）。若取右段梁研究，同样可求出相同的F_Q及M，请读者自己验证。

二、剪力和弯矩的正负号规定

由上述分析可知：分别取左、右梁段所求出的同一截面上的内力数值虽然相等，但方向（或转向）却正好相反，为了使根据两段梁的平衡条件求得的同一截面（如1-1截面）上的剪力和弯矩具有相同的正、负号，这里对剪力和弯矩的正负号做如下规定：

1. 剪力的正负号规定

当截面上的剪力F_Q使所研究的梁段有顺时针方向转动趋势时，剪力为正（图10-11a）；反之为负（图10-11b）。

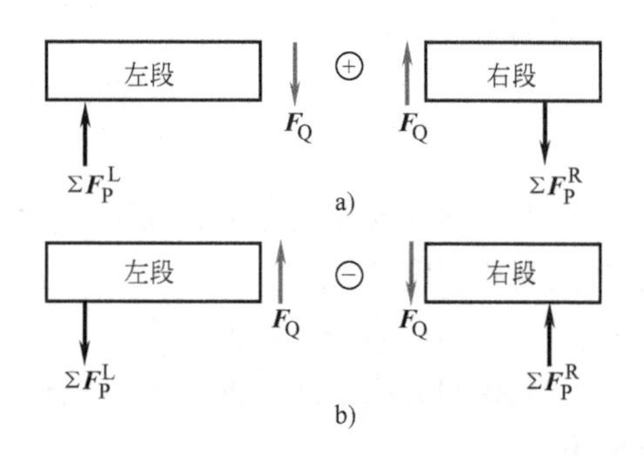

图 10-11
a）正剪力 b）负剪力

2. 弯矩的正负号规定

当截面上的弯矩M使所研究的水平梁段产生向下凸的变形时（即该梁段的下部受拉，上部受压），弯矩为正（图10-12a）；反之为负（图10-12b）。

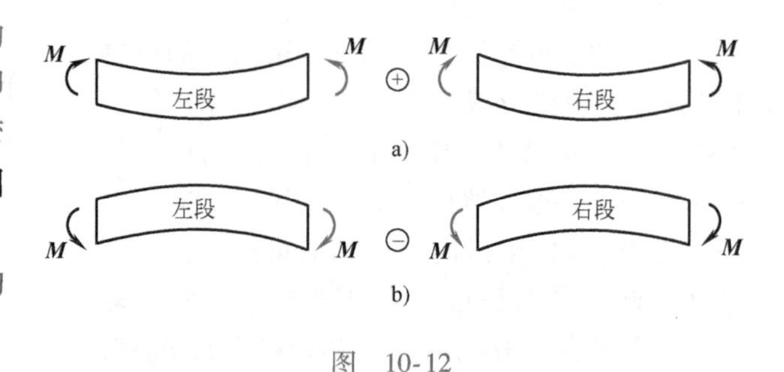

图 10-12
a）正弯矩 b）负弯矩

三、用截面法求指定截面上的剪力和弯矩

计算步骤如下：

1）求支座反力。

2）用假想的截面将梁从欲求剪力和弯矩的位置截开。

3）取截面的任一侧为隔离体，作出其受力图，列平衡方程求出剪力和弯矩。

下面举例说明。

例10-1 试用截面法求图10-13a所示悬臂梁1-1、2-2截面上的剪力和弯矩。已知：

$q=15\text{kN/m}$，$F_P=30\text{kN}$。图中截面1-1无限接近于截面A，但在A的右侧，通常称为A偏右截面。

解　图示梁为悬臂梁，由于悬臂梁具有一端为自由端的特征，所以在计算内力时可以不求其支座反力。但在不求支座反力的情况下，不能取有支座的梁段计算。

(1) 求1-1截面的剪力和弯矩。用假想的截面将梁从1-1位置截开，取1-1截面的右侧为隔离体，作该段的受力图（图10-13b），图中1-1截面上的剪力和弯矩都按照正方向假定，由平衡方程$\sum F_y=0$得

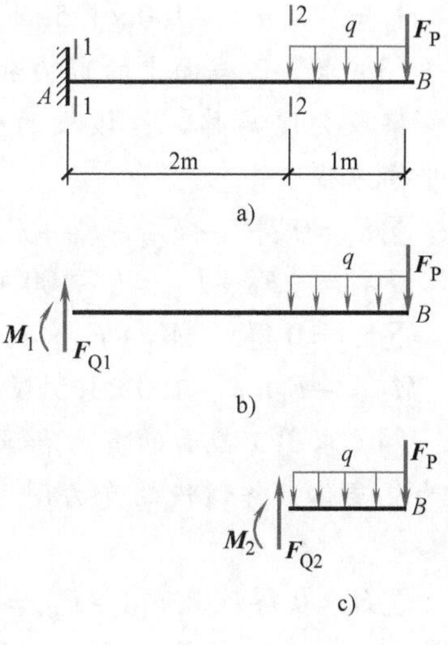

图　10-13

$$F_{Q1}-F_P-q\times1=0$$

$$F_{Q1}=F_P+q\times1=(30+15\times1)\ \text{kN}=45\text{kN}$$

计算结果为正，说明1-1截面上剪力的实际方向与图中假定的方向一致，即1-1截面上的剪力为正值。

由$\sum M_1=0$得

$$-M_1-q\times1\text{m}\times2.5\text{m}-F_P\times3\text{m}=0$$

$$\begin{aligned}M_1&=-q\times1\text{m}\times2.5\text{m}-F_P\times3\text{m}\\&=(-15\times1\times2.5-30\times3)\ \text{kN}\cdot\text{m}=-127.5\text{kN}\cdot\text{m}\end{aligned}$$

计算结果为负，说明1-1截面上弯矩的实际方向与图中假定的方向相反，即1-1截面上的弯矩为负值。

(2) 求2-2截面上的剪力和弯矩。用假想的截面将梁从2－2位置截开，取2－2截面的右侧为隔离体，作该段的受力图，如图10-13c所示。由平衡方程$\sum F_y=0$得

$$F_{Q2}-F_P-q\times1=0$$

$$F_{Q2}=F_P+q\times1=(30+15\times1)\text{kN}=45\text{kN}$$

由$\sum M_2=0$得

$$-M_2-q\times1\text{m}\times0.5\text{m}-F_P\times1\text{m}=0$$

$$\begin{aligned}M_2&=-q\times1\text{m}\times0.5\text{m}-F_P\times1\text{m}\\&=(-15\times1\times0.5-30\times1)\text{kN}\cdot\text{m}\\&=-37.5\text{kN}\cdot\text{m}\end{aligned}$$

例10-2　用截面法求图10-14a所示外伸梁指定截面上的剪力和弯矩。已知：$F_P=100\text{kN}$，$a=1.5\text{m}$，$M=75\text{kN}\cdot\text{m}$，（图中截面1-1、2-2都无限接近于截面$A$，但1-1在$A$左侧、2-2在$A$右侧，习惯称1-1为$A$偏左截面，2-2为$A$偏右截面；同样3-3、4-4分别称为$D$偏左及偏右截面）。

解　(1) 求支座反力。对简支梁和外伸梁必须求支座反力。以B点为矩心，列力矩平衡方程。

由$\sum M_B=0$得　$$-F_{Ay}\times2a+F_P\times3a-M=0$$

$$F_{Ay}=\frac{F_P\times3a-M}{2a}=\frac{100\times3\times1.5-75}{2\times1.5}\text{kN}=125\text{kN}\ (\uparrow)$$

由$\sum F_y=0$得　$$-F_{By}-F_P+F_{Ay}=0$$

$$F_{By}=-F_P+F_{Ay}=(-100+125)\ \text{kN}=25\text{kN}\ (\downarrow)$$

（2）求1-1截面上的剪力和弯矩。取1-1截面的左侧梁段为隔离体，作该段的受力图（图10-14b）。由平衡方程

$\sum F_y=0$ 得 $-F_{Q1}-F_P=0$

$$F_{Q1}=-F_P=-100\text{kN}$$

$\sum M_1=0$ 得 $M_1+F_P\times a=0$

$$M_1=-F_Pa=-100\times1.5\text{kN}\cdot\text{m}=-150\text{kN}\cdot\text{m}$$

（3）求2-2截面上的剪力和弯矩。取2-2截面的左侧梁段为隔离体，作该段的受力图（图10-14c）。由平衡方程

$\sum F_y=0$ 得 $-F_{Q2}-F_P+F_{Ay}=0$

$$F_{Q2}=-F_P+F_{Ay}=(-100+125)\text{ kN}=25\text{kN}$$

$\sum M_2=0$ 得 $M_2+F_P\times a=0$

$$M_2=-F_Pa=-100\times1.5\text{kN}\cdot\text{m}=-150\text{kN}\cdot\text{m}$$

（4）求3-3截面的剪力和弯矩。取3-3截面的右段为隔离体，作该段的受力图（图10-14d）。由平衡方程

$\sum F_y=0$ 得 $F_{Q3}-F_{By}=0$

$$F_{Q3}=F_{By}=25\text{kN}$$

$\sum M_3=0$ 得 $-M_3-M-F_{By}\times a=0$

$$M_3=-M-F_{By}\times a=(-75-25\times1.5)\text{ kN}\cdot\text{m}=-102.5\text{kN}\cdot\text{m}$$

（5）求4-4截面的剪力和弯矩。取4-4截面的右段为隔离体，作该段的受力图（图10-14e）。由平衡方程

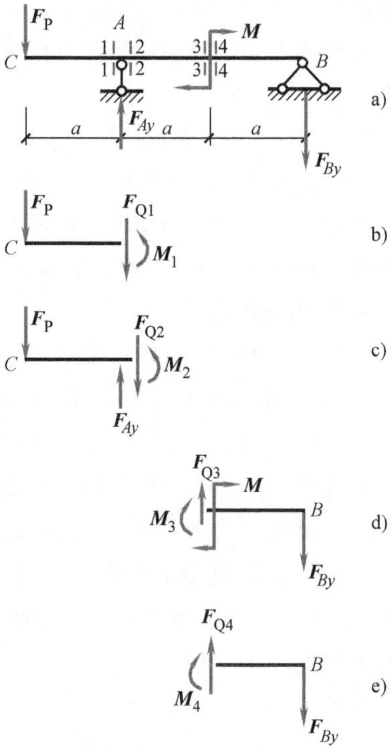

$\sum F_y=0$ 得 $F_{Q4}-F_{By}=0$

$$F_{Q4}=F_{By}=25\text{kN}$$

$\sum M_4=0$ 得 $-M_4-F_{By}\times a=0$

$$M_4=-F_{By}\times a=(-25\times1.5)\text{ kN}\cdot\text{m}=-37.5\text{kN}\cdot\text{m}$$

图 10-14

请读者对比1-1、2-2截面上的内力以及3-3、4-4截面上的内力有什么规律？

截面法是求内力的基本方法，利用截面法求内力时应注意以下几点：

1）用截面法求梁的内力时，可取截面任一侧研究，但为了简化计算，通常取外力比较少的一侧来研究。

2）作所取隔离体的受力图时，在切开的截面上，未知的剪力和弯矩通常均按正方向假定。这样能够把计算结果的正、负号和剪力、弯矩的正负号相统一，即计算结果的正负号就表示内力的正负号。

3）在列梁段的静力平衡方程时，要把剪力、弯矩当作隔离体上的外力来看待。因此，平衡方程中剪力、弯矩的正负号应按静力计算的习惯而定，不要与剪力、弯矩本身的正、负号相混淆。

4）在集中力作用处，剪力发生突变，突变量等于集中力的大小，弯矩不变；在集中力

偶作用处，弯矩发生突变，突变量等于集中力偶的大小，剪力不变。

四、直接用外力计算截面上的剪力和弯矩

通过截面法计算梁的内力，我们可以发现：截面上的内力和该截面一侧外力之间存在一种关系（规律），因此，可以利用这一规律求出该截面上的剪力和弯矩，使计算过程简化，简称用规律求剪力和弯矩。

1. 求剪力的规律

梁内任一截面上的剪力 $\boldsymbol{F}_{\mathrm{Q}}$，在数值上等于该截面一侧梁段上所有外力在平行于剪力方向投影的代数和，表示为

$$F_{\mathrm{Q}}=\sum F^{\mathrm{L}}\quad 或\ F_{\mathrm{Q}}=\sum F^{\mathrm{R}}$$

根据剪力正负号的规定可知：在左侧梁段上所有向上的外力会在截面上产生正剪力，而所有向下的外力会在截面上产生负剪力；在右侧梁段上所有向下的外力会在截面上产生正剪力，而所有向上的外力会在截面上产生负剪力。即：左上右下正，反之负。由于力偶在任何坐标轴上的投影都等于零，因此作用在梁上的力偶对剪力没有影响。

2. 求弯矩的规律

梁内任一截面上的弯矩 M，等于该截面一侧所有外力对该截面形心取力矩的代数和，表示为

$$M=\sum M_{C}\ (\boldsymbol{F}^{\mathrm{L}})\ 或\ M=\sum M_{C}\ (\boldsymbol{F}^{\mathrm{R}})$$

根据弯矩正负号的规定可知：在左侧梁段上的外力（包括外力偶）对截面形心的力矩为顺时针时，在截面上产生正弯矩，为逆时针时在截面上产生负弯矩；在右侧梁段上的外力（包括外力偶）对截面形心的力矩为逆时针时，在截面上产生正弯矩，为顺时针时在截面上产生负弯矩，即：左顺右逆正，反之负。

例 10-3　求图 10-15 所示简支梁指定截面上的剪力和弯矩。已知：$M=8\mathrm{kN\cdot m}$，$q=2\mathrm{kN/m}$。

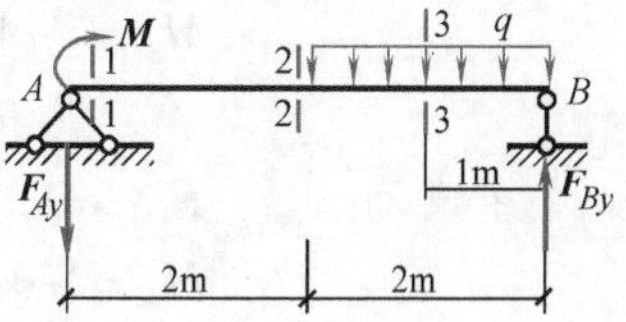

图 10-15

解　(1) 求支座反力。

$$F_{Ay}=1\mathrm{kN}\ (\downarrow)$$

$$F_{By}=5\mathrm{kN}\ (\uparrow)$$

(2) 求 1-1 截面上的剪力和弯矩。从 1-1 位置处将梁截开后，取该截面的左侧分析，作用在左侧梁段上的外力有：力偶 M，支座反力 $\boldsymbol{F}_{Ay}$。由 $F_{\mathrm{Q}}=\sum F^{\mathrm{L}}$ 及左上剪力正，反之负的规律可知

$$F_{\mathrm{Q1}}=-F_{Ay}=-1\mathrm{kN}$$

由 $M=\sum M_{C}\ (F^{\mathrm{L}})$ 及左顺弯矩正的规律可知

$$M_{1}=8\mathrm{kN\cdot m}$$

(3) 求 2-2 截面上的剪力和弯矩。从 2-2 位置处将梁截开后，取该截面的右侧分析，作用在右侧梁段上的外力有：均布荷载 q，支座反力 $\boldsymbol{F}_{By}$。由 $F_{\mathrm{Q}}=\sum F^{\mathrm{R}}$ 及右下剪力正的规律可知

$$F_{\mathrm{Q2}}=q\times 2\mathrm{m}-F_{By}=(2\times 2-5)\ \mathrm{kN}=-1\mathrm{kN}$$

由 $M=\sum M_{C}\ (F^{\mathrm{R}})$ 及右逆弯矩正，反之负的规律可知

$$M_{2}=-q\times 2\mathrm{m}\times 1\mathrm{m}+F_{By}\times 2\mathrm{m}=(-2\times 2\times 1+5\times 2)\ \mathrm{kN\cdot m}=6\mathrm{kN\cdot m}$$

(4) 求 3-3 截面上的剪力和弯矩。从 3-3 位置处将梁截开后，取该截面的右侧分析，作

用在右侧梁段上的外力有：均布荷载 q，支座反力 F_{By}。由 $F_Q=\sum F^R$ 及右下剪力正，反之负的规律可知

$$F_{Q3}=q\times1\text{m}-F_{By}=(2\times1-5)\ \text{kN}=-3\text{kN}$$

由 $M=\sum M_C\ (F^R)$ 及右逆弯矩正，反之负的规律可知

$$M_3=-q\times1\text{m}\times0.5\text{m}+F_{By}\times1\text{m}=(-2\times1\times0.5+5\times1)\ \text{kN}\cdot\text{m}=4\text{kN}\cdot\text{m}$$

当然在计算1-1截面的剪力和弯矩时也可以取该截面右侧计算，在求2-2、3-3截面的剪力和弯矩时也可以取该截面左侧计算，请读者自己练习。

例10-4 求图10-16所示外伸梁指定截面上的剪力和弯矩。已知：$M=6\text{kN}\cdot\text{m}$，$q=1\text{kN/m}$，$F_P=3\text{kN}$。

解 (1) 求支座反力。

$F_{Ay}=4.5\text{kN}\ (\uparrow)$

$F_{By}=4.5\text{kN}\ (\uparrow)$

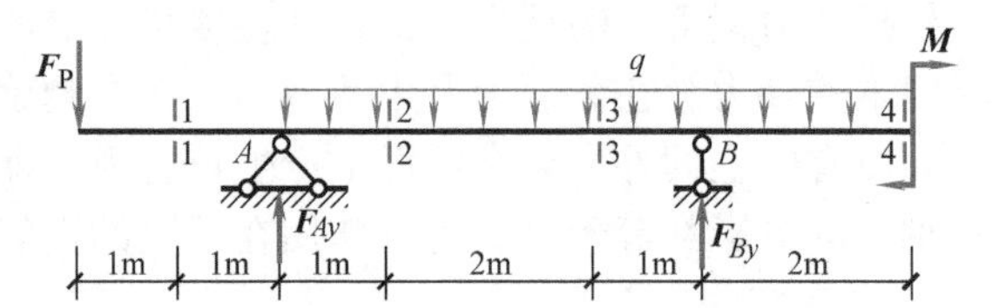

图 10-16

(2) 求1-1、2-2截面上的剪力和弯矩。取左侧分析：

1-1截面： $F_{Q1}=-F_P=-3\text{kN}$

$M_1=-F_P\times1\text{m}=-3\text{kN}\times1\text{m}=-3\text{kN}\cdot\text{m}$

2-2截面： $F_{Q2}=-F_P+F_{Ay}-q\times1\text{m}=(-3+4.5-1\times1)\ \text{kN}=0.5\text{kN}$

$M_2=-F_P\times3\text{m}+F_{Ay}\times1\text{m}-q\times1\text{m}\times0.5\text{m}=(-3\times3+4.5\times1-1\times1\times0.5)\text{kN}\cdot\text{m}=-5\text{kN}\cdot\text{m}$

(3) 求3-3、4-4截面上的剪力和弯矩。取右侧分析：

3-3截面： $F_{Q3}=q\times3\text{m}-F_{By}=(1\times3-4.5)\ \text{kN}=-1.5\text{kN}$

$M_3=-M-q\times3\text{m}\times1.5\text{m}+F_{By}\times1\text{m}$

$=(-6-1\times3\times1.5+4.5\times1)\ \text{kN}\cdot\text{m}=-6\text{kN}\cdot\text{m}$

4-4截面： $F_{Q4}=0$

$M_4=-M=-6\text{kN}\cdot\text{m}$

显然，用“规律”直接计算剪力和弯矩比较简捷。

第三节 梁的内力图

一、用写方程法作梁的内力图

1. 剪力方程和弯矩方程

梁横截面上的剪力和弯矩一般是随横截面的位置而变化的。若横截面沿梁轴线的位置用横坐标 x 表示，则梁内各横截面上的剪力和弯矩就可以表示为坐标 x 的函数，即

$$F_Q=F_Q(x)$$
$$M=M(x)$$

以上两函数分别称为梁的**剪力方程**和**弯矩方程**。

通过梁的剪力方程和弯矩方程，可以找到剪力和弯矩沿梁轴线的变化规律。

2. 剪力图和弯矩图

为了形象地表明沿梁轴线各横截面上剪力和弯矩的变化规律，通常**将剪力和弯矩在全梁**

范围内变化的规律用图形来表示，分别称为剪力图和弯矩图。作剪力图和弯矩图最基本的方法是：根据剪力方程和弯矩方程分别绘图。

绘图时，以平行于梁轴线的坐标 x 表示梁横截面的位置，以垂直于 x 轴的纵坐标（按适当的比例）表示相应横截面上的剪力或弯矩。在土建工程中，习惯将正剪力作在 x 轴的上方，负剪力作在 x 轴的下方，并标明正、负号；弯矩图总是作在梁受拉的一侧，不标正负号。

例 10-5　作图 10-17a 所示悬臂梁在集中力作用下的剪力图和弯矩图。

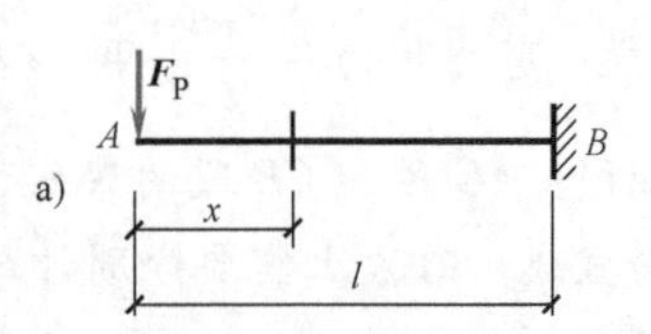

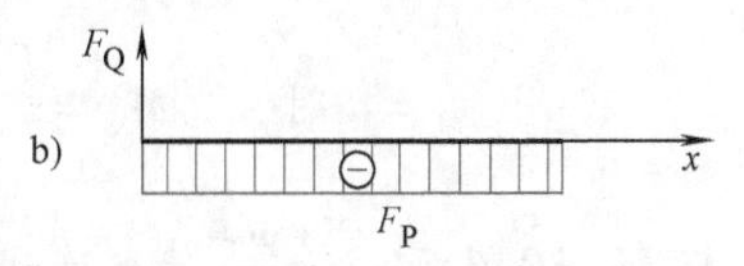

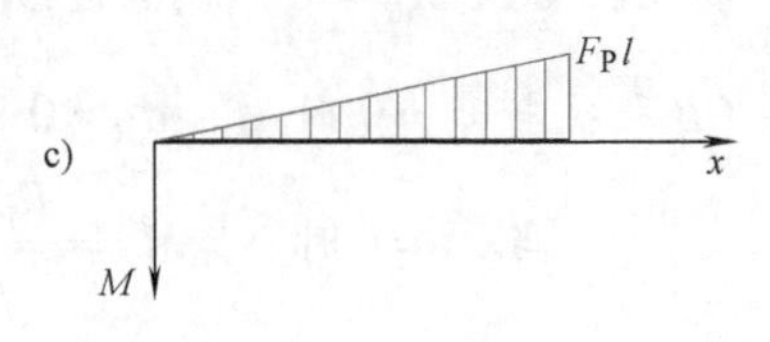

图　10-17

解　因为图示梁为悬臂梁，所以可以不求支座反力。

(1) 列剪力方程和弯矩方程。将坐标原点假定在左端点 A 处，并取距 A 端为 x 的截面左侧研究。

剪力方程　　$F_Q = -F_P \quad (0 < x < l)$

弯矩方程　　$M = -F_P x \quad (0 \leqslant x < l)$

(2) 作剪力图和弯矩图。剪力方程为 x 的常函数，剪力图为一条与 x 轴平行的直线，而且在 x 轴的下方。剪力图如图 10-17b 所示。

弯矩方程为 x 的一次函数，弯矩图为一条斜直线。

当 $x=0$ 时　　$M_A = 0$

当 $x=l$ 时　　$M_B^L = -F_P l$

作弯矩图如图 10-17c 所示。

例 10-6　作图 10-18a 所示简支梁的剪力图和弯矩图。

解　(1) 求支座反力。

$$F_{Ay} = \frac{F_P b}{l} \ (\uparrow)$$

$$F_{By} = \frac{F_P a}{l} \ (\uparrow)$$

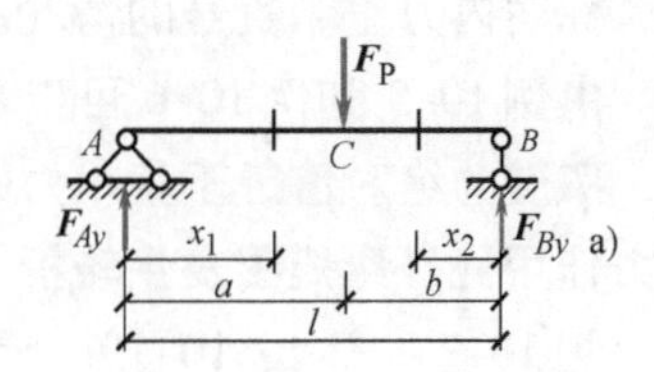

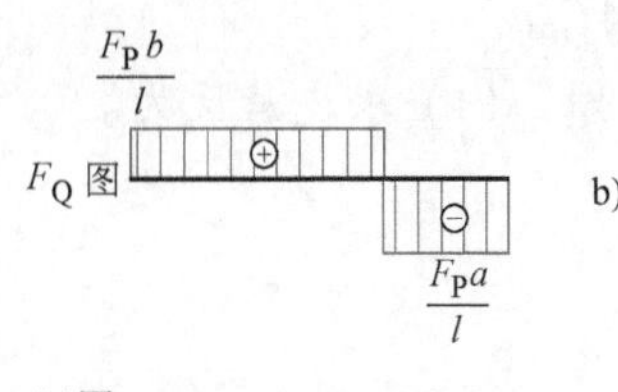

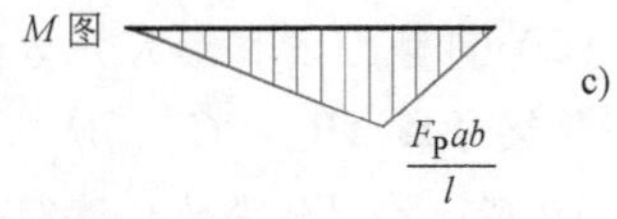

图　10-18

(2) 列剪力方程和弯矩方程。

AC 段：取左段研究，根据左段上的外力直接列方程

$$F_{Q1} = F_{Ay} = \frac{F_P b}{l} \qquad (0 < x_1 < a)$$

$$M_1 = F_{Ay} x_1 = \frac{F_P b}{l} x_1 \qquad (0 \leqslant x_1 \leqslant a)$$

CB 段：在 CB 段上距 B 端为 x_2 的任意截面处将梁截开，取右段研究，根据右段上的外力直接列方程

$$F_{Q2} = -F_{By} = -\frac{F_P a}{l} \qquad (0 < x_2 < b)$$

$$M_2 = F_{By} x_2 = \frac{F_P a}{l} x_2 \qquad (0 \leqslant x_2 \leqslant b)$$

(3) 作剪力图和弯矩图。根据剪力方程和弯矩方程判断剪力图和弯矩图的形状，确定控制截面的个数及内力值，并作图。

剪力图：AC 段和 CB 段的剪力方程均为 x 的常函数，所以 AC 段、CB 段的剪力图都是与 x 轴平行的直线，每段上只需要计算一个控制截面的剪力值。

AC 段：剪力值为$\frac{F_P b}{l}$，图形在 x 轴的上方。

CB 段：剪力值为$-\frac{F_P a}{l}$，图形在 x 轴的下方。

弯矩图：AC 段和 CB 段的弯矩方程均为 x 的一次函数，所以 AC 段、CB 段的弯矩图都是一条斜直线，每段上需要分别计算两个控制截面的弯矩值。

AC 段：当 $x_1=0$ 时　　$M_A=0$

当 $x_1=a$ 时　　$M_C=\frac{F_P ab}{l}$

将 $M_A=0$ 及 $M_C=\frac{F_P ab}{l}$两点连线即可作出 AC 段的弯矩图。

CB 段：当 $x_2=0$ 时　　$M_B=0$

当 $x_2=b$ 时　　$M_C=\frac{F_P ab}{l}$

将 $M_B=0$ 及 $M_C=\frac{F_P ab}{l}$两点连线即可作出 CB 段的弯矩图。

作出的剪力图、弯矩图如图 10-18b、c 所示。

注意：应将内力图与梁的计算简图对齐。在写出图名（F_Q 图、M 图）、控制截面内力值、标明内力正、负号的情况下，可以不作出坐标轴。习惯上作图时常用这种方法。

由例 10-5 和例 10-6 可以看出：**在集中力作用处，剪力图发生突变，称之为剪力图突变，突变的绝对值等于集中力的数值；在梁上无荷载作用的区段，其弯矩图是斜直线，在集中力作用处，弯矩图发生转折，出现尖角现象。**

例 10-7　作图 10-19a 所示外伸梁在集中力偶作用下的剪力图、弯矩图。已知：$M=4F_P a$。

解　(1) 求支座反力。

$$F_{Ay}=\frac{M}{4a}=F_P \quad (\downarrow)$$

$$F_{By}=F_{Ay}=F_P \quad (\uparrow)$$

(2) 列剪力方程和弯矩方程。以梁的端截面、集中力、集中力偶的作用截面为分段的界限，将梁分成 AB、BC、CD 三段。

AB 段：在 AB 段的任意位置 x_1 处取截面，并取截面左侧研究，由作用在左侧梁段上的外力可知：

$$F_{Q1}=-F_{Ay}=-F_P \quad (0<x_1<4a)$$

$$M_1=-F_{Ay}x_1=-F_P x_1 \quad (0\leqslant x_1\leqslant 4a)$$

BC 段：在 BC 段的任意位置 x_2 处取截面，并取截面右侧研究，由作用在右侧梁段上的外力可知：

$$F_{Q2}=0 \qquad (0 \leqslant x_2 < a)$$
$$M_2=-M=-4F_{P}a \qquad (0 < x_2 \leqslant a)$$

CD 段：在 *CD* 段的任意位置 x_3 处取截面，并取截面右侧研究，由于在右侧梁段上没有任何外力作用，因此

$$F_{Q3}=0$$
$$M_3=0$$

（3）作剪力图和弯矩图。

剪力图：*AB* 段的剪力方程为常函数，*BC* 段、*CD* 段的剪力方程也为常函数，所以每段只需要确定一个控制截面的剪力值即可。作出的剪力图如图 10-19b 所示。

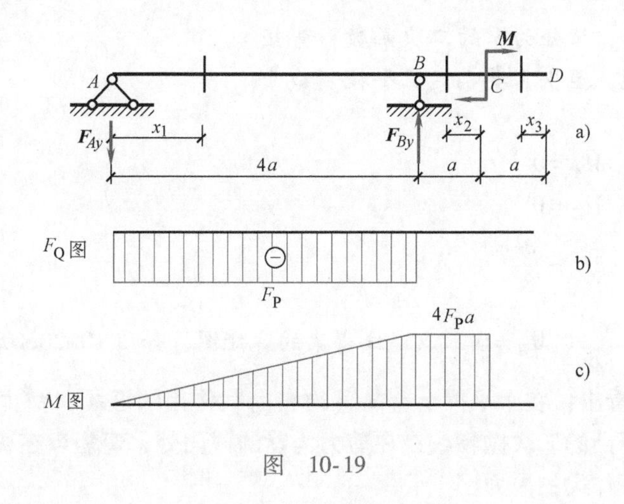

图　10-19

弯矩图：*AB* 段的弯矩方程为一次函数，需要确定两个控制截面的弯矩值；*BC* 段、*CD* 段的弯矩方程为常函数，只需要分别确定一个控制截面的弯矩值即可。作出的弯矩图如图 10-19c 所示。

由例 10-7 可以看出：**在集中力偶作用处，剪力图无变化，弯矩图发生突变，突变的绝对值等于集中力偶的力偶矩数值。而且在梁上无荷载作用的区段，当剪力图为与 *x* 轴重合的直线（即剪力图为平行于 *x* 轴的直线，且数值为零）时，弯矩图是一条平行于 *x* 轴的直线，特殊情况下与 *x* 轴重合（如例 10-7 中的 *CD* 段）。**

例 10-8　作图 10-20a 所示简支梁在满跨向下均布荷载作用下的剪力图和弯矩图。

解　（1）求支座反力。由对称关系可知

$$F_{By}=F_{Ay}=\frac{ql}{2} \quad (\uparrow)$$

（2）列剪力方程和弯矩方程。在距左端点为 x 的位置取任意截面，并取截面左侧研究，由该段上的外力可得

$$F_Q(x)=F_{Ay}-qx=\frac{ql}{2}-qx \qquad (0 < x < l)$$

$$M(x)=F_{Ay}x-\frac{qx^2}{2}=\frac{ql}{2}x-\frac{qx^2}{2} \qquad (0 \leqslant x \leqslant l)$$

(3) 作剪力图和弯矩图。

由剪力方程可知：剪力为 x 的一次函数，所以剪力图为一条斜直线，需要确定两个控制截面的数值。

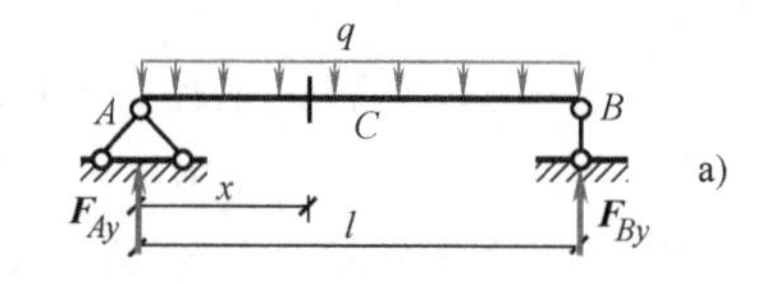

当 $x=0$ 时　　$F_{QA}^{R}=\dfrac{ql}{2}$

当 $x=l$ 时　　$F_{QB}^{L}=-\dfrac{ql}{2}$

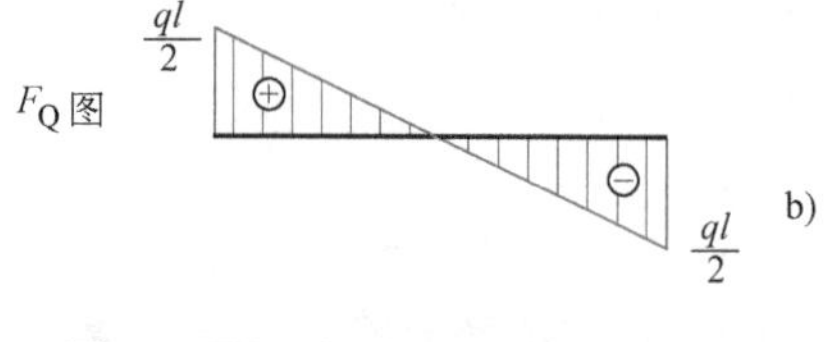

将 $F_{QA}^{R}=\dfrac{ql}{2}$ 与 $F_{QB}^{L}=-\dfrac{ql}{2}$ 连线得梁的剪力图，如图 10-20b 所示。

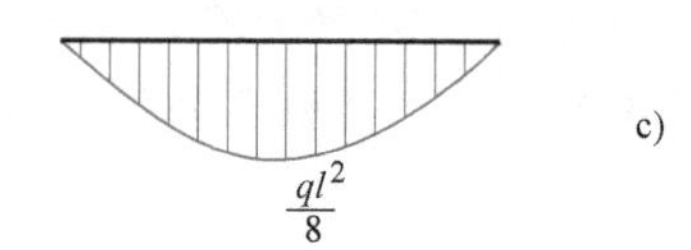

图　10-20

由弯矩方程可知：弯矩为 x 的二次函数，弯矩图为一条二次抛物线，至少需要确定三个控制截面的数值。

当 $x=0$ 时　　$M_A=0$

当 $x=l$ 时　　$M_B=0$

当 $x=l/2$ 时　　$M_C=\dfrac{ql^2}{8}$

将 $M_A=0$、$M_C=\dfrac{ql^2}{8}$、$M_B=0$ 三点连线得梁的弯矩图，如图 10-20c 所示。

由例 10-8 可以看出：在水平梁上有向下均布荷载作用的区段，剪力图为从左向右的下斜直线，弯矩图为下凸的二次抛物线；在剪力为零的截面处，弯矩存在极值。

二、用微分关系作梁的内力图

1. $M(x)$、$F_Q(x)$、$q(x)$ 之间的微分关系

设图 10-21a 所示的梁上作用有任意分布荷载 $q(x)$，它是 x 的连续函数，并假设 $q(x)$ 以向上为正，将 x 的坐标原点取在梁的左端点，在分布荷载作用的梁段上取一长为 dx 的微段来研究（图 10-21b）。

由于微段的长度 dx 很小，因此，在微段上作用的分布荷载 $q(x)$ 可以看成是均匀分布的。设左侧横截面上的剪力和弯矩分别为 $F_Q(x)$ 和 $M(x)$；右侧横截面上的剪力和弯矩分别为 $F_Q(x)+\mathrm{d}F_Q(x)$ 和 $M(x)+\mathrm{d}M(x)$，并设两个截面上的剪力和弯矩均为正值。因为微段处于平衡状态，所以由方程 $\sum F_y=0$ 得

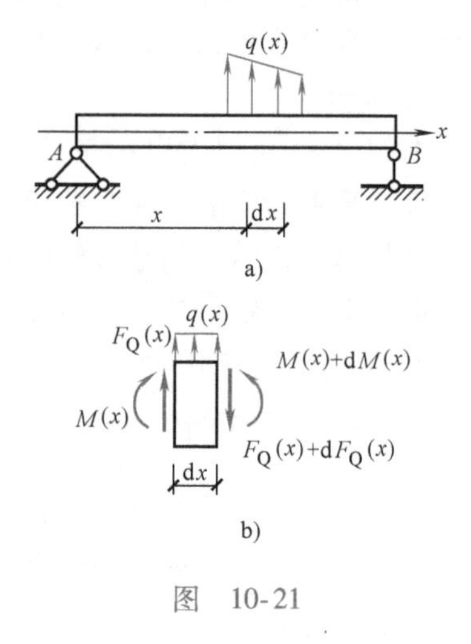

图　10-21

$$F_Q(x)+q(x)\mathrm{d}x-[F_Q(x)+\mathrm{d}F_Q(x)]=0$$

即
$$\frac{\mathrm{d}F_Q(x)}{\mathrm{d}x}=q(x)$$

上式说明：梁上任一横截面的剪力对 x 的一阶导数等于作用在梁上该截面处的分布荷载集度。这一微分关系的几何意义是：剪力图上某点切线的斜率等于该点对应截面处的荷载

集度。

再由$\sum M_C=0$（C点为微段右侧截面的形心）得

$$-M(x)-F_Q(x)\mathrm{d}x-q(x)\mathrm{d}x\frac{\mathrm{d}x}{2}+[M(x)+\mathrm{d}M(x)]=0$$

略去高阶微量$q(x)\frac{\mathrm{d}x^2}{2}$，并对上式进行整理后即为

$$\frac{\mathrm{d}M(x)}{\mathrm{d}x}=F_Q(x)$$

上式说明：梁上任一横截面的弯矩对x的一阶导数等于该截面上的剪力。这一微分关系的几何意义是：弯矩图上某点切线的斜率等于该点对应横截面上的剪力。可见，根据剪力的符号可以确定弯矩图的倾斜趋向。

再将$\frac{\mathrm{d}M(x)}{\mathrm{d}x}=F_Q(x)$两边求导，得

$$\frac{\mathrm{d}^2M(x)}{\mathrm{d}x^2}=q(x)$$

上式说明：梁上任一截面的弯矩对x的二阶导数等于该截面处的荷载集度。这一微分关系的几何意义是：弯矩图上某点的曲率等于该点对应截面处的分布荷载集度。可见，根据分布荷载的正负可以确定弯矩图的开口方向。

2. 用$M(x)$、$F_Q(x)$、$q(x)$三者之间的微分关系说明内力图的特点和规律

从普遍情况分析出$M(x)$、$F_Q(x)$、$q(x)$三者之间的微分关系后，可以总结出水平梁在均布荷载作用时的规律和特点。

（1）在无均布荷载作用的区段　由于$q(x)=0$，即$\frac{\mathrm{d}F_Q(x)}{\mathrm{d}x}=0$，$F_Q(x)$是常数，所以剪力图是一条平行于$x$轴的直线。又因$\frac{\mathrm{d}M(x)}{\mathrm{d}x}=F_Q(x)=$常数，所以，该段梁的弯矩图中各点切线的斜率为一常数，弯矩图为一条直线。

当$F_Q(x)>0$时，弯矩图为一条从左向右的下斜直线（＼）。

当$F_Q(x)<0$时，弯矩图为一条从左向右的上斜直线（／）。

当$F_Q(x)=0$时，弯矩图为一条平行于x轴的直线（—）。

（2）在有均布荷载作用的区段　由于$q(x)=$常数，即$\frac{\mathrm{d}F_Q(x)}{\mathrm{d}x}=q(x)=$常数，所以剪力图上各点切线的斜率均相等，剪力图为一条斜直线，又因$\frac{\mathrm{d}^2M(x)}{\mathrm{d}x^2}=q(x)=$常数，所以弯矩图为二次抛物线。

$q(x)>0$时，即$\frac{\mathrm{d}F_Q(x)}{\mathrm{d}x}>0$，$\frac{\mathrm{d}^2M(x)}{\mathrm{d}x^2}>0$，则剪力图为从左向右的上斜直线（／），弯矩图为开口向下的二次抛物线（∩）。

$q(x)<0$时，即$\frac{\mathrm{d}F_Q(x)}{\mathrm{d}x}<0$，$\frac{\mathrm{d}^2M(x)}{\mathrm{d}x^2}<0$，则剪力图为从左向右的下斜直线（＼），弯矩图为开口向上的二次抛物线（∪）。

（3）弯矩的极值 由于 $F_Q(x)=0$，即 $\frac{dM(x)}{dx}=0$，所以弯矩图在剪力等于零的截面上有极值。

现将有关梁上荷载与剪力图、弯矩图的关系列于表10-1。

表10-1 梁上荷载与剪力图、弯矩图的关系

	梁上荷载情况	剪 力 图	弯 矩 图
1	无分布荷载 （$q=0$）	F_Q 图为水平直线 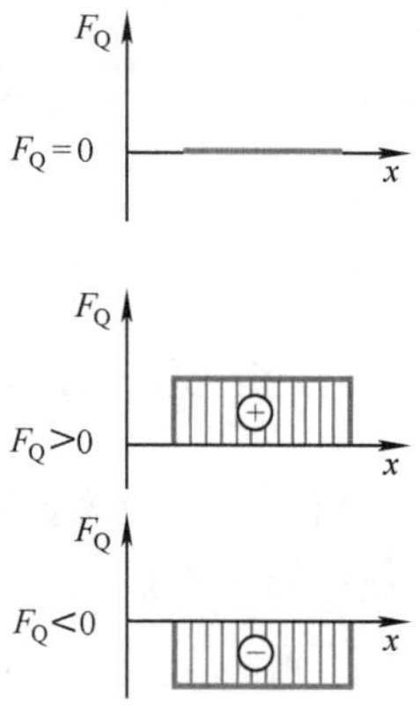 $F_Q=0$ $F_Q>0$ $F_Q<0$	M 图为斜直线 $M<0$ $M=0$ $M>0$ 下斜直线 上斜直线 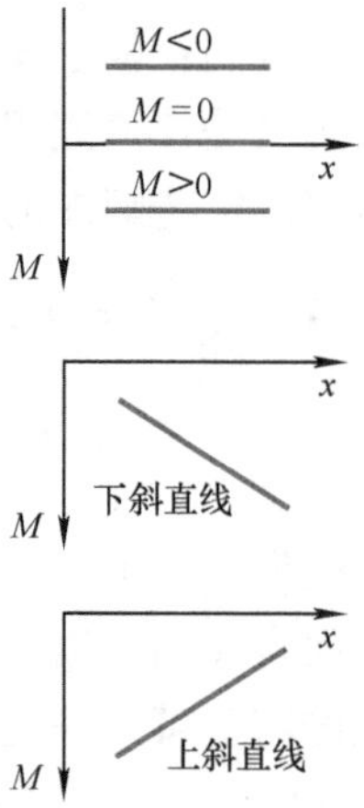
2	均布荷载向上作用 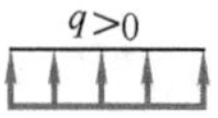 $q>0$	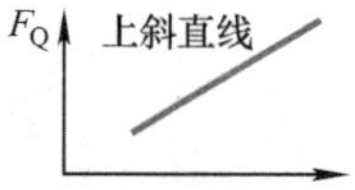 上斜直线	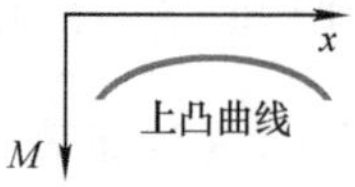 上凸曲线
3	均布荷载向下作用 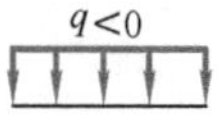 $q<0$	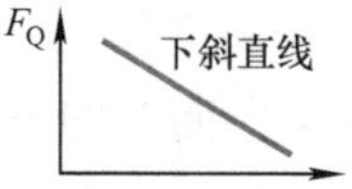 下斜直线	 下凸曲线
4	集中力作用 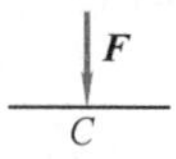 F C	C 截面有突变 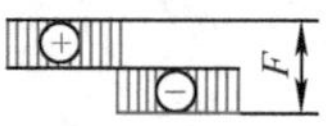 F	C 截面有转折 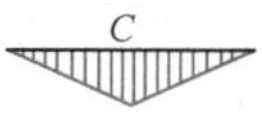 C
5	集中力偶作用 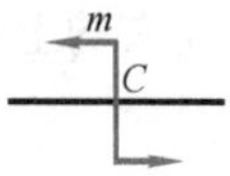 m C	C 截面无变化	C 截面有突变 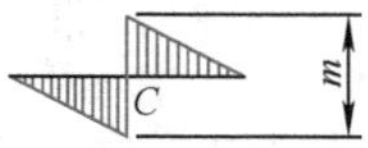 C m
	$F_Q=0$ 处 M 有极值		

3. 用简捷法作梁的内力图

利用梁的剪力图、弯矩图与荷载之间的规律作梁的内力图，通常称为简捷法作内力图。同时，我们还可以用这些规律来校核剪力图和弯矩图的正确性，避免作图时出现的错误。用简捷法作内力图的步骤如下：

1）求支座反力。对于悬臂梁，由于其一端为自由端，所以可以不求支座反力。

2）将梁进行分段。梁的端截面、集中力、集中力偶的作用截面、分布荷载的起止截面都是梁分段时的界线截面。

3）由各梁段上的荷载情况，根据规律确定其对应的剪力图和弯矩图的形状。

4）确定控制截面，求控制截面的剪力值、弯矩值，并作图。

控制截面是指对内力图形能起控制作用的截面。当图形为平行直线时，只要确定一个截面的内力数值就能作出图来，此时找到一个控制截面就行了；当图形为斜直线时，就需要确定两个截面的内力数值才能作出图来，此时要找到两个控制截面；而当图形为抛物线时，就需要至少确定三个截面的内力数值才能作出图来，此时至少要找到三个控制截面。

例 10-9　用简捷法作图 10-22a 所示外伸梁的剪力图和弯矩图。

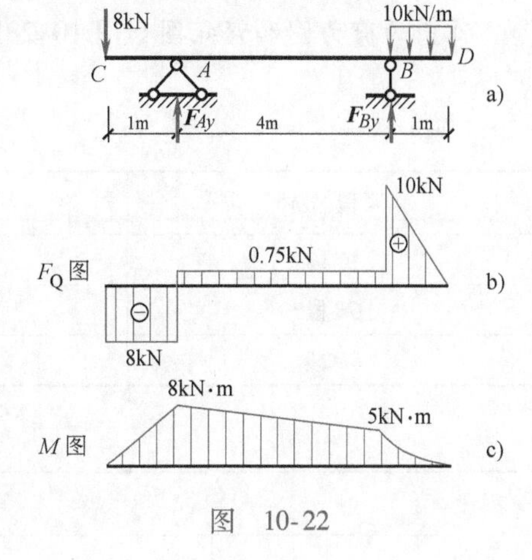

图　10-22

解　(1) 求支座反力。

$$F_{By}=9.25\text{kN}\ (\uparrow)$$

$$F_{Ay}=8.75\text{kN}\ (\uparrow)$$

(2) 将梁进行分段。根据梁上的外力情况将梁分成三段：*CA* 段、*AB* 段、*BD* 段。

(3) 由各梁段上的荷载情况，根据规律确定其对应的剪力图和弯矩图的形状，见表 10-2。

(4) 确定控制截面，求控制截面的剪力值、弯矩值，见表 10-3，并作图。

表　10-2

梁段名称	剪力图的形状	弯矩图的形状
CA 段	水平直线	直线
AB 段	水平直线	直线
BD 段	斜直线	开口向上抛物线

表　10-3

梁段	控制截面值				
CA 段	$F_{QCA}=-8\text{kN}$		$M_{CA}=0$	$M_{AC}=-8\text{kN}\cdot\text{m}$	
AB 段	$F_{QAB}=0.75\text{kN}$		$M_{AB}=-8\text{kN}\cdot\text{m}$	$M_{BA}=-5\text{kN}\cdot\text{m}$	
BD 段	$F_{QBD}=10\text{kN}$	$F_{QDB}=0$	$M_{BD}=-5\text{kN}\cdot\text{m}$	$M_{DB}=0$	$M^{DB}=-1.25\text{kN}\cdot\text{m}$

注：表中内力符号的右下标表示梁段的截面位置，如 $F_{QBD}=10\text{kN}$ 表示 *BD* 段 *B* 截面的剪力为 10kN；右上标表示中点，如 $M^{DB}=-1.25\ \text{kN}\cdot\text{m}$表示 *DB* 段的中点弯矩值。

为了使作出的剪力图和弯矩图准确，通常边作图边用剪力图和弯矩图的特征（表10-1）检查图形是否正确。作出的剪力图和弯矩图如图10-22b、c所示。

例10-10　用简捷法作图10-23a所示外伸梁的剪力图和弯矩图。已知：$M=12\text{kN}\cdot\text{m}$，$q=2\text{kN/m}$。

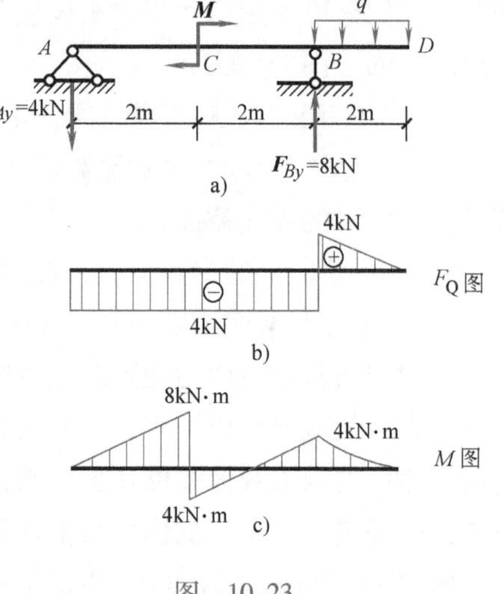

图　10-23

解　(1) 求支座反力。

$$F_{By}=8\text{kN}\ (\uparrow)$$
$$F_{Ay}=4\text{kN}\ (\downarrow)$$

(2) 将梁进行分段。

(3) 由各梁段上的荷载情况，根据规律确定其对应的剪力图和弯矩图的形状，见表10-4。

(4) 确定控制截面，求控制截面的剪力值、弯矩值，见表10-5，并作图。

作出的剪力图和弯矩图如图10-23b、c所示。

表　10-4

梁段名称	剪力图的形状	弯矩图的形状
AC段	水平直线	直线
CB段	水平直线	直线
BD段	斜直线	开口向上抛物线

表　10-5

梁段	控制截面值				
AC段	$F_{QAC}=-4\text{kN}$		$M_{AC}=0$	$M_{CA}=-8\text{kN}\cdot\text{m}$	
CB段	$F_{QCB}=-4\text{kN}$		$M_{CB}=4\text{kN}\cdot\text{m}$	$M_{BC}=-4\text{kN}\cdot\text{m}$	
BD段	$F_{QBD}=4\text{kN}$	$F_{QDB}=0$	$M_{BD}=-4\text{kN}\cdot\text{m}$	$M_{DB}=0$	$M^{BD}=-1\text{kN}\cdot\text{m}$

例10-11　用简捷法作图10-24a所示简支梁的剪力图和弯矩图。已知：$q=40\text{kN/m}$，$F_P=80\text{kN}$，$M=160\text{kN}\cdot\text{m}$。

解　(1) 求支座反力。

$$F_{By}=70\text{kN}\ (\uparrow)$$
$$F_{Ay}=170\text{kN}\ (\uparrow)$$

(2) 将梁进行分段。

(3) 由各梁段上的荷载情况，根据规律确定其对应的剪力图和弯矩图的形状，见表10-6。

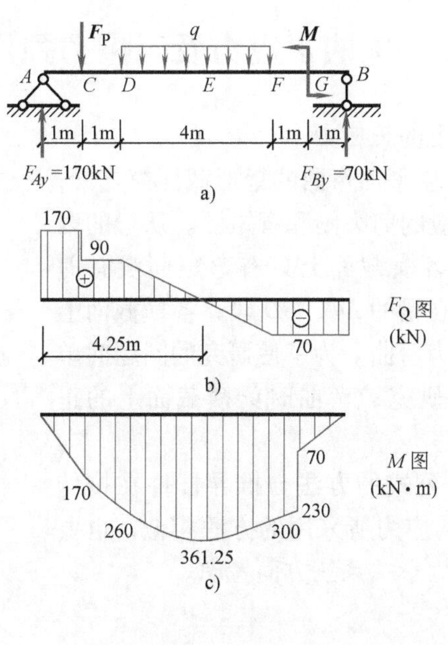

图 10-24

表 10-6

梁段名称	剪力图的形状	弯矩图的形状
*AC*段	水平直线	直线
*CD*段	水平直线	直线
*DF*段	斜直线	开口向上抛物线
*FG*段	水平直线	直线
*GB*段	水平直线	直线

（4）确定控制截面，求控制截面的剪力值、弯矩值，见表10-7，并作图。

表 10-7

梁段	控制截面值				
*AC*段	$F_{QAC}=170\text{kN}$		$M_{AC}=0$	$M_{CA}=170\text{kN}\cdot\text{m}$	
*CD*段	$F_{QCD}=90\text{kN}$		$M_{CD}=170\text{ kN}\cdot\text{m}$	$M_{DC}=260\text{kN}\cdot\text{m}$	
*DF*段	$F_{QDF}=90\text{kN}$	$F_{QFD}=-70\text{kN}$	$M_{DF}=260\text{kN}\cdot\text{m}$	$M_{FD}=300\text{kN}\cdot\text{m}$	$M_E=361.25\text{kN}\cdot\text{m}$
*FG*段	$F_{QFG}=-70\text{kN}$		$M_{FG}=300\text{kN}\cdot\text{m}$	$M_{GF}=230\text{kN}\cdot\text{m}$	
*GB*段	$F_{QGB}=-70\text{kN}$		$M_{GB}=70\text{kN}\cdot\text{m}$	$M_{BG}=0$	

注：表中 M_E 表示 *DF* 段上剪力等于零的 *E* 点对应截面上的弯矩。

作出的剪力图和弯矩图如图10-24b、c所示。

第四节 梁的正应力及正应力强度计算

一、纯弯曲时梁横截面上的正应力

如图10-25a所示为一产生平面弯曲的矩形截面简支梁，图10-25b、c分别为该梁对应的剪力图和弯矩图。从梁的内力图可知，在梁的*CD*段，各横截面上只有弯矩而没有剪力，这种情况称为纯弯曲。在梁的*AC*、*BD*段，各横截面上既有剪力又有弯矩，称为横力弯曲。为了使研究的问题简单化，下面以矩形截面梁为例研究纯弯曲时梁横截面上的正应力。

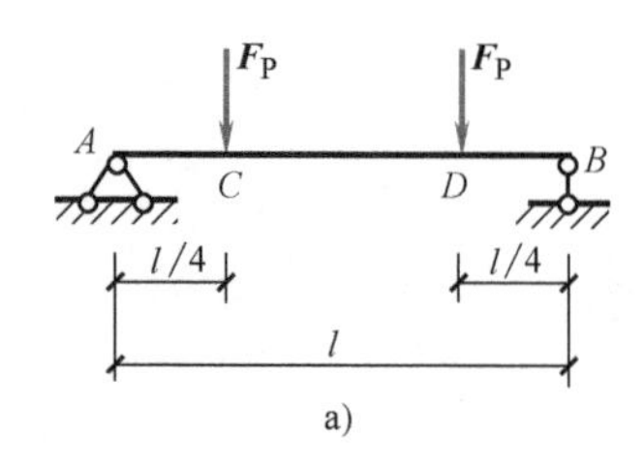

a)

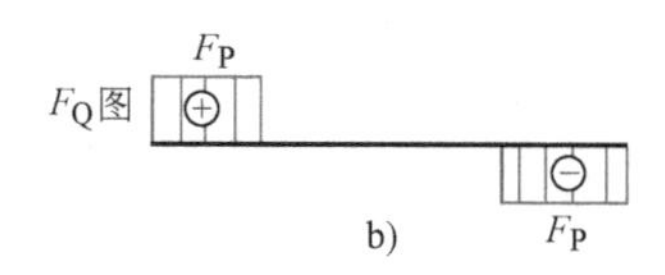

b)

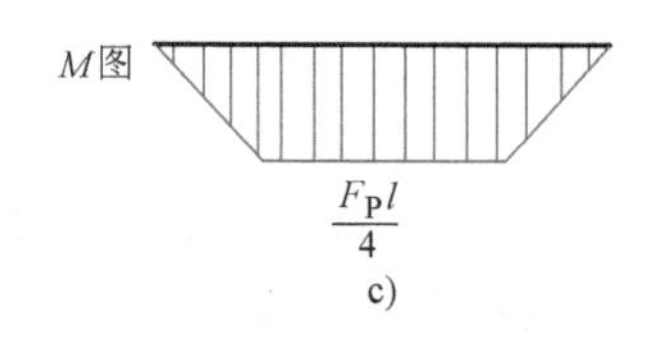

c)

图 10-25

推导梁纯弯曲时正应力公式的方法与推导杆件在拉伸（压缩）时或圆轴在扭转时的应力所采用的方法相似，也要从几何变形、物理关系和静力学关系三方面考虑。

1. 几何变形方面

为了观察变形，试验前先在梁的表面画上一系列与梁轴线平行的纵向线和与梁轴线相垂直的横向线。纵向线代表梁的纵向纤维，横向线代表各横截面（图10-26a），然后在梁的两端各施加一个力偶矩为*M*的外力偶，使梁产生纯弯曲（图10-26b），经观察可见，有如下现象：

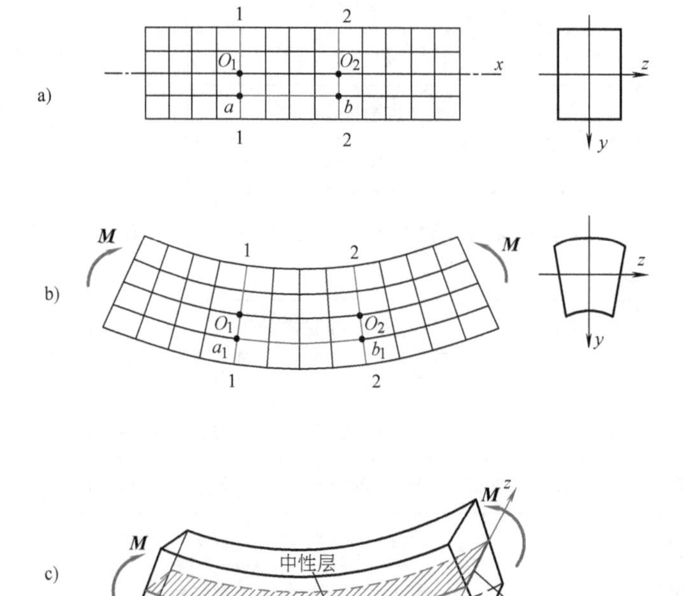

图 10-26

1）原来为直线的纵向线都弯成了曲线，下面的纵向线都伸长了，上面的纵向线都缩短了。

2）原来为直线的横向线仍为直线，只是相互倾斜了一个角度，并且仍垂直于弯曲后的梁轴线。

3）矩形截面的上部变宽了，下部变窄了。

根据所观察到的现象，进行由表及里的分析，可以做出如下的假设和推断：

（1）**平面假设**　产生纯弯曲的梁，变形之前为平面的横截面变形之后仍为平面，并且仍垂直于弯曲后的梁轴线。

（2）**单向受力假设**　将梁看成由无数根纵向纤维组成，各纤维只产生轴向拉伸或压缩变形，而互相之间没有挤压。

从试验现象可知：梁上部的纵向线缩短了，下部的纵向线伸长了。由变形的连续性又可推出：在伸长和缩短之间必有一层纤维既不缩短也不伸长，这层纤维称为**中性层**。中性层与横截面的交线称为**中性轴**（图10-26c）。中性轴将梁的横截面分为受拉区和受压区。根据平面假设可知，纵向纤维的伸长和缩短是横截面绕中性轴转动的结果。

为了求任一根纵向纤维的线应变，从梁中取一长为 dx 的微段研究（图10-27），从图中可见，两个相邻的截面1-1与2-2相对转动后延长部分相交于 O'，O'为曲率中心。以 ρ 表示中性层的曲率半径，对于确定的截面，ρ 为常数，以 $d\varphi$ 表示两个截面的夹角，O_1O_2 为中性层（它的具体位置现在还为未知），设 y 轴为截面的纵向对称轴，z 轴为中性轴。

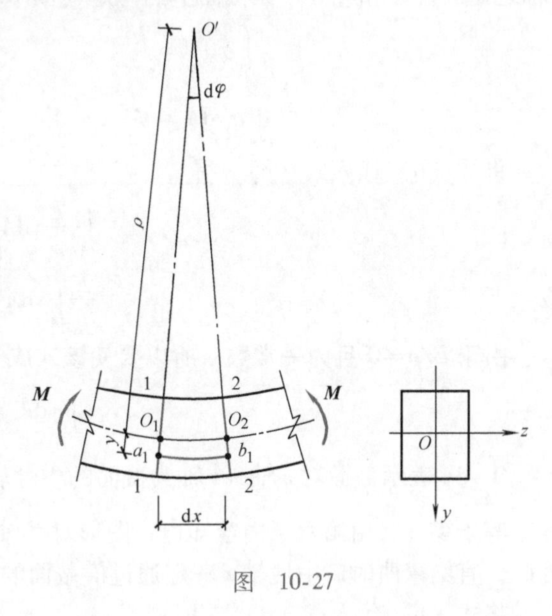

图　10-27

下面研究距中性层为 y 处的纵向纤维 ab 的变形量。纤维 ab 的原长为 $\overline{ab} = dx = \overline{O_1O_2} = \rho d\varphi$，变形后的长度为 $\widehat{a_1b_1} = (\rho + y)\ d\varphi$，所以纤维 ab 的伸长量为：$\widehat{a_1b_1} - \overline{ab} = (\rho + y)\ d\varphi - \rho d\varphi = y d\varphi$，相应的纵向线应变为

$$\varepsilon = \frac{\widehat{a_1b_1} - \overline{ab}}{\overline{ab}} = \frac{y d\varphi}{\rho d\varphi} = \frac{y}{\rho} \tag{a}$$

式（a）说明：各纤维的纵向线应变与它到中性层的距离成正比。距中性层最远的上下边缘处的线应变最大，而中性层上线应变为零。

2. 物理关系方面

由于假设梁内各纵向纤维只受拉伸或压缩，所以当材料在线弹性范围内工作时，由胡克定律可得各纵向纤维的正应力为

$$\sigma = E\varepsilon = E\frac{y}{\rho} \tag{b}$$

对于任一确定的截面，E/ρ 为一常数，所以式（b）说明：梁横截面上任一点处的正应力与该点到中性轴的距离成正比，即弯曲正应力沿截面高度成线性分布。中性轴上各点处的正应力等于零，距中性轴最远的上、下边缘上各点处正应力最大，其他点的正应力介于零到最大值之间（图10-28）。

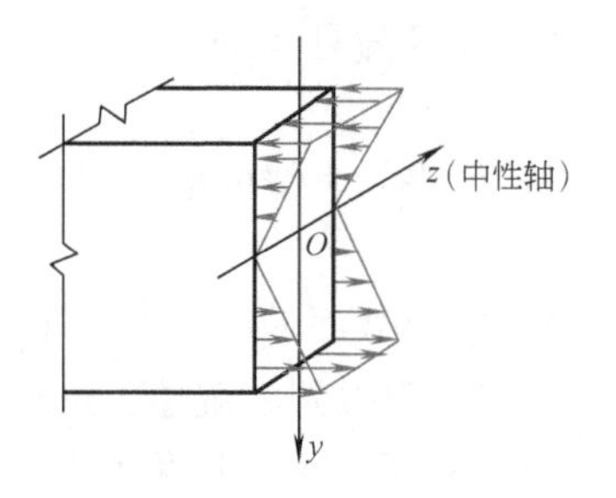

图 10-28

3. 静力学关系方面

从式（b）虽然知道了正应力在梁横截面上的分布规律，但由于中性轴的位置还未确定，曲率半径 ρ 仍为未知量，所以还不能确定任一点处正应力的数值，因此我们还要从静力学关系方面求出中性层的曲率 $1/\rho$（或曲率半径 ρ）的值。

纯弯曲的梁，横截面上并没有沿着梁轴线方向的轴力（即轴力等于零）。在横截面上只有一个内力，即弯矩。所以，横截面上的微内力 $\sigma\mathrm{d}A$ 在 x 轴上投影的代数和为零，各微内力对 z 轴之矩的代数和应等于该截面上的弯矩（图10-29），即

$$\int_A \sigma \mathrm{d}A = 0 \tag{c}$$

$$\int_A \sigma y \mathrm{d}A = M \tag{d}$$

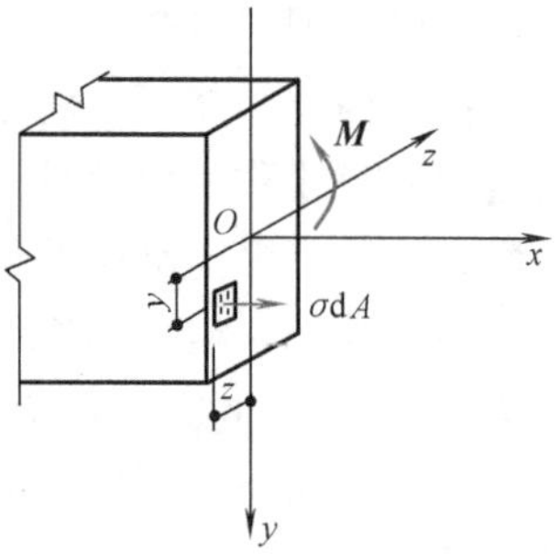

图 10-29

将式（b）代入式（c），得

$$\int_A \frac{E}{\rho} y \mathrm{d}A = 0$$

或

$$\frac{E}{\rho}\int_A y \mathrm{d}A = 0$$

由于 $E/\rho \neq 0$ 且为一常数，所以要使该式成立，一定有

$$\int_A y \mathrm{d}A = 0$$

$\int_A y\mathrm{d}A$ 表示截面对 z 轴（z 轴为截面的中性轴）的静矩，所以上式表明截面对中性轴的静矩等于零。又由第六章内容知道：图形对某轴的静矩等于零时，该轴必通过图形的形心，因此，直梁弯曲时，中性轴 z 一定通过横截面的形心。

将式（b）代入式（d），得

$$\int_A \frac{E}{\rho} y^2 \mathrm{d}A = M$$

或

$$\frac{E}{\rho}\int_A y^2 \mathrm{d}A = M$$

而 $\int_A y^2\mathrm{d}A$ 就是截面对中性轴（z 轴）的惯性矩 I_z，所以上式可写为

$$\frac{1}{\rho} = \frac{M}{EI_z} \tag{10-1}$$

式中，$1/\rho$ 表示中性层的曲率，反映梁产生弯曲变形的程度；EI_z 称为梁的**抗弯刚度**，由式（10-1）可知，在指定截面上（截面上的 M 为已知数），梁的抗弯刚度越大，曲率就越小，即梁的弯曲变形就越小。

将式（10-1）代入式（b）得

$$\sigma = E\frac{y}{\rho} = \frac{My}{I_z} \tag{10-2}$$

这就是梁在纯弯曲时横截面上正应力的计算公式。由此可知：**梁横截面上任一点的正应力 σ，与横截面上的弯矩 M 及该点到中性轴的距离 y 成正比，与该截面对中性轴的惯性矩 I_z 成反比。**

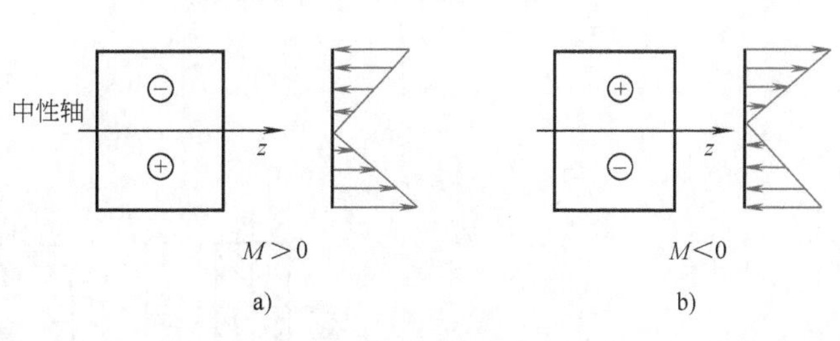

图　10-30

用式（10-2）计算正应力时，通常只将 M 及 y 的绝对值代入，求应力的数值，而正应力 σ 的正负号由弯矩 M 的正负号及点的位置来判断。当 $M>0$ 时，以中性轴为界线，上侧各点均为压应力（σ 取负号），下侧各点均为拉应力（σ 取正号）；当 $M<0$ 时，以中性轴为界线，上侧各点均为拉应力（σ 取正号），下侧各点均为压应力（σ 取负号），如图 10-30 所示。

正应力公式的使用条件为：

1）梁产生纯弯曲。

2）正应力不超过材料的比例极限。

3）式（10-2）是由矩形截面梁推导出的，但是在推导过程中并没有涉及矩形截面的几何性质，所以对横截面有纵向对称轴的其他形状截面梁都适用。

二、横力弯曲时梁横截面上的正应力

工程中常见的弯曲问题是横力弯曲。梁在横力弯曲时，由于横截面上不仅有弯矩 M，而且还有剪力 F_Q，因此，此时梁横截面上不仅有正应力 σ，而且还有切应力 τ。由于切应力的存在，梁的横截面不再是平面了，而是发生了微小的翘曲；同时，由于剪力的作用，梁各纵向纤维不再是单向受力了，而是在各纵向纤维之间还存在着挤压。因此，在推导纯弯曲梁横截面上正应力时的假设已不再成立。但是由弹性力学的精确分析证明，工程中常见的横力弯曲梁，当跨度与横截面高度之比 l/h 大于 5 时，可以忽略切应力对正应力的影响，采用式（10-2）计算梁的正应力。

事实上，工程中常见梁的 l/h 值一般都大于 5，所以，在一般情况下，对于横力弯曲的梁我们仍可以用式（10-2）计算横截面上的正应力。但要注意，求任一横截面上的正应力时，要用该截面上的弯矩 $M(x)$ 代替公式中的 M，即对于横力弯曲的梁横截面上的正应力计算公式为

$$\sigma = \frac{M(x)y}{I_z} \tag{10-3}$$

例 10-12　已知：如图 10-31a 所示简支梁的跨度 $l=3\text{m}$，其横截面为矩形，截面宽度 $b=120\text{mm}$，截面高度 $h=200\text{mm}$，受均布荷载 $q=3.5\text{kN/m}$ 作用，试求：(1) 距左端为 1m 的 C 截面上 a、b、c 三点的正应力；(2) 作出 C 截面上正应力沿截面高度的分布图。

解　(1) 计算 C 截面上 a、b、c 三点的正应力。

先求支座反力，得

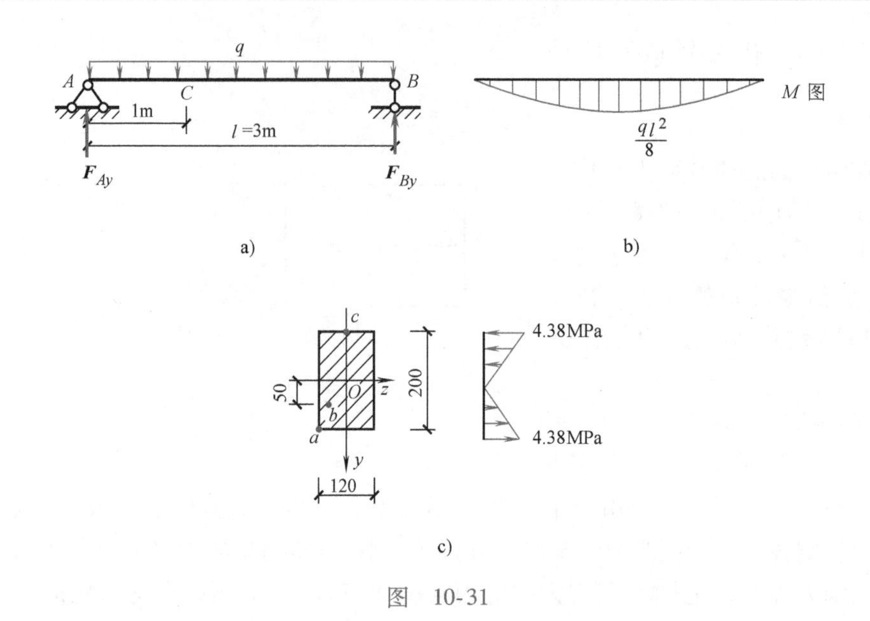

图 10-31

$$F_{By} = 5.25\text{kN} \quad (\uparrow) \qquad F_{Ay} = 5.25\text{kN} \quad (\uparrow)$$

再作梁的弯矩图（10-31b）。跨中截面弯矩最大，其值为

$$M_{\max} = \frac{ql^2}{8} = \frac{3.5 \times 3^2}{8}\text{kN} \cdot \text{m} = 3.94\text{kN} \cdot \text{m}$$

C 截面的弯矩为

$$M_C = (5.25 \times 1 - 3.5 \times 1 \times 0.5)\text{kN} \cdot \text{m} = 3.5\text{kN} \cdot \text{m}$$

然后计算矩形截面对中性轴 z 的惯性矩。

$$I_z = \frac{bh^3}{12} = \frac{120 \times 200^3}{12}\text{mm}^4 = 8 \times 10^7\text{mm}^4$$

再按式（10-3）计算 C 截面上 a、b、c 三点的正应力。

$$\sigma_a = \frac{M_C y_a}{I_z} = \frac{3.5 \times 10^6 \times 100}{8 \times 10^7}\text{MPa} = 4.38\text{MPa}(\text{拉应力})$$

$$\sigma_b = \frac{M_C y_b}{I_z} = \frac{3.5 \times 10^6 \times 50}{8 \times 10^7}\text{MPa} = 2.19\text{MPa}(\text{拉应力})$$

$$\sigma_c = \frac{M_C y_c}{I_z} = \frac{3.5 \times 10^6 \times 100}{8 \times 10^7}\text{MPa} = -4.38\text{MPa}(\text{压应力})$$

（2）作 C 截面上正应力沿截面高度的分布图。正应力沿截面高度按直线规律分布，如图 10-31c 所示。

三、梁的正应力强度计算

1. 梁的最大正应力

通常情况下，弯矩沿梁长是变化的，各截面上的最大应力也不相同。在整根梁范围内，能产生最大应力的截面称为**危险截面**，产生最大应力的点称为**危险点**。对于等截面直梁，弯矩最大的截面就是一种危险截面，而这种危险截面上距中性轴最远的上边缘或下边缘处各点即为危险点。因此，求梁的最大正应力关键是找到危险截面上的弯矩。

对于中性轴是截面对称轴的等直梁，弯矩绝对值最大的截面就是危险截面，在该截面上，梁的最大拉、压应力数值相等。

$$\sigma_{\mathrm{tmax}} = \sigma_{\mathrm{cmax}} = \frac{|M|_{\max} y_{\max}}{I_z} \tag{10-4a}$$

令 $W_z = \dfrac{I_z}{y_{\max}}$，则

$$\sigma_{\max} = \frac{|M|_{\max}}{W_z} \tag{10-4b}$$

上式中 W_z 称为**抗弯截面系数**，它是一个与截面的形状和尺寸有关的量，常用单位是 m^3、mm^3。工程中常用简单截面的惯性矩和抗弯截面系数见表 10-8。

表 10-8 常用简单截面的惯性矩和抗弯截面系数

截面形状	有关尺寸	惯性矩 I_z	抗弯截面系数 W_z
矩 形		$I_z = \dfrac{bh^3}{12}$	$W_z = \dfrac{bh^2}{6}$
实心圆		$I_z = \dfrac{\pi D^4}{64}$	$W_z = \dfrac{\pi D^3}{32}$
空心圆		$I_z = \dfrac{\pi(D^4 - d^4)}{64}$	$W_z = \dfrac{\pi D^3(1-\alpha^4)}{32}$ $\alpha = \dfrac{d}{D}$

常用组合截面（如工字形、T 形等）的 I_z 按照第六章已经学过的求组合截面惯性矩的方法计算，W_z 利用公式 $W_z = \dfrac{I_z}{y_{\max}}$ 计算。

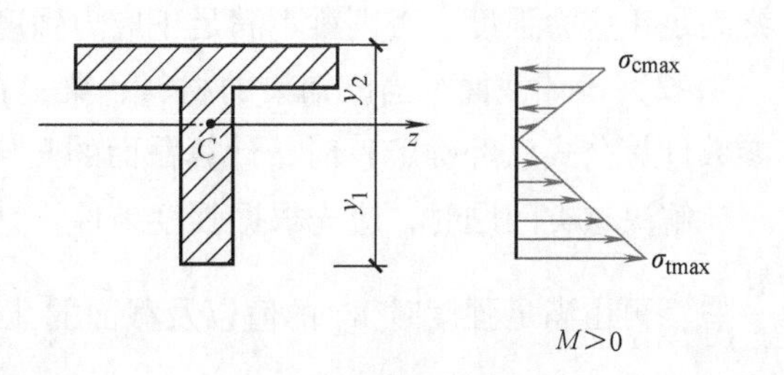

图 10-32

对于各种型钢的惯性矩和抗弯截面系数可从附录 A 型钢表中查出。

对于中性轴不是截面对称轴的梁，如采用图 10-32 所示 T 形截面的等直梁，在最大正弯矩截面上，梁的下边缘产生最大拉应力，上边缘产生最大压应力，其值为

$$\left.\begin{aligned}\sigma_{tmax} &= \frac{M^{+}_{max}y_1}{I_z} \\ \sigma_{cmax} &= \frac{M^{+}_{max}y_2}{I_z}\end{aligned}\right\} \tag{10-4c}$$

在最大负弯矩截面上，梁的上边缘产生最大拉应力，下边缘产生最大压应力，其值为

$$\left.\begin{aligned}\sigma_{tmax} &= \frac{M^{-}_{max}y_2}{I_z} \\ \sigma_{cmax} &= \frac{M^{-}_{max}y_1}{I_z}\end{aligned}\right\} \tag{10-4d}$$

全梁范围内的最大拉应力和最大压应力有可能不发生在同一危险截面上。

2. 梁的正应力强度条件

为了保证梁能正常工作，满足强度要求，必须使梁在荷载作用下产生的最大正应力不超过材料的弯曲许用应力 $[\sigma]$。

对于抗拉和抗压能力相同的塑性材料（如低碳钢），由于 $[\sigma]=[\sigma_t]=[\sigma_c]$，所以只要求梁横截面上绝对值最大的正应力（可能是最大拉应力也可能是最大压应力）不超过材料的弯曲许用应力。其正应力强度条件为

$$\sigma_{max} \leqslant [\sigma] \tag{10-5a}$$

对于抗拉和抗压能力不同的脆性材料（如铸铁），由于 $[\sigma_t] \neq [\sigma_c]$，所以要求梁横截面上的最大拉应力不超过材料的弯曲许用拉应力，同时，梁横截面上的最大压应力不超过材料的弯曲许用压应力。其正应力强度条件为

$$\left.\begin{aligned}\sigma_{tmax} &\leqslant [\sigma_t] \\ \sigma_{cmax} &\leqslant [\sigma_c]\end{aligned}\right\} \tag{10-5b}$$

3. 梁的正应力强度条件在工程中的应用

在实际工程中，根据梁的正应力强度条件可解决有关强度方面的三类问题。

（1）正应力强度校核　当已知梁所选用的材料（即已知许用拉、压应力）、横截面的形状和尺寸（截面的几何参数可以求出）、梁的类型及其上荷载（梁的弯矩图可以作出）时，校核梁是否满足正应力强度条件，即检查强度条件式 $\sigma_{max} \leqslant [\sigma]$ 是否成立，若成立，说明梁满足正应力强度，否则梁不满足正应力强度，不能正常使用。

（2）设计截面　当已知梁的材料、梁上荷载，并选定梁的截面形状（此时截面的几何参数计算公式已经确定）时，计算截面的几何尺寸。

解决这类问题时，应先根据强度条件，计算满足强度时所需的抗弯截面系数 W_z，$W_z \geqslant \frac{M_{max}}{[\sigma]}$；再由满足强度时 W_z 的值以及截面的几何形状（截面的几何形状不同，计算该截面的抗弯截面系数 W_z 时的公式也不同）确定截面的尺寸。

（3）确定许用荷载　当已知梁的材料、横截面的形状和尺寸，并确定了荷载的作用方式、位置（可以找到最大弯矩与荷载之间的关系）时，求梁能满足强度条件时荷载的许用数值。

解决这类问题时，通常先根据强度条件，计算出满足强度时梁所能承受的最大弯矩 $M_{\max}$，$M_{\max} \leqslant W_z[\sigma]$，再由 $M_{\max}$ 和梁上实际荷载间的关系，确定梁满足强度条件时所能承受的最大荷载值，即许用荷载值。

例 10-13　已知：如图 10-33a 所示，简支梁选用木材制成，其横截面为矩形 $b \times h = 140\text{mm} \times 210\text{mm}$，梁的跨度 $l = 4\text{m}$，荷载 $F_P = 6\text{kN}$，$q = 2\text{kN/m}$，材料的弯曲许用应力 $[\sigma] = 11\text{MPa}$，试校核该梁的正应力强度。

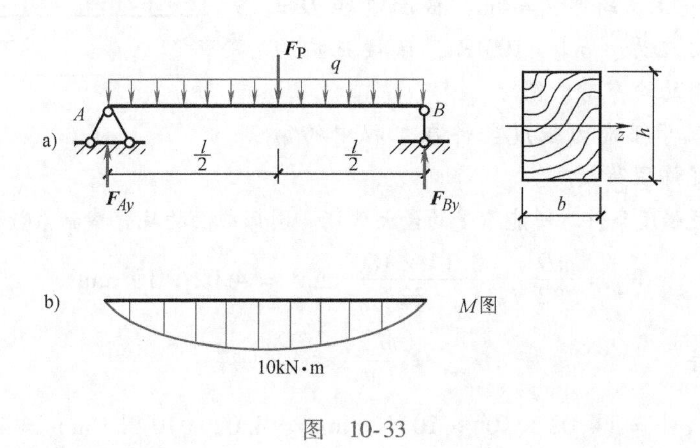

图　10-33

解　此问题属于正应力强度条件在工程中的第一类应用——强度校核。

（1）求梁在图示荷载作用下的最大弯矩。先计算支座反力，由对称性可得

$$F_{Ay} = F_{By} = 7\text{kN}(\uparrow)$$

再作梁的弯矩图，如图 10-33b 所示。从图中可知：跨中截面上弯矩最大，其值为 $M_{\max} = 10\text{kN} \cdot \text{m}$。

（2）计算截面的几何参数。

$$W_z = \frac{bh^2}{6} = \frac{140 \times 210^2}{6}\text{mm}^3 = 1.03 \times 10^6\text{mm}^3$$

（3）校核梁的正应力强度。

$$\sigma_{\max} = \frac{M_{\max}}{W_z} = \frac{10 \times 10^6}{1.03 \times 10^6}\text{MPa} = 9.71\text{MPa} < [\sigma] = 11\text{MPa}$$

该梁满足正应力强度要求。

例 10-14　工字形截面钢梁受图 10-34a 所示荷载作用，已知：荷载 $F_P = 75\text{kN}$，钢材的许用弯曲应力 $[\sigma] = 152\text{MPa}$，试按正应力强度条件选择工字钢的型号。

解　此问题属于强度条件在工程中的第二类应用——设计截面。

（1）求满足强度要求时梁的抗弯截面系数。作出梁的弯矩图，如图 10-34b 所示。从图中可知：最大弯矩产生在跨中截面上，其数值为 $M_{\max} = 375\text{kN} \cdot \text{m}$，梁的抗弯截面系数为

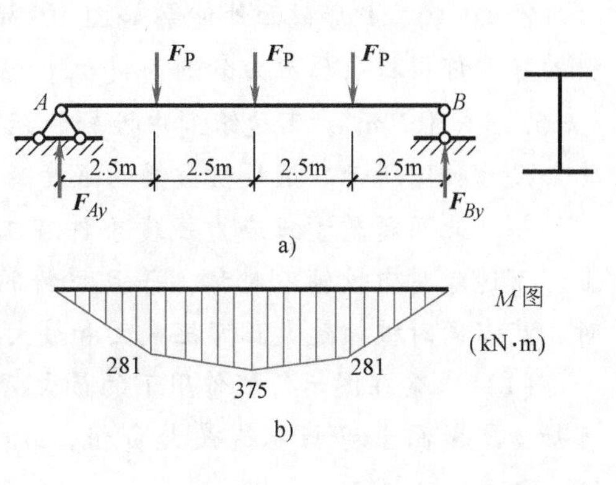

图　10-34

$$W_z \geqslant \frac{M_{max}}{[\sigma]} = \frac{375 \times 10^6}{152}mm^3 = 2.47 \times 10^6 mm^3 = 2.47 \times 10^3 cm^3$$

（2）确定截面的尺寸。实际梁的抗弯截面系数应大于或等于满足强度要求时梁的抗弯截面系数。由附录A型钢表，查得55c号工字钢的 $W_z = 2.49 \times 10^3 cm^3 > 2.47 \times 10^3 cm^3$，所以该梁可以选择55c号工字钢。

例10-15　如图10-35所示，圆形截面简支木梁受满跨均布荷载作用，跨度 $l = 4m$，截面直径 $D = 160mm$，许用弯曲应力 $[\sigma] = 10MPa$，试按正应力强度计算梁上许用的均布荷载值。

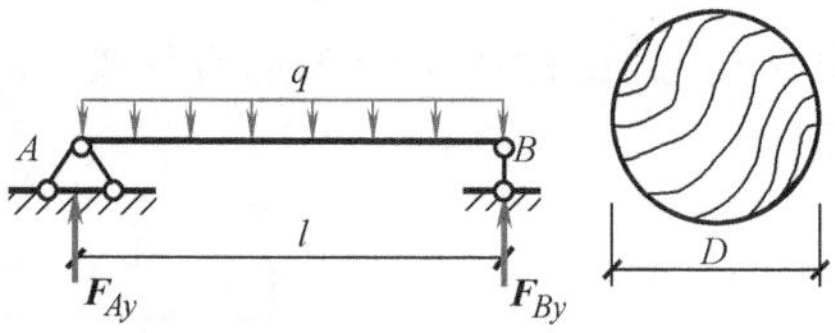

图　10-35

解　此问题属于正应力强度条件在工程中的第三类应用——确定许用荷载。

（1）求梁满足强度条件时所能承受的最大弯矩。圆形截面的抗弯截面系数为

$$W_z = \frac{\pi D^3}{32} = \frac{3.14 \times 160^3}{32}mm^3 = 4.02 \times 10^5 mm^3$$

根据强度条件　　$\sigma_{max} = \dfrac{M_{max}}{W_z} \leqslant [\sigma]$ 得

$$M_{max} \leqslant W_z[\sigma] = (4.02 \times 10^5 \times 10) N \cdot mm = 4.02 \times 10^6 N \cdot mm = 4.02kN \cdot m$$

（2）根据梁上的实际荷载确定最大弯矩与荷载之间的关系。此梁的最大弯矩为

$$M_{max} = \frac{ql^2}{8} = 2q$$

荷载 q 的单位为kN/m。

（3）确定梁所能承受的许用荷载值。梁在实际荷载作用下产生的最大弯矩不能超过满足强度条件时所能承受的最大弯矩。即

$$M_{max} = 2q \leqslant 4.02$$
$$q \leqslant 2.01kN/m$$

梁所能承受的许用荷载值为 $[q] = 2.01kN/m$。

以上例题的共同特点是：梁的横截面上、下边缘对中性轴对称，并且梁所选用的材料其许用拉应力和许用压应力相等。对于这类情况进行正应力计算比较简单，下面再分析当梁的横截面上、下边缘对中性轴不对称时对梁进行正应力计算的情况。

例10-16　T形截面外伸梁如图10-36a所示。已知：荷载 $F_{P1} = 40kN$，$F_{P2} = 15kN$，材料的弯曲许用拉、压应力分别为 $[\sigma_t] = 45MPa$，$[\sigma_c] = 175MPa$，截面对中性轴的惯性矩 $I_z = 5.73 \times 10^{-6} m^4$，下边缘到中性轴的距离 $y_1 = 72mm$，上边缘到中性轴的距离 $y_2 = 38mm$，其余尺寸如图所示。试校核该梁的强度。

解　此问题属于正应力强度条件在工程中的第一类应用——强度校核。该梁的截面为上、下边缘对中性轴不对称，并且材料的许用拉、压应力也不相等。所以对该梁进行校核时，应当同时校核最大正弯矩截面和最大负弯矩截面。

（1）求梁在图示荷载作用下的最大弯矩。作出梁的弯矩图，如图10-36b所示。从图中可知：B 截面上弯矩取得最大负值，$M_B = M_{max}^- = 3kN \cdot m$；$C$ 截面上弯矩取得最大正值，$M_C = M_{max}^+ = 4.5kN \cdot m$。

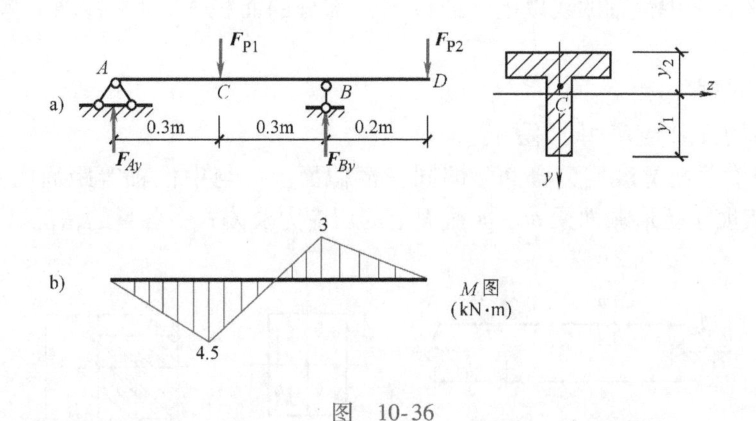

图　10-36

(2) 校核梁的正应力强度。

最大负弯矩截面（B 截面）强度校核：B 截面上边缘产生最大拉应力，下边缘产生最大压应力，其值为

$$\sigma_{\text{tmax}} = \frac{M_B y_2}{I_z} = \frac{3 \times 10^6 \times 38}{5.73 \times 10^{-6} \times 10^{12}}\text{MPa} = 19.9\text{MPa} < [\sigma_t] = 45\text{MPa}$$

$$\sigma_{\text{cmax}} = \frac{M_B y_1}{I_z} = \frac{3 \times 10^6 \times 72}{5.73 \times 10^{-6} \times 10^{12}}\text{MPa} = 37.7\text{MPa} < [\sigma_c] = 175\text{MPa}$$

B 截面满足正应力强度条件。

最大正弯矩截面（C 截面）强度校核：C 截面上边缘产生最大压应力，下边缘产生最大拉应力，其值为

$$\sigma_{\text{cmax}} = \frac{M_C y_2}{I_z} = \frac{4.5 \times 10^6 \times 38}{5.73 \times 10^{-6} \times 10^{12}}\text{MPa} = 29.8\text{MPa} < [\sigma_c] = 175\text{MPa}$$

$$\sigma_{\text{tmax}} = \frac{M_C y_1}{I_z} = \frac{4.5 \times 10^6 \times 72}{5.73 \times 10^{-6} \times 10^{12}}\text{MPa} = 56.5\text{MPa} > [\sigma_t] = 45\text{MPa}$$

C 截面不满足正应力强度条件。所以该梁的正应力强度不满足要求。

第五节　梁的切应力及切应力强度计算

一、梁横截面上的切应力

产生平面弯曲的梁，横截面上不仅有正应力，还有切应力。切应力是剪力在横截面上的分布集度。

1. 矩形截面梁

经研究表明：梁弯曲时，横截面上切应力的分布很复杂，为了简化计算，对矩形截面梁横截面上的切应力分布规律做了两个基本假设。在此基础上，经过理论推导（推导过程略）得出计算切应力的公式如下：

$$\tau = \frac{F_Q S_z^*}{I_z b} \tag{10-6a}$$

式中，F_Q 为需求切应力处横截面上的剪力；I_z 为横截面对中性轴的惯性矩；S_z^* 为横截面上需求切应力处平行于中性轴的线以上（或以下）部分的面积 A^* 对中性轴的静矩；b 为横截面的宽度。

切应力的分布规律如下：

1）切应力的方向与剪力同向平行。

2）切应力沿截面宽度均匀分布，即同一横截面上，与中性轴等距离的点切应力均相等。图10-37表明了矩形截面梁 $m-m$ 截面上的切应力及公式中各量的情况。

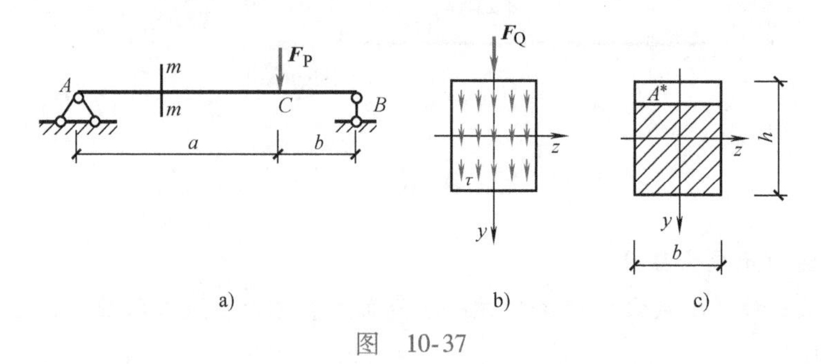

图 10-37

3）切应力沿截面高度按二次抛物线规律分布。距中性轴最远的点处切应力等于零；中性轴上切应力取得该截面上的最大值，其值为

$$\tau_{max} = \frac{F_Q S_{zmax}^*}{I_z b}$$

将矩形截面的几何参数 $S_{zmax}^* = \frac{A}{2} \times \frac{h}{4} = \frac{bh^2}{8}$ 以及 $I_z = \frac{bh^3}{12}$ 代入上式得

$$\tau_{max} = 1.5\frac{F_Q}{bh} \tag{10-6b}$$

上式说明，矩形截面梁任一横截面上的最大切应力发生在中性轴上，其值为该截面上平均切应力 $\frac{F_Q}{bh}$ 的1.5倍，切应力沿截面高度的分布规律如图10-38所示。

例10-17 一矩形截面简支梁受荷载作用如图10-39a所示，截面宽度 $b=100$mm，高度 $h=200$mm，$q=4$kN/m，$F_P=40$kN，d 点到中性轴的距离为50mm。(1) 求 C 偏左截面上 a、b、c、d 四点的切应力。(2) 该梁的最大切应力发生在何处，数值等于多少？

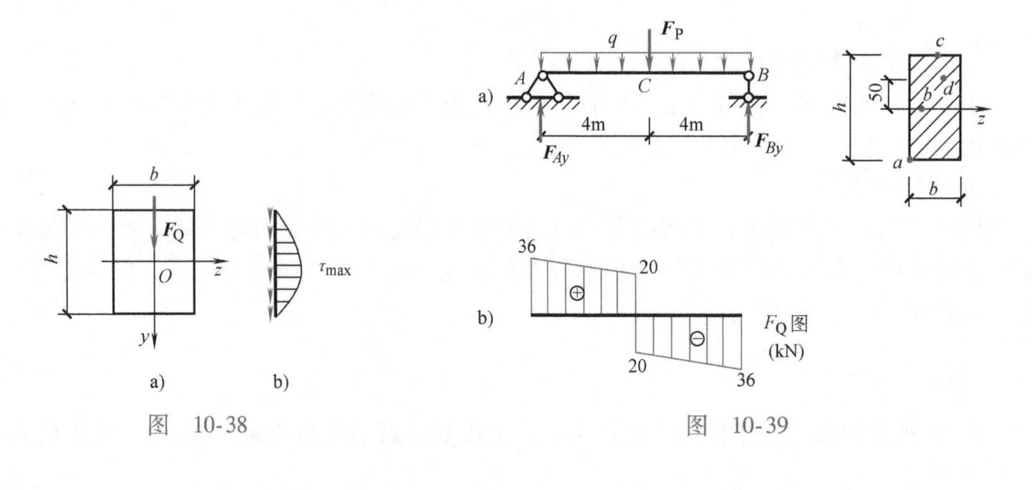

图 10-38

图 10-39

解　(1) 求 C 偏左截面上各点的切应力。

1) 确定 C 偏左截面上的剪力。取梁 AB 研究，求 A、B 支座反力，得

$$F_{Ay} = F_{By} = 36\text{kN} \quad (\uparrow)$$

取 C 偏左截面的左侧研究，该截面上的剪力为

$$F_{QC}^{L} = (36 - 4 \times 4)\text{kN} = 20\text{kN}$$

2) 求截面的惯性矩及 d 点对应的 S_z^* （a 点、c 点分别在截面的下、上边缘上，b 点在中性轴上，它们对应的 S_z^* 可以不计算)。

截面对中性轴的惯性矩为

$$I_z = \frac{1}{12}bh^3 = \left(\frac{1}{12} \times 100 \times 200^3\right)\text{mm}^4 = 66.7 \times 10^6\text{mm}^4$$

d 点对应的 S_z^* 为　$S_z^* = (50 \times 100 \times 75)\ \text{mm}^3 = 3.75 \times 10^5\text{mm}^3$

3) 求各点的切应力。

a 点及 c 点分别在截面的下、上边缘上，距中性轴距离最远，$\tau_a = \tau_c = 0$

b 点在中性轴上，该点的切应力取得该截面上的最大值，用式（10-6b）计算得

$$\tau_b = 1.5\frac{F_{QC}^{L}}{bh} = 1.5 \times \frac{20 \times 10^3}{100 \times 200}\text{MPa} = 1.5\text{MPa}$$

d 点为截面上的任意点，用式（10-6a）计算得

$$\tau_d = \frac{F_{QC}^{L}S_z^*}{I_z b} = \frac{20 \times 10^3 \times 3.75 \times 10^5}{66.7 \times 10^6 \times 100}\text{MPa} = 1.12\text{MPa}$$

本题也可作出梁的剪力图（图 10-39b)，从图中找到 C 偏左截面上的剪力后再计算切应力。

(2) 求该梁的最大切应力。作出梁的剪力图（10-39b)。从图中可知：梁的最大剪力发生在 A 偏右及 B 偏左截面，其数值 $F_{Q\max} = 36\text{kN}$。该梁是等截面梁，在全梁范围内 I_z 及 b 均为常数，故最大切应力一定发生在最大剪力作用截面的中性轴上。

$$\tau_{\max} = 1.5\frac{F_{Q\max}}{bh} = 1.5 \times \frac{36 \times 10^3}{100 \times 200}\text{MPa} = 2.7\text{MPa}$$

2. 工字形截面梁

工字形截面梁由腹板和翼缘组成。中间的矩形部分称为腹板，其高度远大于宽度，上下两矩形称为翼缘，其高度远小于宽度（图 10-40a)。

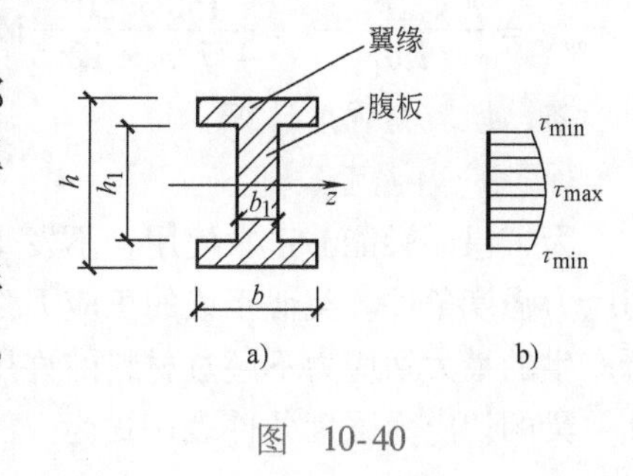

图　10-40

腹板是一个狭长的矩形，类似于上述研究的矩形截面，所以腹板上任一点的切应力也类似于矩形截面。切应力与剪力同向平行。其计算公式为

$$\tau = \frac{F_Q S_z^*}{I_z b_1} \qquad (10\text{-}7\text{a})$$

式中，F_Q 为需求切应力处横截面上的剪力；I_z 为工字形截面对中性轴的惯性矩；S_z^* 为横截面上需求切应力处平行于中性轴的线以上（或以下）部分面积对中性轴的静矩；b_1 是腹板宽度。

腹板部分的切应力沿腹板高度也按二次抛物线规律分布（图 10-40b)，在中性轴上切应力取得最大值，其值为

$$\tau_{\max}=\frac{F_{Q}S_{z\max}^{*}}{I_{z}b_{1}} \tag{10-7b}$$

式中，$S_{z\max}^{*}$为中性轴以上（或以下）部分面积（即半个工字形截面）对中性轴的静矩。

在具体计算时，对于工字形型钢，$\frac{I_z}{S_{z\max}^{*}}$可以直接从型钢表中查出，不必具体计算出 I_z 及 $S_{z\max}^{*}$。

经计算表明：工字形截面上95% ~97%的剪力分布在腹板上，腹板上的最大切应力和最小切应力（最小切应力发生在腹板和翼缘交界处）相差很小，所以，一般近似认为腹板上的切应力均匀分布，可用下列近似公式计算工字形截面梁的最大切应力，即

$$\tau_{\max}\approx\tau_{\mathrm{av}}=\frac{F_{Q}}{h_{1}b_{1}} \tag{10-8}$$

式中，h_1 为腹板的高度；b_1 为腹板的宽度。

翼缘上的切应力情况比较复杂，而且其上切应力比腹板上的切应力小得多，在切应力强度计算时，一般不予以考虑，所以，翼缘部分的切应力一般不必计算。

综上分析可知：对于等截面梁而言，矩形、工字形截面梁的最大切应力全都产生在最大剪力作用截面的中性轴上。其他形状的截面梁切应力情况请读者参阅有关书籍，本书不予讨论。

例 10-18 如图 10-41a 所示简支梁，当其横截面采用 56a 号工字钢时，求梁的最大切应力。

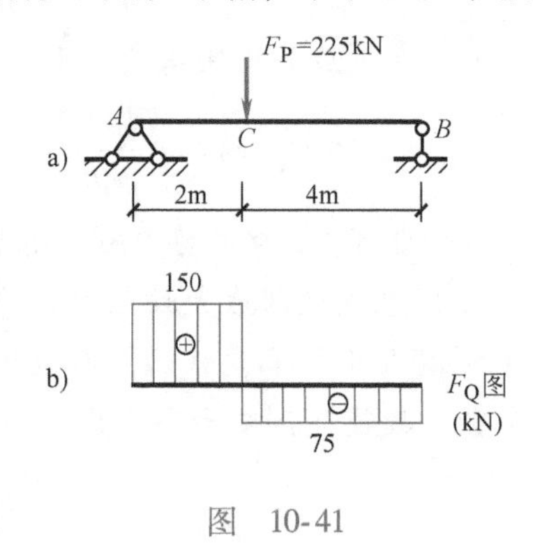

图 10-41

解 不论采用上述哪种截面，该梁的最大切应力都发生在最大剪力作用截面的中性轴上。先作出梁的剪力图（图 10-41b），从图中可知：梁的最大剪力$F_{Q\max}=150\text{kN}$。

采用 56a 号工字钢时，

$$\frac{I_z}{S_{z\max}^{*}}=47.73\text{cm}=477.3\text{mm}, \qquad b_1=12.5\text{mm}$$

用式(10-7b) 计算得

$$\tau_{\max}=\frac{F_{Q\max}S_{z\max}^{*}}{I_{z}b_{1}}=\frac{150\times10^{3}}{477.3\times12.5}\text{MPa}=25.14\text{MPa}$$

二、切应力强度计算

1. 切应力强度条件

为了保证梁能够正常使用，不发生强度破坏，除了应满足正应力强度条件外，还应满足切应力强度条件。类似于梁的正应力强度条件，为了使梁不发生剪切破坏，应使梁在弯曲时所产生的最大切应力不超过材料的许用切应力。

梁的切应力强度条件表达式为

$$\tau_{\max}\leqslant[\tau] \tag{10-9}$$

2. 梁的切应力强度条件在工程中的应用

与梁的正应力强度条件在工程中的应用相似，切应力强度条件在工程中同样能解决强度方面的三类问题，即进行切应力强度校核、设计截面和计算许用荷载。

从理论上讲，对梁进行强度计算时必须同时对正应力强度和切应力强度进行计算。但事实表明：在一般情况下，正应力对梁的强度起着决定性作用。所以在实际计算时，通常是以

梁的正应力强度条件进行各种计算，以切应力强度条件进行校核。而对于细长梁，当满足正应力强度条件时，切应力强度条件都满足，所以对细长梁可以不进行切应力强度校核。但是，在下列几种情况下，对梁进行强度计算时，必须进行切应力强度校核。

1）梁的最大剪力很大，而最大弯矩较小时。如梁的跨度较小而荷载很大，或在支座附近有较大的集中力作用等情况。

2）梁为组合截面钢梁时。如工字形截面，当其腹板的宽度与梁的高度之比小于型钢截面的相应比值时，腹板上的切应力很大，可能使梁因切应力强度不足而破坏，所以对这类梁应进行切应力强度校核。

3）木梁。木材在两个方向上的性质差别很大，顺纹方向的抗剪能力较差，横力弯曲时可能使木梁沿中性层剪坏，所以需对木梁进行切应力强度校核。

例 10-19　如图 10-42a 所示的矩形截面木梁，已知 $F_P=4\text{kN}$，$l=2\text{m}$，弯曲许用正应力 $[\sigma]=10\text{MPa}$，弯曲许用切应力 $[\tau]=1.2\text{MPa}$，截面的宽度与高度之比为 $b/h=2/3$，试选择梁的截面尺寸。

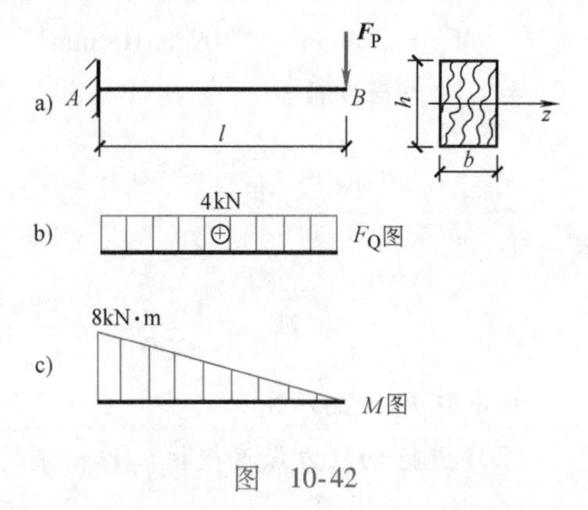

图　10-42

解　该梁为木梁，所以计算时应按正应力强度设计截面，然后进行切应力强度校核。

（1）按正应力强度求截面尺寸 b 和 h。作出梁的弯矩图（图 10-42c）。从图中可知：$|M_{max}|=8\text{kN}\cdot\text{m}$

由梁的正应力强度条件　$\sigma_{max}=\dfrac{M_{max}}{W_z}\leqslant[\sigma]$

得

$$W_z\geqslant\frac{M_{max}}{[\sigma]}=\frac{8\times10^6}{10}\text{mm}^3=8\times10^5\text{mm}^3$$

矩形截面的抗弯截面系数 $W_z=\dfrac{1}{6}bh^2$，将 $b=2h/3$ 代入得

$$W_z=\frac{1}{6}\times\frac{2}{3}h\times h^2=\frac{h^3}{9}$$

因此

$$\frac{h^3}{9}\geqslant8\times10^5\text{mm}^3$$

$$h\geqslant\sqrt[3]{8\times10^5\times9}\text{mm}=193.1\text{mm}$$

$$b=\frac{2}{3}h=\frac{2}{3}\times193.1\text{mm}=128.7\text{mm}$$

考虑到既施工方便，又经济节约，取 $b=130\text{mm}$，$h=200\text{mm}$。

（2）按切应力强度条件对截面进行校核。作梁的剪力图（图 10-42b）。从图中可知：$F_{Qmax}=4\text{kN}$

$$\tau_{max}=1.5\frac{F_{Qmax}}{bh}=1.5\times\frac{4\times10^3}{130\times200}\text{MPa}=0.23\text{MPa}\leqslant[\tau]$$

截面尺寸满足切应力强度要求。

所以，矩形截面尺寸选为 $b=130\text{mm}$，$h=200\text{mm}$。

例 10-20 如图 10-43a 所示的简支梁，截面为 22a 工字钢，已知 $[\sigma]=160\text{MPa}$，$[\tau]=100\text{MPa}$，$l=4\text{m}$，$a=0.2\text{m}$，试求梁上荷载 $\boldsymbol{F}_\text{P}$ 的许用值。

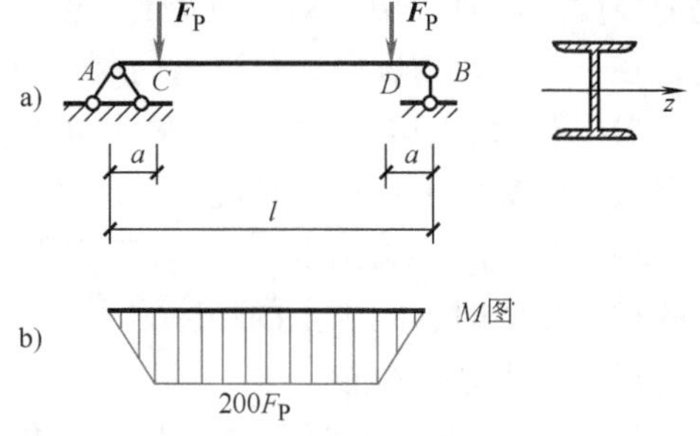

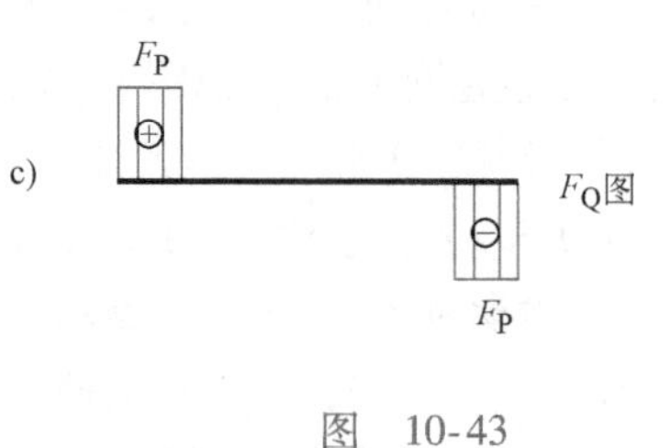

图 10-43

解 本例在支座附近 0.2m 处有集中力，应按正应力计算出荷载后进行切应力强度校核。

(1) 按正应力强度条件求许用荷载。设荷载 F_P 的单位为 N，作梁的弯矩图（图 10-43b），从图中可知

$$M_{\max}=200F_\text{P}$$

查型钢表得

$$W_z=309\text{cm}^3=309\times10^3\text{mm}^3$$

由正应力强度条件

$$\sigma_{\max}=\frac{M_{\max}}{W_z}\leqslant[\sigma]$$

得

$$F_\text{P}\leqslant\frac{W_z[\sigma]}{200}=\frac{309\times10^3\times160}{200}\text{N}=247.2\times10^3\text{N}$$

初步取 $F_\text{P}=247\text{kN}$。

(2) 进行切应力强度校核。作出梁的剪力图（图 10-43c），从图中可知

$$F_{\text{Q}\max}=F_\text{P}$$

当取 $F_\text{P}=247\text{kN}$ 时，$F_{\text{Q}\max}=247\text{kN}$

22a 工字钢截面

$$\frac{I_z}{S^*_{z\max}}=18.9\text{cm}=189\text{mm}\qquad b_1=0.75\text{cm}=7.5\text{mm}$$

梁的最大切应力为

$$\tau_{\max}=\frac{F_{\text{Q}\max}S^*_{z\max}}{I_zb_1}=\frac{247\times10^3}{189\times7.5}\text{MPa}=174.3\text{MPa}>[\tau]$$

不满足切应力强度条件。

(3) 按切应力强度重新确定许用荷载。由切应力强度条件

$$\tau_{\max}=\frac{F_{\text{Q}\max}S^*_{z\max}}{I_zb_1}\leqslant[\tau]$$

得
$$F_{\text{Q}\max}\leqslant\frac{I_zb_1[\tau]}{S^*_{z\max}}=(189\times7.5\times100)\text{N}=1.4175\times10^5\text{N}=141.75\text{kN}$$

根据剪力图（图 10-43c）可知该梁的 $F_\text{P}=F_{\text{Q}\max}$，故 $F_\text{P}\leqslant141.75\text{kN}$

综合考虑梁同时满足正应力和切应力强度，该梁的许用荷载为 $[F_\text{P}]=141.75\text{kN}$。

上一节我们讨论了梁的正应力及正应力强度计算，这节又讨论了梁的切应力及切应力强度计算，而在正应力取最大值的位置处（截面上距中性轴最远的点处）切应力恰好等于零，在切应力取最大值的位置处（中性轴上各点处）正应力恰好等于零。正应力和切应力同时

都较大的位置处梁的强度问题需要应用强度理论。该理论的论述参见有关书籍，这里不做介绍。

第六节　提高梁弯曲强度的措施

梁的弯曲强度主要取决于梁的正应力强度条件，即

$$\sigma_{\max}=\frac{M_{\max}}{W_z}\leqslant[\sigma]$$

由此条件可以看出，欲提高梁的弯曲强度，一方面应降低梁在荷载作用下的最大弯矩，另一方面则应提高梁的抗弯截面系数。从以上两方面出发，工程上主要采取以下几种措施。

一、合理设置梁支座的位置和形式

不同的支座会使长度和荷载都相同的梁产生不同的弯矩值，如图 10-44a 所示，简支梁的最大弯矩为 $ql^2/8$；而图 10-44b 所示的外伸梁最大弯矩才只有 $ql^2/40$，是简支梁的 1/5；图 10-44c 所示梁的最大弯矩为 $ql^2/32$，是简支梁的 1/4。所以，我们可以在实际情况允许的前提下，合理安排支座，改变梁的类型，从而提高梁的弯曲强度。

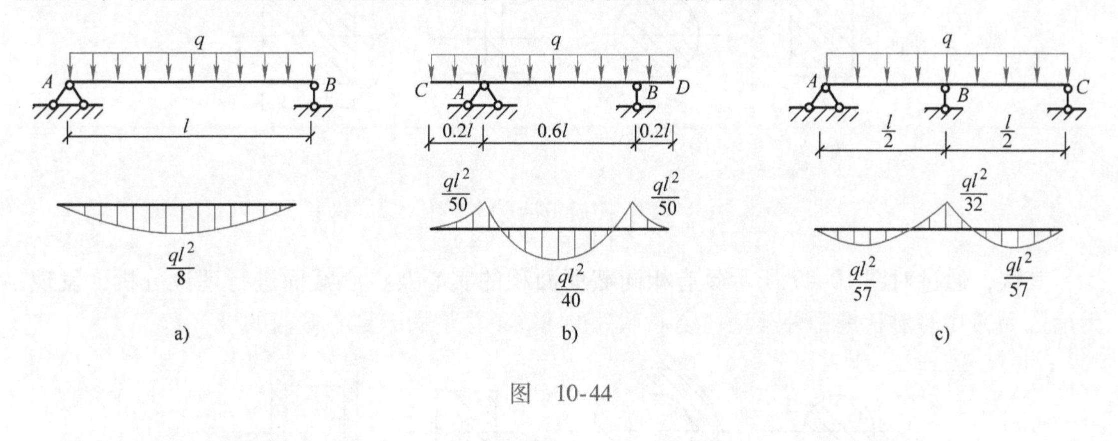

图　10-44

二、合理布置梁上荷载

梁上作用荷载的总数值不变，只是荷载作用位置或方式改变时，也会使梁产生不同的最大弯矩值。如图 10-45a 所示，简支梁在跨中受一个集中力 F_P 作用时的最大弯矩为 $F_Pl/4$；

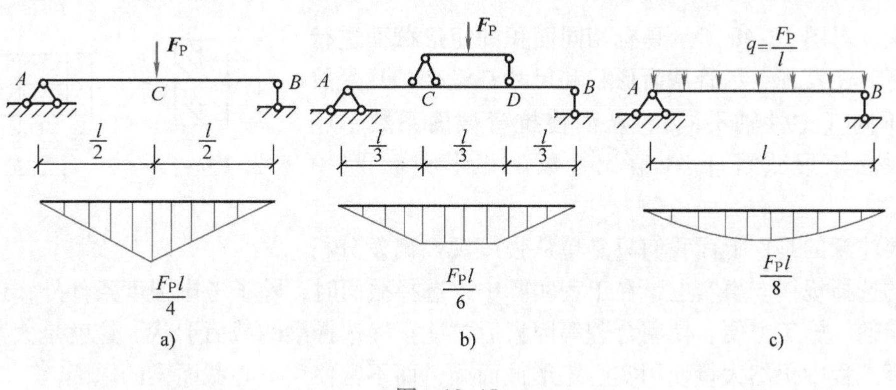

图　10-45

图10-45b所示的梁是在简支梁AB上面加了一根长为$l/3$的短梁，然后再在短梁的跨中作用一个集中力F_P，这样对于梁AB而言，作用在它上面的荷载由跨中的F_P就分散成为距支座为$l/3$的两个集中力$F_P/2$，其最大弯矩为$F_Pl/6$，是图10-45a中最大弯矩的2/3；图10-45c所示的梁是将集中力F_P沿着梁长分散成了集度为F_P/l的分布线荷载，其最大弯矩为$F_Pl/8$，是图10-45a中最大弯矩的1/2。

可见，在使用条件可能的条件下，工程中要尽量使荷载分散，把握好能分则分的原则。另外要考虑选用轻质材料，减轻梁的自重，以降低梁的最大弯矩。

三、合理选择截面

1. 根据抗弯截面系数选择合理截面

从抗弯截面系数的计算可以推知：一般情况下，抗弯截面系数与截面高度的平方成正比，所以，合理的截面形状应该是在横截面面积A相等的条件下，比值W_z/A尽量大些。

首先，通过对图10-46所示的矩形、圆形、工字形、正方形截面进行理论计算，发现：在横截面面积A相等的情况下，比值W_z/A从大到小的截面依次是：工字形、矩形、正方形、圆形。

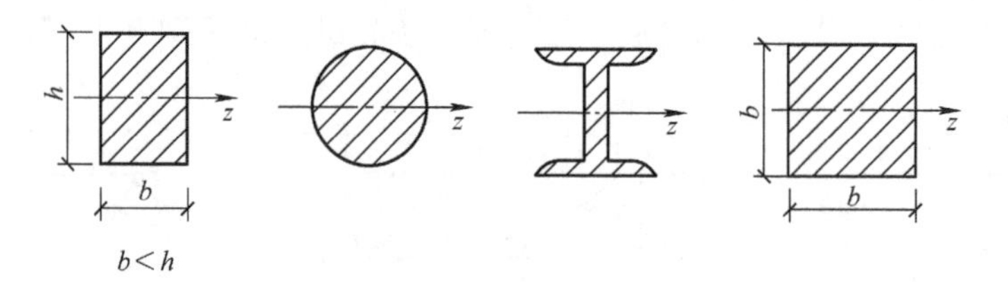

图　10-46

其次，通过对图10-47所示具有相同截面面积的实心及空心截面进行理论分析，发现：无论截面的几何形状是哪种类型，空心截面的W_z/A总是大于实心截面的W_z/A。

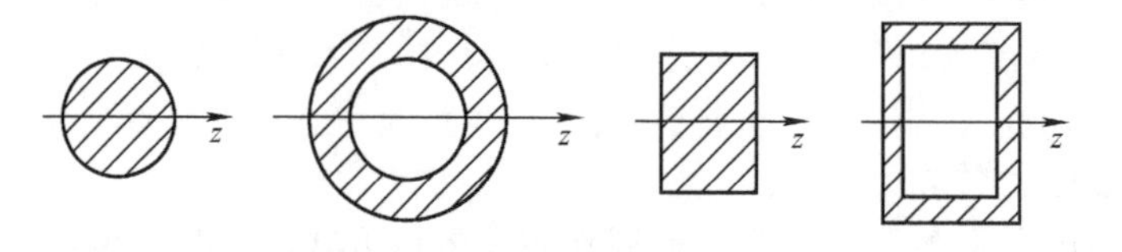

图　10-47

再次，对图10-48所示具有相同面积的矩形截面进行理论计算，还发现：尽管截面形状和尺寸都没变，只是放置方式不同（中性轴不同），从而使抗弯截面系数不相同。立放的矩形截面W_z/A值比平放的矩形截面W_y/A值大。

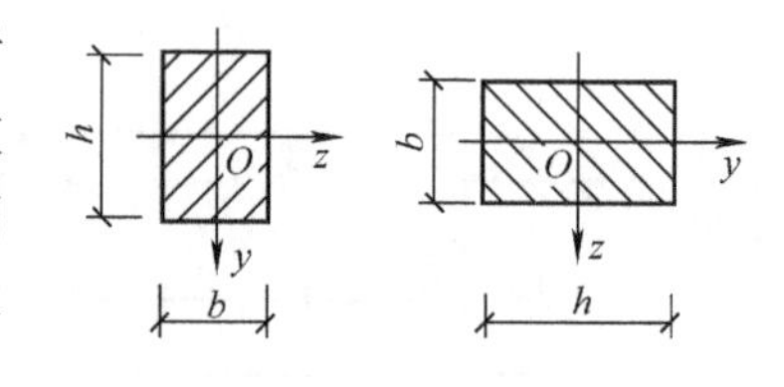

图　10-48

需要注意的是：上面我们只是单从强度观点出发分析了截面的选择规律。事实上，在工程实际中，选择截面时，除了考虑强度条件外，还要同时考虑稳定性、施工方便、使用合理等因素后才能正确选择梁的截面形状。这就是大家所看到的在实际工程中仍然大量使用实心矩形截面梁，而不常使用空心截面梁的原因。

2. 根据材料的性质选择合理截面

合理地布置中性轴的位置，使截面上最大拉、压应力同时达到材料的许用应力，达到既经济又合理的目的。

对于抗拉、抗压强度相等的塑性材料梁，最好选择上、下边缘对中性轴对称的截面，如矩形、工字形、圆形等。对于抗拉、抗压强度不相等的脆性材料，最好选择上、下边缘对中性轴不对称的截面，使中性轴偏向于强度较低的一侧，如T形等。最理想的截面是截面受拉、受压的边缘到中性轴的距离与材料的抗拉、抗压许用应力成正比，即 $y_c/y_t=[\sigma_t]/[\sigma_c]$，这样才能充分发挥材料的潜能。

3. 采用变截面梁

根据梁的强度条件设计梁的截面时，是依据全梁范围内的最大弯矩来确定等截面梁的横截面尺寸的，这个尺寸对于危险截面是必需的，但对于梁上的其他截面就有些大了。为了充分利用材料，理想的梁应为：梁的每一个横截面上的最大正应力与材料的弯曲许用应力相等或接近，这种梁称为等强度梁。

从强度的观点来看，等强度梁最经济，能充分发挥材料的潜能，但从实际应用情况分析，这种梁的制作比较复杂，给施工带来很多困难，因此，应综合考虑强度和施工两种因素。在建筑工程中，通常采用形状比较简单又便于加工制作的各种变截面梁，而不采用等强度梁。如图10-49所示为建筑工程中常见变截面梁的情况。

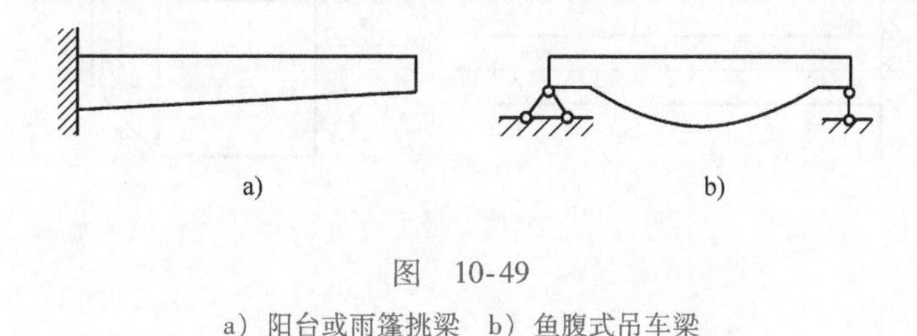

图 10-49

a）阳台或雨篷挑梁 b）鱼腹式吊车梁

第七节 梁的主应力和主应力迹线

一、应力状态的概念

前面我们研究了梁横截面上的应力及其分布规律，但在工程实际中，梁除了沿横截面破坏，还可能沿斜截面破坏。例如图10-50所示的钢筋混凝土梁，在荷载作用下，除了在跨中底部会产生竖向裂缝外，在支座附近还会产生斜向裂缝。这说明在梁的斜截面上也存在着导致破坏的应力，因此，为了解释梁的破坏现象，仅研究梁横截面上的应力是不够的，还需要研究梁内任一点处各个不同方位截面上的应力。

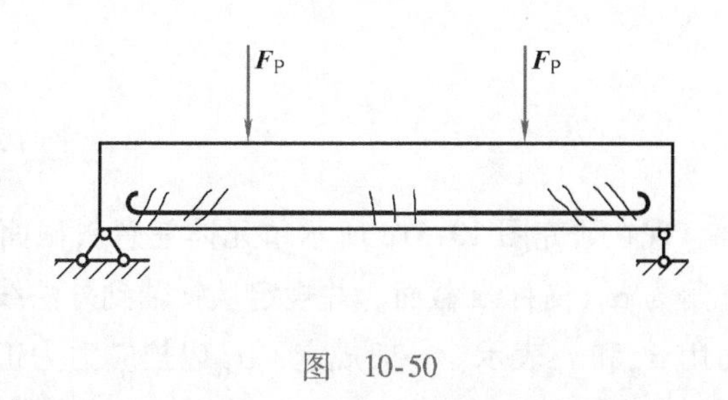

图 10-50

我们把通过一点的各个不同方位截面上的应力情况称为一点处的应力状态。研究一点处的应力状态，常围绕该点用无限接近的一对横截面、一对纵向水平面和一对纵向铅垂面截取一微小正六面体，这个微小正六面体称为单元体。单元体一般取得极其微小，可以认为，在它的每个面上的应力都是均匀分布的，并且平行面上的应力是相等的，皆等于通过所研究点并与上述截面平行的面上的应力。当单元体的三对互相垂直面上的应力已知时，就可以采用截面法通过平衡条件求得任意截面上的应力。这样，一点处的应力状态就可以完全确定了。

二、梁上任一点应力状态分析

1. 斜截面上的应力

如图10-51a所示为一受集中力作用的悬臂梁，为了分析梁内任一点K的应力情况，在梁上围绕点K取一个单元体，如图10-51b所示。单元体的左右两面都是梁的横截面，其上的应力可用梁的正应力和切应力公式求出，分别用σ_x和τ_x表示。单元体的上下两面上无正应力，即$\sigma_y=0$，但根据切应力互等定理必定有τ_x存在，就必定有切应力τ_y存在，τ_y的数值等于τ_x，方向如图10-51b所示。单元体的前后两面无应力，所以，单元体可用平面图表示（图10-51c）。

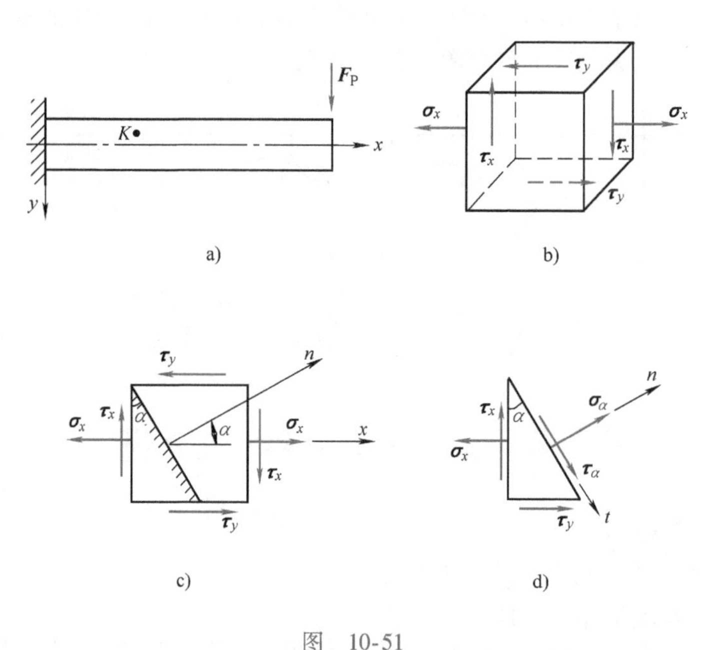

图 10-51

现在研究图10-51c所示单元体任意斜截面上的应力。设斜截面的外法线n与x轴间的夹角为α，简称α截面，并规定从x轴到外法线n逆时针转向的方位角α为正。α截面的应力用σ_α和τ_α表示。一般规定：σ_α以拉应力为正，τ_α以绕单元体顺时针转向为正。假想地沿该斜截面把单元体分成两部分，取左下部分为研究对象（图10-51d）。设α截面的面积为dA，由静力平衡条件可以推导出σ_α和τ_α的计算公式为

$$\left.\begin{aligned}\sigma_\alpha&=\frac{\sigma_x}{2}+\frac{\sigma_x}{2}\cos 2\alpha-\tau_x\sin 2\alpha\\ \tau_\alpha&=\frac{\sigma_x}{2}\sin 2\alpha+\tau_x\cos 2\alpha\end{aligned}\right\}\tag{10-10}$$

2. 主应力及其作用平面

式（10-10）中第一式表明 σ_α 是 α 的函数，σ_α 存在极值。σ_α 的极值 0 称为**主应力**，主应力的作用面称为**主平面**。设 α_0 面为主平面，将式（10-10）中第一式对 α 求一阶导数，并使其等于零，可确定主平面的方位，即

$$\left.\frac{d\sigma_\alpha}{d\alpha}\right|_{\alpha=\alpha_0}=-\sigma_x\sin 2\alpha_0-2\tau_x\cos 2\alpha_0=0\tag{a}$$

于是

$$\tan 2\alpha_0=-\frac{2\tau_x}{\sigma_x}\tag{10-11}$$

式（10-11）给出 α_0 与 $\alpha_0+90°$ 两个主平面方位角，可见两个主平面相互垂直。

式（a）可写为

$$\frac{\sigma_x}{2}\sin 2\alpha_0+\tau_x\cos 2\alpha_0=0$$

由式（10-10）第二式知，上面等式的左边刚好等于 τ_{α_0}。说明主平面上的切应力等于零。于是，主平面和主应力也可定义为：**在单元体内切应力等于零的面为主平面，主平面上的正应力即为主应力。**

将式（10-11）代入式（10-10）中第一式，经简化得主应力的计算公式

$$\left.\begin{matrix}\sigma_{max}\\ \sigma_{min}\end{matrix}\right\}=\frac{\sigma_x}{2}\pm\sqrt{\left(\frac{\sigma_x}{2}\right)^2+\tau_x^2}\tag{10-12}$$

在单元体上，有三对平面，所以必存在三个主应力。对于从梁中取出的任一点 K 的单元体，由式（10-12）可求出 σ_{max} 和 σ_{min} 两个主应力，其中一个为正值，另一个为负值，而前后面的主应力等于零。在实际应用中，主应力需按其代数值排列顺序，即 $\sigma_1>\sigma_2>\sigma_3$。所以图 10-51b 所示的单元体上的主应力 $\sigma_1=\sigma_{max}$，$\sigma_2=0$，$\sigma_3=\sigma_{min}$。

3. 最大切应力及其作用平面

式（10-10）第二式同样表明 τ_α 也是 α 的函数，τ_α 也存在极值。设 α_s 面为切应力极值所在平面，将式（10-10）中第二式对 α 求一阶导数，并使其等于零，得

$$\left.\frac{d\tau_\alpha}{d\alpha}\right|_{\alpha=\alpha_s}=\sigma_x\cos 2\alpha_s-2\tau_x\sin 2\alpha_s=0\tag{b}$$

$$\tan 2\alpha_s=\frac{\sigma_x}{2\tau_x}\tag{10-13}$$

上式可求得 α_s 与 $\alpha_s+90°$ 两个值，可见切应力极值的两个所在平面互相垂直。利用三角关系，将式（10-13）代入式（10-10）的第二式，得切应力极值

$$\left.\begin{matrix}\tau_{max}\\ \tau_{min}\end{matrix}\right\}=\pm\sqrt{\left(\frac{\sigma_x}{2}\right)^2+\tau_x^2}\tag{10-14}$$

利用式（10-12），又可得

$$\left.\begin{matrix}\tau_{max}\\ \tau_{min}\end{matrix}\right\} = \pm\frac{1}{2}(\sigma_{max}-\sigma_{min}) \tag{10-15}$$

式（10-14）和式（10-15）同为最大切应力的计算公式。在最大切应力的作用面上，一般是有正应力的。

例 10-21　如图 10-52a 所示的一矩形截面简支梁，矩形尺寸：$b=80\text{mm}$，$h=160\text{mm}$，跨中作用集中荷载 $F_P=20\text{kN}$。试计算距离左端支座 $x=0.3\text{m}$ 的 D 处截面中性层以上 $y=20\text{mm}$ 某点 K 的主应力及其方位，并用单元体表示出主应力。

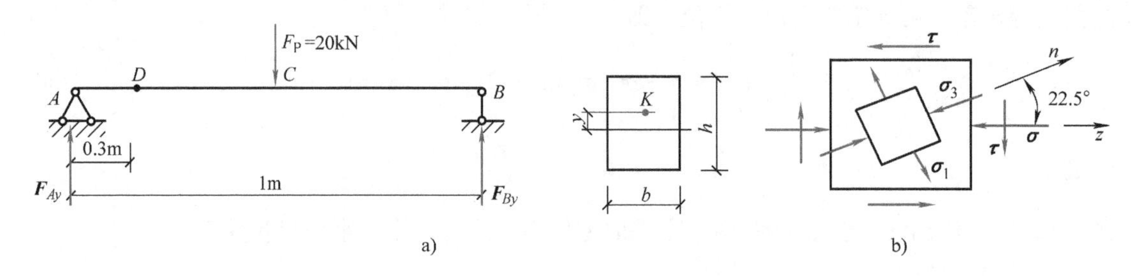

图　10-52

解　(1) 计算 D 处的剪力及弯矩。

$$F_{QD}=F_{Ay}=10\text{kN}$$

$$M_D=F_{Ay}x=3\text{kN}\cdot\text{m}$$

(2) 计算 D 处截面中性层以上 20mm 处 K 点的正应力及切应力。

截面对中性轴的惯性矩为

$$I_z=\frac{1}{12}bh^3=\left(\frac{1}{12}\times80\times160^3\right)\text{mm}^4=27.3\times10^6\text{mm}^4$$

K 点对应的 S_z^* 为

$$S_z^*=(60\times80\times50)\text{mm}^3=2.4\times10^5\ \text{mm}^3$$

K 点的正应力及剪应力为

$$\sigma_K=\frac{M_Dy}{I_z}=-\frac{3\times10^6\times20}{27.3\times10^6}\text{MPa}=-2.2\text{MPa}\ (\text{压应力})$$

$$\tau_K=\frac{F_{QD}S_z^*}{I_zb}=\frac{10\times10^3\times2.4\times10^5}{27.3\times10^6\times80}\text{MPa}=1.1\text{MPa}$$

(3) 计算主应力及其方位。

取 K 点单元体如图 10-52b 所示，$\sigma=\sigma_K=-2.2\text{MPa}$，$\tau=\tau_K=1.1\text{MPa}$

$$\left.\begin{matrix}\sigma_1\\ \sigma_3\end{matrix}\right\}=\left(\frac{-2.2}{2}\pm\sqrt{\left(\frac{-2.2}{2}\right)^2+1.1^2}\right)\text{MPa}=\left\{\begin{matrix}0.46\\ -2.66\end{matrix}\right.\text{MPa}$$

$$\tan 2\alpha_0=\frac{-2\times1.1}{-2.2}=1$$

$$\alpha_0=22°30' \qquad \alpha_0=90°+22°30'=112°30'$$

在单元体上画出主应力的方向，如图 10-52b 所示。

三、梁内主应力迹线

在图 10-53a 所示梁中任意截面 $m-m$ 上取五点，围绕各点作出五个应力单元体，分别计算出各点横截面上的应力 σ_x和 τ_x，然后计算各点的主应力值及其所在平面方位。画各点的应力单元体，如图 10-53b 所示。

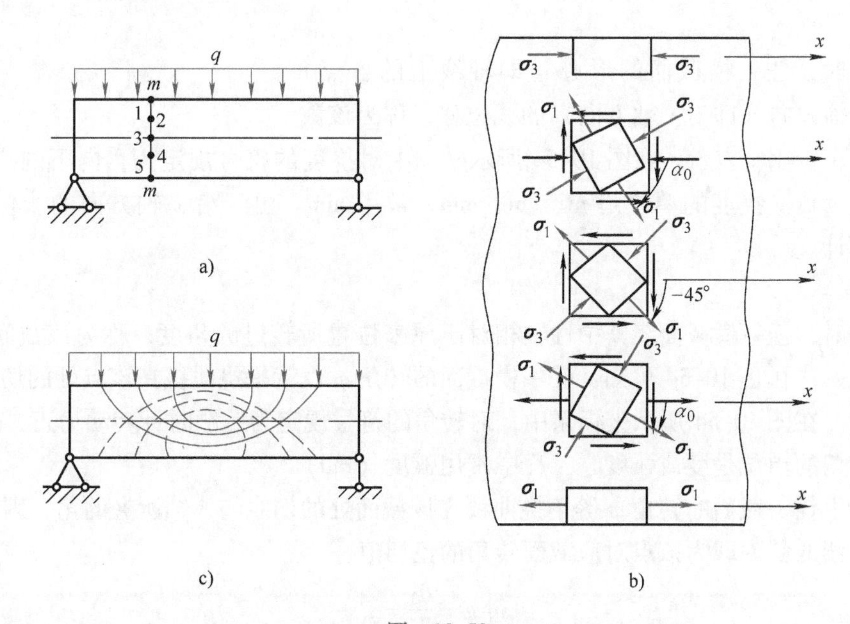

图　10-53

点 1 和点 5 只有一个正应力，无切应力，是主应力单元体，属于单向应力状态，点 3 只有切应力，无正应力，属于纯剪切应力状态，点 3 的主应力与 x 轴成 ±45°，且数值都等于 σ_x，这种两个主应力都不为零的应力状态称为二向应力状态。点 2 和点 4 也是一般二向应力状态。主应力方向如图 10-53b 所示。

纵观全梁，各点处均有由正交的主拉应力 σ_1和主压应力 σ_3构成的主应力状态。在全梁内形成主应力场。为了直观地表示梁内各点主应力的方向，我们可以用两组互相垂直的曲线描述主应力场，其中一组实线上每一点切线方向是该点处主拉应力方向，而另一组虚线上的每一点的切线方向是该点处的主压应力方向，这两组曲线称为梁的**主应力迹线**（图10-53c）。实线为主拉应力迹线，虚线为主压应力迹线。主应力迹线在工程设计中是很有用的，例如，钢筋混凝土梁内的主要受力钢筋大致就是按主拉应力迹线配置的。

第八节　梁的变形及刚度计算

一、梁的挠度和转角

如图 10-54 所示的悬臂梁，在荷载作用下产生平面弯曲，梁的轴线弯曲成一条连续而光滑的曲线，称为梁的挠曲线。以梁的左端点 A 为坐标原点，以变形前梁的轴线为 x 轴，向右为正，与 x 轴垂直的 y 轴向下为正，建立 xAy 坐标系。从图 10-54 中可以看出：挠曲线上各

点的纵坐标 y 是随着截面位置 x 而变化的。所以，梁的挠曲线可用方程 $y=f(x)$ 来表示，称之为**梁的挠曲线方程**。

观察图10-54所示梁的变形，不难发现梁的横截面产生了两种位移：线位移和角位移。

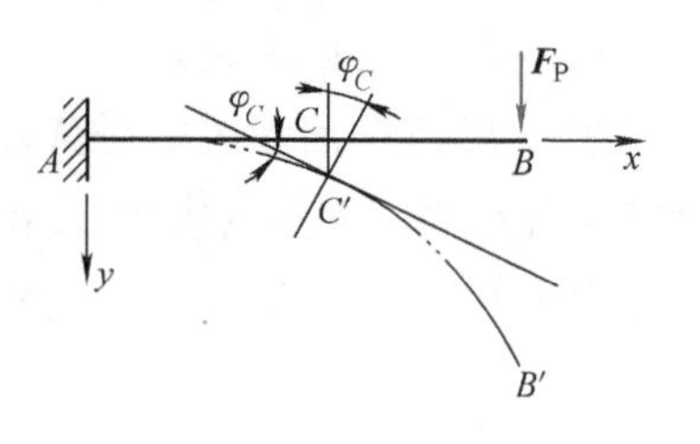

图　10-54

1. 挠度

梁弯曲时，任一横截面的形心（即轴线上的各点）在垂直于 x 轴方向（即沿 y 轴方向）的线位移，称为该截面的**挠度**，一般用 y 表示。在图10-54所示坐标中对挠度的符号规定为：向下的挠度为正，向上的挠度为负。挠度的单位是m、cm、mm，常用mm。由于沿 x 轴方向的线位移很小，可以忽略不计。

2. 转角

梁弯曲时，任一横截面绕其中性轴相对于原来位置所转过的角度，称为该截面的**转角**，一般用 φ 表示。由图10-54可知：任一横截面的转角 φ 也就是挠曲线在该点处的切线与 x 轴之间的夹角。在图10-54所示坐标系中，对转角的符号规定为：顺时针转动为正，逆时针转动为负。转角的单位是度或弧度，工程中常用弧度（rad）。

由于梁上任一截面的转角 φ 等于挠曲线在该截面处的切线与 x 轴所夹的角，因此挠曲线上任一点切线的斜率即为该点对应截面转角的正切值。

$$\tan\varphi=\frac{\mathrm{d}y}{\mathrm{d}x}=y'$$

由于梁的变形很小，转角 φ 是一个很小的角度。所以可以取 $\tan\varphi\approx\varphi$，于是有

$$\varphi\approx\tan\varphi=y'=f'(x)$$

上式表明：梁任一横截面的转角等于挠曲线在该点的切线斜率，即转角等于挠曲线 $y=f(x)$ 的一阶导数。我们把转角随截面位置变化的函数式 $\varphi=f'(x)$ 称为**转角方程**。

既然梁的挠度和转角都可以写成 x 的函数式，并且转角方程就是挠曲线方程对 x 的一阶导数，因此，要计算梁的挠度和转角，关键是确定梁的挠曲线方程。

二、梁的挠曲线近似微分方程

由式（10-1）可知，梁在纯弯曲时的曲率表达式为

$$\frac{1}{\rho}=\frac{M}{EI_z}$$

对于跨度远大于横截面高度的梁在横力弯曲时，剪力对梁变形的影响很小，可以略去不计，所以这个曲率表达式仍然可以应用。不过，这时式中的弯矩 M 和曲率半径 ρ 都是随 x 变化的函数了。于是对于横力弯曲的梁曲率表达式为

$$\frac{1}{\rho(x)}=\frac{M(x)}{EI_z} \tag{a}$$

由高等数学知识可知，平面曲线的曲率可以写作

$$\frac{1}{\rho(x)}=\pm\frac{\dfrac{\mathrm{d}^2y}{\mathrm{d}x^2}}{\left[1+\left(\dfrac{\mathrm{d}y}{\mathrm{d}x}\right)^2\right]^{3/2}}$$

对于工程中常用的梁，变形均为小变形，转角$\frac{dy}{dx}$是一个很小的量，$\left(\frac{dy}{dx}\right)^2$是一个高阶微量，可忽略不计，所以上式可近似地写为

$$\frac{1}{\rho(x)} = \pm \frac{d^2y}{dx^2} \tag{b}$$

根据式（a）和（b）可得

$$\pm \frac{d^2y}{dx^2} = \frac{M(x)}{EI_z} \tag{c}$$

式（c）中的正负号，取决于坐标系的选择和弯矩正负号的规定。

由图 10-55 可知：弯矩 $M(x)$ 的正负号与挠曲线二阶导数$\frac{d^2y}{dx^2}$的正负号总是相反。因此式（c）应取负号，即

$$-\frac{d^2y}{dx^2} = \frac{M(x)}{EI_z} \quad 或 \quad EI_zy'' = -M(x) \tag{10-16}$$

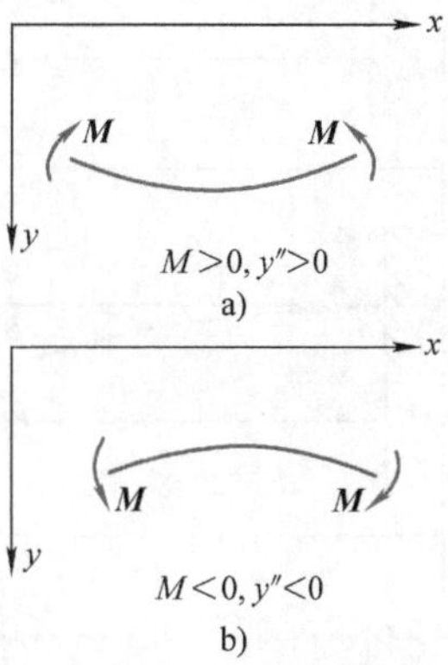

式（10-16）就是梁的挠曲线近似微分方程。对其积分可得挠曲线方程和转角方程。

三、积分法计算梁的挠度和转角

对于等截面直梁，抗弯刚度 EI_z 为常数，$M(x)$ 通常为 x 的函数，将式（10-16）两边积分一次可得到转角方程。

$$EI_zy' = \int -M(x)dx + C \tag{10-17}$$

再积分一次，得到梁的挠曲线方程

$$EI_zy = \int\left[\int -M(x)dx\right]dx + Cx + D \tag{10-18}$$

积分式中出现的积分常数 C、D 可通过梁的挠曲线上一些已知位移条件来确定。例如，在固定端处的转角 $\varphi=0$ 和挠度 $y=0$；在铰支座处的挠度 $y=0$。这种条件称为边界条件。

当梁的弯矩方程需要分段写出时，梁的挠曲线近似微分方程也应该需要分段写出，在这种情况下，经过积分后，积分常数增多，除利用边界条件外，还应根据挠曲线为连续光滑这一特征，利用分段处有相同挠度和相同转角的条件来确定积分常数。这种条件称为连续条件。

积分常数确定后，将其代入式（10-17）和式（10-18）可得转角方程和挠曲线方程，从而求得任意横截面的转角和挠度。对梁的挠曲线近似微分方程进行积分求梁的变形的方法称为积分法。

表 10-9 所列出的梁在简单荷载作用下的挠曲线方程、梁端转角和挠度，就是通过积分法求出的，计算时可直接查用。

$M>0, y''>0$
a)

$M<0, y''<0$
b)

图　10-55

表 10-9 梁在简单荷载作用下的挠曲线方程、梁端转角和挠度

序号	梁及其荷载	挠曲线方程	转角	挠度
1	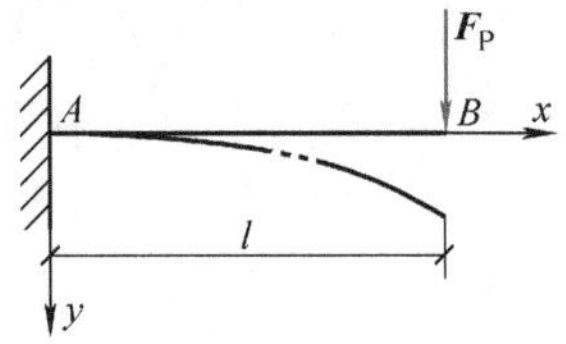	$y=\dfrac{F_Px^2}{6EI}(3l-x)$	$\varphi_B=\dfrac{F_Pl^2}{2EI}$	$y_B=\dfrac{F_Pl^3}{3EI}$ $y_{max}=y_B$
2	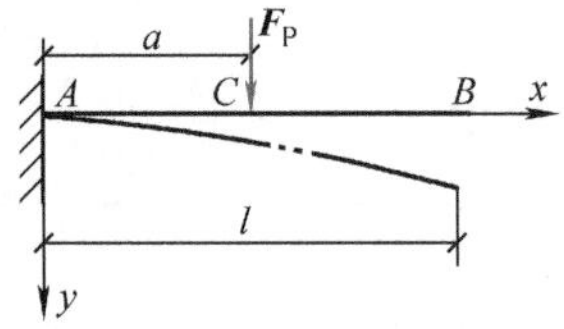	$y=\dfrac{F_Px^2}{6EI}(3a-x)$ $(0\leqslant x\leqslant a)$ $y=\dfrac{F_Pa^2}{6EI}(3x-a)$ $(a\leqslant x\leqslant l)$	$\varphi_B=\dfrac{F_Pa^2}{2EI}$	$y_B=\dfrac{F_Pa^2}{6EI}(3l-a)$ $y_{max}=y_B$
3	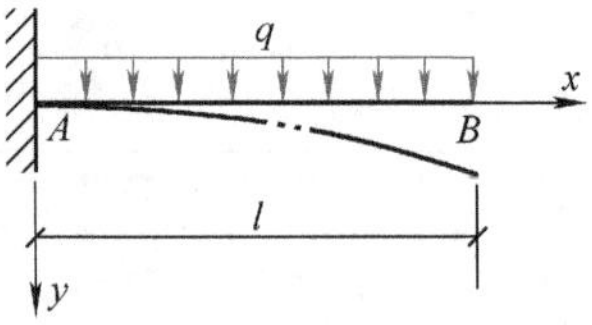	$y=\dfrac{qx^2}{24EI}(x^2-4lx+6l^2)$	$\varphi_B=\dfrac{ql^3}{6EI}$	$y_B=\dfrac{ql^4}{8EI}$ $y_{max}=y_B$
4	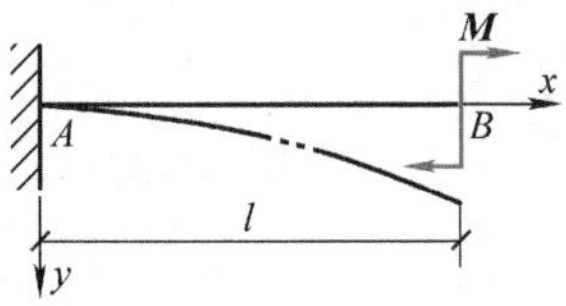	$y=\dfrac{Mx^2}{2EI}$	$\varphi_B=\dfrac{Ml}{EI}$	$y_B=\dfrac{Ml^2}{2EI}$ $y_{max}=y_B$
5	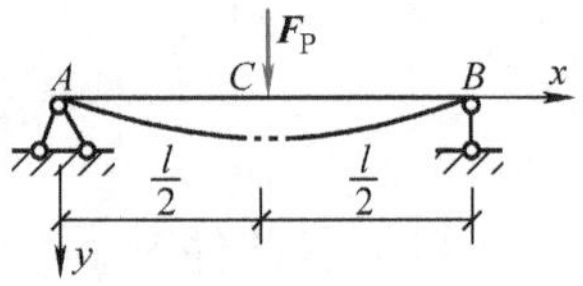	$y=\dfrac{F_Px}{48EI}(3l^2-4x^2)$ $(0\leqslant x\leqslant \dfrac{l}{2})$	$\varphi_B=-\dfrac{F_Pl^2}{16EI}$ $\varphi_A=\dfrac{F_Pl^2}{16EI}$	$y_C=\dfrac{F_Pl^3}{48EI}$ $y_{max}=y_C$
6	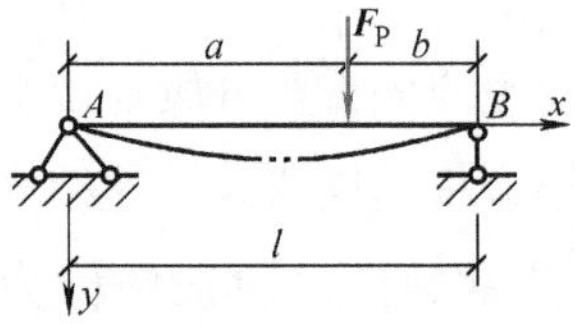	$y=\dfrac{F_Pbx}{6EIl}(l^2-x^2-b^2)$ $(0\leqslant x\leqslant a)$ $y=\dfrac{F_Pa(l-x)}{6EIl}(2xl-x^2-a^2)$ $(a\leqslant x\leqslant l)$	$\varphi_B=-\dfrac{F_Pab(l+a)}{6EIl}$ $\varphi_A=\dfrac{F_Pab(l+b)}{6EIl}$	当 $a>b$ 时 $y_{x=\frac{l}{2}}=\dfrac{F_pb(3l^2-4b^2)}{48EI}$ $y_{max}=\dfrac{\sqrt{3}F_Pb}{27EIl}(l^2-b^2)^{3/2}$ (y_{max} 在 $x=\sqrt{\dfrac{l^2-b^2}{3}}$ 处)
7	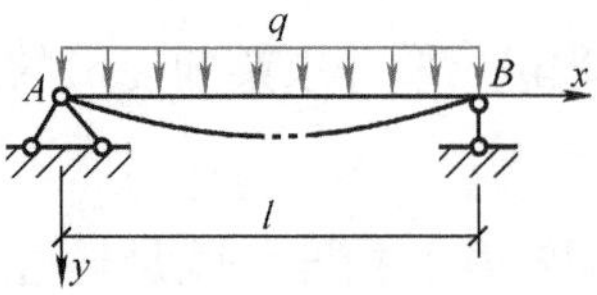	$y=\dfrac{qx}{24EI}(l^3-2x^2l+x^3)$	$\varphi_B=-\dfrac{ql^3}{24EI}$ $\varphi_A=\dfrac{ql^3}{24EI}$	$y_{x=\frac{l}{2}}=\dfrac{5ql^4}{384EI}$ $y_{max}=y_{x=\frac{l}{2}}$

（续）

序号	梁及其荷载	挠曲线方程	转角	挠度
8	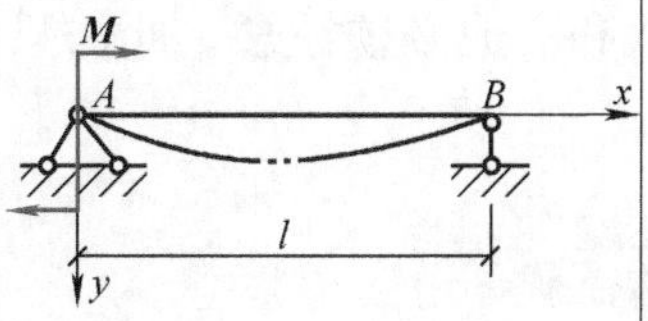	$y=\frac{Mx}{6EIl}(l-x)(2l-x)$	$\varphi_B=-\frac{Ml}{6EI}$ $\varphi_A=\frac{Ml}{3EI}$	$y_{x=\frac{l}{2}}=\frac{Ml^2}{16EI}$ $y_{max}=\frac{Ml^2}{9\sqrt{3}EI}$ （y_{max} 在 $x=\left(1-\frac{1}{\sqrt{3}}\right)l$ 处
9	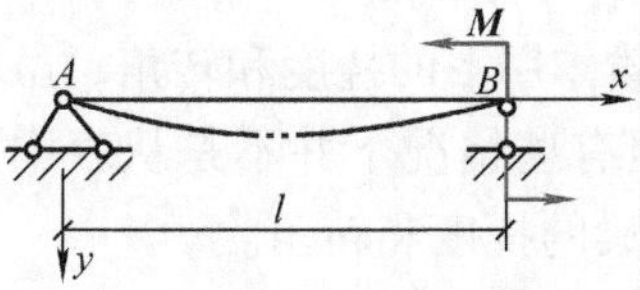	$y=\frac{Mx}{6EIl}(l^2-x^2)$	$\varphi_B=-\frac{Ml}{3EI}$ $\varphi_A=\frac{Ml}{6EI}$	$y_{x=\frac{l}{2}}=\frac{Ml^2}{16EI}$ $y_{max}=\frac{Ml^2}{9\sqrt{3}EI}$ （y_{max} 在 $x=\frac{l}{\sqrt{3}}$ 处）
10	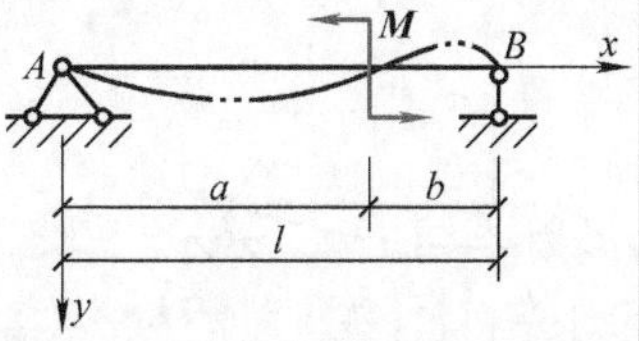	$y=\frac{Mx}{6EIl}(6al-3a^2-2l^2-x^2)$ $(0\leqslant x\leqslant a)$ 当 $a=b=\frac{l}{2}$ 时 $y=\frac{Mx}{24EIl}(l^2-4x^2)$ $\left(0\leqslant x\leqslant\frac{l}{2}\right)$	$\varphi_B=\frac{M}{6EIl}(l^2-3a^2)$ $\varphi_A=\frac{M}{6EIl}$ $(6al-3a^2-2l^2)$ 当 $a=b=\frac{l}{2}$ 时 $\varphi_A=\frac{Ml}{24EI}$ $\varphi_B=\frac{Ml}{24EI}$	$y_{x=\frac{l}{2}}=0$
11	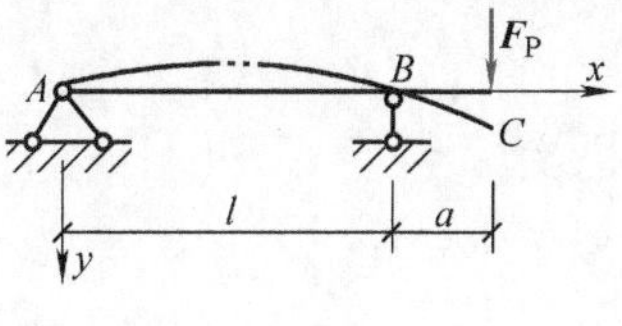	$y=-\frac{F_Pax}{6EIl}(l^2-x^2)$ $(0\leqslant x\leqslant l)$ $y=\frac{F_P(l-x)}{6EI}[(x-l)^2-$ $3ax+al]$ $[l\leqslant x\leqslant(l+a)]$	$\varphi_B=\frac{F_Pal}{3EI}$ $\varphi_A=-\frac{F_Pal}{6EI}$ $\varphi_C=\frac{F_Pa}{6EI}(2l+3a)$	$y_{x=\frac{1}{2}}=-\frac{F_Pal^2}{16EI}$ $y_C=\frac{F_Pa^2}{2EI}(l+a)$
12	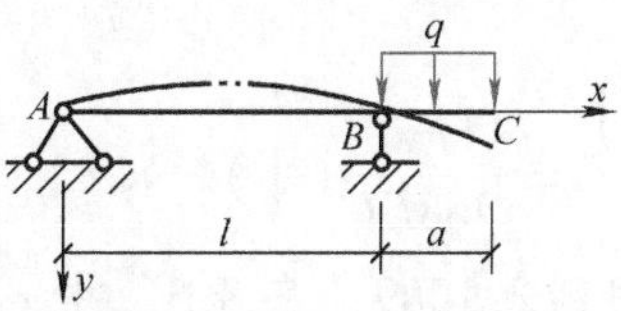	$y=-\frac{qa^2x}{12EIl}(l^2-x^2)$ $(0\leqslant x\leqslant l)$ $y=\frac{q(x-l)}{24EI}[2a^2(3x-l)+$ $(x-l)^2(x-l-4a)]$ $[l\leqslant x\leqslant(l+a)]$	$\varphi_B=\frac{qa^2l}{6EI}$ $\varphi_A=-\frac{qa^2l}{12EI}$ $\varphi_C=\frac{qa^2(l+a)}{6EI}$	$y_{x=\frac{l}{2}}=-\frac{qa^2l^2}{32EI}$ $y_C=\frac{qa^3}{24EI}(4l+3a)$
13	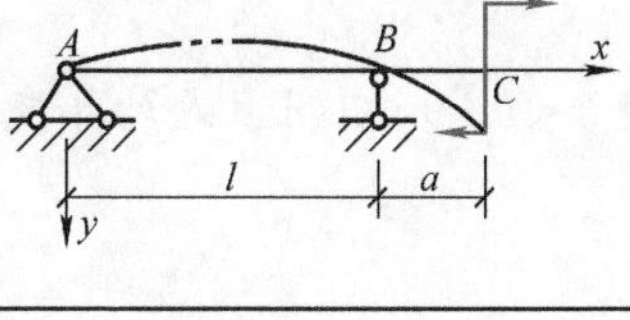	$y=-\frac{Mx}{6EIl}(l^2-x^2)$ $(0\leqslant x\leqslant l)$ $y=\frac{M}{6EI}(3x^2-4xl+l^2)$ $[l\leqslant x\leqslant(l+a)]$	$\varphi_B=\frac{Ml}{3EI}$ $\varphi_A=-\frac{Ml}{6EI}$ $\varphi_C=\frac{M}{3EI}(l+3a)$	$y_{x=\frac{l}{2}}=-\frac{Ml^2}{16EI}$ $y_C=\frac{Ma}{6EI}(2l+3a)$

四、叠加法计算梁的挠度和转角

用积分法求梁某一截面的挠度和转角，其运算过程较复杂。工程上常用叠加法来计算。

叠加法的依据是**叠加原理**，即结构在多个荷载作用下产生的某量值（包括反力、内力或变形等）等于在每个荷载单独作用下产生的该量值的代数和。但必须注意，此法只适用于线弹性范围之内。

用叠加法求挠度和转角的步骤为：

1）将作用在梁上的复杂荷载分解成几个简单荷载，简称荷载分组。

2）查表10-9，求梁在简单荷载作用下的挠度和转角。

3）叠加简单荷载作用下的各挠度和转角，求出复杂荷载作用下的挠度和转角。

用叠加法求挠度和转角的关键是要正确求出梁在简单荷载作用下的挠度和转角，虽然在表10-9中列出了梁在一些简单荷载作用下的挠度和转角，但有些情况下并不是从表中一目了然就能找出答案的，而是需要灵活使用表10-9，才能查到梁的挠度和转角。

表10-9的用法可以简单地归纳为：**根据类型查序号，分析变形找公式，代入参数求变形**。

例10-22　简支梁受荷载作用如图10-56a所示，已知梁的抗弯刚度为EI，试用叠加法求跨中截面D的挠度。

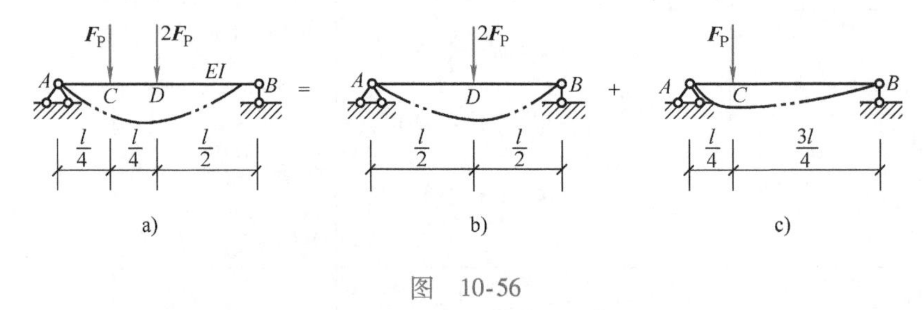

图　10-56

解　(1) 将梁上的荷载分解为图10-56b、c两种情况。

(2) 查表10-9，确定图10-56b、c两种情况时D截面的挠度。

图10-56b中，D截面的挠度为

$$y_{D1}=\frac{2F_Pl^3}{48EI}(\downarrow)$$

图10-56c中，D截面的挠度为

$$y_{D2}=\frac{F_Pa}{48EI}(3l^2-4a^2)=\frac{F_P\times\frac{l}{4}\left(3l^2-4\times\frac{l^2}{16}\right)}{48EI}=\frac{11F_Pl^3}{768EI}(\downarrow)$$

求图10-56c中C处的力F_P在D截面产生的挠度时，要用到表10-9“序号6”中$x=l/2$处挠度的计算公式

$$y_{x=\frac{l}{2}}=\frac{F_Pb}{48EI}(3l^2-4b^2)$$

这个公式是在$a>b$的情况下导出的，而图10-56c中的情况是$a<b$，所以用上式计算挠度时应将a、b对调。

(3) 求D截面的挠度。

$$y_D = y_{D1} + y_{D2} = \frac{2F_P l^3}{48EI} + \frac{11F_P l^3}{768EI} = \frac{43F_P l^3}{768EI}(\downarrow)$$

梁上的荷载是各种各样的，梁不仅在复杂荷载作用下可以用叠加法求变形，而且当梁上作用有某些特殊的单一荷载时，我们也可以将这种特殊荷载设法转变为几种常见荷载共同作用的情况，再用叠加法求变形。

例 10-23 外伸梁受荷载作用如图 10-57a 所示，梁的抗弯刚度 EI 为常数，试求 C 截面的挠度和转角。

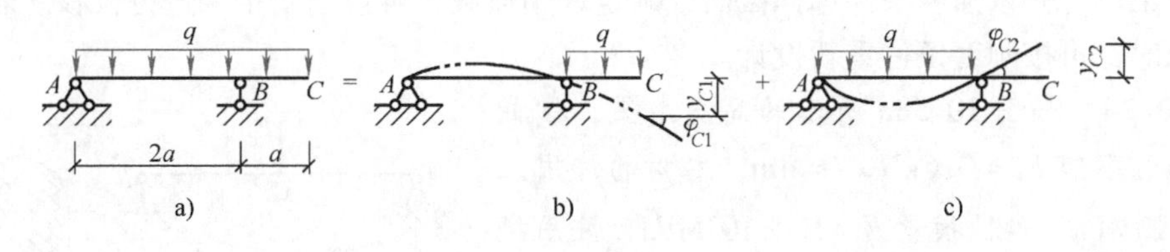

图 10-57

解 图示外伸梁的挠度和转角不能从表 10-9 中直接查出。可设法将原荷载变为能查表的几项荷载，然后用叠加法进行计算。

(1) 将图 10-57a 的荷载分解成图 10-57b、c 两种情况。

(2) 由表 10-9 分别求图 10-57b、c 两种情况下外伸梁 C 截面的挠度和转角。

在图 10-57b 中 C 截面的转角为

$$\varphi_{C1} = \frac{qa^2(l+a)}{6EI} = \frac{qa^2(2a+a)}{6EI} = \frac{qa^3}{2EI}(\circlearrowright)$$

在图 10-57b 中 C 截面的挠度为

$$y_{C1} = \frac{qa^3}{24EI}(4l+3a) = \frac{qa^3}{24EI}(4\times 2a+3a) = \frac{11qa^4}{24EI}(\downarrow)$$

在图 10-57c 中 C 截面的转角为

$$\varphi_{C2} = \varphi_B = -\frac{ql^3}{24EI} = -\frac{q(2a)^3}{24EI} = -\frac{qa^3}{3EI}(\circlearrowleft)$$

在图 10-57c 中 C 截面的挠度为

$$y_{C2} = \varphi_B a = -\frac{qa^4}{3EI}(\uparrow)$$

(3) C 截面的转角和挠度均为上述两部分叠加，即

$$\varphi_C = \varphi_{C1} + \varphi_{C2} = \frac{qa^3}{2EI} - \frac{qa^3}{3EI} = \frac{qa^3}{6EI}(\circlearrowright)$$

$$y_C = y_{C1} + y_{C2} = \frac{11qa^4}{24EI} - \frac{qa^4}{3EI} = \frac{qa^4}{8EI}(\downarrow)$$

五、梁的刚度校核与提高梁刚度的措施

1. 梁的刚度校核

梁的刚度是指梁抵抗变形的能力。对梁进行刚度校核就是检查梁的最大变形是否在工程上允许的范围内，以保证梁的正常工作。在土建工程中，通常以许用挠度与梁跨长的比值 $\left[\frac{f}{l}\right]$ 作为校核的标准。梁的刚度条件可写为

$$\frac{y_{max}}{l} \leqslant \left[\frac{f}{l}\right] \tag{10-19}$$

式中，y_{max}为梁在荷载作用下的最大挠度，$\left[\frac{f}{l}\right]$为梁的许用挠跨比，其值可从设计规范中查得，一般在$\frac{1}{250}$ ~ $\frac{1}{1000}$范围内。

梁应同时满足强度条件和刚度条件，但在一般情况下，强度条件起控制作用。所以，通常在设计梁时，先按强度条件选择截面或确定许用荷载，再按刚度条件进行校核。若刚度不满足要求时，再按刚度条件重新设计。

例 10-24　如图 10-58a 所示的简支木梁，横截面为圆形。已知 $F_P = 3.6\text{kN}$，$l = 4\text{m}$，木材的许用应力$[\sigma] = 10\text{MPa}$，弹性模量 $E = 10\times10^3\text{MPa}$，许用挠跨比$\left[\frac{f}{l}\right] = \frac{1}{250}$，试选择木梁的直径。

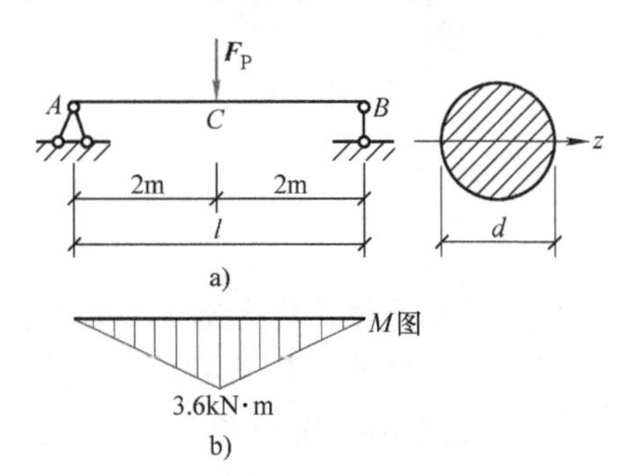

图　10-58

解　(1) 画梁的弯矩图（图 10-58b）。由图可知

$$M_{max} = 3.6\text{kN}\cdot\text{m}$$

(2) 由梁的正应力强度条件设计截面。由$\sigma_{max} = \frac{M_{max}}{W_z} \leqslant [\sigma]$得满足正应力强度时梁的抗弯截面系数为

$$W_z \geqslant \frac{M_{max}}{[\sigma]} = \frac{3.6\times10^6}{10}\text{mm}^3 = 3.6\times10^5\text{mm}^3$$

圆形截面的抗弯截面系数为 $W_z = \frac{\pi d^3}{32}$，所以梁满足正应力强度时应有

$$\frac{\pi d^3}{32} \geqslant 3.6\times10^5\text{mm}^3$$

$$d \geqslant 154\text{mm}$$

取 $d = 160\text{mm}$

(3) 对直径为 $d = 160\text{mm}$ 的梁进行刚度校核。由表 10-9 查得该梁的最大挠度发生在跨中，其值为

$$y_{max} = \frac{F_P l^3}{48EI} = \frac{3.6\times10^3\times(4\times10^3)^3}{48\times10\times10^3\times\frac{3.14\times160^4}{64}}\text{mm} = 14.9\text{mm}$$

$$\frac{y_{max}}{l} = \frac{14.9}{4\times10^3} = \frac{1}{269} < \left[\frac{f}{l}\right]$$

梁满足刚度要求

因此，该木梁的直径取 $d = 160\text{mm}$。

2. 提高梁刚度的措施

由表10-9可知，梁的挠度与作用在梁上的荷载、梁跨度的 n 次方成正比，与梁的抗弯刚度成反比，并且与梁的形式、荷载的作用方式和位置等有关。如果用“系数”表示梁的形式、荷载的作用方式和位置等因素对挠度的影响，则梁的挠度与各种因素间的关系可以用以下表达式来描述：

$$y = \frac{荷载 \times l^n}{系数 \times EI}$$

要提高梁的刚度，就应设法降低挠度。所以提高梁的抗弯刚度可以从以下几方面来考虑：

（1）改变荷载的作用方式　在结构和使用条件允许的情况下，合理调整荷载的位置及分布情况，使梁的挠度减小。例如，将集中力分散作用，或改为均布荷载都能起到减小挠度，提高梁刚度的作用。

（2）减小梁的跨度　梁的挠度与其跨度的 n 次方成正比。因此，设法减小梁的跨度，将能有效地减小梁的挠度，从而提高梁的刚度。例如，将简支梁的支座向中间适当移动变成外伸梁，或在梁的中间增加支座，都是减小梁的挠度的有效措施。

（3）增大梁的抗弯刚度 EI　梁的挠度与抗弯刚度 EI 成反比，增大梁的抗弯刚度 EI 将使梁的挠度减小。由于同类材料的弹性模量 E 值相差不大，因而工程中增大梁的抗弯刚度主要是从增大梁横截面对中性轴的惯性矩这方面考虑的，其方法和提高梁强度的思路类似，就是设法在截面面积不变的情况下，采用合理的截面形状，使截面面积尽可能分布在远离中性轴的部位。例如，优先采用工字形、箱形、环形、T形等截面。

小结

一、平面弯曲的概念

当作用于梁上的力（包括主动力和约束反力）全部都在梁的同一纵向对称平面内时，梁变形后的轴线也在该纵向对称平面内，我们把这种力的作用平面与梁的变形平面相重合的弯曲称为平面弯曲。

二、梁的内力

1. 正负号规定

（1）剪力　使所研究的梁段有顺时针方向转动趋势时为正。

（2）弯矩　使所研究的梁段产生向下凸的变形时为正。

2. 计算方法

（1）截面法

（2）直接用外力计算截面上的剪力和弯矩

剪力等于该截面一侧梁段上所有外力在平行于截面切线方向投影的代数和。对外力取正、负号的方法是：左上右下正，反之负。

弯矩等于该截面一侧所有外力对该截面形心取力矩的代数和。对外力矩取正、负号的方法是：左顺右逆正，反之负。

三、作梁内力图的方法

1. 写方程法

2. 简捷法

用 $M(x)$、$F_Q(x)$、$q(x)$ 之间的微分关系作图时，必须熟练地记住微分关系及图形特征。

用微分关系作图的基本过程是：在求出支座反力后，以梁的起始截面、终止截面、集中力的作用截面、集中力偶的作用截面和分布荷载的起止截面为界限进行分段，根据微分关系确定各段内力图的形状，求出控制截面的内力值，最后连线作图。

四、梁的应力

1. 正应力公式

$$\sigma = \frac{My}{I_z}$$

正应力公式的使用条件是梁产生平面弯曲，且变形在弹性范围内。

2. 切应力公式

（1）矩形截面梁

任一点的切应力计算公式 $\tau = \frac{F_Q S_z^*}{I_z b}$

中性轴上点切应力计算公式 $\tau_{max} = 1.5\frac{F_Q}{bh}$

（2）工字形截面

梁腹板上任一点的切应力计算公式 $\tau = \frac{F_Q S_z^*}{I_z b_1}$

中性轴上点切应力计算公式 $\tau_{max} = \frac{F_Q S_{zmax}^*}{I_z b_1}$

五、梁的强度计算

1. 梁的正应力强度条件

塑性材料 $\sigma_{max} \leqslant [\sigma]$

脆性材料 $\begin{cases}\sigma_{tmax} \leqslant [\sigma_t] \\ \sigma_{cmax} \leqslant [\sigma_c]\end{cases}$

2. 切应力强度条件

$$\tau_{max} \leqslant [\tau]$$

3. 梁的强度条件在工程中的应用

强度校核、设计截面和确定许用荷载。

正应力强度条件起着决定性作用，通常在设计梁时，先按正应力强度条件选择截面或确定许用荷载，再按切应力强度条件进行校核。

4. 提高梁弯曲强度的措施

一方面降低梁在荷载作用下的最大弯矩，另一方面合理选择截面。

六、梁的应力状态

1. 单元体任意斜截面的应力为

$$\left.\begin{aligned}\sigma_\alpha &= \frac{\sigma_x}{2} + \frac{\sigma_x}{2}\cos 2\alpha - \tau_x \sin 2\alpha \\ \tau_\alpha &= \frac{\sigma_x}{2}\sin 2\alpha + \tau_x \cos 2\alpha\end{aligned}\right\}$$

2. 主平面、主应力及最大切应力

切应力为零的截面称为主平面，主平面的正应力称为主应力。

主应力 $\sigma_1=\sigma_{\max}$，$\sigma_2=0$，$\sigma_3=\sigma_{\min}$，且

$$\left.\begin{matrix}\sigma_{\max}\\ \sigma_{\min}\end{matrix}\right\}=\frac{\sigma_x}{2}\pm\sqrt{\left(\frac{\sigma_x}{2}\right)^2+\tau^2}$$

最大切应力的公式为

$$\tau_{\max}=\pm\sqrt{\left(\frac{\sigma_x}{2}\right)^2+\tau_x^2}$$

在最大切应力的作用面上，一般是有正应力的。

七、梁的变形和刚度计算

1. 计算挠度和转角的方法

(1) 积分法　积分法是求挠度和转角的基本方法。

(2) 叠加法　叠加法是利用叠加原理，通过梁在简单荷载作用下的挠度和转角求梁在几种荷载共同作用下变形的一种简便方法。

2. 梁的刚度条件及其应用

梁的刚度条件

$$\frac{y_{\max}}{l}\leqslant\left[\frac{f}{l}\right]$$

由于强度条件起着决定性作用，通常在设计梁时，先按强度条件选择截面或确定许用荷载，再按刚度条件进行校核。

3. 提高梁刚度的措施

改变荷载的作用方式，减小梁的跨度，增加支承改变结构形式，增大梁的抗弯刚度等。在实际设计梁时，要根据具体情况合理采用各种措施。

10-1　平面弯曲的受力特点和变形特点是什么？举出几个建筑工程中产生平面弯曲的实例。

10-2　简述截面法求梁横截面上剪力、弯矩的步骤，并就图 10-59 所示梁段回答下列问题：(1) 计算内力时是取截面的哪侧研究的？所假定的 F_Q、M 是正还是负？(2) 由平衡方程 $\sum F_y=0$ 求得 $F_Q=8\text{kN}$，由 $\sum M=0$ 求得 $M=26\text{kN}\cdot\text{m}$，计算结果的正、负号说明什么？(3) 按剪力、弯矩的正负号规定，该截面上的剪力、弯矩是正还是负？截面上剪力、弯矩的实际方向和转向应该怎样？

10-3　用外力直接求剪力、弯矩的规律是什么？正、负号怎样确定？写出用外力直接求图 10-59 中剪力、弯矩时的表达式，并求出该截面上的剪力、弯矩。

10-4　写出 $M(x)$、$F_Q(x)$、$q(x)$ 三者之间的微分关系式，解释各式的几何意义，并回答用三者之间的微分关系作剪力图、弯矩图时的步骤。

10-5　如何确定弯矩的极值？弯矩图上的极值是否就是梁上的最大弯矩？就图 10-60 所示梁回答下列问题：(1) 弯矩图在何处有极值？(2) 梁的最大弯矩值 $|M|_{\max}$ 发生在何处？其大小等于多少？

10-6　判断图 10-61 所示各梁的剪力图、弯矩图是否正确？若有错，加以改正。

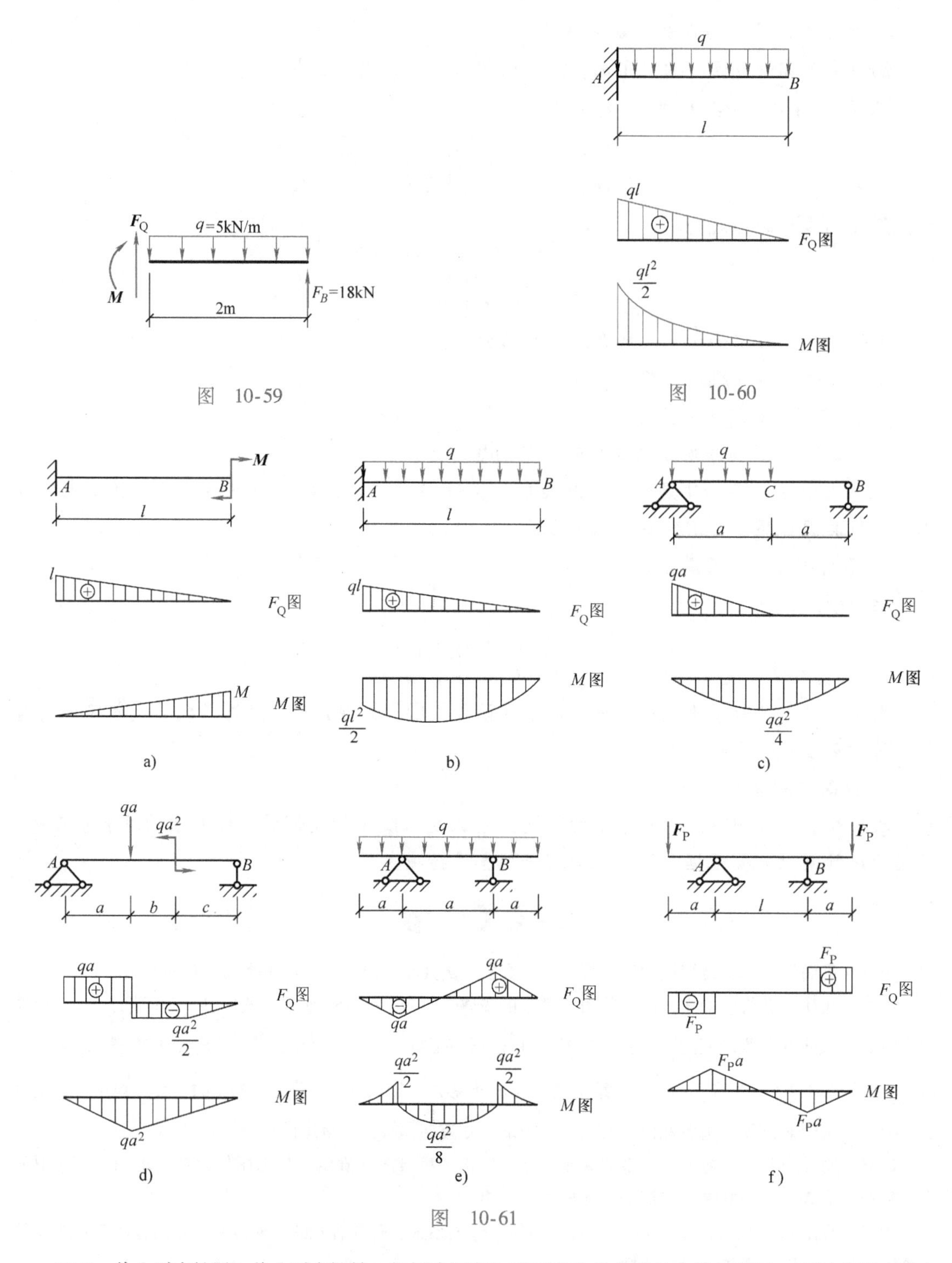

图 10-59

图 10-60

图 10-61

10-7 什么叫中性层？什么叫中性轴？如何确定产生平面弯曲的直梁的中性轴位置？当梁在竖直方向的纵向对称平面内受外力作用产生平面弯曲时，试作出图10-62所示各截面中性轴的位置。（图中 C 为截面形心）

10-8 弯曲正应力沿截面高度如何分布？当梁产生平面弯曲时，作出图10-63所示各截面正应力沿直线 $m-m$ 的分布图。（假定 $M>0$）

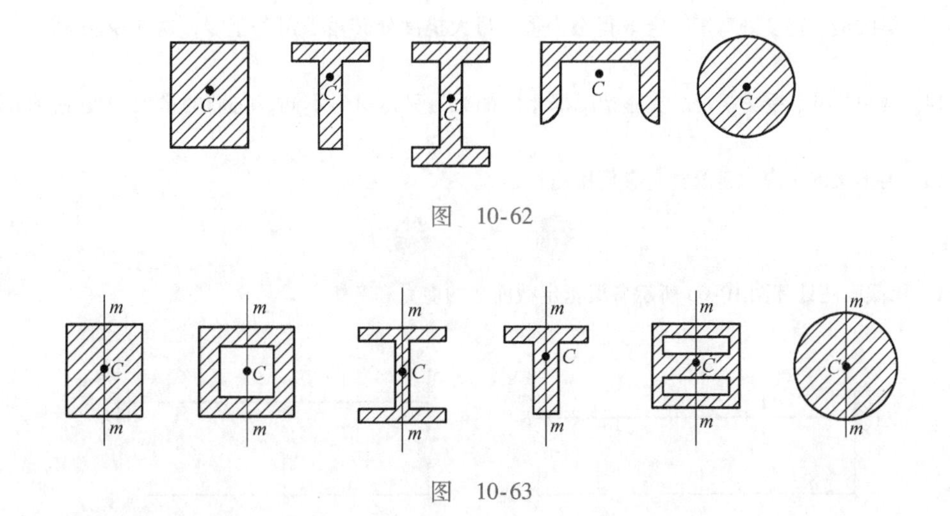

图 10-62

图 10-63

10-9 跨度、荷载、截面、类型完全相同的两根梁，它们的材料不同，那么这两根梁的弯矩图、剪力图是否相同？它们的最大正应力、最大切应力是否相同？它们的强度是否相同？通过思考以上问题可以得出什么结论？

10-10 简述工程中常将矩形截面“立放”而不“平放”的原因。为了提高梁的弯曲强度，能否将矩形截面做成高而窄的长条形？

10-11 如图 10-64 所示的悬臂梁和三角架选用相同的钢材，自重均不计，三角架的水平杆横截面尺寸和形状也和悬臂梁相同，三角架的斜杆面积为水平杆的 2 倍，试回答：(1) 两图中 AB 杆各产生哪种变形？(2) 计算两图强度的方法是否相同？(3) 悬臂梁和三角架谁的承载能力大？

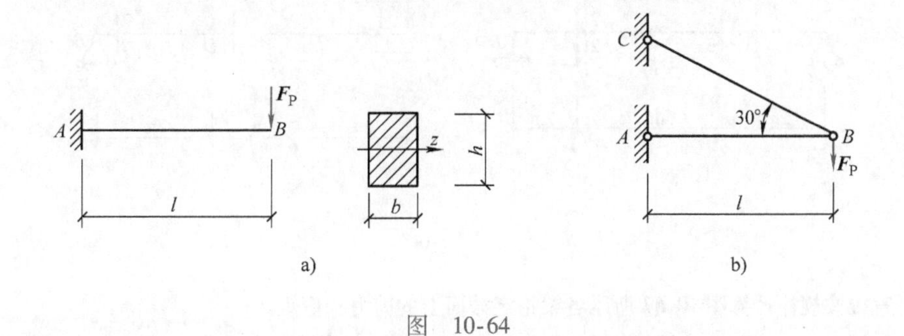

图 10-64

10-12 如图 10-65a 所示的正方形截面木梁，可用一根大木料做成（图 10-65b），也可由两根小木料拼成（图 10-65c），当用两根小木料拼成时，两木料之间只是简单拼合，并没用其他构件相连接。试问在这两种情况下，该梁的最大正应力是否相同？

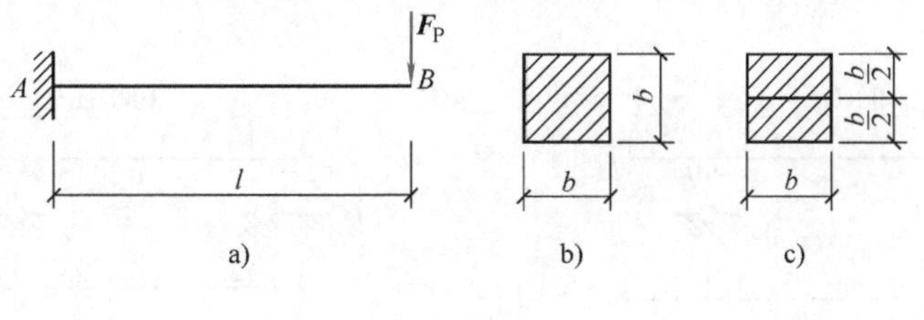

图 10-65

10-13 梁的最大挠度处弯矩一定取得最大值；最大挠度处转角一定等于零，这些说法对吗？请举例说明。

10-14 两根尺寸、受力情况、支座情况都相同的梁，只是材料不同，它们的最大挠度是否相同？为什么？

10-15 何谓梁的主应力迹线？它有何用途？

10-1 用截面法计算图10-66所示各梁指定截面上的剪力和弯矩。

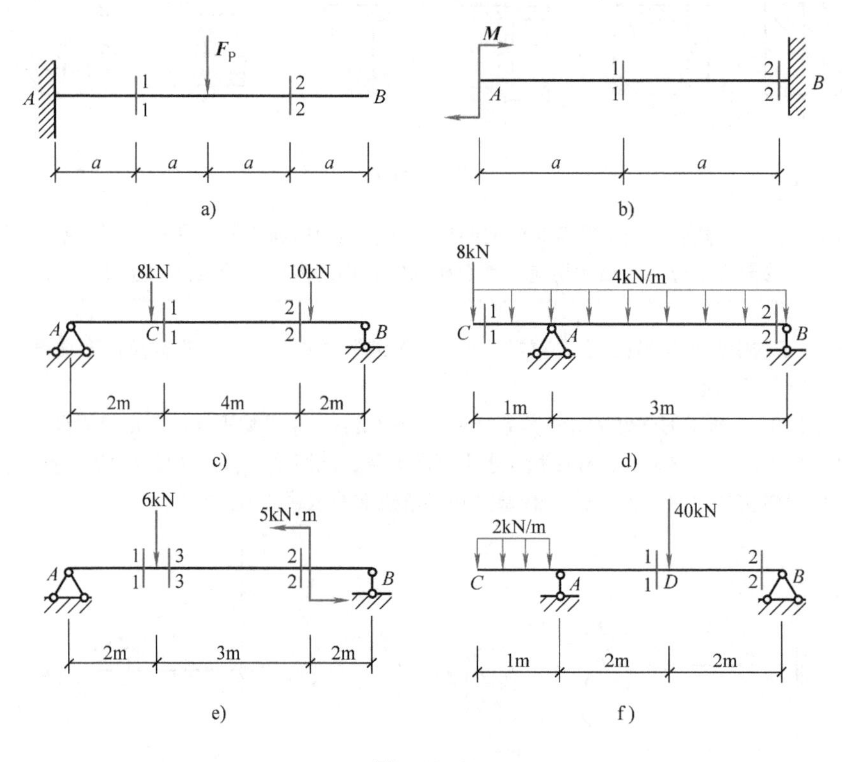

图 10-66

10-2 直接按规律计算图10-67所示各梁指定截面上的剪力和弯矩。

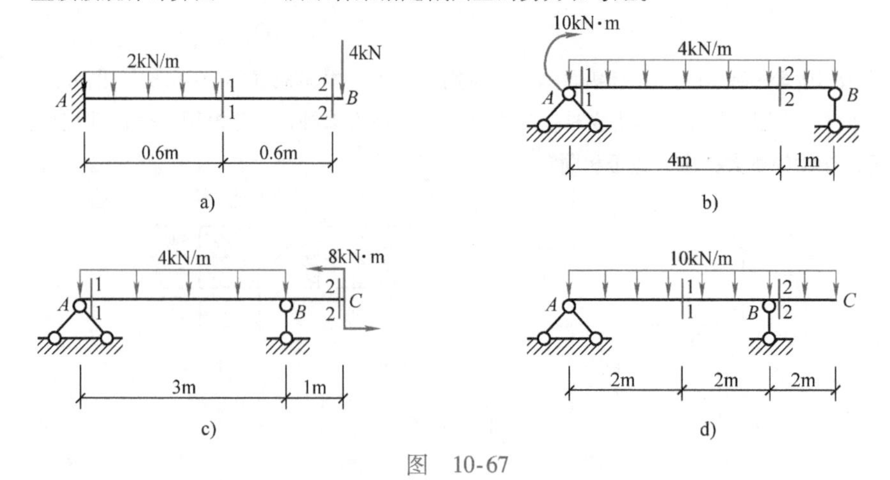

图 10-67

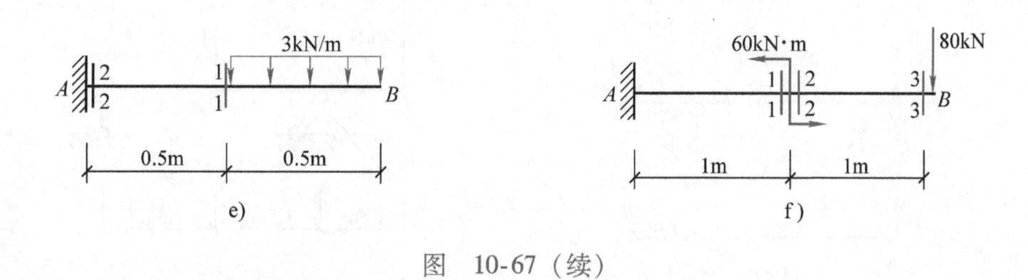

图　10-67（续）

10-3　用列剪力方程、弯矩方程的方法作图 10-68 所示各梁的 F_Q、M 图。

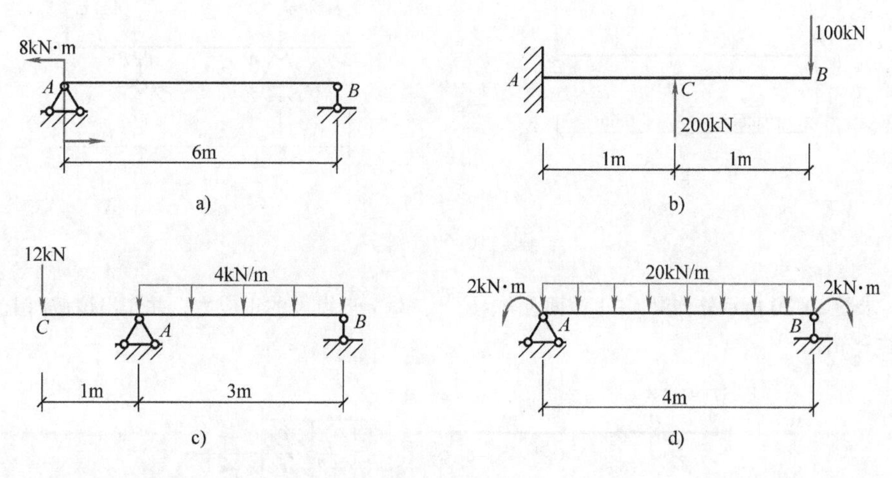

图　10-68

10-4　用简捷法作图 10-69 所示各梁的 F_Q、M 图，并求 $|M|_{max}$。

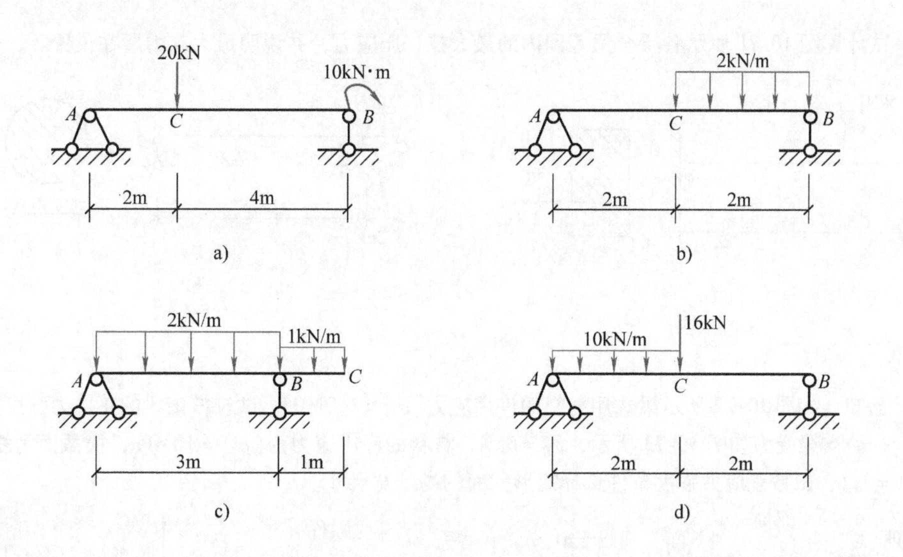

图　10-69

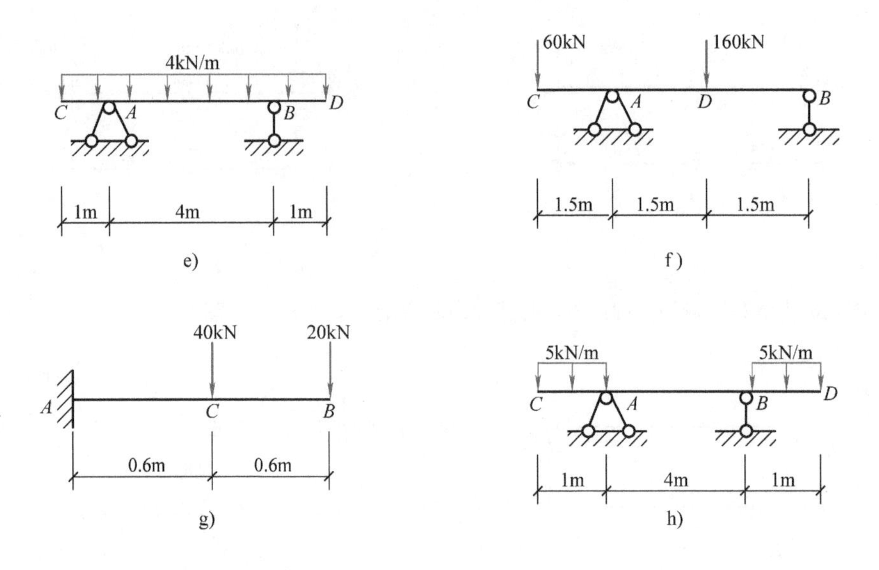

图 10-69（续）

10-5 求图 10-70 所示外伸梁 1－1 截面上 a、b、c、d、e 五点处的正应力，并作出该截面上正应力沿截面高度的分布图。

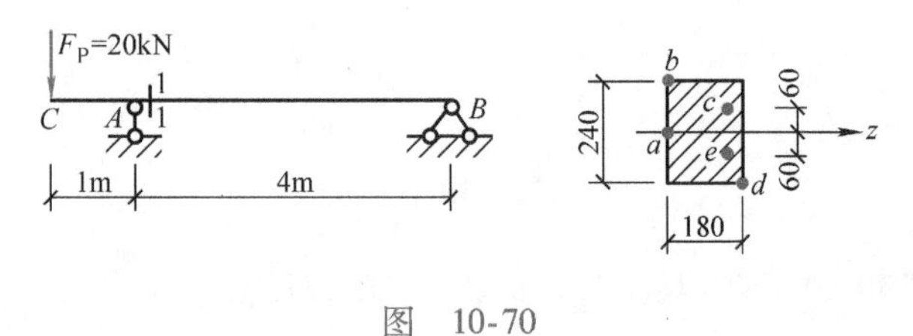

图 10-70

10-6 试计算图 10-71 所示各梁全梁范围内的最大拉、压应力，并说明最大应力所在位置。

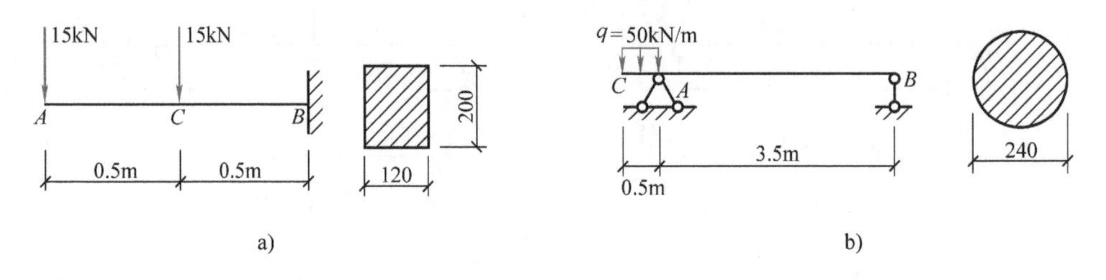

图 10-71

10-7 已知：如图 10-72 所示梁选用材料的许用应力$[\sigma]=160\text{MPa}$，试校核该梁的正应力强度。

10-8 一简支梁受力如图 10-73 所示，$F_P=5\text{kN}$，材料的许用应力为$[\sigma]=10\text{MPa}$，横截面为矩形，高宽比为 $h/b=3/1$，试按正应力强度条件选择矩形截面的高、宽尺寸。

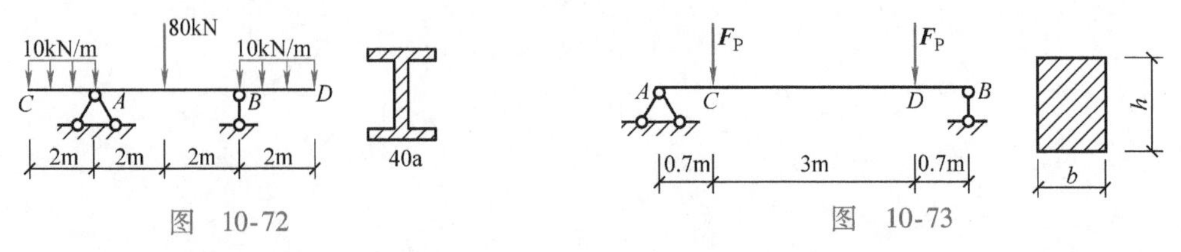

图 10-72

图 10-73

10-9　简支梁受均布荷载作用如图 10-74 所示，材料的许用应力$[\sigma]=10\text{MPa}$，矩形截面尺寸为 $b\times h=120\text{mm}\times180\text{mm}$，试按照正应力强度条件确定梁上的许用荷载值。

10-10　如图 10-75 所示的外伸梁，已知材料的许用拉应力为$[\sigma_t]=30\text{MPa}$，许用压应力$[\sigma_c]=70\text{MPa}$，$F_P=20\text{kN}$，$q=10\text{kN/m}$，$I_z=40.3\times10^6\text{mm}^4$，$y_1=139\text{mm}$，$y_2=61\text{mm}$，试校核梁的正应力强度。

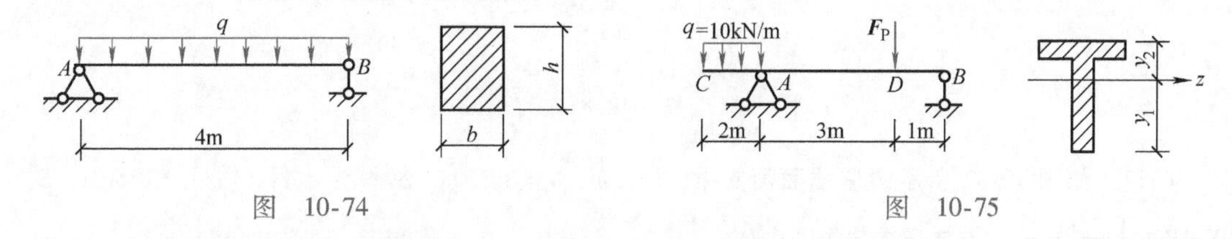

图　10-74　　　　图　10-75

10-11　如图 10-76 所示吊车梁用 25a 工字钢制作，已知材料的许用弯曲应力$[\sigma]=170\text{MPa}$，许用切应力$[\tau]=100\text{MPa}$，求荷载 F_P的许用值。

10-12　一受均布荷载的外伸梁如图 10-77 所示，采用矩形截面，$b\times h=60\text{mm}\times120\text{mm}$，已知荷载 $q=1.5\text{kN/m}$，材料的许用弯曲应力$[\sigma]=10\text{MPa}$，许用切应力$[\tau]=1.2\text{MPa}$，试按正应力及切应力强度条件校核梁的强度。

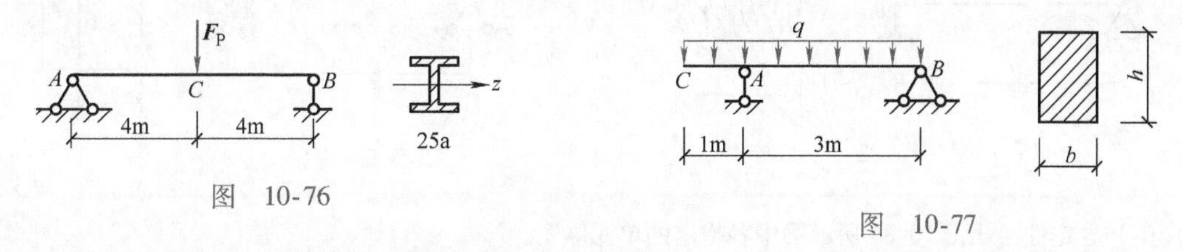

图　10-76　　　　图　10-77

10-13　如图 10-78 所示梁由两根槽钢组成，材料的许用应力$[\sigma]=170\text{MPa}$，荷载 $F_P=20\text{kN}$，$M=40\text{kN}\cdot\text{m}$，试按正应力强度选择槽钢的型号。

10-14　如图 10-79 所示梁受一可沿梁长移动的荷载 $F_P=20\text{kN}$ 作用，已知木材的许用正应力$[\sigma]=10\text{MPa}$，许用切应力$[\tau]=3\text{MPa}$，木材的横截面为矩形，其高宽比为 $h/b=3/2$，试确定矩形截面的尺寸。

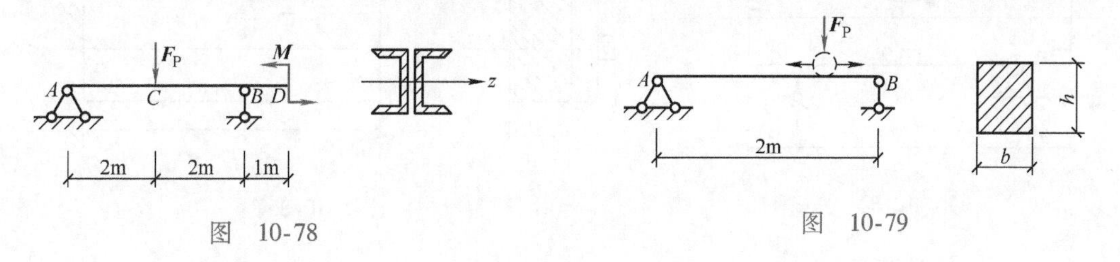

图　10-78　　　　图　10-79

10-15　用叠加法求图 10-80 所示各梁自由端截面的挠度和转角。已知各梁的抗弯刚度为 EI。

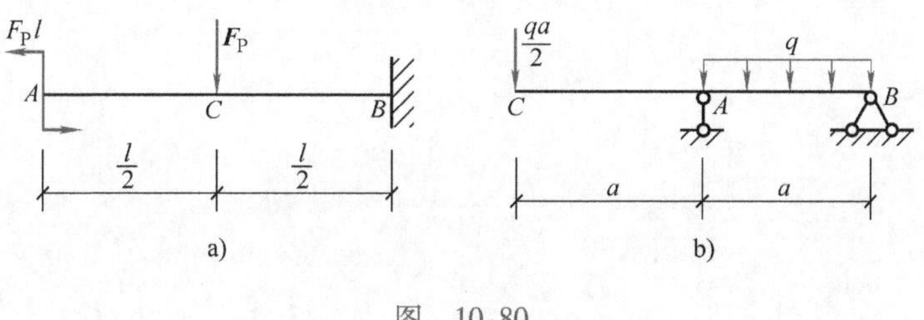

图　10-80

10-16　用叠加法求图 10-81 所示各简支梁跨中截面的挠度。已知梁的抗弯刚度为 EI。

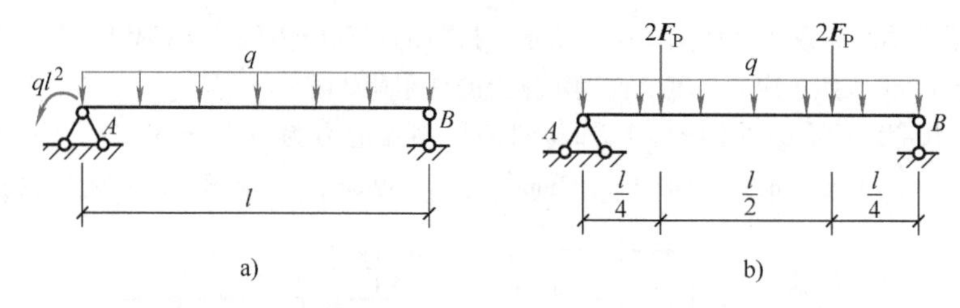

图 10-81

10-17 如图 10-82 所示圆形截面简支梁，$l = 5\text{m}$，$q = 8\text{kN/m}$，材料为木材，$[\sigma] = 12\text{MPa}$，$E = 10^4\text{MPa}$，$\left[\frac{f}{l}\right] = \frac{1}{200}$，试求梁的截面尺寸 D。

10-18 如图 10-83 所示一矩形截面木梁，$b \times h = 60\text{mm} \times 120\text{mm}$，$q = 1.3\text{kN/m}$，$M = 1.4\text{kN} \cdot \text{m}$，$[\sigma] = 10\text{MPa}$，$[\tau] = 2\text{MPa}$，$E = 10^4\text{MPa}$，$\left[\frac{f}{l}\right] = \frac{1}{300}$，试对梁进行正应力、剪应力强度校核以及刚度校核。

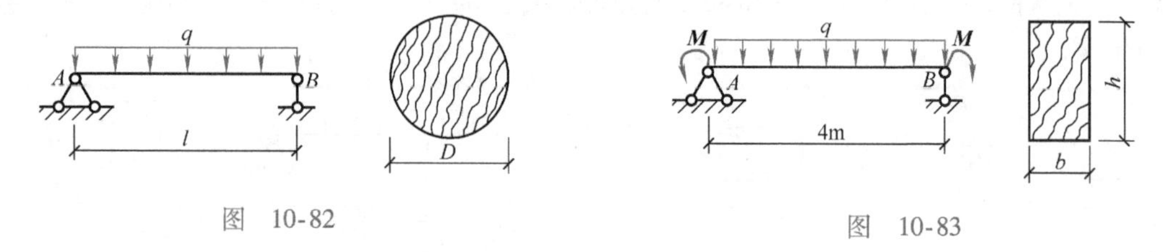

图 10-82

图 10-83

10-19 定性绘出图 10-84 所示梁中各指定的单元体图。

10-20 求图 10-85 所示悬臂梁距离自由端为 0.72m 的截面上，在顶面下 40mm 的一点处的最大及最小主应力，并求最大主应力与 x 轴之间的夹角。

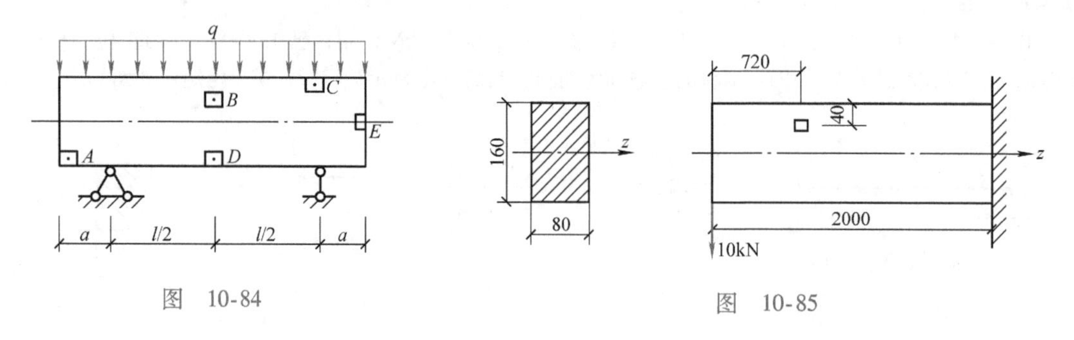

图 10-84

图 10-85

第十一章　组合变形

学习目标

1. 理解组合变形的概念，能根据杆件所受的荷载判断出是否为组合变形问题。

2. 掌握斜弯曲、拉伸（压缩）与弯曲的组合及偏心拉伸（压缩）的应力和强度计算。

3. 了解截面核心的概念和常见截面的截面核心区域。

本章重点是拉伸（压缩）与弯曲的组合及偏心拉伸（压缩）的强度计算。

第一节　组合变形的概念与实例

前面几章分别讨论了杆件在轴向拉伸（压缩）、剪切、扭转和平面弯曲等基本变形下的强度及刚度计算。然而，实际工程结构中有些杆件的受力情况是复杂的，构件往往会产生两种或两种以上的变形。

如烟囱（图11-1a）的变形除自重 $\boldsymbol{W}$ 引起的轴向压缩外，还有水平方向的风力而引起的弯曲变形，即同时产生两种基本变形。又如图11-1b所示的设有吊车的厂房柱子，作用在柱子上的荷载 $\boldsymbol{F}_{P1}$ 和 $\boldsymbol{F}_{P2}$，它们合力的作用线一般不与柱子轴线重合，此时，柱子既产生压缩变形又产生弯曲变形。再如图11-1c所示的曲拐轴，在力 $\boldsymbol{F}$ 作用下，AB 段既受弯又受扭，即同时产生弯曲和扭转变形。上述这些构件的变形，都是两种或两种以上的基本变形的组合，称为组合变形。

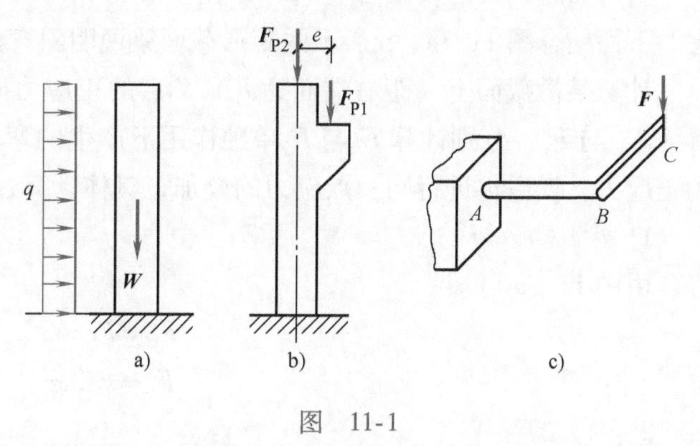

图　11-1

对组合变形问题进行强度计算的步骤如下：

1）将所作用的荷载分解或简化为几个只引起一种基本变形的荷载分量。

2）分别计算各个荷载分量所引起的应力。

3）根据叠加原理，将所求得的应力相应叠加，即得到原来荷载共同作用下构件所产生的应力。

4）判断危险点的位置，建立强度条件，进行强度计算。

试验证明，在小变形情况下，由上述方法计算的结果与实际情况基本符合。

本章主要研究斜弯曲、拉伸（压缩）与弯曲、偏心压缩（拉伸）等组合变形构件的强度计算问题。

第二节 斜 弯 曲

第十章曾讨论了梁的平面弯曲，例如图11-2a所示横截面为矩形的悬臂梁，外力$\boldsymbol{F}$作用在梁的对称平面内，此类弯曲称为平面弯曲。本节讨论的斜弯曲与平面弯曲不同，如图11-2b所示，同样的矩形截面梁，但外力$\boldsymbol{F}$的作用线只通过横截面的形心而不与截面的对称轴重合，此梁弯曲后的挠曲线不在外力作用面内，这类弯曲称为斜弯曲。斜弯曲是两个平面弯曲的组合，这里将讨论斜弯曲时的正应力及其强度计算。

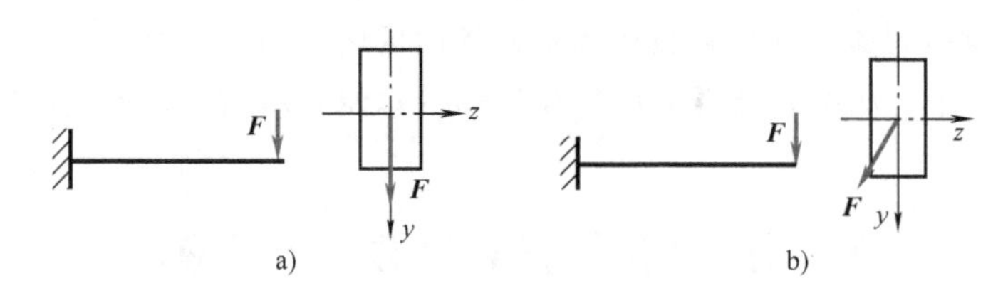

图 11-2

一、正应力计算

斜弯曲时，梁的横截面上同时存在正应力和切应力，但因切应力值很小，一般不予考虑。下面结合图11-3a、b所示的矩形截面梁说明斜弯曲时正应力的计算方法。

计算某横截面上（距右端面为l_1）K点的正应力时，先将外力$\boldsymbol{F}$沿两个对称轴方向分解为$\boldsymbol{F}_y$与$\boldsymbol{F}_z$，分别计算$\boldsymbol{F}_y$与$\boldsymbol{F}_z$单独作用下产生的弯矩M_z和M_y，以及两个弯矩各自产生的正应力，最后再进行同一点应力的叠加，具体计算过程如下：

1. 外力的分解

由图11-3a可知

$$F_y = F\cos\varphi$$
$$F_z = F\sin\varphi$$

2. 内力的计算

距右端为l_1的横截面上由$\boldsymbol{F}_y$、$\boldsymbol{F}_z$引起的弯矩（图11-3b）分别为

$$M_z = F_y l_1 = F l_1 \cos\varphi$$
$$M_y = F_z l_1 = F l_1 \sin\varphi$$

3. 应力的计算

由M_z和M_y（即$\boldsymbol{F}_y$和$\boldsymbol{F}_z$）在该截面引起的K点正应力分别为

$$\sigma' = \pm \frac{M_z y}{I_z}, \quad \sigma'' = \pm \frac{M_y z}{I_y}$$

$\boldsymbol{F}_y$和$\boldsymbol{F}_z$共同作用下K点的正应力为

$$\sigma = \sigma' + \sigma'' = \pm \frac{M_z y}{I_z} \pm \frac{M_y z}{I_y} \tag{11-1}$$

式（11-1）就是梁斜弯曲时横截面任一点的正应力计算公式。式中，I_z和I_y分别为截面对z

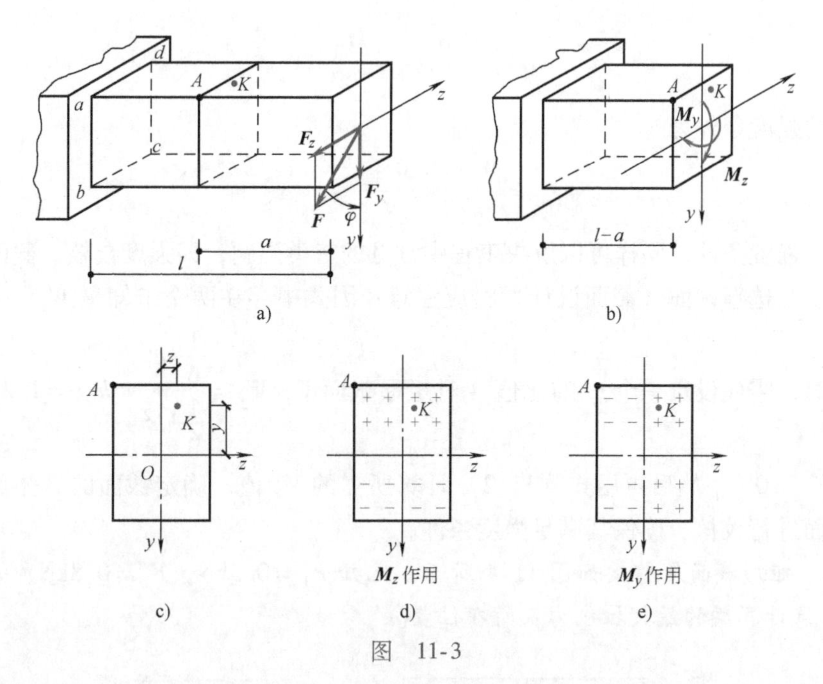

图　11-3

轴和y轴的惯性矩；y和z分别为所求应力点到z轴和y轴的距离（图11-3c）。

用式（11-1）计算正应力时，仍将式中的M_z、M_y、y、z以绝对值代入。σ'和σ''的正负，根据梁的变形和所求应力点的位置直接判定（拉为正、压为负）。图11-3b中A点的应力，在$\boldsymbol{F}_y$（即M_z）单独作用下梁向下弯曲，此时A点在受拉区，σ'为正值。同时，在$\boldsymbol{F}_z$（即M_y）单独作用下，A点位于受压区，σ''为负值（图11-3d、e）。

通过以上分析过程，我们可以将斜弯曲梁的正应力计算思路归纳为“先分后合”，即

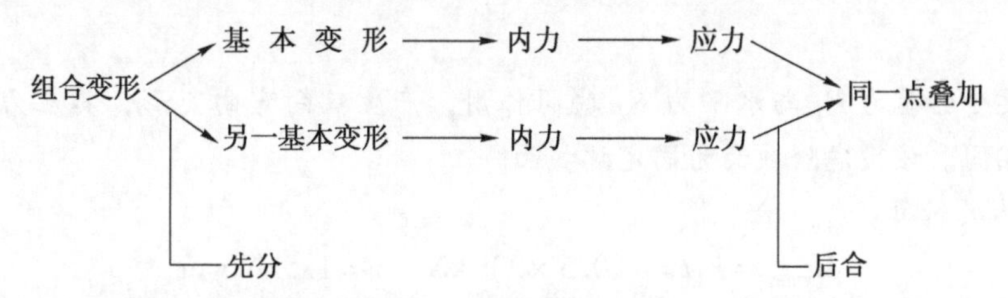

紧紧抓住这一要点，本章的其他组合变形问题都将迎刃而解。

二、正应力强度条件

同平面弯曲一样，斜弯曲梁的正应力强度条件仍为

$$\sigma_{\max} \leqslant [\sigma]$$

即危险截面上危险点的最大正应力不能超过材料的许用应力［σ］。

工程中常用的工字形、矩形等对称截面梁，斜弯曲时梁内最大正应力都发生在危险截面的角点处。如图11-3a所示的矩形截面梁，其左侧固定端截面的弯矩最大，$M_{\max}=Fl$，该截面为危险截面。M_z引起的最大拉应力（$\sigma'_{\max}$）位于该截面边缘ad线上各点，M_y引起的最大拉应力（$\sigma''_{\max}$）位于cd上各点。叠加后，交点d处的拉应力即为最大正应力，其值可按式（11-1）求得。

$$\sigma_{\max} = \sigma'_{\max} + \sigma''_{\max} = \frac{M_{z\max} y_{\max}}{I_z} + \frac{M_{y\max} z_{\max}}{I_y}$$

即
$$\sigma_{\max}=\frac{M_{z\max}}{W_z}+\frac{M_{y\max}}{W_y} \tag{11-2}$$

则斜弯曲梁的强度条件为

$$\sigma_{\max}=\frac{M_{z\max}}{W_z}+\frac{M_{y\max}}{W_y}\leqslant[\sigma] \tag{11-3}$$

根据这一强度条件，同样可以解决工程中常见的三类问题，即强度校核、截面设计和确定许可荷载。在选择截面（截面设计）时应注意：因式中存在两个未知量 W_z和 W_y，所以，在选择截面时，需先设定一个$\frac{W_z}{W_y}$的比值（对矩形截面 $W_z/W_y=\frac{\frac{1}{6}bh^2}{\frac{1}{6}hb^2}=h/b=1.2\sim2$；对工字形截面取6～10），然后再用式（11-2）计算所需的 W_z 值，确定截面的具体尺寸，最后再对所选截面进行校核，确保其满足强度条件。

例 11-1　矩形截面悬臂梁如图 11-4 所示，已知 $F_1=0.5\text{kN}$，$F_2=0.8\text{kN}$，$b=100\text{mm}$，$h=150\text{mm}$。试计算梁的最大拉应力及所在位置。

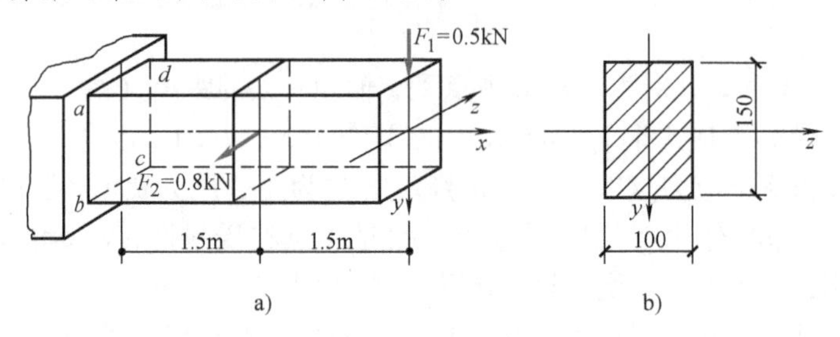

图　11-4

解　此梁受铅垂力 $\boldsymbol{F}_1$ 与水平力 $\boldsymbol{F}_2$ 共同作用，产生双向弯曲变形，其应力计算方法与前述斜弯曲相同。该梁危险截面为固定端截面。

（1）内力的计算。

$$M_{z\max}=F_1l=(0.5\times3)\ \text{kN}\cdot\text{m}=1.5\text{kN}\cdot\text{m}$$
$$M_{y\max}=F_2\times\frac{l}{2}=\left(0.8\times\frac{3}{2}\right)\text{kN}\cdot\text{m}=1.2\text{kN}\cdot\text{m}$$

（2）应力的计算。

$$\begin{aligned}\sigma_{\max}&=\frac{M_{z\max}}{W_z}+\frac{M_{y\max}}{W_y}=\frac{6M_{z\max}}{bh^2}+\frac{6M_{y\max}}{hb^2}\\&=\left(\frac{6\times1.5\times10^6}{100\times150^2}+\frac{6\times1.2\times10^6}{150\times100^2}\right)\text{MPa}\\&=8.8\text{MPa}\end{aligned}$$

（3）根据实际变形情况，$\boldsymbol{F}_1$ 单独作用，最大拉应力位于固定端截面上边缘 ad，$\boldsymbol{F}_2$ 单独作用，最大拉应力位于固定端截面后边缘 cd，叠加后角点 d 拉应力最大。

上述计算的 $\sigma_{\max}=8.8\text{MPa}$，也正是 d 点的应力。

例 11-2　如图 11-5 所示跨度为 4m 的简支梁，拟用工字钢制成，跨中作用集中力 $F=$

7kN，其与横截面铅垂对称轴的夹角 $\varphi=20°$（图 11-5b），已知 $[\sigma]=160\mathrm{MPa}$，试选择工字钢的型号（提示：先假定 W_z / W_y 的比值，试选后再进行校核）。

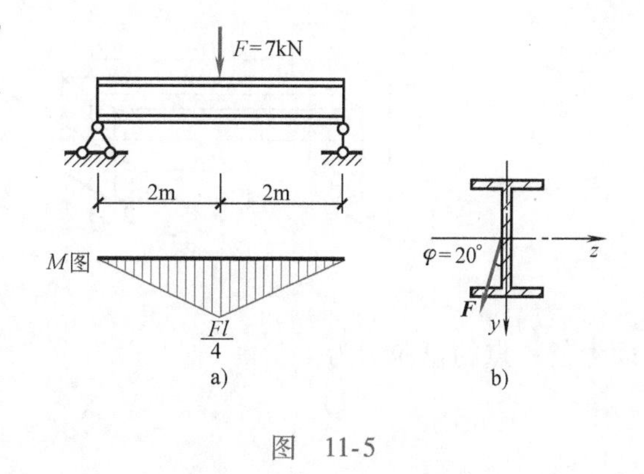

图 11-5

解 (1)外力的分解。

$F_y=F\cos20°=(7\times0.940)\ \mathrm{kN}=6.578\mathrm{kN}$

$F_z=F\sin20°=(7\times0.342)\ \mathrm{kN}=2.394\mathrm{kN}$

(2) 内力的计算。

$$M_z=\frac{F_y l}{4}=\frac{6.578\times4}{4}\mathrm{kN\cdot m}=6.578\ \mathrm{kN\cdot m}$$

$$M_y=\frac{F_z l}{4}=\frac{2.394\times4}{4}\mathrm{kN\cdot m}=2.394\mathrm{kN\cdot m}$$

(3) 强度的计算。

设 $W_z/W_y=6$，代入

$$\sigma_{\max}=\frac{M_z}{W_z}+\frac{M_y}{W_y}=\frac{M_z}{W_z}+\frac{6M_y}{W_z}\leqslant[\sigma]$$

得

$$W_z\geqslant\frac{M_z+6M_y}{[\sigma]}=\frac{(6.578+6\times2.394)\times10^6}{160}\mathrm{mm}^3$$
$$=130.9\times10^3\mathrm{mm}^3=130.9\mathrm{cm}^3$$

试选 16 号工字钢，查得 $W_z=141\mathrm{cm}^3$，$W_y=21.2\mathrm{cm}^3$。

校核其强度：

$$\sigma_{\max}=\frac{M_{z\max}}{W_z}+\frac{M_{y\max}}{W_y}=\left(\frac{6.578\times10^6}{141\times10^3}+\frac{2.394\times10^6}{21.2\times10^3}\right)\mathrm{MPa}$$
$$=159.6\ \mathrm{MPa}<[\sigma]$$

满足强度要求。于是，该梁选用 16 号工字钢即可。

第三节 拉伸（压缩）与弯曲的组合变形

当杆件同时作用轴向力和横向力（图 11-6a）时，轴向力 $\boldsymbol{F}_{\mathrm{N}}$ 使杆件伸长（或缩短），横向力 q 使杆件弯曲，因而杆件的变形为轴向拉伸（压缩）与弯曲的组合变形，简称拉（压）弯组合变形。下面以图 11-6a 所示的受力杆件为例说明拉（压）弯组合变形时的正应力及强度计算。

计算杆件在拉（压）弯组合变形的正应力时，与斜弯曲类似，仍采用叠加法，即分别计算杆件在拉（压）弯组合变形下的正应力，再将同一点应力叠加。轴向力 $\boldsymbol{F}_{\mathrm{N}}$ 单独作用时，横截面上的正应力均匀分布（图 11-6c），横截面上任一点的正应力为

$$\sigma'=\frac{F_{\mathrm{N}}}{A}$$

横向力 q 单独作用时，梁发生平面弯曲，正应力沿截面高度呈线性分布（图 11-6d），横截

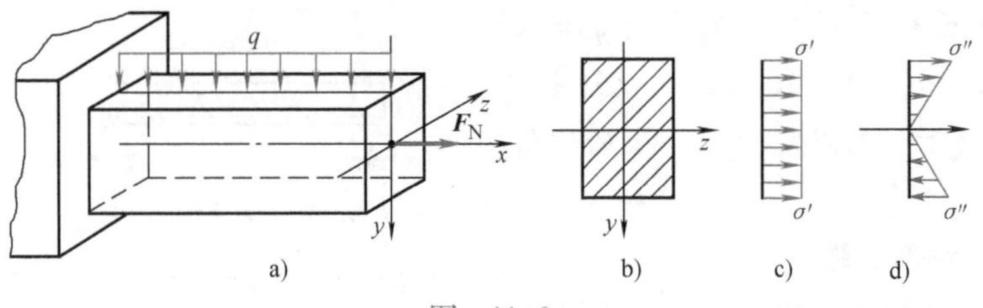

图 11-6

面上任一点的正应力为

$$\sigma'' = \pm \frac{M_z y}{I_z}$$

F_N 与 q 共同作用下，横截面上任一点的正应力为

$$\sigma = \sigma' + \sigma'' = \frac{F_N}{A} \pm \frac{M_z y}{I_z} \tag{11-4}$$

式（11-4）就是杆件在拉（压）弯组合变形时横截面上任一点的正应力计算公式。式中第一项 σ'拉为正，压为负；第二项 σ''的正负仍根据点的位置和梁的变形直接判断（拉为正，压为负）。

有了正应力计算公式，很容易建立正应力强度条件。对图 11-6a 所示的拉弯组合变形杆，最大正应力发生在弯矩最大截面的上下边缘处，其值为

$$\sigma_{max} = \frac{F_N}{A} \pm \frac{M_{max}}{W_z}$$

正应力强度条件为

$$\sigma_{max} = \frac{F_N}{A} \pm \frac{M_{max}}{W_z} \leqslant [\sigma] \tag{11-5}$$

当材料的许用拉、压应力不同时，拉弯组合杆中的最大拉、压应力应分别满足许用值。

例 11-3 承受横向均布荷载和轴向拉力的矩形截面简支梁如图 11-7a 所示。已知 $q = 2\text{kN/m}$，$F_N = 8\text{kN}$，$l = 4\text{m}$，$b = 100\text{mm}$，$h = 200\text{mm}$，试求梁中的最大拉应力 σ_{tmax}与最大压应力 σ_{cmax}。

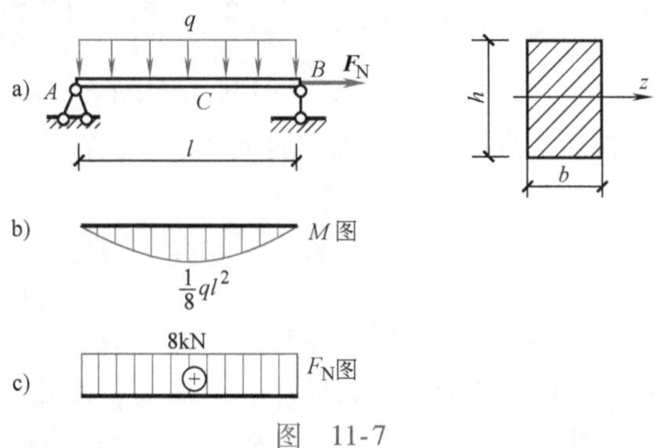

图 11-7

解 梁在 q 作用下的弯矩图如图 11-7b所示；在 F_N 作用下，轴力图如图 11-7c 所示。根据实际变形可知，最大拉应力和最大压应力分别发生在跨中 C 截面的下边缘与上边缘处。

$$M_{max} = \frac{ql^2}{8} = \left(\frac{1}{8} \times 2 \times 4^2\right) \text{kN} \cdot \text{m} = 4\ \text{kN} \cdot \text{m}$$

最大拉应力为

$$\sigma_{tmax} = \frac{F_N}{A} + \frac{M_{max}}{W_z} = \frac{F_N}{bh} + \frac{6M_{max}}{bh^2}$$

$$= \left(\frac{8 \times 10^3}{100 \times 200} + \frac{6 \times 4 \times 10^6}{100 \times 200^2}\right) \text{MPa}$$

$$= (0.4+6)\ \text{MPa} = 6.4\ \text{MPa}\ (C\text{ 截面下边缘})$$

最大压应力为

$$\sigma_{\text{cmax}} = \frac{F_N}{A} - \frac{M_{\max}}{W_z}$$

$$= (0.4-6)\ \text{MPa} = -5.6\ \text{MPa}\ (C\text{ 截面上边缘})$$

例 11-4 如图 11-8 所示，砖砌烟囱高 $h=40\text{m}$，自重 $W=3\times10^3\text{kN}$，侧向风压 $q=1.5\text{kN/m}$，底面外径$D=3\text{m}$，内径 $d=1.6\text{m}$，砌体的 $[\sigma_c]=1.3\text{MPa}$，试校核烟囱的强度。

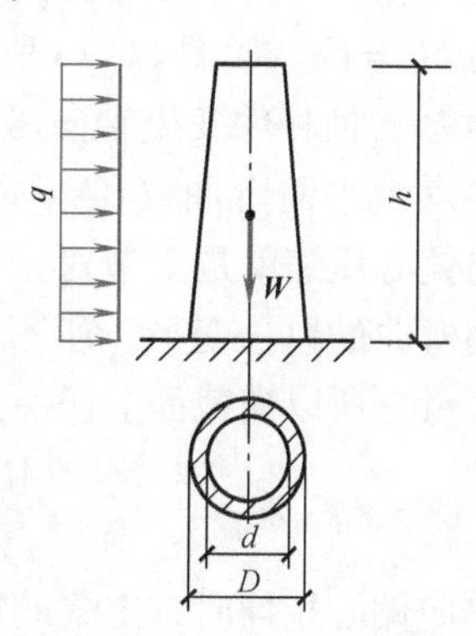

图 11-8

解 烟囱在自重和侧向风压的共同作用下，产生压弯组合变形，其危险截面为底面，最大压应力点位于底面右边缘。

(1) 内力的计算。

$$F_N = W = 3\times10^3\text{kN}$$

$$M_{\max} = \frac{qh^2}{2} = 1.5\times\frac{40^2}{2}\text{kN}\cdot\text{m} = 1200\text{kN}\cdot\text{m}$$

(2) 几何参数的计算。内外径比、底面积和抗弯截面模量分别为

$$\alpha = \frac{d}{D} = 0.533$$

$$A = \frac{\pi}{4}(D^2-d^2) = \frac{\pi}{4}(3^2-1.6^2)\ \text{m}^2 = 5\text{m}^2$$

$$W_z = \frac{\pi}{32}D^3(1-\alpha^4) = \frac{\pi}{32}\times3^3\times(1-0.533^4)\ \text{m}^3 = 2.4\text{m}^3$$

(3) 强度的计算。由强度条件得最大压应力为

$$\sigma_{\text{cmax}} = \left|-\frac{F_N}{A} - \frac{M}{W_z}\right| = \left|-\frac{3\times10^3\times10^3}{5\times10^6} - \frac{1200\times10^6}{2.4\times10^9}\right|\text{MPa}$$

$$= |-0.6-0.5|\text{MPa} = 1.1\text{MPa} < [\sigma_c]$$

满足强度条件。

另外，底面左边缘 $\sigma_{\text{cmin}} = (-0.6+0.5)\ \text{MPa} = -0.1\text{MPa}$，未出现拉应力。

第四节 偏心拉伸（压缩）与截面核心

轴向拉伸（压缩）时外力 $\boldsymbol{F}$ 的作用线与杆件轴线重合。当外力 $\boldsymbol{F}$ 的作用线只平行于轴线而不与轴线重合时，则称为偏心拉伸（压缩）。偏心拉伸（压缩）可分解为轴向拉伸（压缩）和弯曲两种基本变形。

偏心拉伸（压缩）分为单向偏心拉伸（压缩）和双向偏心拉伸（压缩），本节将分别讨论这两种情况下的应力计算。

一、单向偏心拉伸（压缩）时的正应力计算

如图 11-9a 所示为矩形截面偏心受压杆，平行于杆件轴线的压力 $\boldsymbol{F}$ 的作用点距形心 O

为 e，并且位于截面的一个对称轴 y 上，e 称为偏心距，这类偏心压缩称为单向偏心压缩。当 $\boldsymbol{F}$ 为拉力时，则称为单向偏心拉伸。

计算应力时，将压力 $\boldsymbol{F}$ 平移到截面的形心处，使其作用线与杆轴线重合。由力的平移定理可知，平移后需附加一力偶，力偶矩为 $M_z = Fe$，如图 11-9b 所示。此时，平移后的力 $\boldsymbol{F}$ 使杆件发生轴向压缩，M_z 使杆件绕 z 轴发生平面弯曲（纯弯曲）。由此可知，单向偏心压缩就是上节讨论过的轴向压缩与平面弯曲的组合变形，所不同的是弯矩不再是变量。所以横截面上任一点的正应力为

$$\sigma = \sigma_N + \sigma_M = -\frac{F_N}{A} \pm \frac{M_z y}{I_z} \tag{11-6}$$

单向偏心拉伸时，上式的第一项取正值。

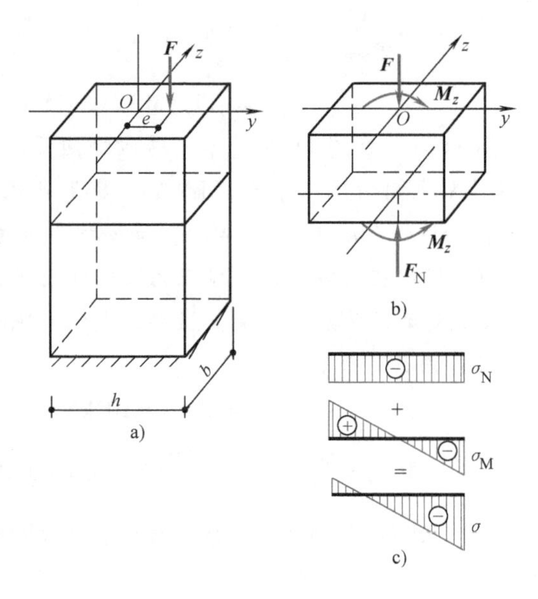

图 11-9

单向偏心拉伸（压缩）时，最大正应力的位置很容易判断。如图 11-9c 所示的情况，最大的正应力显然发生在截面的左右边缘处，其值为

$$\sigma_{max} = \frac{F_N}{A} \pm \frac{M_z}{W_z} \text{（单向偏心拉伸）}$$

或

$$\sigma_{max} = -\frac{F_N}{A} \pm \frac{M_z}{W_z} \text{（单向偏心压缩）}$$

正应力强度条件为

$$\sigma_{max} = \pm\frac{F_N}{A} \pm \frac{M_z}{W_z} \leqslant [\sigma] \tag{11-7}$$

即构件中的最大拉、压应力均不得超过允许的正应力。

二、双向偏心拉伸（压缩）

如图 11-10a 所示的偏心受拉杆，平行于轴线的拉力的作用点不在截面的任何一个对称轴上，与 z、y 轴的距离分别为 e_y 和 e_z。这类偏心拉伸称为双向偏心拉伸，当 $\boldsymbol{F}$ 为压力时，称为双向偏心压缩。

计算这类杆件任一点正应力的方法，与单向偏心拉伸（压缩）类似。仍是将外力 $\boldsymbol{F}$ 平移到截面的形心处，使其作用线与杆件的轴线重合，但平移后附加的力偶不是一个，而是两个。两个力偶的力偶矩分别是 $\boldsymbol{F}$ 对 z 轴的力矩 $M_z = Fe_y$ 和对 y 轴的力矩 $M_y = Fe_z$（图 11-10b）。此时，平移后的力 $\boldsymbol{F}'$ 使杆件发生轴向拉伸，M_z 使杆件绕 z 轴发生平面弯曲，M_y 使杆件绕 y 轴发生平面弯曲。所以，双向偏心拉伸（压缩）实际上是轴向拉伸（压缩）与两个平面弯曲的组合变形，任一点的正应力由三部分组成。

截开任意横截面 $ABCD$，其内力如图 11-10c 所示。

在轴向外力 F_N 作用下，横截面 $ABCD$ 上任一点 K 的正应力为

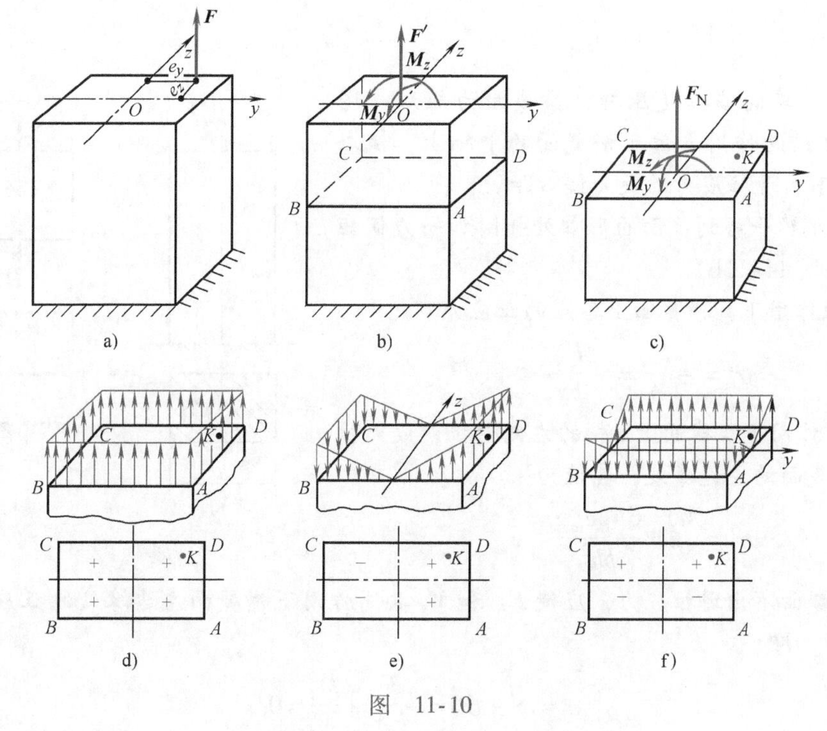

图　11-10

$$\sigma' = \frac{F_N}{A}\text{（分布情况如图 11-10d 所示）}$$

在 M_z 和 M_y 单独作用下，横截面 $ABCD$ 上任意点 K 的正应力分别为

$$\sigma'' = \pm\frac{M_z y}{I_z}\text{（分布情况如图 11-10e 所示）}$$

$$\sigma''' = \pm\frac{M_y z}{I_y}\text{（分布情况如图 11-10f 所示）}$$

在 $\boldsymbol{F}_N$、M_z 和 M_y 三者共同作用下，横截面 $ABCD$ 上任意点 K 总的正应力为以上三部分叠加，即

$$\sigma = \sigma' + \sigma'' + \sigma''' = \frac{F_N}{A} \pm \frac{M_z y}{I_z} \pm \frac{M_y z}{I_y} \tag{11-8}$$

式（11-8）也适用于双向偏心压缩，只是式中第一项为负，式中的第二项与第三项的正负，仍根据点的位置，由变形直接确定。如图 11-10d、e、f 所示，K 点的 σ'、σ''、σ''' 均为正；B 点的第一项为正，第二、三项都为负。

对于矩形、工字形等具有两个对称轴的横截面，最大拉应力或最大压应力都发生在横截面的角点处。其值为

$$\sigma_{\max} = \frac{F_N}{A} \pm \frac{M_z}{W_z} \pm \frac{M_y}{W_y}\text{（双向偏心拉伸）}$$

或

$$\sigma_{\max} = -\frac{F_N}{A} \pm \frac{M_z}{W_z} \pm \frac{M_y}{W_y}\text{（双向偏心压缩）}$$

其正应力强度条件较式（11-7）只是多了一项平面弯曲部分，即

$$\sigma_{max} = \pm\frac{F_N}{A} \pm \frac{M_z}{W_z} \pm \frac{M_y}{W_y} \leqslant [\sigma] \tag{11-9}$$

例 11-5 单向偏心受压杆，横截面为矩形（图 11-11a），力 $\boldsymbol{F}$ 的作用点位于横截面的 y 轴上。试求杆的横截面不出现拉应力的最大偏心距 e_{max}。

解 将力 $\boldsymbol{F}$ 平移到截面的形心处并附加一力偶矩 $M_z = Fe_{max}$（图 11-11b）。

$\boldsymbol{F}_N$ 单独作用下，横截面上各点的正应力

$$\sigma' = -\frac{F_N}{A} = -\frac{F_N}{bh}$$

M_z 单独作用下，截面上 z 轴的左侧受拉，最大拉应力发生在截面的左边缘处，其值为

$$\sigma'' = \frac{M_z}{W} = \frac{6F_N e_{max}}{bh^2}$$

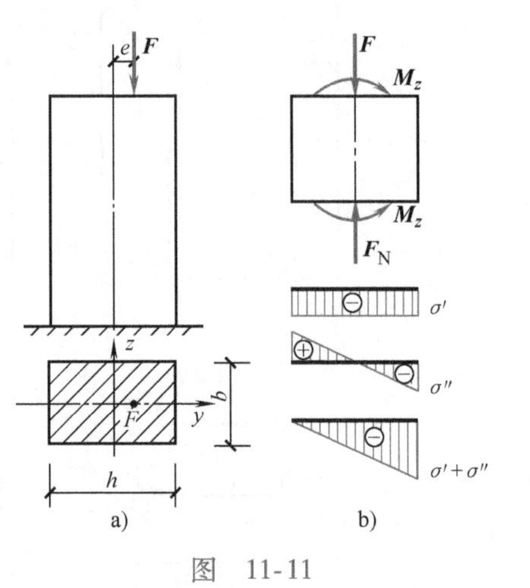

图 11-11

欲使横截面不出现拉应力，应使 $\boldsymbol{F}_N$ 和 M_z 共同作用下横截面左边缘处的正应力等于零（图 11-11b），即

$$\sigma = \sigma' + \sigma'' = -\frac{F_N}{A} + \frac{M_z}{W_z} = 0$$

即

$$-\frac{F_N}{bh} + \frac{6F_N e_{max}}{bh^2} = 0$$

解得

$$e_{max} = \frac{h}{6}$$

即最大偏心距为 $\frac{h}{6}$。

例 11-6 如图 11-12 所示的矩形截面柱高 $H = 0.5\text{m}$，$F_1 = 60\text{ kN}$，$F_2 = 10\text{kN}$，$e = 0.03\text{m}$，$b = 120\text{mm}$，$h = 200\text{mm}$。试计算底面上 A、B、C、D 四点的正应力。

解 该柱变形为弯曲与单向偏压的组合变形。

（1）将力 $\boldsymbol{F}_1$ 平移到柱轴线处，得

$$F_N = F_1 = 60\text{kN}$$

$$M_z = F_1 e = 60 \times 0.03\text{kN} \cdot \text{m} = 1.8\text{kN} \cdot \text{m}$$

$\boldsymbol{F}_2$ 产生的底面弯矩

$$M_y = F_2 H = 10 \times 0.5\text{kN} \cdot \text{m} = 5\text{kN} \cdot \text{m}$$

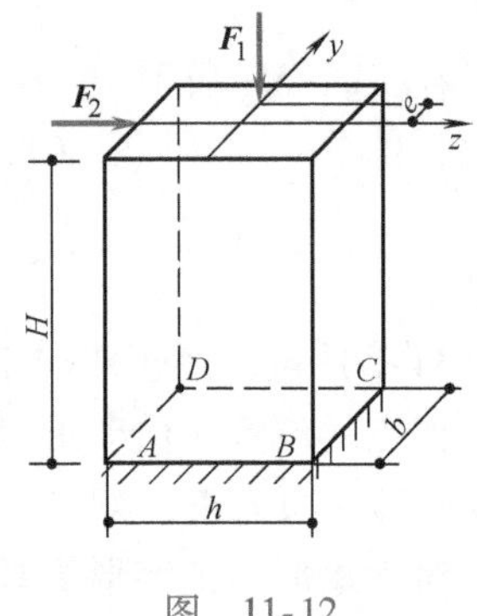

图 11-12

（2）$\boldsymbol{F}_N$ 单独作用时

$$\sigma_N = -\frac{F_N}{A} = -\frac{60 \times 10^3}{120 \times 200}\text{MPa} = -2.5\text{MPa}$$

M_z 单独作用时，横截面的最大正应力

$$\sigma_{M_z} = \frac{M_z}{W_z} = \frac{6 \times 1.8 \times 10^6}{200 \times 120^2}\text{MPa} = 3.75\text{MPa}$$

M_y 单独作用时，底面的最大正应力

$$\sigma_{M_y}=\frac{M_y}{W_y}=\frac{6\times5\times10^6}{120\times200^2}\text{MPa}=6.25\text{MPa}$$

（3）根据各点位置，判断以上各项正负号，计算各点应力。

$$\sigma_A=\sigma_N+\sigma_{M_z}+\sigma_{M_y}=(-2.5+3.75+6.25)\text{MPa}=7.5\text{MPa}$$

$$\sigma_B=(-2.5+3.75-6.25)\text{MPa}=-5\text{MPa}$$

$$\sigma_C=(-2.5-3.75-6.25)\text{MPa}=-12.5\text{MPa}$$

$$\sigma_D=(-2.5-3.75+6.25)\text{MPa}=0$$

三、截面核心

由例11-5可知，当偏心压力 $\boldsymbol{F}$ 的偏心距 e 小于某一值时，可使杆横截面上的正应力全部为压应力而不出现拉应力，并与压力 $\boldsymbol{F}$ 的大小无关。土建工程中大量使用的砖、石、混凝土等材料，其抗拉能力远远小于抗压能力，这类材料制成的杆件在偏心压力作用下，截面上最好不出现拉应力，以避免被拉裂。因此，要求偏心压力的作用点至截面形心的距离不能太大。当荷载作用在截面形心周围的一个区域内时，杆件整个横截面上只产生压应力而不出现拉应力，这个荷载作用的区域就称为截面核心。

常见的矩形、圆形和工字形截面核心如图11-13中阴影部分所示。

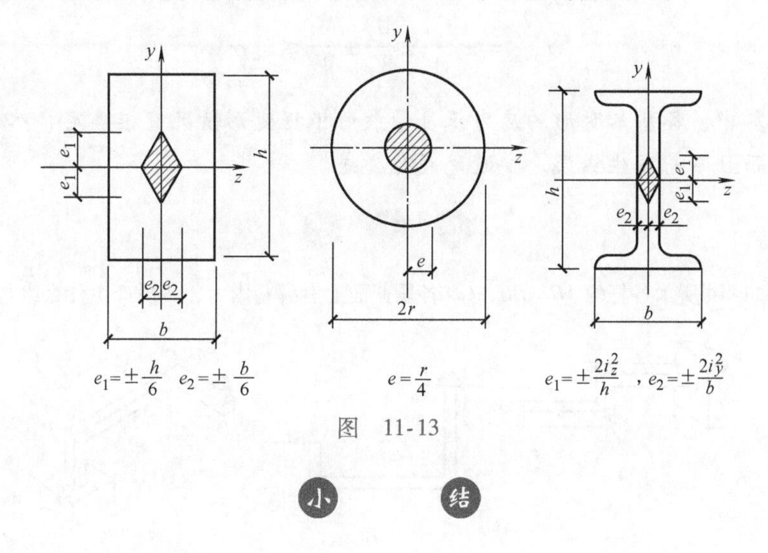

图 11-13

小 结

一、概念

（1）组合变形　由两种以上的基本变形组合而成的变形。

（2）截面核心　当偏心压力作用点位于截面形心周围的一个区域内时，横截面上只有压应力而没有拉应力，这个区域就是截面核心。

二、组合变形的计算步骤

（1）简化或分解外力　目的是使每一个外力分量只产生一种基本变形。通常是将横向力沿截面形心主轴分解，纵向力向截面形心平移。

（2）分析内力　按分解后的基本变形计算内力，明确危险截面位置及危险面上的内力方向。

(3) 分析应力 按各基本变形计算应力，明确危险点的位置，用叠加法求出危险点应力的大小，从而建立强度条件。

三、主要公式

(1) 斜弯曲是两个相互垂直平面内的平面弯曲组合 强度条件为

$$\sigma_{\max}=\frac{M_{z\max}}{W_z}+\frac{M_{y\max}}{W_y}\leqslant[\sigma]$$

(2) 拉（压）与弯曲组合 强度条件为

$$\sigma_{\max}=\frac{F_N}{A}\pm\frac{M_{\max}}{W_z}\leqslant[\sigma]$$

(3) 偏心压缩（拉伸）是轴向压缩（拉伸）和平面弯曲的组合

单向偏心压缩（拉伸）的强度条件为

$$\sigma_{\max}=\pm\frac{F_N}{A}\pm\frac{M_z}{W_z}\leqslant[\sigma]$$

双向偏心压缩（拉伸）的强度条件为

$$\sigma_{\max}=\pm\frac{F_N}{A}\pm\frac{M_z}{W_z}\pm\frac{M_y}{W_y}\leqslant[\sigma]$$

在应力计算中，各基本变形的应力正负号最好根据变形情况直接确定，然后再叠加，这样做比较简便而且不易发生错误。要避免硬套公式。

11-1 如图11-14所示各杆的AB、BC、CD各段截面上有哪些内力，各段产生什么组合变形？

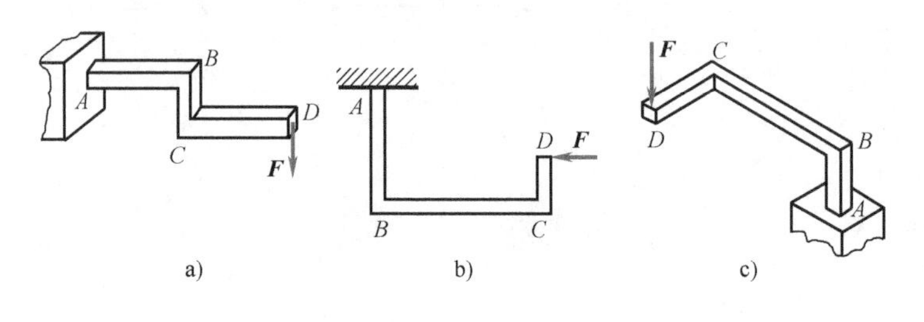

图 11-14

11-2 如图11-15所示各杆的组合变形是由哪些基本变形组合成的？判定在各基本变形情况下A、B、C、D各点处正应力的正负号。

11-3 如图11-16所示的三根短柱受压力F作用，图b、c的柱各挖去一部分。试判断在a、b、c三种情况下，短柱中的最大压应力的大小和位置。

11-1 由14号工字钢制成的简支梁，受力如图11-17所示。力F作用线过截面形心且与y轴成15°角，

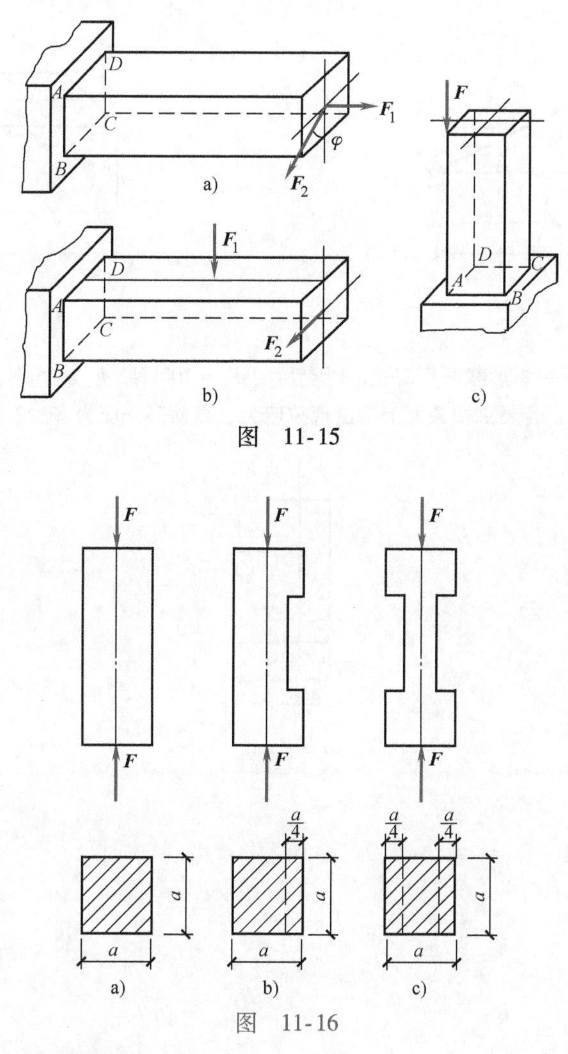

图　11-15

图　11-16

已知：$F=6\text{kN}$，$l=4\text{m}$。试求梁的最大正应力。

11-2　矩形截面悬臂梁受力如图 11-18 所示，力 $\boldsymbol{F}$ 过截面形心且与 y 轴成 12°角，已知：$F=1.2\text{kN}$，$l=2\text{m}$，材料的许用应力 $[\sigma]=10\text{MPa}$。试确定 b 和 h 的尺寸（可设 $h/b=1.5$）。

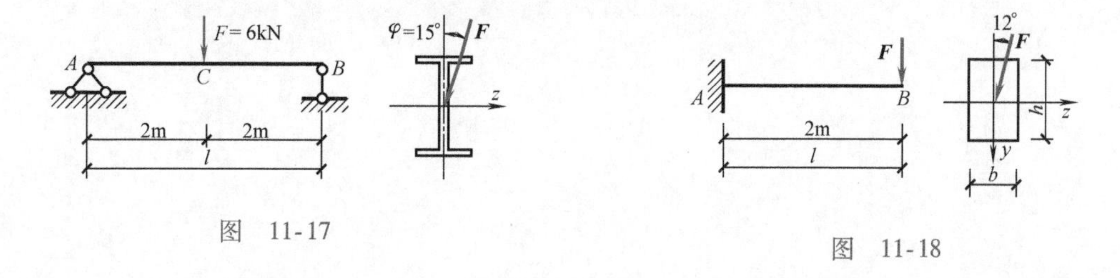

图　11-17

图　11-18

11-3　如图 11-19 所示的桁架结构，杆 AB 为 18 号工字钢。已知：$l=2.8\text{m}$，跨中 $F=30\text{kN}$，$[\sigma]=170\text{MPa}$。试校核 AB 杆的强度。

11-4　正方形截面偏心受压柱如图 11-20 所示。已知：$a=400\text{mm}$，$e_y=e_z=100\text{mm}$，$F=160\text{kN}$。试求该柱的最大拉应力与最大压应力。

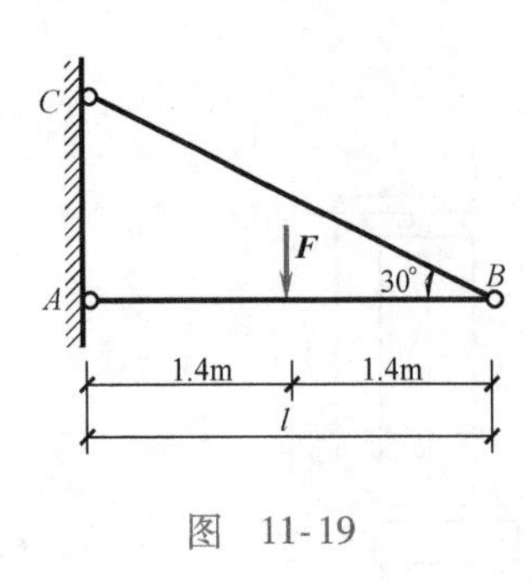

图 11-19

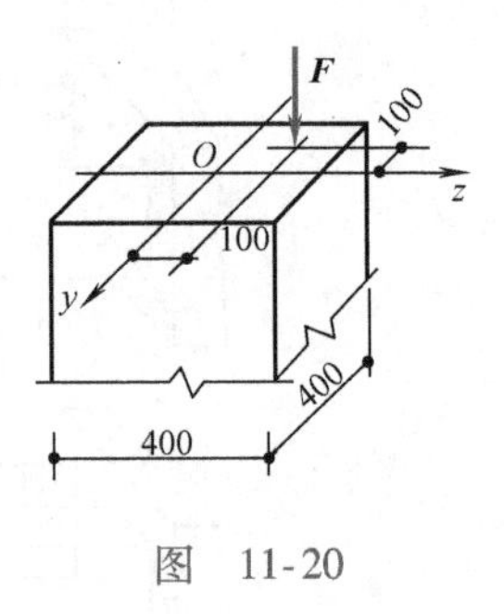

图 11-20

11-5 如图11-21所示一矩形截面厂房柱，所受压力 $F_1=100\text{kN}$，$F_2=45\text{kN}$，$\boldsymbol{F}_2$ 与柱轴线偏心距 $e=200\text{mm}$，截面宽 $b=200\text{mm}$，若要求柱截面上不出现拉应力，截面高 h 应为多少？此时最大压应力为多大？

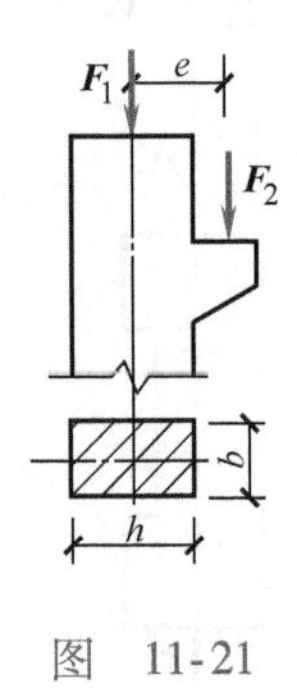

图 11-21

第十二章　压 杆 稳 定

学习目标

1. 深刻理解压杆稳定的概念，理解临界力和柔度的概念。
2. 理解杆端约束对临界力的影响，了解压杆的分类和临界应力总图。
3. 掌握压杆临界力、临界应力的计算。
4. 掌握压杆的稳定计算以及提高压杆稳定性的措施。

本章重点是细长压杆临界力的计算；应用稳定系数法进行压杆的稳定计算。

第一节　压杆稳定的概念

工程中设计受压杆件时，除考虑强度外，还需考虑稳定问题。

一、稳定问题的提出

在第七章中对受压杆件的研究，是从强度观点出发的。认为只要满足压缩强度条件，就可以保证压杆的正常工作。但是，对受压杆件的破坏分析表明，许多压杆却是在满足了强度条件的情况下发生破坏的。如一根宽 30mm、厚 10mm 的矩形截面杆，对其施加轴向压力（图 12-1）。设材料的抗压强度 $\sigma_c = 20\text{MPa}$，当杆很短（图 12-1a）时，将杆压坏所需的压力为 $F_p = \sigma_c A = 6000\ \text{N}$，但杆长为 1m 时（图 12-1b），则不到 40N 的压力就会使压杆突然产生弯曲变形而失去工作能力。这说明，细长压杆丧失工作能力是由于其压杆不能维持原有直杆的平衡状态所致，这种现象称为丧失稳定，简称失稳。由此可见，材料及横截面均相同的压杆，由于长度不同，其抵抗外力的能力将发生根本改变：短粗压杆的破坏取决于强度；细长压杆的破坏是由于失稳。上例还表明，细长压杆的承载能力远低于短粗压杆。因此，对压杆还需研究其稳定性。

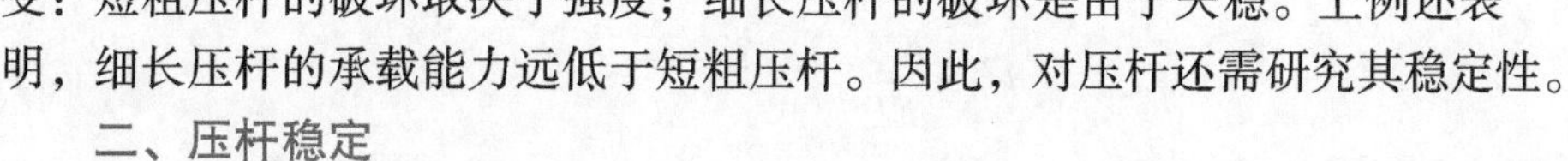

图　12-1

二、压杆稳定

现对压杆稳定性概念再做进一步讨论。如图 12-2a 所示为一等截面中心受压杆，此杆在 $\boldsymbol{F}_P$ 作用下保持直线状态，无论压力多大，在直线状态下总是满足静力平衡条件的。但该平衡状态视其压力的大小，却有稳定与不稳定之分。现对该压杆施加一横向干扰力使其产生微弯（图 12-2b），然后撤除干扰。当 $\boldsymbol{F}_P$ 值不超过某一值 $\boldsymbol{F}_{cr}$ 时，撤除干扰后，杆能恢复到原来的直线形状（图 12-2c），此时杆的平衡是稳定的，称为稳定平衡状态；当 $\boldsymbol{F}_P$ 值超过某一值 $\boldsymbol{F}_{cr}$ 时，杆不能恢复原有的直线形状，只

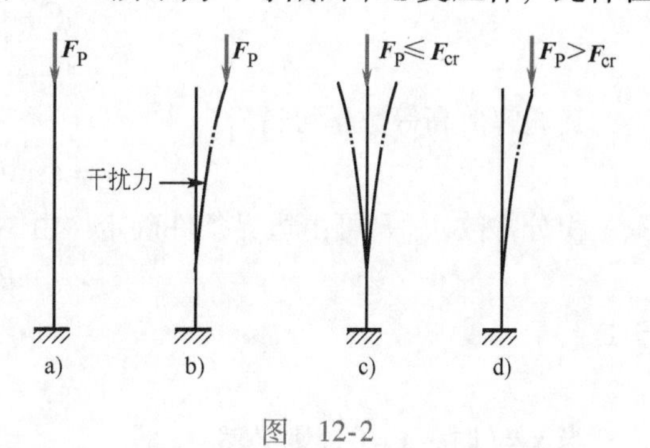

图　12-2

能在一定弯曲变形下平衡（图12-2d），甚至折断，此时称杆的原有直线状态的平衡为不稳定平衡。

由此可知，压杆的直线平衡状态是否稳定，与压力 $\boldsymbol{F}_{P}$ 的大小有关。当压力 $\boldsymbol{F}_{P}$ 逐渐增大至某一特定值 $\boldsymbol{F}_{cr}$ 时，压杆将从稳定平衡过渡到不稳定平衡，此时称为临界状态。压力 $\boldsymbol{F}_{cr}$ 称为压杆的临界力。当外力达到此值时，压杆即开始丧失稳定。

在工程史上，就曾经发生过不少这类满足强度条件的压杆突然破坏导致整个结构毁坏的事故。如1907年北美洲魁北克圣劳伦斯河上的一座五百多米长的钢桥在施工中，由于其桁架中的受压杆失稳而造成突然坍塌；1925年苏联的莫兹尔桥及1940年美国的塔科马桥的毁坏，都是由于压杆失稳造成的引人注目的重大工程事故。因此，在设计压杆时，必须进行稳定计算。

第二节　细长压杆的临界力

如前所述，判断压杆是否会丧失稳定，主要取决于压力是否达到了临界力值。因此，确定压杆的临界力是解决压杆稳定问题的关键。

一、两端铰支细长压杆的临界力

由上节讨论可知，当轴向力 $\boldsymbol{F}_{P}$ 达到临界力 $\boldsymbol{F}_{cr}$ 时，压杆既可保持直线形式的平衡，又可保持微弯状态的平衡。现令压杆在 $\boldsymbol{F}_{cr}$ 作用下处于微弯状态的平衡（图12-3a）。此时，在任一横截面上存在弯矩 $M(x)$（图12-3b），其值为

$$M(x)=F_{cr}y \tag{a}$$

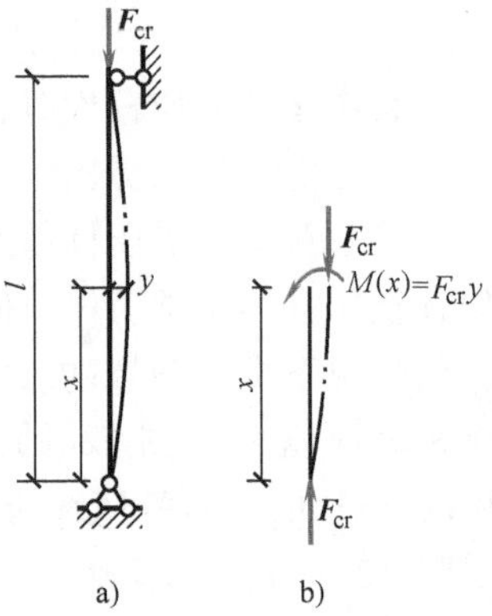

由第十章可知，杆弯曲后挠曲线近似微分方程式为

$$\frac{d^2y}{dx^2}=-\frac{M(x)}{EI} \tag{b}$$

图 12-3

将式（a）代入式（b）得

$$\frac{d^2y}{dx^2}=-\frac{F_{cr}}{EI}y \tag{c}$$

令

$$k^2=\frac{F_{cr}}{EI} \tag{d}$$

可得二阶常系数线性齐次微分方程

$$\frac{d^2y}{dx^2}+k^2y=0 \tag{e}$$

其通解由高等数学可得

$$y=A\sin kx+B\cos kx \tag{f}$$

积分常数 A、B 可由边界条件确定。由图12-3a可知：当 $x=0$ 时，$y=0$。代入式（f）得

$$B=0$$

于是

$$y=A\sin kx \tag{g}$$

当 $x=l$ 时，$y=0$，则必然

$$y = A\sin kl = 0 \tag{h}$$

若 $A=0$，则 $y\equiv 0$。这与在微弯状态下平衡的假设不符。所以只有

$$\sin kl = 0$$

由此得

$$kl = n\pi \qquad (n=0,\ 1,\ 2,\ \cdots)$$

所以

$$k^2 = \frac{n^2\pi^2}{l^2}$$

将 k^2 代入式（d）得

$$F_{cr} = \frac{n^2\pi^2 EI}{l^2}$$

考虑实际意义，应取 $n=1$，则有

$$F_{cr} = \frac{\pi^2 EI}{l^2} \tag{12-1}$$

式（12-1）即两端铰支细长压杆的临界力计算式，又称欧拉公式。式中，EI 为压杆的抗弯刚度。当压杆在各个方向的支承相同时，将在 EI 值较小的平面内失稳。所以，惯性矩 I 应为压杆横截面的最小形心主惯性矩 I_{min}。

将 $k=\frac{\pi}{l}$ 代入式（g），可得

$$y = A\sin\frac{\pi x}{l}$$

由此可见，两端铰支细长压杆的挠曲线是一条半波正弦曲线（图 12-3a）。

二、其他支承情况下细长压杆的临界力的欧拉公式

以上讨论的是两端铰支的细长压杆临界力计算。对于其他支承形式的压杆，由于不同支承对杆件的变形起不同的作用。因此，同一受压杆当两端的支承情况不同时，其临界力值必然不同。推导各不同支承情况下压杆临界力的欧拉公式，其过程与推导两端铰支压杆的过程相同，这里不一一推导，直接给出其结果，见表 12-1。

表 12-1　各种支承情况下等截面细长杆的临界力公式表

杆端约束情况	两端铰支	一端固定 一端自由	一端固定 一端铰支	两端固定
挠曲线形状	F_{cr}, l	F_{cr}, l, $2l$	F_{cr}, l, $0.7l$	F_{cr}, l, $0.5l$
临界应力公式	$F_{cr}=\frac{\pi^2 EI}{l^2}$	$F_{cr}=\frac{\pi^2 EI}{(2l)^2}$	$F_{cr}=\frac{\pi^2 EI}{(0.7l)^2}$	$F_{cr}=\frac{\pi^2 EI}{(0.5l)^2}$
长度系数 μ	1.0	2.0	0.7	0.5

从表12-1中可以看到，各临界力的欧拉公式中，只是分母中l前边的系数不同，因此，可以写成统一形式，即

$$F_{cr}=\frac{\pi^2 EI}{(\mu l)^2} \tag{12-2}$$

式中，μl为计算长度，μ称为长度系数。不同支承下的计算长度及长度系数见表12-1。

观察表12-1中各支承情况下压杆的弹性曲线的形状还可看到，计算长度都相当于一个半波正弦曲线的弦长。

例12-1 一根两端铰支的20a工字钢细长压杆，长$l=3\text{m}$，钢的弹性模量$E=200\text{GPa}$。试计算其临界力。

解 查型钢表得$I_z=2370\text{cm}^4$，$I_y=158\text{cm}^4$，应取小值。按式（12-1）计算得

$$F_{cr}=\frac{\pi^2 EI}{l^2}=\frac{\pi^2\times200\times10^3\times158\times10^4}{(3\times10^3)^2}\text{N}=346\times10^3\text{N}=346\text{kN}$$

由此可知，当轴向压力超过346kN时，此杆会失稳。

例12-2 一矩形截面中心受压的细长木柱，长$l=8\text{m}$，柱的支承情况为：在最大刚度平面内弯曲时为两端铰支（图12-4a）；在最小刚度平面内弯曲时为两端固定（图12-4b）。木材的弹性模量$E=10\text{GPa}$，试求木柱的临界力。

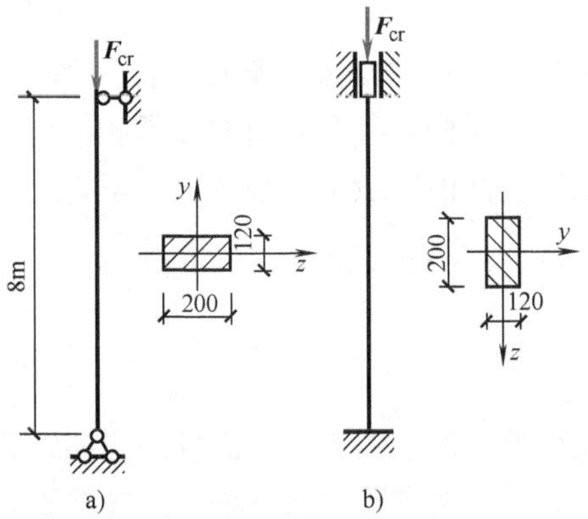

图 12-4

解 由于最大刚度平面与最小刚度平面内的支承情况不同，所以需分别计算。

（1）计算最大刚度平面内的临界力。考虑压杆在最大刚度平面内失稳时，由图12-4a可知截面的惯性矩为

$$I_y=\frac{120\times200^3}{12}\text{mm}^4=8\times10^7\text{mm}^4$$

两端铰支，长度系数$\mu=1$，代入式（12-2），得

$$F_{cr}=\frac{\pi^2 EI_y}{(\mu l)^2}=\frac{3.14^2\times10\times10^3\times8\times10^7}{(1\times8000)^2}\text{N}=123\times10^3\text{N}=123\text{kN}$$

（2）计算最小刚度平面内的临界力。由图12-4b可知，截面惯性矩为

$$I_z=\frac{200\times120^3}{12}\text{mm}^4=2.88\times10^7\text{mm}^4$$

两端固定，长度系数$\mu=0.5$，代入式（12-2），得

$$F_{cr}=\frac{\pi^2 EI_z}{(\mu l)^2}=\frac{3.14^2\times10\times10^3\times2.88\times10^7}{(0.5\times8000)^2}\text{N}=177\times10^3\text{N}=177\text{kN}$$

所以，F_{cr}取小值（123kN）。

此例说明，当最小刚度平面与最大刚度平面内的支承情况不同时，压杆不一定在最小刚度平面内失稳，必须经过具体计算后才能确定其失稳情况。

第三节　临界应力与欧拉公式的适用范围

一、临界应力

当压杆在临界力 $\boldsymbol{F}_{cr}$ 作用下处于平衡时，其横截面上的压应力为$\frac{F_{cr}}{A}$，此压应力称为临界应力，用 σ_{cr} 表示，即

$$\sigma_{cr}=\frac{\pi^2 EI}{(\mu l)^2 A} \tag{i}$$

令 $i=\sqrt{\frac{I}{A}}$（i 为惯性半径），则式（i）可改写为

$$\sigma_{cr}=\frac{\pi^2 Ei^2}{(\mu l)^2}=\frac{\pi^2 E}{\left(\frac{\mu l}{i}\right)^2} \tag{j}$$

令 $\lambda=\frac{\mu l}{i}$，则式（j）又可写为

$$\sigma_{cr}=\frac{\pi^2 E}{\lambda^2} \tag{12-3}$$

式（12-3）称为欧拉临界应力公式，实际是欧拉公式（12-2）的另一种表达形式。$\lambda=\frac{\mu l}{i}$称为柔度或长细比。柔度 λ 与 μ、l、i 有关。λ 综合地反映了压杆的长度、截面形状与尺寸以及支承情况对临界应力的影响。这表明，对由一定材料制成的压杆来说，λ 值愈大，则 σ_{cr} 愈小，压杆愈容易失稳。

二、欧拉公式的适用范围

在推导欧拉公式时，应用了挠曲线的近似微分方程，而近似微分方程是建立在胡克定律 $\sigma=E\varepsilon$ 的基础上，因此，欧拉公式的适用范围是：压杆的应力不超过材料的比例极限。即

$$\sigma_{cr}\leqslant\sigma_p \tag{k}$$

将式（k）代入式（12-3），可求得对应于比例极限的长细比为

$$\lambda_p=\pi\sqrt{\frac{E}{\sigma_p}} \tag{12-4}$$

因此欧拉公式的适用范围可以用压杆的长细比 λ_p 来表示，即只有当压杆的实际柔度 $\lambda\geqslant\lambda_p$ 时，欧拉公式才适用。这一类压杆称为大柔度杆或细长杆。

如 Q235 钢，弹性模量 $E=200\text{GPa}$，比例极限 $\sigma_p=200\text{MPa}$，将其代入式（12-4）后可算得 $\lambda_p=100$。就是说，以 Q235 钢制成的压杆，其柔度 $\lambda\geqslant100$ 时才能应用欧拉公式计算其临界力。

三、超出比例极限时压杆的临界应力、临界应力总图

压杆的应力超出比例极限（$\lambda<\lambda_p$），这类杆件在工程上称为中柔度杆。此类压杆的稳定称为弹塑性稳定，其临界应力各国多采用以试验为基础的经验公式。我国根据自己的试验建立的抛物线公式为

$$\sigma_{cr}=a-b\lambda^2 \tag{12-5}$$

式中，λ 为压杆的柔度，a、b 为与材料有关的常数。如对于 Q235 钢及 Q345（16Mn）钢分别有

$$\left.\begin{aligned}\sigma_{cr} &= (235-0.00668\lambda^2)\ \text{MPa}\\ \sigma_{cr} &= (345-0.0142\lambda^2)\ \text{MPa}\end{aligned}\right\} \tag{12-6}$$

由式（12-3）、式（12-5）可知，压杆无论处于弹性阶段还是弹塑性阶段，其临界应力均为压杆柔度的函数，临界应力 σ_{cr} 与柔度 λ 的函数曲线称为临界应力总图。

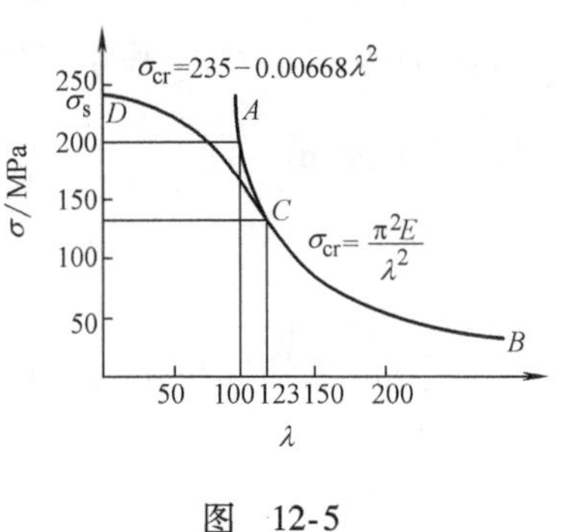

图 12-5

如图 12-5 所示为 Q235 钢的临界应力总图。图中曲线 ACB 按欧拉公式绘制为双曲线，曲线 DC 按经验公式绘制为抛物线。两曲线交点 C 的横坐标为 $\lambda_C=123$，纵坐标为 $\sigma_C=134\text{MPa}$。这里以 $\lambda_C=123$ 而不是以 $\lambda_p=100$ 作为两曲线的分界点，是因为欧拉公式是由理想的中心受压杆导出的，与实际存在着差异，因而将分界点做了修正。所以在实际应用中，对 Q235 钢制成的压杆，当 $\lambda \geq \lambda_C$ 时才按欧拉公式计算临界应力或临界力，$\lambda<123$ 时用经验公式计算。

例 12-3 如图 12-6 所示，两端固定的中心受压杆，材料为 Q235 钢，弹性模量 $E=200\text{GPa}$，压杆截面有如下两种：（1）$h=80\text{mm}$，$b=40\text{mm}$ 的矩形；（2）$a=60\text{mm}$ 的正方形。试计算它们的临界应力，并进行比较。

解 (1)矩形截面。压杆两端固定，$\mu=0.5$。截面的最小惯性半径为

$$i_{min}=\sqrt{\frac{I_{min}}{A}}=\sqrt{\frac{hb^3/12}{hb}}=\frac{b}{2\sqrt{3}}=\frac{40}{2\sqrt{3}}\text{mm}=11.55\text{mm}$$

压杆的柔度为

$$\lambda=\frac{\mu l}{i}=\frac{0.5\times3000}{11.55}=129.9>\lambda_c=123$$

用欧拉公式计算临界应力

$$\sigma_{cr}=\frac{\pi^2 E}{\lambda^2}=\frac{\pi^2\times200\times10^3}{129.9}\text{MPa}=117\text{MPa}$$

(2) 正方形截面 $\mu=0.5$，截面的惯性半径为

$$i=\sqrt{\frac{I}{A}}=\frac{a}{2\sqrt{3}}=\frac{60}{2\sqrt{3}}\text{mm}=17.3\text{mm}$$

压杆柔度为

$$\lambda=\frac{\mu l}{i}=\frac{0.5\times3000}{17.3}=86.7<\lambda_c=123$$

用抛物线公式计算临界应力

$$\sigma_{cr}=(235-0.00668\lambda^2)\text{MPa}=(235-0.00668\times86.7^2)\text{MPa}=184.8\text{MPa}$$

由此可知，以上两种截面形状在相同的条件下，正方形截面压杆临界应力大，即承载能力强。

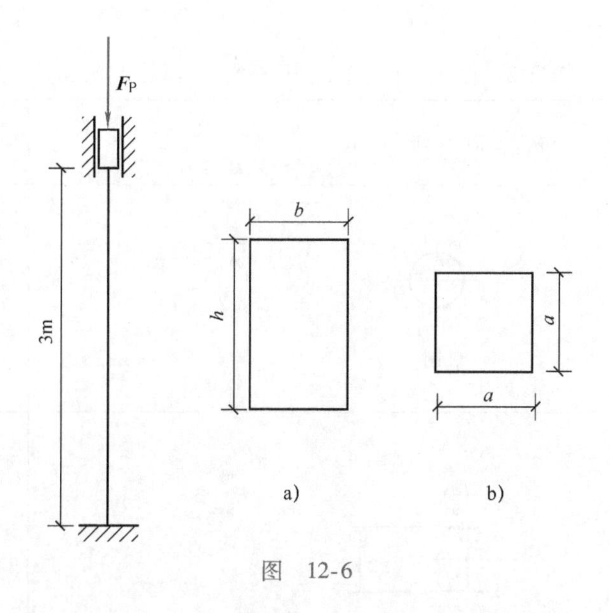

图　12-6

第四节　压杆的稳定计算

一、压杆稳定条件

当压杆中的应力达到其临界应力时，压杆将要失稳。因此，正常工作的压杆，其横截面上的应力应小于临界应力。在工程中，为了保证压杆具有足够的稳定性，还必须考虑一定的安全储备，故压杆稳定条件为

$$\sigma \leqslant [\sigma]_{st} \tag{12-7}$$

式中，$[\sigma]_{st}$称为稳定许用应力，其值为

$$[\boldsymbol{\sigma}]_{st} = \frac{\boldsymbol{\sigma}_{cr}}{\boldsymbol{n}_{st}}$$

式中，n_{st}为压杆的稳定安全系数，比强度安全系数 n 略大些。

为了计算上的方便，将稳定许用应力值写成下列形式

$$[\boldsymbol{\sigma}]_{st} = \boldsymbol{\varphi}\,[\boldsymbol{\sigma}]$$

式中，$[\sigma]$ 为强度计算时的许用应力；φ 称为稳定系数，其值小于 1。因为 σ_{cr}和 n_{st}总是随柔度 λ 的改变而改变，故 φ 是 λ 的函数。于是压杆稳定条件可写为

$$\sigma = \frac{F_N}{A} \leqslant \varphi\,[\sigma]$$

或

$$\frac{F_N}{\varphi A} \leqslant [\sigma] \tag{12-8}$$

式中，A 为横截面的毛面积。因为压杆的稳定性取决于整个杆的抗弯刚度，截面的局部削弱对整体刚度的影响甚微，因而不考虑面积的局部削弱。但需对削弱处进行强度验算。

《钢结构设计规范》（GB 50017—2003）根据工程中常用构件的截面形式、尺寸和加工条件等因素，把截面归并为 a、b、c、d 四类，表 12-2、表 12-3 仅列出三类。根据材料 Q235 分别给出 a、b、c 三类截面在不同柔度 λ 下的 φ 值（表 12-4、表 12-5、表 12-6），以

供压杆设计时参考使用。

表 12-2 轴心受压构件的截面分类（板厚 $t<40$mm）

<table>
<tr><th colspan="3">截 面 形 式</th><th>对 x 轴</th><th>对 y 轴</th></tr>
<tr><td colspan="3"> 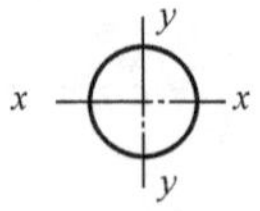轧制</td><td>a类</td><td>a类</td></tr>
<tr><td colspan="3"> 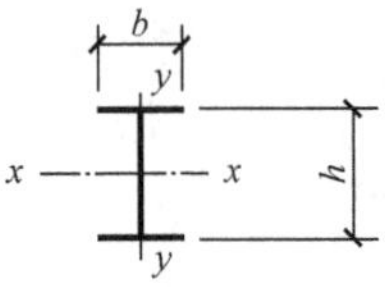轧制，$b/h\leqslant0.8$</td><td>a类</td><td>b类</td></tr>
<tr><td> 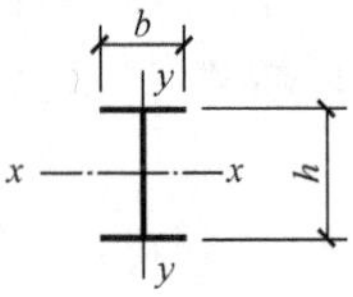轧制，$b/h>0.8$</td><td> 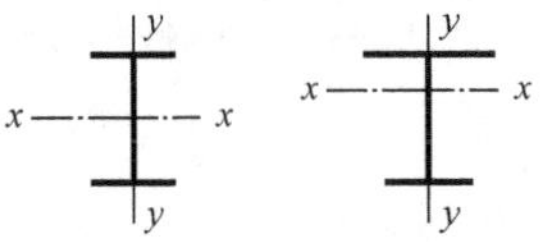焊接，翼缘为焰切边</td><td> 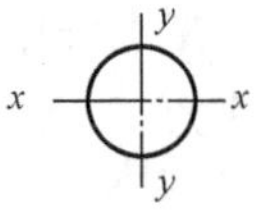焊接</td><td rowspan="3">b类</td><td rowspan="3">b类</td></tr>
<tr><td colspan="2"> 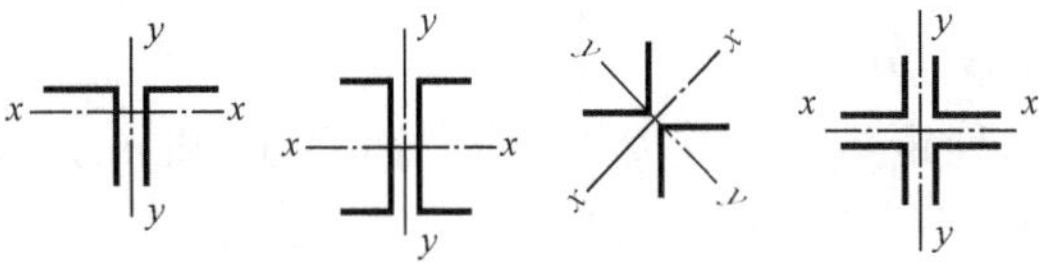轧制</td><td> 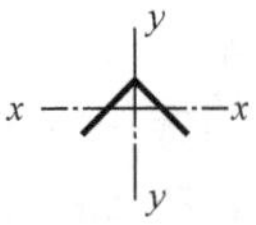轧制等边角钢</td></tr>
<tr><td> 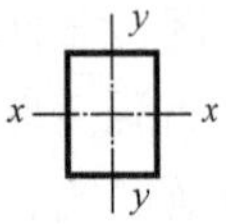轧制，焊接（板件宽厚比>20）</td><td colspan="2"> 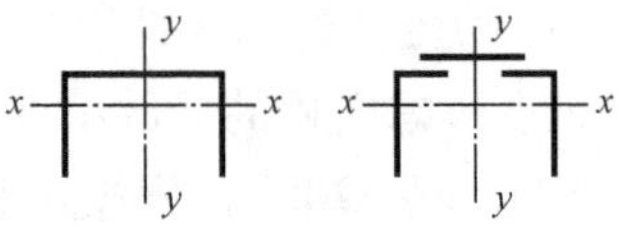轧制或焊接</td></tr>
</table>

（续）

截　面　形　式		对 x 轴	对 y 轴
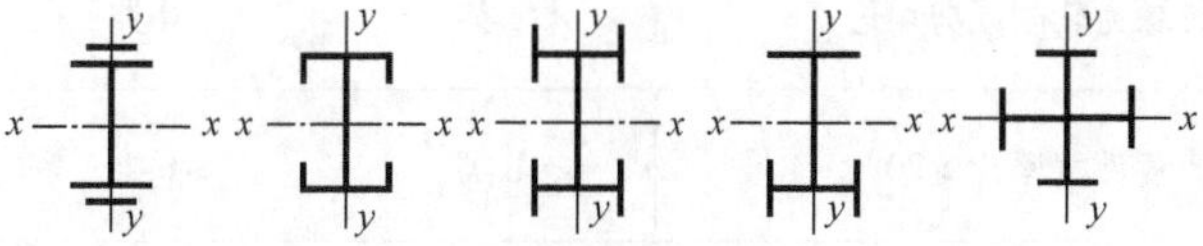 焊接	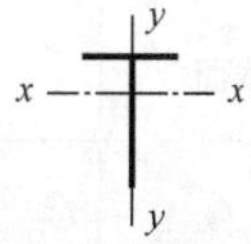 轧制截面和翼缘为焰切边的焊接截面	b类	b类
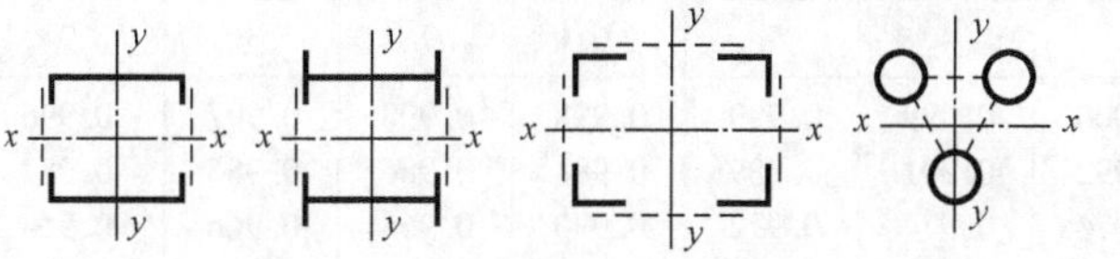 格构式	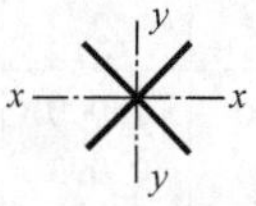 焊接，板件边缘焰切		
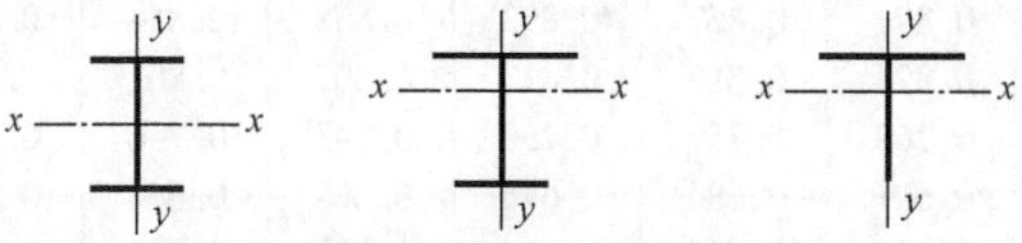 焊接，翼缘为轧制或剪切边		b类	c类
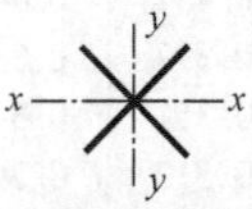 焊接，板件边缘轧制或剪切	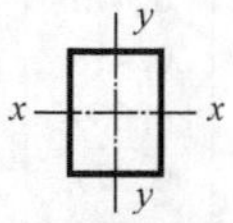 焊接，板件宽厚比≤20	c类	c类

表 12-3　轴心受压构件的截面分类（板厚 $t \geqslant 40$mm）

截　面　形　式		对 x 轴	对 y 轴
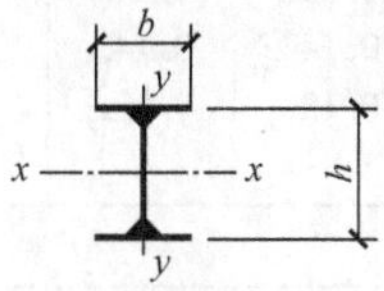 轧制工字形或 H 形截面	$t<80$mm	b类	c类
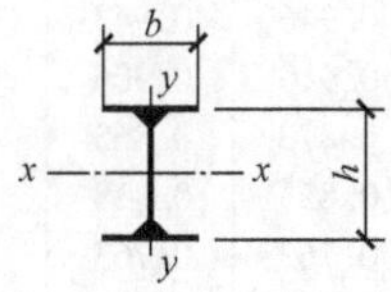 轧制工字形或 H 形截面	$t \geqslant 80$mm	c类	d类

（续）

截 面 形 式		对 x 轴	对 y 轴
焊接工字形截面	翼缘为焰切边	b类	b类
	翼缘为轧制或剪切边	c类	d类
焊接箱形截面	板件宽厚比 >20	b类	b类
	板件宽厚比≤20	c类	c类

表 12-4 Q235 钢 a 类截面轴心构件稳定系数 φ

λ	0	1	2	3	4	5	6	7	8	9
0	1.000	1.000	1.000	1.000	0.999	0.999	0.998	0.998	0.997	0.996
10	0.995	0.994	0.993	0.992	0.991	0.989	0.988	0.986	0.985	0.983
20	0.981	0.979	0.977	0.976	0.974	0.972	0.970	0.968	0.966	0.964
30	0.963	0.961	0.959	0.957	0.955	0.952	0.950	0.948	0.946	0.944
40	0.941	0.939	0.937	0.934	0.932	0.929	0.927	0.924	0.921	0.919
50	0.916	0.913	0.910	0.907	0.904	0.900	0.897	0.894	0.890	0.886
60	0.883	0.879	0.875	0.871	0.867	0.863	0.858	0.854	0.849	0.844
70	0.839	0.834	0.829	0.824	0.818	0.813	0.807	0.801	0.795	0.789
80	0.783	0.776	0.770	0.763	0.757	0.750	0.743	0.736	0.728	0.721
90	0.714	0.706	0.699	0.691	0.684	0.676	0.668	0.661	0.653	0.645
100	0.638	0.630	0.622	0.615	0.607	0.600	0.592	0.585	0.577	0.570
110	0.563	0.555	0.548	0.541	0.534	0.527	0.520	0.514	0.507	0.500
120	0.494	0.488	0.481	0.475	0.469	0.463	0.457	0.451	0.445	0.440
130	0.434	0.429	0.423	0.418	0.412	0.407	0.402	0.397	0.392	0.387
140	0.383	0.378	0.373	0.369	0.364	0.360	0.356	0.351	0.347	0.343
150	0.339	0.335	0.331	0.327	0.323	0.320	0.316	0.312	0.309	0.305
160	0.302	0.298	0.295	0.292	0.289	0.285	0.282	0.279	0.276	0.273
170	0.270	0.267	0.264	0.262	0.259	0.256	0.253	0.251	0.248	0.246
180	0.243	0.241	0.238	0.236	0.233	0.231	0.229	0.226	0.224	0.222
190	0.220	0.218	0.215	0.213	0.211	0.209	0.207	0.205	0.203	0.201
200	0.199	0.198	0.196	0.194	0.192	0.190	0.189	0.187	0.185	0.183
210	0.182	0.180	0.179	0.177	0.175	0.174	0.172	0.171	0.169	0.168
220	0.166	0.165	0.164	0.162	0.161	0.159	0.158	0.157	0.155	0.154
230	0.153	0.152	0.150	0.149	0.148	0.147	0.146	0.144	0.143	0.142
240	0.141	0.140	0.139	0.138	0.136	0.135	0.134	0.133	0.132	0.131
250	0.130	—	—	—	—	—	—	—	—	—

表 12-5 Q235 钢 b 类截面轴心构件稳定系数 φ

λ	0	1	2	3	4	5	6	7	8	9
0	1.000	1.000	1.000	0.999	0.999	0.998	0.997	0.996	0.995	0.994
10	0.992	0.991	0.989	0.987	0.985	0.983	0.981	0.978	0.976	0.973
20	0.970	0.967	0.963	0.960	0.957	0.953	0.950	0.946	0.943	0.939
30	0.936	0.932	0.929	0.925	0.922	0.918	0.914	0.910	0.906	0.903
40	0.899	0.895	0.891	0.887	0.882	0.878	0.874	0.870	0.865	0.861
50	0.856	0.852	0.847	0.842	0.838	0.833	0.828	0.823	0.818	0.813
60	0.807	0.802	0.797	0.791	0.786	0.780	0.774	0.769	0.763	0.757
70	0.751	0.745	0.739	0.732	0.726	0.720	0.714	0.707	0.701	0.694
80	0.688	0.681	0.675	0.668	0.661	0.655	0.648	0.641	0.635	0.628

（续）

λ	0	1	2	3	4	5	6	7	8	9
90	0.621	0.614	0.608	0.601	0.594	0.588	0.581	0.575	0.568	0.561
100	0.555	0.549	0.542	0.536	0.529	0.523	0.517	0.511	0.505	0.499
110	0.493	0.487	0.481	0.475	0.470	0.464	0.458	0.453	0.447	0.442
120	0.437	0.432	0.426	0.421	0.416	0.411	0.406	0.402	0.397	0.392
130	0.387	0.383	0.378	0.374	0.370	0.365	0.361	0.357	0.353	0.349
140	0.345	0.341	0.337	0.333	0.329	0.326	0.322	0.318	0.315	0.311
150	0.308	0.304	0.301	0.298	0.295	0.291	0.288	0.285	0.282	0.279
160	0.276	0.273	0.270	0.267	0.265	0.262	0.259	0.256	0.254	0.251
170	0.249	0.246	0.244	0.241	0.239	0.236	0.234	0.232	0.229	0.227
180	0.225	0.223	0.220	0.218	0.216	0.214	0.212	0.210	0.208	0.206
190	0.204	0.202	0.200	0.198	0.197	0.195	0.193	0.191	0.190	0.188
200	0.186	0.184	0.183	0.181	0.180	0.178	0.176	0.175	0.173	0.172
210	0.170	0.169	0.167	0.166	0.165	0.163	0.162	0.160	0.159	0.158
220	0.156	0.155	0.154	0.153	0.151	0.150	0.149	0.148	0.146	0.145
230	0.144	0.143	0.142	0.141	0.140	0.138	0.137	0.136	0.135	0.134
240	0.133	0.132	0.131	0.130	0.129	0.128	0.127	0.126	0.125	0.124
250	0.123	—	—	—	—	—	—	—	—	—

表 12-6　Q235 钢 c 类截面轴心构件稳定系数 φ

λ	0	1	2	3	4	5	6	7	8	9
0	1.000	1.000	1.000	0.999	0.999	0.998	0.997	0.996	0.995	0.993
10	0.992	0.990	0.988	0.986	0.983	0.981	0.978	0.976	0.973	0.970
20	0.966	0.959	0.953	0.947	0.940	0.934	0.928	0.921	0.915	0.909
30	0.902	0.896	0.890	0.884	0.877	0.871	0.865	0.858	0.852	0.846
40	0.839	0.833	0.826	0.820	0.814	0.807	0.801	0.794	0.788	0.781
50	0.775	0.768	0.762	0.755	0.748	0.742	0.735	0.729	0.722	0.715
60	0.709	0.702	0.695	0.689	0.682	0.676	0.669	0.662	0.656	0.649
70	0.643	0.636	0.629	0.623	0.616	0.610	0.604	0.597	0.591	0.584
80	0.578	0.572	0.566	0.559	0.553	0.547	0.541	0.535	0.529	0.523
90	0.517	0.511	0.505	0.500	0.494	0.488	0.483	0.477	0.472	0.467
100	0.463	0.458	0.454	0.449	0.445	0.441	0.436	0.432	0.428	0.423
110	0.419	0.415	0.411	0.407	0.403	0.399	0.395	0.391	0.387	0.383
120	0.379	0.375	0.371	0.367	0.364	0.360	0.356	0.353	0.349	0.346
130	0.342	0.339	0.335	0.332	0.328	0.325	0.322	0.319	0.315	0.312
140	0.309	0.306	0.303	0.300	0.297	0.294	0.291	0.288	0.285	0.282
150	0.280	0.277	0.274	0.271	0.269	0.266	0.264	0.261	0.258	0.256
160	0.254	0.251	0.249	0.246	0.244	0.242	0.239	0.237	0.235	0.233
170	0.230	0.228	0.226	0.224	0.222	0.220	0.218	0.216	0.214	0.212
180	0.210	0.208	0.206	0.205	0.203	0.201	0.199	0.197	0.196	0.194
190	0.192	0.190	0.189	0.187	0.186	0.184	0.128	0.181	0.179	0.178
200	0.176	0.175	0.173	0.172	0.170	0.169	0.168	0.166	0.165	0.163
210	0.162	0.161	0.159	0.158	0.157	0.156	0.154	0.153	0.152	0.151
220	0.150	0.148	0.147	0.146	0.145	0.144	0.143	0.142	0.140	0.139
230	0.138	0.137	0.136	0.135	0.134	0.133	0.132	0.131	0.130	0.129
240	0.128	0.127	0.126	0.125	0.124	0.124	0.123	0.122	0.121	0.120
250	0.119	—	—	—	—	—	—	—	—	—

对于木制压杆的稳定系数 φ 值，根据《木结构设计规范》（GB 50005—2003），按树种的强度等级分别给出了两组计算公式。

树种强度等级为 TC17、TC15 及 TB20：

当 $\lambda\leqslant75$ 时
$$\varphi=\frac{1}{1+\left(\dfrac{\lambda}{80}\right)^2}$$

当 $\lambda>75$ 时
$$\varphi=\frac{3000}{\lambda^2}$$

树种强度等级为 TC13、TC11、TB17、TB15、TB13 及 TB11：

当 $\lambda\leqslant91$ 时
$$\varphi=\frac{1}{1+\left(\dfrac{\lambda}{65}\right)^2}$$

当 $\lambda>91$ 时
$$\varphi=\frac{2800}{\lambda^2}$$

二、压杆稳定条件的应用

与强度条件类似，应用稳定条件可解决下列常见的三类问题：

1）稳定校核。

2）设计截面。由于稳定条件中截面尺寸、型号未知，所以柔度 λ 和稳定系数 φ 也未知。计算时一般先假设 $\varphi=0.5$，试选截面尺寸、型号，算得 λ 后再查 φ'。若 φ' 与假设的 φ 值相差较大，则再选两者的中间值重新试算，直至两者相差不大，最后再进行稳定校核。

3）确定许用荷载。

例 12-4 如图 12-7 所示两端铰支（球形铰）的圆形截面压杆，材料为 Q235 钢轧制。已知 $l=0.8\text{m}$，直径 $d=20\text{mm}$，材料的许用应力 $[\sigma]=170\text{MPa}$，荷载 $F_p=11\text{kN}$。试校核压杆的稳定性。

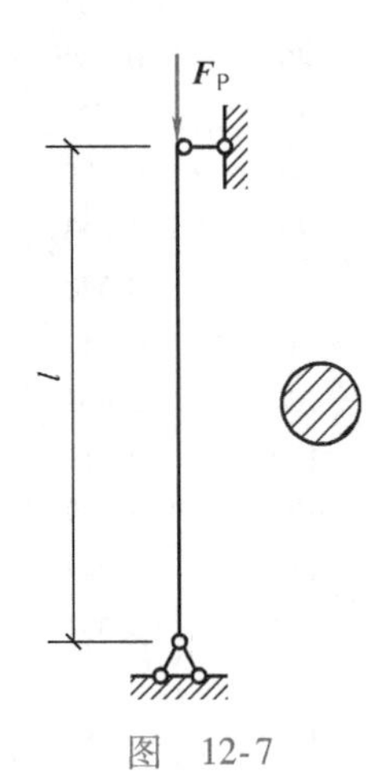

图 12-7

解 圆形截面压杆的惯性半径为

$$i=\sqrt{\frac{I}{A}}=\frac{d}{4}=\frac{20\times10^{-3}}{4}\text{m}=0.005\text{m}$$

两端铰支时长度系数 $\mu=1$，所以

$$\lambda=\frac{\mu l}{i}=\frac{1\times0.8}{0.005}=160$$

由表 12-2 查得该杆为 a 类截面受压杆，查表 12-4 得

$$\varphi=0.302$$

按稳定条件式（12-8）校核

$$\frac{F_N}{\varphi A}=\frac{F_P}{\varphi\times\dfrac{\pi d^2}{4}}=\frac{11\times10^3}{0.302\times\dfrac{3.14\times20^2}{4}}\text{MPa}=116\text{MPa}<[\sigma]=170\text{MPa}$$

所以该压杆满足稳定条件。

例 12-5 如图 12-8a 所示的结构中，BD 杆为正方形截面的木杆。已知 $l=2\text{m}$，$a=0.1\text{m}$，木材的强度等级为 TC13，许用应力 $[\sigma]=10\text{MPa}$。试从 BD 杆的稳定考虑，计算该结构所能承受的最大荷载 F_{Pmax}。

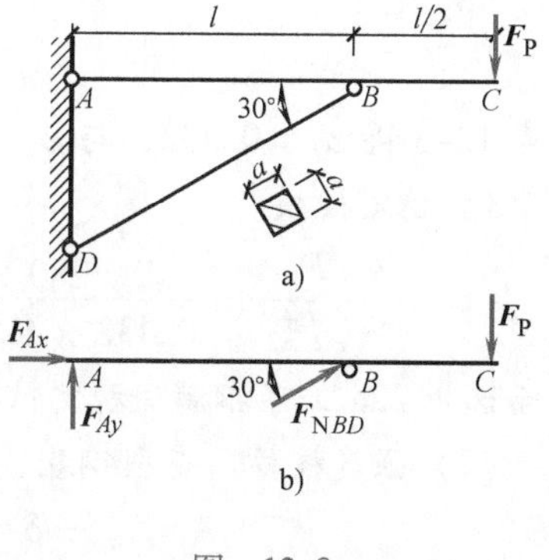

图　12-8

解　首先，求出外荷载 F_P 与 BD 杆所受压力间的关系，考虑 AC 杆的平衡（图 12-8b），由 $\Sigma M_A = 0$ 得

$$F_{NBD}\frac{l}{2} - F_P\frac{3l}{2} = 0$$

$$F_P = \frac{1}{3}F_{NBD}$$

根据稳定条件式（12-8），压杆 BD 能承受的最大压力为

$$F_{NBD} = \varphi A\,[\sigma]$$

所以结构能承受的最大荷载为

$$F_{Pmax} = \frac{1}{3}F_{NBD} = \frac{1}{3}\varphi A\,[\sigma]$$

算得 BD 杆的长度 $l_{BD} = 2.31\text{m}$，BD 杆的柔度为

$$\lambda = \frac{\mu l_{BD}}{i} = \frac{\mu l_{BD}}{\dfrac{a}{\sqrt{12}}} = \frac{1\times 2.31}{\dfrac{0.1}{\sqrt{12}}} = 80$$

因为 $\lambda < 91$，所以

$$\varphi = \frac{1}{1+\left(\dfrac{\lambda}{65}\right)^2} = \frac{1}{1+\left(\dfrac{80}{65}\right)^2} = 0.398$$，结构能承受的最大荷载为

$$F_{Pmax} = \left[\frac{1}{3}\times 0.398\times (0.1)^2\times 10\times 10^6\right]\text{N} = 13.27\times 10^3\text{N} = 13.27\text{kN}$$

例 12-6　如图 12-9 所示的压杆为工字钢，材料为 Q235 钢。已知 $l = 4\text{m}$，$F_P = 280\text{kN}$，材料的许用应力 $[\sigma] = 160\text{MPa}$，在立柱中点 C 截面上因构造需要开一直径为 $d = 40\text{mm}$ 的圆孔。试选择工字钢的型号。

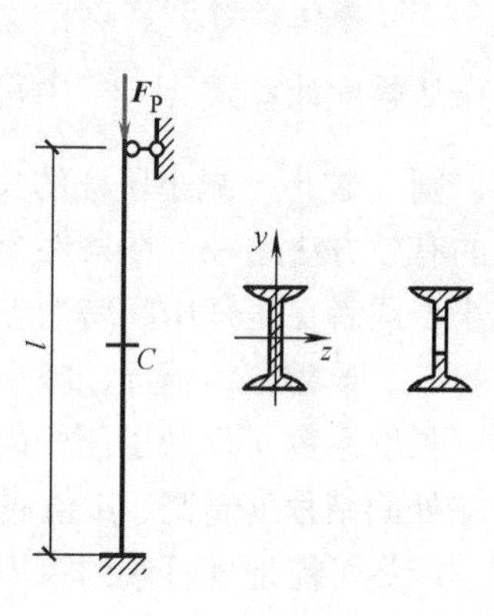

图　12-9

解　（1）按稳定条件设计截面。

1）第一次试算。设 $\varphi_1 = 0.5$，由稳定条件式（12-8）算出压杆的横截面面积

$$A_1 = \frac{F_P}{\varphi_1[\sigma]} = \frac{280\times 10^3}{0.5\times 160}\text{mm}^2 = 3.5\times 10^3\text{mm}^2 = 35\text{cm}^2$$

查型钢表，初选 20a 工字钢。该工字钢的横截面面积 $A_1' = 35.5\text{cm}^2$，最小惯性半径 $i_{min} = i_y = 2.12\text{cm}$，压杆柔度为

$$\lambda_1 = \frac{\mu l}{i_y} = \frac{0.7\times 4}{2.12\times 10^{-2}} = 132$$

查表 12-5 得稳定系数 $\varphi_1' = 0.378$。此值与 $\varphi_1 = 0.5$ 相差较大，故需进一步试算。

2）第二次试算。设 $\varphi_2 = \frac{1}{2}(\varphi_1 + \varphi_1') = \frac{0.5+0.378}{2} = 0.439$，由稳定条件得

$$A_2 = \frac{F_P}{\varphi_2[\sigma]} = \frac{280\times 10^3}{0.439\times 160}\text{mm}^2 = 39.86\times 10^2\text{mm}^2 = 39.86\text{cm}^2$$

查型钢表，选 22a 工字钢。其横截面面积 $A_2' = 42.128\text{cm}^2$，$i_{min} = i_y = 2.31\text{cm}$，压杆的柔度为

$$\lambda_2 = \frac{\mu l}{i_y} = \frac{0.7 \times 4}{2.31 \times 10^{-2}} = 121$$

查表12-5得 $\varphi_2' = 0.432$，与 $\varphi_2 = 0.439$ 比较接近，故选用22a工字钢校核压杆的稳定性。

3）稳定校核。

$$\frac{F_P}{\varphi_2' A_2'} = \frac{280 \times 10^3}{0.432 \times 42.128 \times 10^2}\text{MPa} = 153.9\text{MPa} < [\sigma] = 160\text{MPa}$$

因而选用22a工字钢满足稳定性要求。

（2）强度校核。查型钢表，工字钢腹板厚 $\delta = 7.5\text{mm}$，则

$$A = A_2' - d\delta = (42.128 - 4 \times 0.75)\ \text{cm}^2 = 39.128\text{cm}^2$$

工作应力为

$$\sigma = \frac{F_P}{A} = \frac{280 \times 10^3}{39.128 \times 10^2}\text{MPa} = 71.56\text{MPa} < [\sigma] = 160\text{MPa}$$

强度条件满足要求。

第五节 提高压杆稳定性的措施

提高压杆稳定性的关键在于提高压杆的临界力或临界应力。由临界应力计算式（12-4）、式（12-6）可以看到，影响临界应力的主要因素为柔度，减小柔度可以大幅度提高临界应力。

一、减小压杆的长度

从柔度计算式 $\lambda = \frac{\mu l}{i}$ 中可以看出，杆长与柔度成正比，l 越小，则 λ 越小。减小压杆的长度是降低压杆柔度、提高压杆稳定性的有效方法之一。在条件允许的情况下，应尽量使压杆的长度减小，或者在压杆中间增加支撑（图12-10）。

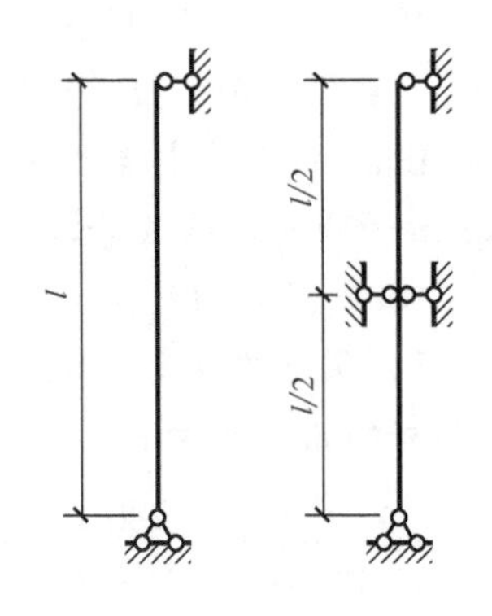

图 12-10

二、改善支承情况，减小长度系数 μ

长度系数 μ 反映了压杆的支承情况，从表12-1中可以看到，杆端处固结程度越高，μ 值越小。因此，在结构条件允许的情况下，应尽可能地使杆端约束牢固些，以使压杆的稳定性得到相应提高。

三、选择合理的截面形状

在截面面积相同的情况下，增大惯性矩 I，从而达到增大惯性半径 i，减小柔度 λ，提高压杆的临界应力。如图12-11所示，空心的环形截面比实心圆截面合理。

当压杆在各个弯曲平面内的支承条件相同时，压杆的稳定性由 I_{min} 方向的临界应力控制。因此，应尽量使截面对任一形心主轴的惯性矩相同，这样可使压杆在各个弯曲平面内具有相同的稳定性。如由两根槽钢组合而成的压杆，采用图12-12b的形式比图12-12a的形式好。

当压杆在两个相互垂直平面内的支承条件不同时，可采用 $I_z \neq I_y$ 的截面来与相应的支承条件配合，使压杆在两相互垂直平面内的柔度值相等，即 $\lambda_z = \lambda_y$。这样保证压杆在这两个方向上具有相同的稳定性。

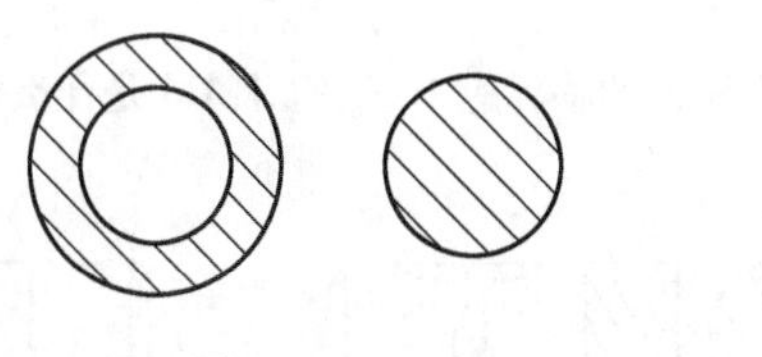
图　12-11

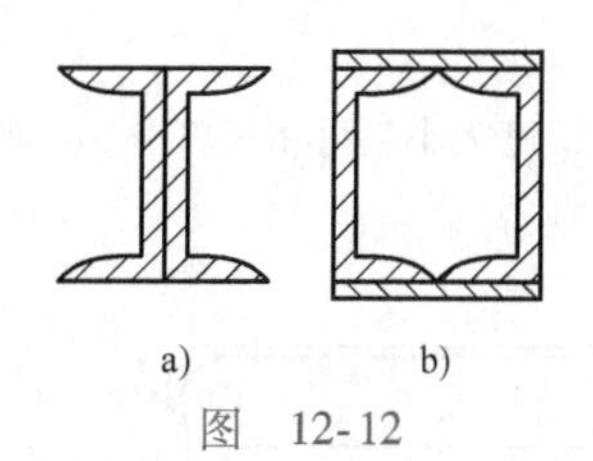

图　12-12

四、合理选择材料

对于大柔度杆，临界应力与材料的弹性模量 E 有关，由于各种钢材的弹性模量 E 值相差不大，所以，对大柔度杆来说，选用优质钢材对提高临界应力意义不大。对于中柔度杆，其临界应力与材料强度有关，强度越高的材料，临界应力越高。所以，对中柔度杆而言，选择优质钢材将有助于提高压杆的稳定性。

一、概念

构件受力作用且经干扰后能保持原有平衡状态，称之为稳定平衡，即构件具有稳定性；反之，构件为不稳定平衡，即为压杆丧失稳定性，简称失稳。

二、欧拉公式及其适用范围

1. 公式

$$F_{cr} = \frac{\pi^2 EI}{(\mu l)^2} \qquad \sigma_{cr} = \frac{\pi^2 E}{\lambda^2}$$

长度系数 μ 反映了杆端支承对压杆稳定的影响。

2. 适用范围

压杆的应力不超过材料的比例极限，即杆为细长压杆（$\lambda \geqslant \lambda_p$）时适用。

三、压杆稳定计算

1. 稳定条件

$$\sigma = \frac{F_N}{A} \leqslant \varphi[\sigma]$$

2. 稳定条件可解决的问题

1）压杆稳定校核。

2）计算压杆或结构的许用荷载。

3）确定压杆截面尺寸。

四、在稳定计算时应注意的问题

1）根据压杆的支承情况，确定长度系数 μ。

2）判断压杆可能在哪个平面内失稳。注意压杆在两个纵向平面内的约束情况相同。

3）计算临界力时，先计算 λ，判断是否可用欧拉公式。

12-1　如图 12-13 所示的矩形截面杆，两端受轴向压力 F 作用。设杆端约束条件为：在 xy 平面内两端视为铰支；在 xz 平面内两端视为固定端。试问该压杆的 b 与 h 的比值等于多少时才是合理的？

12-2　有一圆截面细长压杆，试问：（1）杆长增加 1 倍时，临界力有何变化？（2）直径 d 增加 1 倍时，临界力有何变化？

12-3 根据柔度大小，可将压杆分为哪些类型？这些类型压杆的临界应力 σ_{cr} 的计算式是什么？其破坏分别属于什么破坏？

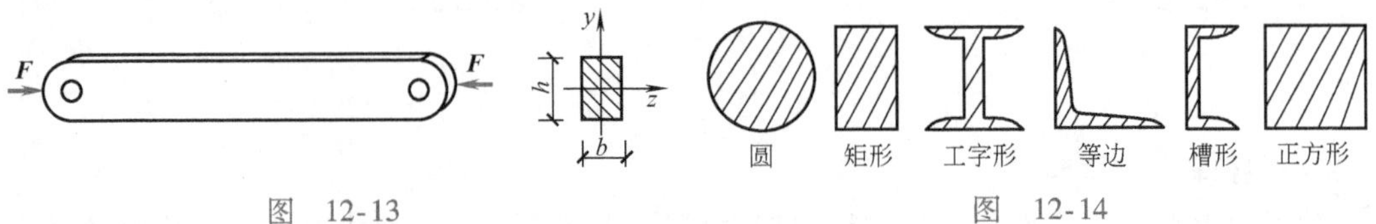

图 12-13　　　图 12-14

12-4 如图12-14所示为各种截面形状的中心受压直杆，两端均为球铰支承，试确定在杆件失稳时，将绕横截面的哪一根形心轴转动？

12-5 如图12-15所示四根压杆的材料及截面均相同，试判断哪个杆的临界力最大？

12-6 试判断以下两种说法是否正确？

（1）临界力是使压杆丧失稳定的最小荷载。

（2）临界力是压杆维持直线稳定平衡状态的最大荷载。

12-7 何为折减系数？它随哪些因素变化？

12-8 何为柔度？柔度表征压杆的什么特性？它与哪些因素有关？

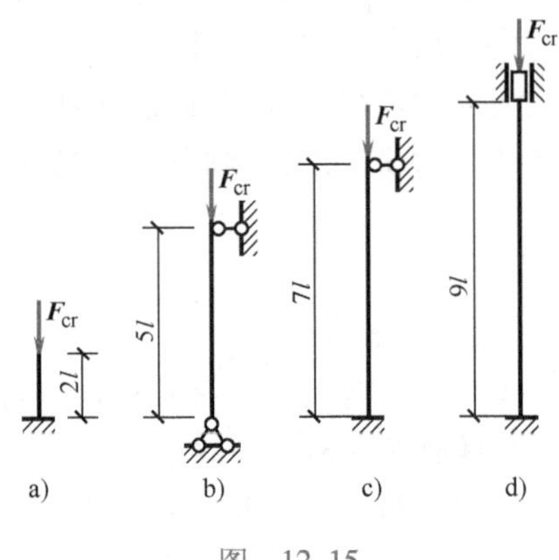

图 12-15

习 题

12-1 两端铰支的22a工字钢细长压杆，如图12-16所示，已知杆长 $l=6\text{m}$，材料为Q235钢，其弹性模量 $E=200\text{GPa}$。试求该压杆的临界力。

12-2 一端固定一端铰支的圆截面细长压杆如图12-17所示，已知杆长 $l=3\text{m}$，$d=50\text{mm}$，材料为Q235钢，其弹性模量 $E=200\text{GPa}$。试求该杆的临界力。

12-3 如图12-18所示的结构由两个圆截面杆组成，已知两杆的直径 d 及所用材料均相同，且两杆均为细长杆。试问：当 F_P 从零开始逐渐增加时，哪个杆首先失稳（只考虑图示平面）？

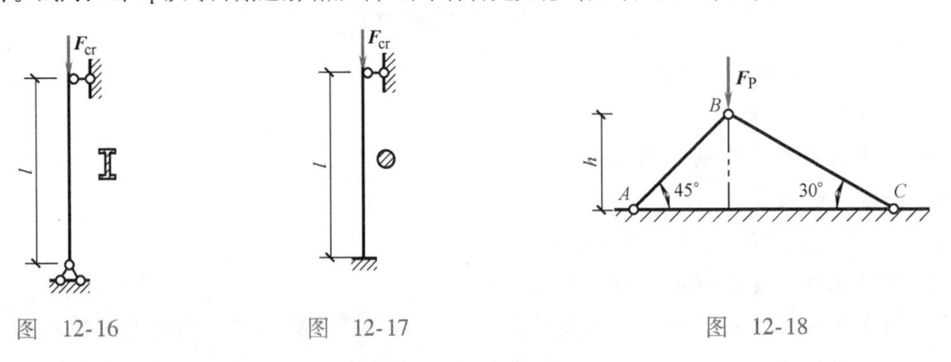

图 12-16　　　图 12-17　　　图 12-18

12-4 如图12-19所示的压杆由Q235钢制成，材料的弹性模量 $E=200\text{GPa}$。在 xy 平面内，两端为铰支；在 xz 平面内，两端固定。试求该压杆的临界力。

12-5 两端铰支的木柱横截面为120mm×200mm的矩形，$l=4\text{m}$，木材的强度等级TC13，弹性模量 $E=10\text{GPa}$，$\sigma_p=20\text{MPa}$。试求木柱的临界应力（提示：若需经验公式，可用 $\sigma_{cr}=28.7-0.19\lambda$）。

12-6 如图12-20所示的三角架中，BC 为圆截面杆，材料为Q235钢。已知 $F_P=12\text{kN}$，$a=1\text{m}$，$d=40\text{mm}$，材料的许用应力 $[\sigma]=170\text{MPa}$。（1）校核 BC 杆的稳定性。（2）从 BC 杆的稳定条件考虑，求此

三角支架所能承受的最大荷载 F_{Pmax}。

12-7　结构及受力如图 12-21 所示，试作梁 ABC 的强度与柱 BD 的稳定校核。梁 ABC 为 22b 工字钢，$[\sigma]=170\text{MPa}$；BD 杆为圆截面木杆，直径 $d=160\text{mm}$，木杆的强度等级 TC13，许用应力 $[\sigma]=10\text{MPa}$。

12-8　如图 12-22 所示托架的斜撑 BC 为圆截面木杆，材料的强度等级 TC13，许用压应力 $[\sigma]=10\text{MPa}$。试确定斜撑 BC 所需直径 d。

12-9　如图 12-23 所示压杆由两根 18a 槽钢组成，杆两端为铰支。已知杆长 $l=6\text{m}$，两槽钢之间的距离 $a=0.1\text{m}$，材料的许用应力 $[\sigma]=170\text{MPa}$。试求该压杆能承受的最大荷载。

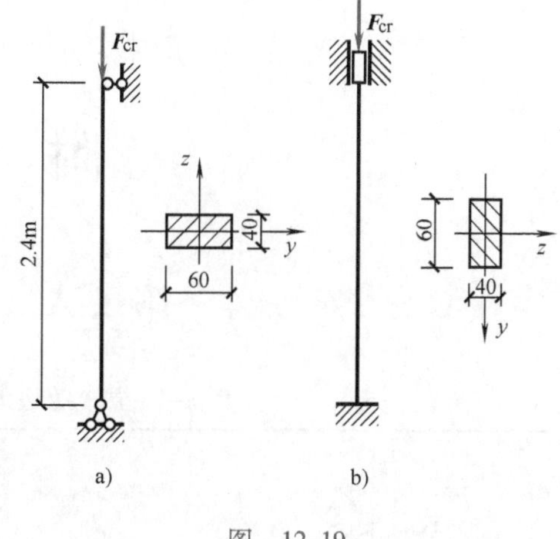

图　12-19

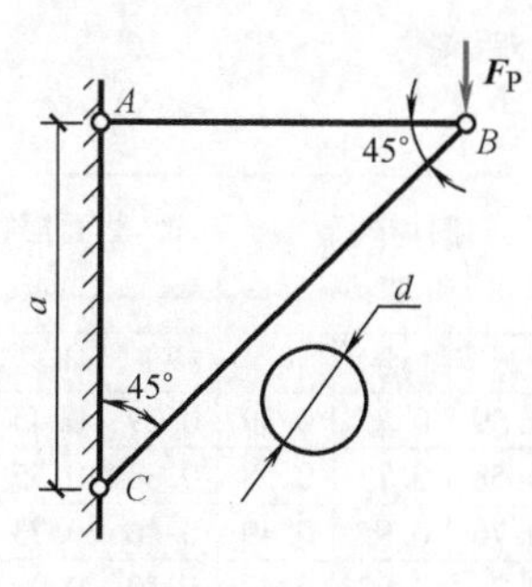

图　12-20

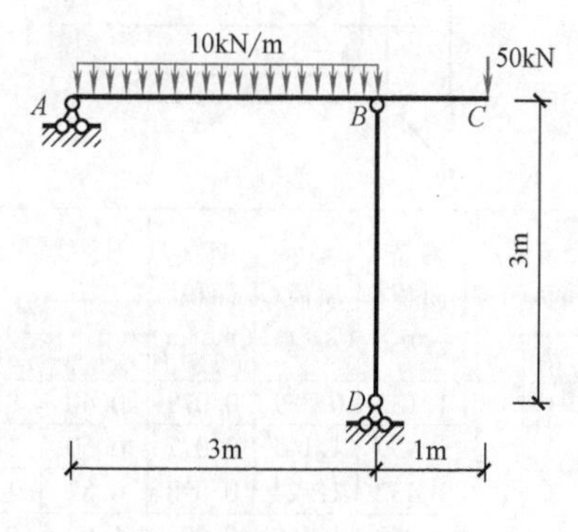

图　12-21

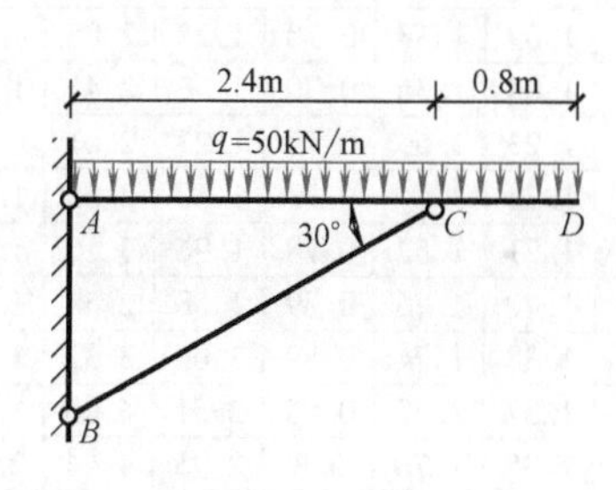

图　12-22

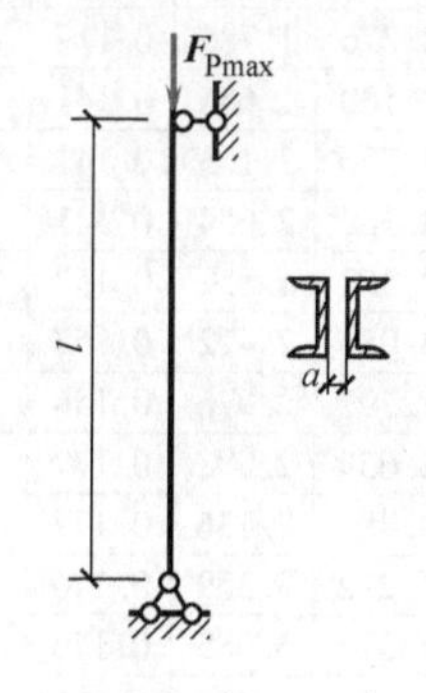

图　12-23

附　　录

附录 A　型　钢　表

表 A-1　热轧等边角钢（GB/T 706—2008）

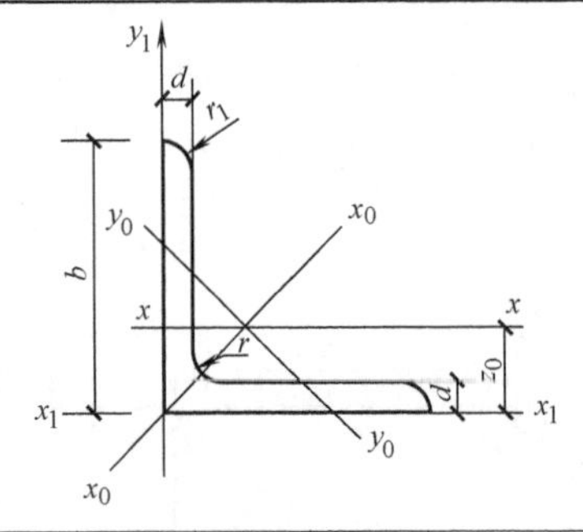

符号意义：

b——边宽度

d——边厚度

r——内圆弧半径

r_1——边端内圆弧半径

z_0——重心距离

型号	截面尺寸/mm			截面面积/cm²	理论质量/(kg/m)	外表面积/(m²/m)	惯性矩/cm⁴				惯性半径/cm			截面模数/cm³			重心距离/cm
	b	d	r				I_x	I_{x1}	I_{x0}	I_{y0}	i_x	i_{x0}	i_{y0}	W_x	W_{x0}	W_{y0}	z_0
2	20	3	3.5	1.132	0.889	0.078	0.40	0.81	0.63	0.17	0.59	0.75	0.39	0.29	0.45	0.20	0.60
		4		1.459	1.145	0.077	0.50	1.09	0.78	0.22	0.58	0.73	0.38	0.36	0.55	0.24	0.64
2.5	25	3		1.432	1.124	0.098	0.82	1.57	1.29	0.34	0.76	0.95	0.49	0.46	0.73	0.33	0.73
		4		1.859	1.459	0.097	1.03	2.11	1.62	0.43	0.74	0.93	0.48	0.59	0.92	0.40	0.76
3.0	30	3	4.5	1.749	1.373	0.117	1.46	2.71	2.31	0.61	0.91	1.15	0.59	0.68	1.09	0.51	0.85
		4		2.276	1.786	0.117	1.84	3.63	2.92	0.77	0.90	1.13	0.58	0.87	1.37	0.62	0.89
3.6	36	3		2.100	1.656	0.141	2.58	4.68	4.09	1.07	1.11	1.39	0.71	0.99	1.61	0.76	1.00
		4		2.756	2.163	0.141	3.29	6.25	5.22	1.37	1.09	1.38	0.70	1.28	2.05	0.93	1.04
		5		3.382	2.654	0.141	3.95	7.84	6.24	1.65	1.08	1.36	0.70	1.56	2.45	1.00	1.07
4	40	3	5	2.359	1.852	0.157	3.59	6.41	5.69	1.49	1.23	1.55	0.79	1.23	2.01	0.96	1.09
		4		3.086	2.422	0.157	4.60	8.56	7.29	1.91	1.22	1.54	0.79	1.60	2.58	1.19	1.13
		5		3.791	2.976	0.156	5.53	10.74	8.76	2.30	1.21	1.52	0.78	1.96	3.10	1.39	1.17
4.5	45	3		2.659	2.088	0.177	5.17	9.12	8.20	2.14	1.40	1.76	0.89	1.58	2.58	1.24	1.22
		4		3.486	2.736	0.177	6.65	12.18	10.56	2.75	1.38	1.74	0.89	2.05	3.32	1.54	1.26
		5		4.292	3.369	0.176	8.04	15.2	12.74	3.33	1.37	1.72	0.88	2.51	4.00	1.81	1.30
		6		5.076	3.985	0.176	9.33	18.36	14.76	3.89	1.35	1.70	0.8	2.95	4.64	2.06	1.33
5	50	3	5.5	2.971	2.332	0.197	7.18	12.5	11.37	2.98	1.55	1.96	1.00	1.96	3.22	1.57	1.34
		4		3.897	3.059	0.197	9.26	16.69	14.70	3.82	1.54	1.94	0.99	2.56	4.16	1.96	1.38
		5		4.803	3.770	0.196	11.21	20.90	17.79	4.64	1.53	1.92	0.98	3.13	5.03	2.31	1.42
		6		5.688	4.465	0.196	13.05	25.14	20.68	5.42	1.52	1.91	0.98	3.68	5.85	2.63	1.46
5.6	56	3	6	3.343	2.624	0.221	10.19	17.56	16.14	4.24	1.75	2.20	1.13	2.48	4.08	2.02	1.48
		4		4.390	3.446	0.220	13.18	23.43	20.92	5.46	1.73	2.18	1.11	3.24	5.28	2.52	1.53
		5		5.415	4.251	0.220	16.02	29.33	25.42	6.61	1.72	2.17	1.10	3.97	6.42	2.98	1.57
		6		6.420	5.040	0.220	18.69	35.26	29.66	7.73	1.71	2.15	1.10	4.68	7.49	3.40	1.61
		7		7.404	5.812	0.219	21.23	41.23	33.63	8.82	1.69	2.13	1.09	5.36	8.49	3.80	1.64
		8		8.367	6.568	0.219	23.63	47.24	37.37	9.89	1.68	2.11	1.09	6.03	9.44	4.16	1.68

（续）

型号	截面尺寸/mm			截面面积/cm^2	理论质量/(kg/m)	外表面积/(m^2/m)	惯性矩/cm^4				惯性半径/cm			截面模数/cm^3			重心距离/cm
	b	d	r				I_x	I_{x1}	I_{x0}	I_{y0}	i_x	i_{x0}	i_{y0}	W_x	W_{x0}	W_{y0}	z_0
6	60	5	6.5	5.829	4.576	0.236	19.89	36.05	31.57	8.21	1.85	2.33	1.19	4.59	7.44	3.48	1.67
		6		6.914	5.427	0.235	23.25	43.33	36.89	9.60	1.83	2.31	1.18	5.41	8.70	3.98	1.70
		7		7.977	6.262	0.235	26.44	50.65	41.92	10.96	1.82	2.29	1.17	6.21	9.88	4.45	1.74
		8		9.020	7.081	0.235	29.47	58.02	46.66	12.28	1.81	2.27	1.17	6.98	11.00	4.88	1.78
6.3	63	4	7	4.978	3.907	0.248	19.03	33.35	30.17	7.89	1.96	2.46	1.26	4.13	6.78	3.29	1.70
		5		6.143	4.822	0.248	23.17	41.73	36.77	9.57	1.94	2.45	1.25	5.08	8.25	3.90	1.74
		6		7.288	5.721	0.247	27.12	50.14	43.03	11.20	1.93	2.43	1.24	6.00	9.66	4.46	1.78
		7		8.412	6.603	0.247	30.87	58.60	48.96	12.79	1.92	2.41	1.23	6.88	10.99	4.98	1.82
		8		9.515	7.469	0.247	34.46	67.11	54.56	14.33	1.90	2.40	1.23	7.75	12.25	5.47	1.85
		10		11.657	9.151	0.246	41.09	84.31	64.85	17.33	1.88	2.36	1.22	9.39	14.56	6.36	1.93
7	70	4	8	5.570	4.372	0.275	26.39	45.74	41.80	10.99	2.18	2.74	1.40	5.14	8.44	4.17	1.86
		5		6.875	5.397	0.275	32.21	57.21	51.08	13.31	2.16	2.73	1.39	6.32	10.32	4.95	1.91
		6		8.160	6.406	0.275	37.77	68.73	59.93	15.61	2.15	2.71	1.38	7.48	12.11	5.67	1.95
		7		9.424	7.398	0.275	43.09	80.29	68.35	17.82	2.14	2.69	1.38	8.59	13.81	6.34	1.99
		8		10.667	8.373	0.274	48.17	91.92	76.37	19.98	2.12	2.68	1.37	9.68	15.43	6.98	2.03
7.5	75	5	9	7.412	5.818	0.295	39.97	70.56	63.30	16.63	2.33	2.92	1.50	7.32	11.94	5.77	2.04
		6		8.797	6.905	0.294	46.95	84.55	74.38	19.51	2.31	2.90	1.49	8.64	14.02	6.67	2.07
		7		10.160	7.976	0.294	53.57	98.71	84.96	22.18	2.30	2.89	1.48	9.93	16.02	7.44	2.11
		8		11.503	9.030	0.294	59.96	112.97	95.07	24.86	2.28	2.88	1.47	11.20	17.93	8.19	2.15
		9		12.825	10.068	0.294	66.10	127.30	104.71	27.48	2.27	2.86	1.46	12.43	19.75	8.89	2.18
		10		14.126	11.089	0.293	71.98	141.71	113.92	30.05	2.26	2.84	1.46	13.64	21.48	9.56	2.22
8	80	5		7.912	6.211	0.315	48.79	85.36	77.33	20.25	2.48	3.13	1.60	8.34	13.67	6.66	2.15
		6		9.397	7.376	0.314	57.35	102.50	90.98	23.72	2.47	3.11	1.59	9.87	16.08	7.65	2.19
		7		10.860	8.525	0.314	65.58	119.70	104.07	27.09	2.46	3.10	1.58	11.37	18.40	8.58	2.23
		8		12.303	9.658	0.314	73.49	136.97	116.60	30.39	2.44	3.08	1.57	12.83	20.61	9.46	2.27
		9		13.725	10.774	0.314	81.11	154.31	128.60	33.61	2.43	3.06	1.56	14.25	22.73	10.29	2.31
		10		15.126	11.874	0.313	88.43	171.74	140.09	36.77	2.42	3.04	1.56	15.64	24.76	11.08	2.35
9	90	6	10	10.637	8.350	0.354	82.77	145.87	131.26	34.28	2.79	3.51	1.80	12.61	20.63	9.95	2.44
		7		12.301	9.656	0.354	94.83	170.30	150.47	39.18	2.78	3.50	1.78	14.54	23.64	11.19	2.48
		8		13.944	10.946	0.353	106.47	194.80	168.97	43.97	2.76	3.48	1.78	16.42	26.55	12.35	2.52
		9		15.566	12.219	0.353	117.72	219.39	186.77	48.66	2.75	3.46	1.77	18.27	29.35	13.46	2.56
		10		17.167	13.476	0.353	128.58	244.07	203.90	53.26	2.74	3.45	1.76	20.07	32.04	14.52	2.59
		12		20.306	15.940	0.352	149.22	293.76	236.21	62.22	2.71	3.41	1.75	23.57	37.12	16.49	2.67
10	100	6	12	11.932	9.366	0.393	114.95	200.07	181.98	47.92	3.10	3.90	2.00	15.68	25.74	12.69	2.67
		7		13.796	10.830	0.393	131.86	233.54	208.97	54.74	3.09	3.89	1.99	18.10	29.55	14.26	2.71
		8		15.638	12.276	0.393	148.24	267.09	235.07	61.41	3.08	3.88	1.98	20.47	33.24	15.75	2.76
		9		17.462	13.708	0.392	164.12	300.73	260.30	67.95	3.07	3.86	1.97	22.79	36.81	17.18	2.80
		10		19.261	15.120	0.392	179.51	334.48	284.68	74.35	3.05	3.84	1.96	25.06	40.26	18.54	2.84
		12		22.800	17.898	0.391	208.90	402.34	330.95	86.84	3.03	3.81	1.95	29.48	46.80	21.08	2.91
		14		26.256	20.611	0.391	236.53	470.75	374.06	99.00	3.00	3.77	1.94	33.73	52.90	23.44	2.99
		16		29.627	23.257	0.390	262.53	539.80	414.16	110.89	2.98	3.74	1.94	37.82	58.57	25.63	3.06
11	110	7	12	15.196	11.928	0.433	177.16	310.64	280.94	73.38	3.41	4.30	2.20	22.05	36.12	17.51	2.96
		8		17.238	13.535	0.433	199.46	355.20	316.49	82.42	3.40	4.28	2.19	24.95	40.69	19.39	3.01
		10		21.261	16.690	0.432	242.19	444.65	384.39	99.98	3.38	4.25	2.17	30.60	49.42	22.91	3.09
		12		25.200	19.782	0.431	282.55	534.60	448.17	116.93	3.35	4.22	2.15	36.05	57.62	26.15	3.16
		14		29.056	22.809	0.431	320.71	625.16	508.01	133.40	3.32	4.18	2.14	41.31	65.31	29.14	3.24

（续）

型号	截面尺寸/mm			截面面积/cm^2	理论质量/(kg/m)	外表面积/(m^2/m)	惯性矩/cm^4				惯性半径/cm			截面模数/cm^3			重心距离/cm
	b	d	r				I_x	I_{x1}	I_{x0}	I_{y0}	i_x	i_{x0}	i_{y0}	W_x	W_{x0}	W_{y0}	z_0
12.5	125	8	14	19.750	15.504	0.492	297.03	521.01	470.89	123.16	3.88	4.88	2.50	32.52	53.28	25.86	3.37
		10		24.373	19.133	0.491	361.67	651.93	573.89	149.46	3.85	4.85	2.48	39.97	64.93	30.62	3.45
		12		28.912	22.696	0.491	423.16	783.42	671.44	174.88	3.83	4.82	2.46	41.17	75.96	35.03	3.53
		14		33.367	26.193	0.490	481.65	915.61	763.73	199.57	3.80	4.78	2.45	54.16	86.41	39.13	3.61
		16		37.739	29.625	0.489	537.31	1048.62	850.98	223.65	3.77	4.75	2.43	60.93	96.28	42.96	3.68
14	140	10		27.373	21.488	0.551	514.65	915.11	817.27	212.04	4.34	5.46	2.78	50.58	82.56	39.20	3.82
		12		32.512	25.522	0.551	603.68	1099.28	958.79	248.57	4.31	5.43	2.76	59.80	96.85	45.02	3.90
		14		37.567	29.490	0.550	688.81	1284.22	1093.56	284.06	4.28	5.40	2.75	68.75	110.47	50.45	3.98
		16		42.539	33.393	0.549	770.24	1470.07	1221.81	318.67	4.26	5.36	2.74	77.46	123.42	55.55	4.06
15	150	8		23.750	18.644	0.592	521.37	899.55	827.49	215.25	4.69	5.90	3.01	47.36	78.02	38.14	3.99
		10		29.373	23.058	0.591	637.50	1125.09	1012.79	262.21	4.66	5.87	2.99	58.35	95.49	45.51	4.08
		12		34.912	27.406	0.591	748.85	1351.26	1189.97	307.73	4.63	5.84	2.97	69.04	112.19	52.38	4.15
		14		40.367	31.688	0.590	855.64	1578.25	1359.30	351.98	4.60	5.80	2.95	79.45	128.16	58.83	4.23
		15		43.063	33.804	0.590	907.39	1692.10	1441.09	373.69	4.59	5.78	2.95	84.56	135.87	61.90	4.27
		16		45.739	35.905	0.589	958.08	1806.21	1521.02	395.14	4.58	5.77	2.94	89.59	143.40	64.89	4.31
16	160	10	16	31.502	24.729	0.630	779.53	1365.33	1237.30	321.76	4.98	6.27	3.20	66.70	109.36	52.76	4.31
		12		37.441	29.391	0.630	916.58	1639.57	1455.68	377.49	4.95	6.24	3.18	78.98	128.67	60.74	4.39
		14		43.296	33.987	0.629	1048.36	1914.68	1665.02	431.70	4.92	6.20	3.16	90.95	147.17	68.24	4.47
		16		49.067	38.518	0.629	1175.08	2190.82	1865.57	484.59	4.89	6.17	3.14	102.63	164.89	75.31	4.55
18	180	12		42.241	33.159	0.710	1321.35	2332.80	2100.10	542.61	5.59	7.05	3.58	100.82	165.00	78.41	4.89
		14		48.896	38.383	0.709	1514.48	2723.48	2407.42	621.53	5.56	7.02	3.56	116.25	189.14	88.38	4.97
		16		55.467	43.542	0.709	1700.99	3115.29	2703.37	698.60	5.54	6.98	3.55	131.13	212.40	97.83	5.05
		18		61.055	48.634	0.708	1875.12	3502.43	2988.24	762.01	5.50	6.94	3.51	145.64	234.78	105.14	5.13
20	200	14	18	54.642	42.894	0.788	2103.55	3734.10	3343.26	863.83	6.20	7.82	3.98	144.70	236.40	111.82	5.46
		16		62.013	48.680	0.788	2366.15	4270.39	3760.89	971.41	6.18	7.79	3.96	163.65	265.93	123.96	5.54
		18		69.301	54.401	0.787	2620.64	4808.13	4164.54	1076.74	6.15	7.75	3.94	182.22	294.48	135.52	5.62
		20		76.505	60.056	0.787	2867.30	5347.51	4554.55	1180.04	6.12	7.72	3.93	200.42	322.06	146.55	5.69
		24		90.661	71.168	0.785	3338.25	6457.16	5294.97	1381.53	6.07	7.64	3.90	236.17	374.41	166.65	5.87
22	220	16	21	68.664	53.901	0.866	3187.36	5681.62	5063.73	1310.99	6.81	8.59	4.37	199.55	325.51	153.81	6.03
		18		76.752	60.250	0.866	3534.30	6395.93	5615.32	1453.27	6.79	8.55	4.35	222.37	360.97	168.29	6.11
		20		84.756	66.533	0.865	3871.49	7112.04	6150.08	1592.90	6.76	8.52	4.34	244.77	395.34	182.16	6.18
		22		92.676	72.751	0.865	4199.23	7830.19	6668.37	1730.10	6.73	8.48	4.32	266.78	428.66	195.45	6.26
		24		100.512	78.902	0.864	4517.83	8550.57	7170.55	1865.11	6.70	8.45	4.31	288.39	460.94	208.21	6.33
		26		108.264	84.987	0.864	4827.58	9273.39	7656.98	1998.17	6.68	8.41	4.30	309.62	492.21	220.49	6.41
25	250	18	24	87.842	68.956	0.985	5268.22	9379.11	8369.04	2167.41	7.74	9.76	4.97	290.12	473.42	224.03	6.84
		20		97.045	76.180	0.984	5779.34	10426.97	9181.94	2376.74	7.72	9.73	4.95	319.66	519.41	242.85	6.92
		24		115.201	90.433	0.983	6763.93	12529.74	10742.67	2785.19	7.66	9.66	4.92	377.34	607.70	278.38	7.07
		26		124.154	97.461	0.982	7238.08	13585.18	11491.33	2984.84	7.63	9.62	4.90	405.50	650.05	295.19	7.15
		28		133.022	104.422	0.982	7700.60	14643.62	12219.39	3181.81	7.61	9.58	4.89	433.22	691.23	311.42	7.22
		30		141.807	111.318	0.981	8151.80	15706.30	12927.26	3376.34	7.58	9.55	4.88	460.51	731.28	327.12	7.30
		32		150.508	118.149	0.981	8592.01	16770.41	13615.32	3568.71	7.56	9.51	4.87	487.39	770.20	342.33	7.37
		35		163.402	128.271	0.980	9232.44	18374.95	14611.16	3853.72	7.52	9.46	4.86	526.97	826.53	364.30	7.48

表 A-2　热轧不等边角钢（GB/T 706—2008）

符号意义：

B——长边宽度　　b——短边宽度

d——边厚度　　r——内圆弧半径

r_1——边端内圆弧半径　　y_0——重心距离

x_0——重心距离

型号	截面尺寸/mm				截面面积/cm²	理论质量/(kg/m)	外表面积/(m²/m)	惯性矩/cm⁴					惯性半径/cm			截面模数/cm³			tanα	重心距离/cm	
	B	b	d	r				I_x	I_{x1}	I_y	I_{y1}	I_u	i_x	i_y	i_u	W_x	W_y	W_u		x_0	y_0
2.5/1.6	25	16	3	3.5	1.162	0.912	0.080	0.70	1.56	0.22	0.43	0.14	0.78	0.44	0.34	0.43	0.19	0.16	0.392	0.42	0.86
			4		1.499	1.176	0.079	0.88	2.09	0.27	0.59	0.17	0.77	0.43	0.34	0.55	0.24	0.20	0.381	0.46	1.86
3.2/2	32	20	3		1.492	1.171	0.102	1.53	3.27	0.46	0.82	0.28	1.01	0.55	0.43	0.72	0.30	0.25	0.382	0.49	0.90
			4		1.939	1.522	0.101	1.93	4.37	0.57	1.12	0.35	1.00	0.54	0.42	0.93	0.39	0.32	0.374	0.53	1.08
4/2.5	40	25	3	4	1.890	1.484	0.127	3.08	5.39	0.93	1.59	0.56	1.28	0.70	0.54	1.15	0.49	0.40	0.385	0.59	1.12
			4		2.467	1.936	0.127	3.93	8.53	1.18	2.14	0.71	1.36	0.69	0.54	1.49	0.63	0.52	0.381	0.63	1.32
4.5/2.8	45	28	3	5	2.149	1.687	0.143	445	9.10	1.34	2.23	0.80	1.44	0.79	0.61	1.47	0.62	0.51	0.383	0.64	1.37
			4		2.806	2.203	0.143	5.69	12.13	1.70	3.00	1.02	1.42	0.78	0.60	1.91	0.80	0.66	0.380	0.68	1.47
5/3.2	50	32	3	5.5	2.431	1.908	0.161	6.24	12.49	2.02	3.31	1.20	1.60	0.91	0.70	1.84	0.82	0.68	0.404	0.73	1.51
			4		3.177	2.494	0.160	8.02	16.65	2.58	4.45	1.53	1.59	0.90	0.69	2.39	1.06	0.87	0.402	0.77	1.60
5.6/3.6	56	36	3	6	2.743	2.153	0.181	8.88	17.54	2.92	4.70	1.73	1.80	1.03	0.79	2.32	1.05	0.87	0.408	0.80	1.65
			4		3.590	2.818	0.180	11.45	23.39	3.76	6.33	2.23	1.79	1.02	0.79	3.03	1.37	1.13	0.408	0.85	1.78
			5		4.415	3.466	0.180	13.86	29.25	4.49	7.94	2.67	1.77	1.01	0.78	3.71	1.65	1.36	0.404	0.88	1.82
6.3/4	63	40	4	7	4.058	3.185	0.202	16.49	33.30	5.23	8.63	3.12	2.02	1.14	0.88	3.87	1.70	1.40	0.398	0.92	1.87
			5		4.993	3.920	0.202	20.02	41.63	6.31	10.86	3.76	2.00	1.12	0.87	4.74	2.07	1.71	0.396	0.95	2.04
			6		5.908	4.638	0.201	23.36	49.98	7.29	13.12	4.34	1.96	1.11	0.86	5.59	2.43	1.99	0.393	0.99	2.08
			7		6.802	5.339	0.201	26.53	58.07	8.24	15.47	4.97	1.98	1.10	0.86	6.40	2.78	2.29	0.389	1.03	2.12

（续）

型号	截面尺寸/mm				截面面积/cm^2	理论质量/(kg/m)	外表面积/(m^2/m)	惯性矩/cm^4					惯性半径/cm			截面模数/cm^3			tanα	重心距离/cm	
	B	b	d	r				I_x	I_{x1}	I_y	I_{y1}	I_u	i_x	i_y	i_u	W_x	W_y	W_u		x_0	y_0
7/4.5	70	45	4	7.5	4.547	3.570	0.226	23.17	45.92	7.55	12.26	4.40	2.26	1.29	0.98	4.86	2.17	1.77	0.410	1.02	2.15
			5		5.609	4.403	0.225	27.95	57.10	9.13	15.39	5.40	2.23	1.28	0.98	5.92	2.65	2.19	0.407	1.06	2.24
			6		6.647	5.218	0.225	32.54	68.35	10.62	18.58	6.35	2.21	1.26	0.98	6.95	3.12	2.59	0.404	1.09	2.28
			7		7.657	6.011	0.225	37.22	79.99	12.01	21.84	7.16	2.20	1.25	0.97	8.03	3.57	2.94	0.402	1.13	2.32
7.5/5	75	50	5	8	6.125	4.808	0.245	34.86	70.00	12.61	21.04	7.41	2.39	1.44	1.10	6.83	3.30	2.74	0.435	1.17	2.36
			6		7.260	5.699	0.245	41.12	84.30	14.70	25.37	8.54	2.38	1.42	1.08	8.12	3.88	3.19	0.435	1.21	2.40
			8		9.467	7.431	0.244	52.39	112.50	18.53	34.23	10.87	2.35	1.40	1.07	10.52	4.99	4.10	0.429	1.29	2.44
			10		11.590	9.098	0.244	62.71	140.80	21.96	43.43	13.10	2.33	1.38	1.06	12.79	6.04	4.99	0.423	1.36	2.52
8/5	80	50	5		6.375	5.005	0.255	41.96	85.21	12.82	21.06	7.66	2.56	1.42	1.10	7.78	3.32	2.74	0.388	1.14	2.60
			6		7.560	5.935	0.255	49.49	102.53	14.95	25.41	8.85	2.56	1.41	1.08	9.25	3.91	3.20	0.387	1.18	2.65
			7		8.724	6.848	0.255	56.16	119.33	46.96	29.82	10.18	2.54	1.39	1.08	10.58	4.48	3.70	0.384	1.21	2.69
			8		9.867	7.745	0.254	62.83	136.41	18.85	34.32	11.38	2.52	1.38	1.07	11.92	5.03	4.16	0.381	1.25	2.73
9/5.6	90	56	5	9	7.212	5.661	0.287	60.45	121.32	18.32	29.53	10.98	2.90	1.59	1.23	9.92	4.21	3.49	0.385	1.25	2.91
			6		8.557	6.717	0.286	71.03	145.59	21.42	35.58	12.90	2.88	1.58	1.23	11.74	4.96	4.13	0.384	1.29	2.95
			7		9.880	7.756	0.286	81.01	169.60	24.36	41.71	14.67	2.86	1.57	1.22	13.49	5.70	4.72	0.382	1.33	3.00
			8		11.183	8.779	0.286	91.03	194.17	27.15	47.93	16.34	2.85	1.56	1.21	15.27	6.41	5.29	0.380	1.36	3.04
10/6.3	10	63	6	10	9.617	7.550	0.320	99.06	199.71	30.94	50.50	18.42	3.21	1.79	1.38	14.64	6.35	5.25	0.394	1.43	3.24
			7		11.111	8.722	0.320	113.45	233.00	35.26	59.14	21.00	3.20	1.78	1.38	16.88	7.29	6.02	0.394	1.47	3.28
			8		12.534	9.878	0.319	127.37	266.32	39.39	67.88	23.50	3.18	1.77	1.39	19.08	8.21	6.78	0.391	1.50	3.32
			10		15.467	12.142	0.319	153.81	333.06	47.12	85.73	28.33	3.15	1.74	1.35	23.32	9.98	8.24	0.387	1.58	3.40
10/8	100	80	6		10.637	8.350	0.354	107.04	199.83	61.24	102.68	31.65	3.17	2.40	1.72	15.19	10.16	8.37	0.627	1.97	2.95
			7		12.301	9.656	0.354	122.73	233.20	70.08	119.98	36.17	3.16	2.39	1.72	17.52	11.71	9.60	0.626	2.01	3.0
			8		13.944	10.946	0.353	137.92	266.61	78.58	137.37	40.58	3.14	2.37	1.71	19.81	13.21	10.80	0.625	2.05	3.04
			10		17.167	13.476	0.353	166.87	333.63	94.65	172.48	49.10	3.12	2.35	1.69	24.24	16.12	13.12	0.622	2.13	3.12
11/7	110	70	6		10.637	8.350	0.354	133.37	265.78	42.92	69.08	25.36	3.54	2.01	1.54	17.85	7.90	6.53	0.403	1.57	3.53
			7		12.301	9.656	0.354	153.00	310.07	49.01	80.82	28.95	3.53	2.00	1.53	20.60	9.09	7.50	0.402	1.61	3.57
			8		13.944	10.946	0.353	172.04	354.39	54.87	92.70	32.45	3.51	1.98	1.53	23.30	10.25	8.45	0.401	1.65	3.62
			10		17.167	13.476	0.353	208.39	443.13	65.88	116.83	39.20	3.48	1.96	1.51	28.54	12.48	10.29	0.397	1.72	3.70
12.5/8	125	80	7	11	14.096	11.066	0.403	227.98	454.99	74.42	120.32	43.81	4.02	2.30	1.76	26.86	12.01	9.92	0.408	1.80	4.01
			8		15.989	12.551	0.403	256.77	519.99	83.49	137.85	49.15	4.01	2.28	1.75	30.41	13.56	11.18	0.407	1.84	4.06

（续）

型号	截面尺寸/mm				截面面积/cm^2	理论质量/(kg/m)	外表面积/(m^2/m)	惯性矩/cm^4					惯性半径/cm			截面模数/cm^3			tanα	重心距离/cm	
	B	b	d	r				I_x	I_{x1}	I_y	I_{y1}	I_u	i_x	i_y	i_u	W_x	W_y	W_u		x_0	y_0
12.5/8	125	80	10	11	19.712	15.474	0.402	312.04	650.09	100.67	173.40	59.45	3.98	2.26	1.74	37.33	16.56	13.64	0.404	1.92	4.14
			12		23.351	18.330	0.402	364.41	780.39	116.67	209.67	69.35	3.95	2.24	1.72	44.01	19.43	16.01	0.400	2.00	4.22
14/9	140	90	8	12	18.038	14.160	0.453	365.64	730.53	120.69	195.79	70.83	4.50	2.59	1.98	38.48	17.34	14.31	0.411	2.04	4.50
			10		22.261	17.475	0.452	445.50	913.20	140.03	245.92	85.82	4.47	2.56	1.96	47.31	21.22	17.48	0.409	2.12	4.58
			12		26.400	20.724	0.451	521.59	1096.09	169.79	296.89	100.21	4.44	2.54	1.95	55.87	24.95	20.54	0.406	2.19	4.66
			14		30.456	23.908	0.451	594.10	1279.26	192.10	348.82	114.13	4.42	2.51	1.94	64.18	28.54	23.52	0.403	2.27	4.74
15/9	150	90	8		18.839	14.788	0.473	442.05	898.35	122.80	195.96	74.14	4.84	2.55	1.98	43.86	17.47	14.48	0.364	1.97	4.92
			10		23.261	18.260	0.472	539.24	1122.85	148.62	246.26	89.86	4.81	2.53	1.97	53.97	21.38	17.69	0.362	2.05	5.01
			12		27.600	21.666	0.471	632.08	1347.50	172.85	297.46	104.95	4.79	2.50	1.95	63.79	25.14	20.80	0.359	2.12	5.09
			14		31.856	25.007	0.471	720.77	1572.38	195.62	349.74	119.53	4.76	2.48	1.94	73.33	28.77	23.84	0.356	2.20	5.17
			15		33.952	26.652	0.471	763.62	1684.93	206.50	376.33	126.67	4.74	2.47	1.93	77.99	30.53	25.33	0.354	2.24	5.21
			16		36.027	28.281	0.470	805.51	1797.55	217.07	403.24	133.72	4.73	2.45	1.93	82.60	32.27	26.82	0.352	2.27	5.25
16/10	160	100	10	13	25.315	19.872	0.512	668.69	1362.89	205.03	336.59	121.74	5.14	2.85	2.19	62.13	26.56	21.92	0.390	2.28	5.24
			12		30.054	23.592	0.511	784.91	1635.56	239.06	405.94	142.33	5.11	2.82	2.17	73.49	31.28	25.79	0.388	2.36	5.32
			14		34.709	27.247	0.510	896.30	1908.50	271.20	476.42	162.23	5.08	2.80	2.16	84.56	35.83	29.56	0.385	0.43	5.40
			16		29.281	30.835	0.510	1003.04	2181.79	301.60	548.22	182.57	5.05	2.77	2.16	95.33	40.24	33.44	0.382	2.51	5.48
18/11	180	110	10	14	28.373	22.273	0.571	956.25	1940.40	278.11	447.22	166.50	5.80	3.13	2.42	78.96	32.49	26.88	0.376	2.44	5.89
			12		33.712	26.440	0.571	1124.72	2328.38	325.03	538.94	194.87	5.78	3.10	2.40	93.53	38.32	31.66	0.374	2.52	5.98
			14		38.967	30.589	0.570	1286.91	2716.60	369.55	631.95	222.30	5.75	3.08	2.39	107.76	43.97	36.32	0.372	2.59	6.06
			16		44.139	34.649	0.569	1443.06	3105.15	411.85	726.46	248.94	5.72	3.06	2.38	121.64	49.44	40.87	0.369	2.67	6.14
20/12.5	200	125	12		37.912	29.761	0.641	1570.90	3193.85	483.16	787.74	285.79	6.44	3.57	2.74	116.73	49.99	41.23	0.392	2.83	6.54
			14		43.687	34.436	0.640	1800.97	3726.17	550.83	922.47	326.58	6.41	3.53	2.73	134.65	57.44	47.34	0.390	2.91	6.62
			16		49.739	39.045	0.639	2023.35	4258.88	615.44	1058.86	366.21	6.38	3.52	2.71	152.18	64.89	53.32	0.388	2.99	6.70
			18		55.526	43.588	0.639	2238.30	4792.00	677.19	1197.13	404.83	6.35	3.49	2.70	169.33	71.74	59.18	0.385	3.06	6.78

表 A-3 热轧工字钢（GB/T 706—2008）

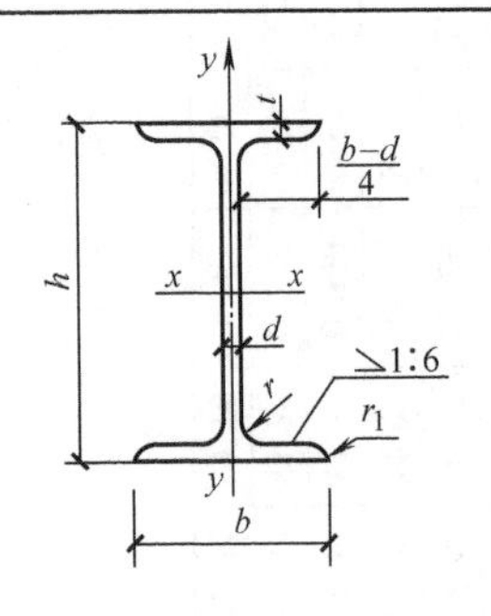

符号意义：

h——高度 t——平均腿厚度

b——腿宽度 r——内圆弧半径

d——腰厚度 r_1——腿端圆弧半径

型号	截面尺寸/mm						截面面积	理论质量	惯性矩/cm^4		惯性半径/cm		截面模数/cm^3	
	h	b	d	t	r	r_1	/cm^2	/（kg/m）	I_x	I_y	i_x	i_y	W_x	W_y
10	100	68	4.5	7.6	6.5	3.3	14.345	11.261	245	33.0	4.14	1.52	49.0	9.72
12	120	74	5.0	8.4	7.0	3.5	17.818	13.987	436	46.9	4.95	1.62	72.7	12.7
12.6	126	74	5.0	8.4	7.0	3.5	18.118	14.223	488	46.9	5.20	1.61	77.5	12.7
14	140	80	5.5	9.1	7.5	3.8	21.516	16.890	712	64.4	5.76	1.73	102	16.1
16	160	88	6.0	9.9	8.0	4.0	26.131	20.513	1130	93.1	6.58	1.89	141	21.2
18	180	94	6.5	10.7	8.5	4.3	30.756	24.143	1660	122	7.36	2.00	185	26.0
20a	200	100	7.0	11.4	9.0	4.5	35.578	27.929	2370	158	8.15	2.12	237	31.5
20b		102	9.0				39.578	31.069	2500	169	7.96	2.06	250	33.1
22a	220	110	7.5	12.3	9.5	4.8	42.128	33.070	3400	225	8.99	2.31	309	40.9
22b		112	9.5				46.528	36.524	3570	239	8.78	2.27	325	42.7
24a	240	116	8.0	13.0	10.0	5.0	47.741	37.477	4570	280	9.77	2.42	381	48.4
24b		118	10.0				52.541	41.245	4800	297	9.57	2.38	400	50.4
25a	250	116	8.0				48.541	38.105	5020	280	10.2	2.40	402	48.3
25b		118	10.0				53.541	42.030	5280	309	9.94	2.40	423	52.4
27a	270	122	8.5	13.7	10.5	5.3	54.554	42.825	6550	345	10.9	2.51	485	56.6
27b		124	10.5				59.954	47.064	6870	366	10.7	2.47	509	58.9
28a	280	122	8.5				55.404	43.492	7110	345	11.3	2.50	508	56.6
28b		124	10.5				61.004	47.888	7480	379	11.1	2.49	534	61.2
30a	300	126	9.0	14.4	11.0	5.5	61.254	48.084	8950	400	12.1	2.55	597	63.5
30b		128	11.0				67.254	52.794	9400	422	11.8	2.50	627	65.9
30c		130	13.0				73.254	57.504	9850	445	11.6	2.46	657	68.5
32a	320	130	9.5	15.0	11.5	5.8	67.156	52.717	11100	460	12.8	2.62	692	70.8
32b		132	11.5				73.556	57.741	11600	502	12.6	2.61	726	76.0
32c		134	13.5				79.956	62.765	12200	544	12.3	2.61	760	81.2
36a	360	136	10.0	15.8	12.0	6.0	76.480	60.037	15800	552	14.4	2.69	875	81.2
36b		138	12.0				83.680	65.689	16500	582	14.1	2.64	919	84.3
36c		140	14.0				90.880	71.341	17300	612	13.8	2.60	962	87.4
40a	400	142	10.5	16.5	12.5	6.3	86.112	67.598	21700	660	15.9	2.77	1090	93.2
40b		144	12.5				94.112	73.878	22800	692	15.6	2.71	1140	96.2
40c		146	14.5				102.112	80.158	23900	727	15.2	2.65	1190	99.6
45a	450	150	11.5	18.0	13.5	6.8	102.446	80.420	32200	855	17.7	2.89	1430	114
45b		152	13.5				111.446	87.485	33800	894	17.4	2.84	1500	118
45c		154	15.5				120.446	94.550	35300	938	17.1	2.79	1570	122
50a	500	158	12.0	20.0	14.0	7.0	119.304	93.654	46500	1120	19.7	3.07	1860	142
50b		160	14.0				129.304	101.504	48600	1170	19.4	3.01	1940	146
50c		162	16.0				139.304	109.354	50600	1220	19.0	2.96	2080	151

（续）

型号	截面尺寸/mm						截面面积/cm²	理论质量/(kg/m)	惯性矩/cm⁴		惯性半径/cm		截面模数/cm³	
	h	b	d	t	r	r_1			I_x	I_y	i_x	i_y	W_x	W_y
55a	550	166	12.5	21.0	14.5	7.3	134.185	105.335	62900	1370	21.6	3.19	2290	164
55b		168	14.5				145.185	113.970	65600	1420	21.2	3.14	2390	170
55c		170	16.5				156.185	122.605	68400	1480	20.9	3.08	2490	175
56a	560	166	12.5				135.435	106.316	65600	1370	22.0	3.18	2340	165
56b		168	14.5				146.635	115.108	68500	1490	21.6	3.16	2450	174
56c		170	16.5				157.835	123.900	71400	1560	21.3	3.16	2550	183
63a	630	176	13.0	22.0	15.0	7.5	154.658	121.407	93900	1700	24.5	3.31	2980	193
63b		178	15.0				167.258	131.298	98100	1810	24.2	3.29	3160	204
63c		180	17.0				179.858	141.189	102000	1920	23.8	3.27	3300	214

表 A-4　热轧槽钢（GB/T 706—2008）

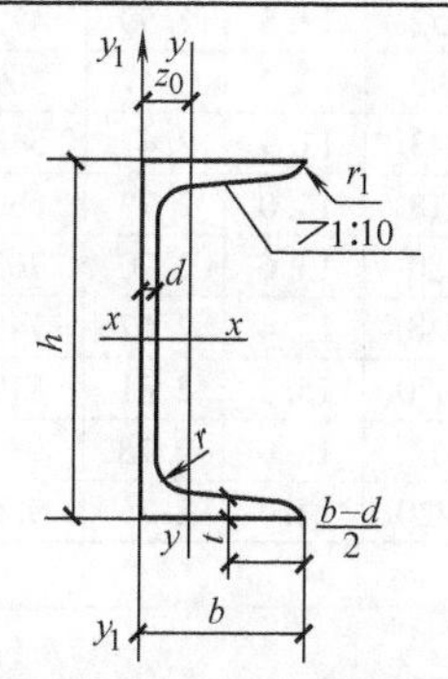

符号意义：

h——高度

b——腿宽度

d——腰厚度

t——平均腿厚度

r——内圆弧半径

r_1——腿端圆弧半径

z_0——yy 轴与 y_1y_1 轴间距

型号	截面尺寸/mm						截面面积/cm²	理论质量/(kg/m)	惯性矩/cm⁴			惯性半径/cm		截面模数/cm³		重心距离/cm
	h	b	d	t	r	r_1			I_x	I_y	I_{y1}	i_x	i_y	W_x	W_y	z_0
5	50	37	4.5	7.0	7.0	3.5	6.928	5.438	26.0	8.30	20.9	1.94	1.10	10.4	3.55	1.35
6.3	63	40	4.8	7.5	7.5	3.8	8.451	6.634	50.8	11.9	28.4	2.45	1.19	161.1	4.50	1.36
6.5	65	40	4.3	7.5	7.5	3.8	8.547	6.709	55.2	12.0	28.3	2.54	1.19	17.0	4.59	1.38
8	80	43	5.0	8.0	8.0	4.0	10.248	8.045	101	16.6	37.4	3.15	1.27	25.3	5.79	1.43
10	100	48	5.3	8.5	8.5	4.2	12.748	10.007	198	25.6	54.9	3.95	1.41	39.7	7.80	1.52
12	120	53	5.5	9.0	9.0	4.5	15.362	12.059	346	37.4	77.7	4.75	1.56	57.7	10.2	1.62
12.6	126	53	5.5	9.0	9.0	4.5	15.692	12.318	391	38.0	77.1	4.95	1.57	62.1	10.2	1.59
14a	140	58	6.0	9.5	9.5	4.8	18.516	14.535	564	53.2	107	5.52	1.70	80.5	13.0	1.71
14b		60	8.0				21.316	16.733	609	61.1	121	5.35	1.69	87.1	14.1	1.67
16a	160	63	6.5	10.0	10.0	5.0	21.962	17.24	866	73.3	144	6.28	1.83	108	16.3	1.80
16b		65	8.5				25.162	19.752	935	83.4	161	6.10	1.82	117	17.6	1.75
18a	180	68	7.0	10.5	10.5	5.2	25.699	20.174	1270	98.6	190	7.04	1.96	141	20.0	1.88
18b		70	9.0				29.299	23.000	1370	111	210	6.84	1.95	152	21.5	1.84
20a	200	73	7.0	11.0	11.0	5.5	28.837	22.637	1780	128	244	7.86	2.11	178	24.2	2.01
20b		75	9.0				32.837	25.777	1910	144	268	7.64	2.09	191	25.9	1.95
22a	220	77	7.0	11.5	11.5	5.8	31.846	24.999	2390	158	298	8.67	2.23	218	28.2	2.10
22b		79	9.0				36.246	28.453	2570	176	326	8.42	2.21	234	30.1	2.03
24a	240	78	7.0	12.0	12.0	6.0	34.217	26.860	3050	174	325	9.45	2.25	254	30.5	2.10
24b		80	9.0				39.017	30.628	3280	194	355	9.17	2.23	274	32.5	2.03
24c		82	11.0				43.817	34.396	3510	213	388	8.96	2.21	293	34.4	2.00
25a	250	78	7.0				34.917	27.410	3370	176	322	9.82	2.24	270	30.6	2.07
25b		80	9.0				39.917	31.335	3530	196	353	9.41	2.22	282	32.7	1.98
25c		82	11.0				44.917	35.260	3690	218	384	9.07	2.21	295	35.9	1.92

（续）

型号	截面尺寸/mm						截面面积/cm²	理论质量/(kg/m)	惯性矩/cm⁴			惯性半径/cm		截面模数/cm³		重心距离/cm
	h	b	d	t	r	r_1			I_x	I_y	I_{y1}	i_x	i_y	W_x	W_y	z_0
27a	270	82	7.5	12.5	12.5	6.2	39.284	30.838	4360	216	393	10.5	2.34	323	35.5	2.13
27b		84	9.5				44.684	35.077	4690	239	428	10.3	2.31	347	37.7	2.06
27c		86	11.5				50.084	39.316	5020	261	467	10.1	2.28	372	39.8	2.03
28a	280	82	7.5				40.034	31.427	4760	218	388	10.9	2.33	340	35.7	2.10
28b		84	9.5				45.634	25.823	5130	242	428	10.6	2.30	366	37.9	2.02
28c		86	11.5				51.234	40.219	5500	268	463	10.4	2.29	393	40.3	1.95
30a	300	85	7.5	13.5	13.5	6.8	43.902	34.463	6050	260	467	11.7	2.43	403	41.1	2.17
30b		87	9.5				49.902	39.173	6500	289	515	11.4	2.41	433	44.0	2.13
30c		89	11.5				55.902	43.883	6950	316	560	11.2	2.38	463	46.4	2.09
32a	320	88	8.0	14.0	14.0	7.0	48.513	38.083	7600	305	552	12.5	2.50	475	46.5	2.24
32b		90	10.0				54.913	43.107	8140	336	593	12.2	2.47	509	49.2	2.16
32c		92	12.0				61.313	48.131	8690	374	643	11.9	2.47	543	52.6	2.09
36a	360	96	9.0	16.0	16.0	8.0	60.910	47.814	11900	455	818	14.0	2.73	660	63.5	2.44
36b		98	11.0				68.110	53.466	12700	497	880	13.6	2.70	703	66.9	2.37
36c		100	13.0				75.310	59.118	13400	536	948	13.4	2.67	746	70.0	2.34
40a	400	100	10.5	18.0	18.0	9.0	75.068	58.928	17600	592	1070	15.3	2.81	879	78.8	2.49
40b		102	12.5				83.068	65.208	18600	640	114	15.0	2.78	932	82.5	2.44
40c		104	14.5				91.068	71.488	19700	688	1220	14.7	2.75	986	86.2	2.42

附录B　部分习题参考答案

第二章

2-1　$F_R = 100N$（四象限）　$\alpha = 52°$

2-2　$F_R = 375N$（四象限）　$\alpha = 52°$

2-3　$F_{NA} = 7.2kN$　$F_{NB} = 8.9kN$

2-4　$F_{1x} = -70.7kN$　$F_{2x} = -86.6kN$　$F_{3x} = 173.2kN$　$F_{4x} = 0$

　　$F_{1y} = 70.7kN$　$F_{2y} = -50kN$　$F_{3y} = -100kN$　$F_{4y} = 200kN$

2-5　$F_{RA} = 21.2kN$（↗）　$F_{RB} = 21.2kN$（↖）

2-6　$F_{RA} = 141.4kN$（↙）　$F_{RB} = 141.4kN$（↖）

2-7　a）$F_{AB} = 11.5kN$（拉）　$F_{AC} = -23.1kN$（压）

　　b）$F_{AB} = 17.32kN$（拉）　$F_{AC} = -10kN$（压）

　　c）$F_{AB} = 20kN$（拉）　$F_{AC} = 20kN$（拉）

第三章

3-1　f）$M_O(\boldsymbol{F}) = -F\sqrt{a^2 + l^2}\sin\beta$

3-2　$M_A(\boldsymbol{F}) = 155.9kN \cdot m$（倾覆力矩）

3-3　$M_R = 25N \cdot m$（↻）

3-4 a) $F_{RA}=F/3$ (↓)　　$F_{RB}=F/3$ (↑)

b) $F_{RA}=F/2$ (↑)　　$F_{RB}=F/2$ (↓)

c) $F_{RA}=\frac{\sqrt{2}}{2}F$ (↘)　　$F_{RB}=\frac{\sqrt{2}}{2}F$ (↖)

d) $F_{RA}=F$ (↑)　　$F_{RB}=F$ (↓)

e) $M_A=Fa$ (↻)

f) $F_{RA}=F/2$ (↓)　　$F_{RB}=F/2$ (↑)

第四章

4-1 $F_R'=45.4\text{kN}$　　$M_O=54.8\text{kN}\cdot\text{m}$

4-2 $F_R=18\text{kN}$(↓)　　$d=0.622\text{m}$(与 W_1 距离)

4-3 a) $F_{Ax}=18\text{kN}$ (→)　　$F_{Ay}=21\text{kN}$ (↑)　　$F_{By}=15\text{kN}$ (↑)

b) $F_{Ax}=7.07\text{kN}$ (→)　　$F_{Ay}=12.07\text{kN}$ (↑)

$M_A=38.3\text{kN}\cdot\text{m}$ (↻)

c) $F_{Ax}=1\text{kN}$ (←)　　$F_{Ay}=1.24\text{kN}$ (↓)　　$F_{By}=2.97\text{kN}$ (↑)

4-4 a) $F_{Ax}=0$　　$F_{Ay}=12\text{kN}$ (↑)　　$M_A=10\text{kN}\cdot\text{m}$ (↻)

b) $F_{Ax}=24\text{kN}$ (←)　　$F_{Ay}=12\text{kN}$ (↑)　　$F_{By}=28\text{kN}$ (↑)

c) $F_{Ax}=4\text{kN}$ (←)　　$F_{Ay}=1\text{kN}$ (↑)　　$F_{By}=7\text{kN}$ (↑)

d) $F_{Ax}=80\text{kN}$ (→)　　$F_{Ay}=37.5\text{kN}$ (↑)　　$F_{By}=37.5\text{kN}$ (↓)

4-5 $F_{Ax}=32\text{kN}$ (→)　　$F_{Ay}=24\text{kN}$ (↑)　　$F_C=40\text{kN}$ (↘)

4-6 $F_{Ax}=49.2\text{kN}$ (→)　　$F_{Ay}=55.2\text{kN}$ (↑)　　$F_T=50.9\text{kN}$ (↙)

4-7 $F_a=41.4\text{kN}$ (↑)　　$F_b=56.5\text{kN}$ (↘)　　$F_c=67.9\text{kN}$ (↑)

4-8 $F_{Ay}=105\text{kN}$ (↑)　　$F_{By}=95\text{kN}$ (↑)

4-9 a) $F_{Ay}=50\text{kN}$ (↑)　　$F_{By}=70\text{kN}$ (↑)

b) $F_{Ay}=8\text{kN}$ (↑)　　$M_A=3\text{kN}\cdot\text{m}$ (↻)

c) $F_{Ay}=6\text{kN}$ (↑)　　$F_{By}=14\text{kN}$ (↑)

d) $F_{Ay}=16\text{kN}$ (↑)　　$F_{By}=12\text{kN}$ (↑)

4-10 a) $F_{Ay}=1\text{kN}$ (↓)　　$F_{By}=3\text{kN}$ (↑)　　$F_{Ey}=2\text{kN}$ (↑)

b) $F_{Ay}=14\text{kN}$ (↓)　　$M_A=48\text{kN}\cdot\text{m}$ (↺)　　$F_{Dy}=20\text{kN}$ (↑)

4-11 a) $F_{Ax}=5\text{kN}$ (←)　　$F_{Ay}=10\text{kN}$ (↑)　　$M_A=39\text{kN}\cdot\text{m}$ (↻)

$F_{By}=2\text{kN}$ (↑)

b) $F_{Ax}=2.5\text{kN}$ (←)　　$F_{Ay}=5\text{kN}$ (↓)　　$F_{Bx}=2.5\text{kN}$ (←)

$F_{By}=25\text{kN}$ (↑)

4-12 a) $F_{1x}=0$　　$F_{1y}=0$　　$F_{1z}=30\text{N}$

$F_{2x}=-10.29\text{N}$　　$F_{2y}=17.15\text{N}$　　$F_{2z}=0$

$F_{3x}=4.24\text{N}$　　$F_{3y}=7.07\text{N}$　　$F_{3z}=5.66\text{N}$

b) $F_{1x}=0$　　$F_{1y}=14.14\text{N}$　　$F_{1z}=14.14\text{N}$

$F_{2x}=7.5\text{N}$ $F_{2y}=13\text{N}$ $F_{2z}=0$

$F_{3x}=12.5\text{N}$ $F_{3y}=0$ $F_{3z}=21.65\text{N}$

4-13 $M_x(\boldsymbol{F})=-40\text{kN}\cdot\text{m}$ $M_y(\boldsymbol{F})=-60\text{kN}\cdot\text{m}$ $M_z(\boldsymbol{F})=0$

第六章

6-1 a) $\frac{2}{3}R^3$

b) $3.25\times10^6\text{mm}^3$

c) $2.69\times10^6\text{mm}^3$

6-2 $y_C=275.13\text{mm}$ $S_z=-19.97\times10^6\text{mm}^3$

6-3 $\Delta=74.07\%$

6-4 a) $I_z=\frac{BH^3-bh^3}{12}$ $I_y=\frac{B^3H-b^3h}{12}$

b) $I_z=105.4\times10^5\text{mm}^4$ $I_y=1221\times10^5\text{mm}^4$

c) $I_z=0.052h^4$ $I_y=0.014h^4$

6-5 a) $I_z=\left(\frac{1}{8}-\frac{8}{9\pi^2}\right)\pi R^4$ $I_y=\frac{\pi R^4}{8}$

b) $I_z=11.35\times10^7\text{mm}^4$ $I_y=3.54\times10^7\text{mm}^4$

c) $I_z=10.19\times10^7\text{mm}^4$ $I_y=5.36\times10^7\text{mm}^4$

6-6 $a=120.5\text{mm}$

6-7 a) $I_z=3.59\times10^6\text{mm}^4$

b) $I_z=58.37\times10^6\text{mm}^4$

第七章

7-1 a) $F_{\text{N1}}=-30\text{kN}$ $F_{\text{N2}}=20\text{kN}$

b) $F_{\text{N1}}=18\text{kN}$ $F_{\text{N2}}=0$ $F_{\text{N3}}=-8\text{kN}$

c) $F_{\text{N1}}=-3F_{\text{P}}$ $F_{\text{N2}}=-F_{\text{P}}$

d) $F_{\text{N1}}=-25\text{kN}$ $F_{\text{N2}}=45\text{kN}$ $F_{\text{N3}}=20\text{kN}$

7-3 a) $F_{\text{Nmax}}=-F_{\text{P}}-HA\gamma$

b) $F_{\text{Nmax}}=F_{\text{P}}+2HA\gamma$

7-4 122.3MPa

7-5 127.4MPa，-66.7MPa

7-6 $\sigma_{AB}=-10\text{MPa}$，$\sigma_{BC}=0$，$\sigma_{CD}=-15\text{MPa}$，$\Delta l=-0.125\text{mm}$

7-7 $\sigma=120\text{MPa}$，$F_{\text{P}}=9.425\text{kN}$

7-8 $\sigma=8.44\text{MPa}$

7-9 (1) $d=12.6\text{mm}$ (2) $A=250\text{mm}^2$

7-10 2∟20×3

7-11 $W=30\text{kN}$

7-12 80kN

7-13　$[F_P] = 84\text{kN}$

第八章

8-1　$\tau = 50.9\text{MPa}$

8-2　$\tau = 124.4\text{MPa}$　$\sigma_c = 195.31\text{MPa}$　$\sigma = 74.4\text{MPa}$

8-3　$t \geqslant 100\text{mm}$（若精确计算取 $t \geqslant 96\text{mm}$）

8-4　$F_P = 56\text{kN}$

第九章

9-1　a）$T_{AB} = 2\text{kN}\cdot\text{m}$，$T_{BC} = -3\text{kN}\cdot\text{m}$

b）$T_{AB} = 2\text{kN}\cdot\text{m}$，$T_{BC} = 3\text{kN}\cdot\text{m}$，$T_{CD} = -1\text{kN}\cdot\text{m}$

c）$T_{AC} = 3\text{kN}\cdot\text{m}$，$T_{CD} = 1\text{kN}\cdot\text{m}$

d）$T_{AB} = -1\text{kN}\cdot\text{m}$，$T_{BC} = 3.5\text{kN}\cdot\text{m}$，$T_{CD} = 2\text{kN}\cdot\text{m}$

9-3　$\tau_A = 41.8\text{MPa}$　$\gamma_A = 0.523 \times 10^{-3}\text{rad}$　$\tau_{max} = 41.8\text{MPa}$，

$\tau_{min} = 16.73\text{MPa}$

9-4　$\tau_{max} = 35.4\text{MPa}$　$\varphi_{AC} = 6.58 \times 10^{-3}\text{rad}$

9-6　$D_1 = 54\text{mm}$　$d = 68\text{mm}$　$D = 76\text{mm}$

9-7　$\tau_{max} = 47.7\text{MPa} < [\tau]$　$\theta_{max} = 1.7°/\text{m} < [\theta]$

9-8　取 $d = 57\text{mm}$

9-9　$\tau_{max} = 4.33 \times 10^{-3}\text{MPa}$

第十章

10-1　a）$F_{Q1} = F_P$　$M_1 = -F_P a$　$F_{Q2} = 0$　$M_2 = 0$

b）$F_{Q1} = 0$　$M_1 = M$　$F_{Q2} = 0$　$M_2 = M$

c）$F_{Q1} = 0.5\text{kN}$　$M_1 = 17\text{kN}\cdot\text{m}$　$F_{Q2} = 0.5\text{kN}$

$M_2 = 19\text{kN}\cdot\text{m}$

d）$F_{Q1} = -8\text{kN}$　$M_1 = 0$　$F_{Q2} = -8/3\text{kN}$　$M_2 = 0$

e）$F_{Q1} = 5\text{kN}$　$M_1 = 10\text{kN}\cdot\text{m}$　$F_{Q2} = -1\text{kN}$　$M_2 = 7\text{kN}\cdot\text{m}$

$F_{Q3} = -1\text{kN}$　$M_3 = 10\text{kN}\cdot\text{m}$

f）$F_{Q1} = 81/4\text{kN}$　$M_1 = \frac{79}{2}\text{kN}\cdot\text{m}$　$F_{Q2} = -79/4\text{kN}$

$M_2 = 0$

10-2　a）$F_{Q1} = 4\text{kN}$　$M_1 = -2.4\text{kN}\cdot\text{m}$　$F_{Q2} = 4\text{kN}$　$M_2 = 0$

b）$F_{Q1} = 8\text{kN}$　$M_1 = 10\text{kN}\cdot\text{m}$

$F_{Q2} = -8\text{kN}$　$M_2 = 10\text{kN}\cdot\text{m}$

c）$F_{Q1} = \frac{26}{3}\text{kN}$　$M_1 = 0$　$F_{Q2} = 0$　$M_2 = 8\text{kN}\cdot\text{m}$

d）$F_{Q1} = -5\text{kN}$　$M_1 = 10\text{kN}\cdot\text{m}$

$F_{Q2} = 20\text{kN}$　$M_2 = -20\text{kN}\cdot\text{m}$

e）$F_{Q1}=1.5\text{kN}$　　$M_1=-0.375\text{kN}\cdot\text{m}$

$F_{Q2}=1.5\text{kN}$　　$M_2=-1.125\text{kN}\cdot\text{m}$

f）$F_{Q1}=80\text{kN}$　　$M_1=-20\text{kN}\cdot\text{m}$　　$F_{Q2}=80\text{kN}$

$M_2=-80\text{kN}\cdot\text{m}$　　$F_{Q3}=80\text{kN}$　　$M_3=0$

10-3　a）$F_Q=4/3\text{kN}$　　$M_A^R=-8\text{kN}\cdot\text{m}$

b）$F_{QA}^R=-100\text{kN}$　　$M_C=-100\text{kN}\cdot\text{m}$

c）$F_{QA}^R=10\text{kN}$　　$M_A=-12\text{kN}\cdot\text{m}$

d）$F_{QA}^R=40\text{kN}$　　$M_A=-2\text{kN}\cdot\text{m}$　　$M_{AB}^M=38\text{kN}\cdot\text{m}$

10-4　a）$F_{QA}^R=\dfrac{35}{3}\text{kN}$　　$M_B=-10\text{kN}\cdot\text{m}$　　$M_C=\dfrac{70}{3}\text{kN}\cdot\text{m}$

b）$F_{QB}^L=3\text{kN}$　　$M_C=2\text{kN}\cdot\text{m}$

c）$F_{QA}^R=2.83\text{kN}$　　$M_B=-0.5\text{kN}\cdot\text{m}$

d）$F_{QA}^R=23\text{kN}$　　$M_C=26\text{kN}\cdot\text{m}$

e）$F_{QA}^R=8\text{kN}$　　$M_A=-2\text{kN}\cdot\text{m}$

f）$F_{QB}^L=-60\text{kN}$　　$M_D=90\text{kN}\cdot\text{m}$　　$M_A=-60\text{kN}\cdot\text{m}$

g）$F_{QA}^R=60\text{kN}$　　$M_A^R=-48\text{kN}\cdot\text{m}$　　$M_C=-12\text{kN}\cdot\text{m}$

h）$F_{QA}^R=0$　　$M_{AB}^M=-2.5\text{kN}\cdot\text{m}$　　$M_{BA}=-2.5\text{kN}\cdot\text{m}$

10-5　$\sigma_a=0$　　$\sigma_b=11.57\text{MPa}$　　$\sigma_c=5.79\text{MPa}$

$\sigma_d=-11.57\text{MPa}$　　$\sigma_e=-5.79\text{MPa}$

10-6　a）$\sigma_{\text{tmax}}=-\sigma_{\text{cmax}}=28.13\text{MPa}$

b）$\sigma_{\text{tmax}}=-\sigma_{\text{cmax}}=4.61\text{MPa}$

10-7　$\sigma_{\max}=55\text{MPa}$

10-8　$b\geqslant61.5\text{mm}$　　$h\geqslant184.5\text{mm}$

10-9　$[q]=3.24\text{kN/m}$

10-10　$\sigma_{\text{tamx}}^D=34.5\text{MPa}$　　$\sigma_{\text{cmax}}^A=69\text{MPa}$　　正应力不满足

10-11　$[F_P]=34.2\text{kN}$

10-12　$\sigma_{\max}=9.09\text{MPa}$　　$\tau_{\max}=0.52\text{MPa}$　　强度满足要求

10-13　每根槽钢 $W_z\geqslant176\text{cm}^3$

10-14　$b\geqslant138.7\text{mm}$　　$h\geqslant208\text{mm}$

10-15　a）$\varphi_A=-\dfrac{9F_Pl^2}{8EI}$　　$y_A=\dfrac{29F_Pl^3}{48EI}$

b）$\varphi_C=-\dfrac{3qa^3}{8EI}$　　$y_C=\dfrac{7qa^4}{24EI}$

10-16　a）$y=-\dfrac{19ql^4}{384EI}$

b）$y=\dfrac{5ql^4+22F_Pl^3}{384EI}$

10-17　$D=280\text{mm}$

10-18　强度满足，刚度不满足

10-20　$\sigma_1 = 10.61\text{MPa}$　　$\sigma_3 = -0.07\text{MPa}$　　$\alpha_0 = 4.74°$

第十一章

11-1　$\sigma_{\max} = 153.3\text{MPa}$

11-2　$b \geqslant 94\text{mm}$　$h \geqslant 141\text{mm}$　　可取 $b \times h = 100\text{mm} \times 150\text{mm}$

11-3　$\sigma_{\max} = 122\text{MPa}$

11-4　$\sigma_{\text{tmax}} = 2\text{MPa}$　　$\sigma_{\text{cmax}} = -4\text{MPa}$

11-5　$h = 372\text{mm}$，此时 $\sigma_{\text{cmax}} = 3.9\text{MPa}$

第十二章

12-1　123kN

12-2　137kN

12-3　BC 杆

12-4　246kN

12-5　7.39kN

12-6　$F_{\text{Pmax}} = 57.06\text{kN}$

12-9　$F_{\text{Pmax}} = 572.1\text{kN}$

参考文献

[1] 沈伦序．建筑力学［M］．北京：高等教育出版社，1990.
[2] 哈尔滨工业大学理论力学教研组．理论力学［M］．北京：高等教育出版社，1997.
[3] 范继昭．建筑力学［M］．北京：中国建筑工业出版社，1989.
[4] 中国机械工业教育协会．建筑力学［M］．北京：机械工业出版社，2001.
[5] 范钦珊．工程力学［M］．北京：中央广播电视大学出版社，2000.
[6] 张定华．工程力学［M］．北京：高等教育出版社，2002.
[7] 程嘉佩．材料力学［M］．北京：高等教育出版社，1997.
[8] 董卫华．理论力学［M］．武汉：武汉理工大学出版社，1997.
[9] 陈永龙．建筑力学［M］．北京：高等教育出版社，2002.
[10] 马明江．建筑力学［M］．武汉：武汉理工大学出版社，1999.
[11] 周国瑾，施美丽，张景良．建筑力学［M］．2 版．上海：同济大学出版社，2000.
[12] 乔宏洲．理论力学［M］．北京：中国建筑工业出版社，1997.
[13] 李龙堂．工程力学［M］．北京：高等教育出版社，1998.
[14] 孙训方，方孝淑，关来泰．材料力学［M］．高等教育出版社，1993.
[15] 翟振东．材料力学［M］．北京：中国建筑工业出版社，1996.
[16] 沈养中．材料力学［M］．北京：科学出版社，2001.
[17] 张曦．建筑力学［M］．北京：中国建筑工业出版社，2000.
[18] 重庆建筑工程学院．理论力学［M］．2 版．北京：高等教育出版社，1994.
[19] 全国职业高中建筑类专业教材编写组．建筑力学［M］．北京：高等教育出版社，1993.